University Physics

大学物理
混合式学习进阶

王莉 编

中国教育出版传媒集团
高等教育出版社·北京

内容简介

本书是基于小规模限制性在线课程(SPOC)教学,配合大学物理课程线上线下混合式教学而编写的教学用书。全书对应《大学物理学》的基本内容,秉承"以学生学习为中心"的教学理念,对每一章节的内容进行了课前导引、混合式教学学习指导、知识梳理、典型例题及解题方法、思维拓展、课后练习题等方面的解析,旨在引导学生进行课前-课中-课后学习,指导学生加强对基本概念与基本原理的掌握和理解,提高学生的学习能力和科学素养,配合大学物理混合式教学的有效实施。

本书主要是与徐行可等主编的《大学物理学》教材配套的教学用书,涵盖了教材中的全部习题并给出了参考解答。本书对大学物理典型习题进行了分析,书中增加了"课前测试题",并对所有习题进行了分级设置,方便师生进行课前测试、课中讨论和课后练习(基础练习题、综合练习题),能有效帮助学生提升学习能力,实现学习进阶。

本书可供高等学校理工科非物理学类专业的学生及教师使用。

图书在版编目(CIP)数据

大学物理混合式学习进阶 / 王辉等编. -- 北京 : 高等教育出版社, 2023.12

ISBN 978-7-04-061283-7

Ⅰ. ①大… Ⅱ. ①王… Ⅲ. ①物理学-高等学校-教材 Ⅳ. ①O4

中国国家版本馆 CIP 数据核字(2023)第 192304 号

DAXUE WULI HUNHESHI XUEXI JINJIE

策划编辑 王　硕　　责任编辑 王　硕　　封面设计 姜　磊　　版式设计 杨　树
责任绘图 于　博　　责任校对 马鑫蕊　　责任印制 耿　轩

出版发行 高等教育出版社
社　　址 北京市西城区德外大街 4 号
邮政编码 100120
印　　刷 山东百润本色印刷有限公司
开　　本 787mm×1092mm 1/16
印　　张 22
字　　数 540 千字
购书热线 010-58581118
咨询电话 400-810-0598
网　　址 http://www.hep.edu.cn
　　　　 http://www.hep.com.cn
网上订购 http://www.hepmall.com.cn
　　　　 http://www.hepmall.com
　　　　 http://www.hepmall.cn
版　　次 2023 年 12 月第 1 版
印　　次 2023 年 12 月第 1 次印刷
定　　价 45.80 元

物 料 号 61283-00

前言

近年来，随着互联网和信息技术的发展，教育正经历着一场数字化、网络化、全球化的历史性变革。以大型开放式网络课程(MOOC)为代表的新一代网络化、开放式、平台化、资源化、互动式的在线教学模式正撼动着传统高等教育大厦的基石，改变着现有的教学模式与手段。

随着工业时代向信息化时代迈进，大学教育的目标从大众教育、分类教育转向促进学生的知识掌握、个性化发展。教学目标的转变需要我们用一种新的视角去理解教学，教育模式的改变不可避免。

基于小规模限制性在线课程(SPOC)的线上线下混合式教学模式借助 MOOC 教学平台整合了线上学习和线下课堂教学两种学习方式的优势，解构了传统课堂人与人面对面交流体系中的教与学的行为链，重构了基于互联网的交互体系，实现了平台、教师、学生和学习资源四大元素的联动，实现了知识的有效传递和学生的个性化学习。

为配合基于 SPOC 的大学物理线上线下混合式教学，我们编写了本教学用书。本书是在《大学物理学学习辅导》(张晓、王莉、吴平主编，高等教育出版社出版)的基础上编写的，秉承“以学生学习为中心”的教学理念，旨在引导学生进行课前-课中-课后学习，配合大学物理混合式教学的有效实施。全书通过设计具有特色和实操性的“混合教学学习指导”版块，突出线上线下混合式教学设计理念及其实施方式。同时，书中通过对章节知识点进行“导学问题”“课前测试题”“知识梳理”“典型例题及解题方法”“课后练习题——基础练习题、综合练习题”的分级设置，帮助学生实现学习进阶。另外，书中通过“课前导引”“导学问题”“典型例题及解题方法”“思维拓展”等版块的设计体现教学内容的科学思维、科学方法等。

本书内容按照篇章次序编排，每章主要由六个部分组成，每部分相辅相成且各有侧重：

1. 课前导引——使学生明确学习要求、了解学习的重点和难点以及本章的学习方法。

2. 混合教学学习指导——帮助学生理解混合式教学的流程和要求，并使学生顺利完成课前学习任务。

3. 知识梳理——澄清学习中的疑点，加深学生对基本概念和基本原理的理解和掌握。

4. 典型例题及解题方法——帮助学生理清解题思路和方法，使学生熟练地掌握和运用有关定理和定律，规范学生的解题步骤和表达，培养学生的科学思维能力。

5. 思维拓展——引导学生进行深层次的学习和思考，进一步提高和培养学生的学习能力和科学素养。

6. 课后练习题及习题解答——配合学生进行章节学习，精选习题方便学生进行分级练习(课前测试题、课后练习题参考答案——该部分内容以二维码形式呈现)。

本书分工：张晓负责第一—第五章；吴平负责第六—第八章；王辉负责第九—第十一章、第

十五、第十六章；朱浩负责第十二—第十四章；王莉负责全书“典型例题及解题方法”部分的审校。全书由王辉统稿和审校。

感谢徐行可老师和张庆福老师。多年来，我们在一起工作、学习、交流、讨论，编者由衷地感谢两位老师的帮助。

感谢西南交通大学物理科学与技术学院物理系的全体同仁多年的合作与帮助。

本书的编写参考了同类型院校的多本教材，由于篇幅所限，不一一列举，编者谨致以衷心的感谢！

书中若有不当之处，敬请读者朋友批评指正。

编　者

2022 年 7 月于成都

基于 SPOC 线上线下混合式教学模式的说明

本书是为配合基于 SPOC 的大学物理课程线上线下混合式教学而编写的。大学物理混合式教学在西南交通大学自 2017 年开始实践，经过多年的探讨和实践形成了稳定的教学模式，其具体内容如图所示，供本书使用者参考。

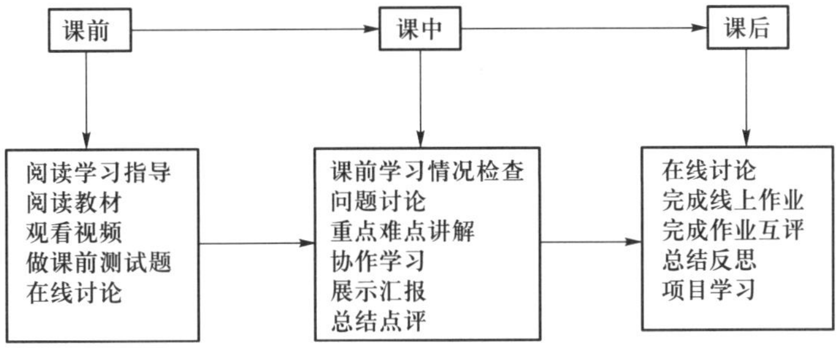

要求：

课堂教学前，学生根据网上学习平台中教师发布的学习任务，在学习指导的指引下阅读教材、观看教学视频、回答导学问题完成知识点学习，通过课前测试题检查自主学习效果，对不懂的问题在线上学习平台讨论区进行生生讨论、师生讨论。

课堂教学中，教师首先对学生课前学习情况进行检查，根据学生的答题情况、线上学习中反映出的问题及时对学生学习中的共性问题进行详细讲解，对相关问题进行深入讨论。教师总结章节的学习内容，强调重点、难点问题，帮助学生构建知识的整体框架和体系。学生分小组进行协作学习，进行综合练习和知识应用训练，对学习成果进行汇报展示，回答师生的提问。最后教师进行总结点评。

课堂教学后，学生在网上完成作业，评阅他人作业，对章节学习进行总结反思，完成总结思维导图。对不懂的问题，学生可继续在线上学习平台讨论区进行讨论。学生可分小组开展项目学习。

目录

第一篇　实物的运动规律

第四篇 量子现象和量子规律

第五篇 多粒子体系的热运动

第一篇

实物的运动规律

第一章　运动的描述

物理书都充满了复杂的数学公式，可是思想及理念，而非公式，才是每一个物理理论的开端.

——爱因斯坦

课前导引

本章中会导出一些中学生熟悉的匀加速运动的公式，但这并不表明大学与中学所学内容相似.大学物理课程的运动学将体现物理学科体系的整体化概念，体现物理学的思想方法.

首先在物理思想思维方式上，大学物理课程中的运动学展示了清晰的物理图像.对运动变化的描述，从某个时段的平均运动，上升为空间上逐点的变化以及与时段无关的瞬时变化.这种空间逐点和与时段无关的瞬时变化的实质就是时空的连续变化.由此，我们建立起从平均量到瞬时量的数学极限性和物理连续性的图像.本章给出如："矢量和标量""静止和运动""平均和瞬时""相对与绝对""时间与空间"等概念的描述，以及以质点为模型，建立对质点位置、质点运动状态及质点运动状态改变的描述，并基于数学演绎推理得出运动学公式.这样，解决质点运动的问题得到大大扩展，从中学讨论的一些特殊运动形式，如匀加速运动延伸到更普遍的一般运动情形，从而极大地扩展了对质点运动状态的描述.

本章相较于中学所学，最大差异在于：严格运用矢量方法和微积分方法描述运动的基本物理量，使其表述更加完备和简洁.只要确定了位置矢量（简称位矢），通过微分，可推导得出速度和加速度；反之，通过积分，可以从加速度相继得出速度和位矢.在中学物理中，运动学公式看似"碎片化"，在大学物理课程中，运动的描述是运动的整体图像.

大学物理从运动学开始，引入了数学的微积分应用，这样的数学演绎推理方法，在大学物理课程的学习中十分常见.

本章学习重点是理解并掌握位矢及其他物理量的表示，运用微积分方法解决质点运动学问题.

学习目标

1. 了解描述物体机械运动的条件，了解建立参考系、坐标系和物理模型的必要性.
2. 理解质点、质点系、刚体模型的适用条件和相互关系.
3. 掌握描述质点运动的基本物理量：位矢、位移、速度和加速度的定义和性质，明确其矢量性、瞬时性、相对性.

4. 掌握圆周运动的角量描述方法以及角量和线量之间的关系.

5. 掌握质点运动学方程,熟练计算运动学在直角坐标系、自然坐标系中的两类基本问题.

6. 理解伽利略坐标变换和速度变换,能分析与平动有关的相对运动问题.

本章知识框图

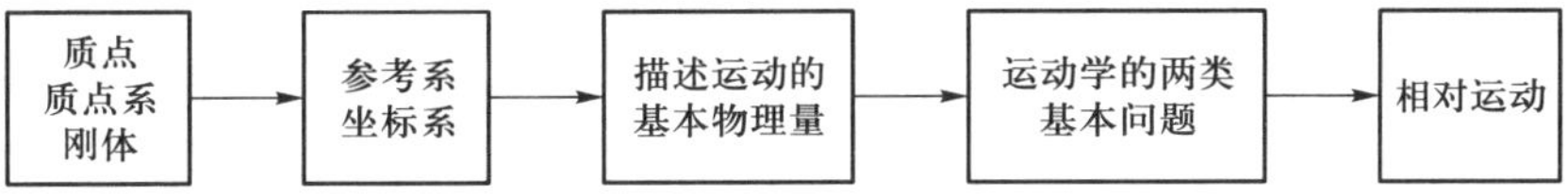

混合教学学习指导

本章课堂教学计划为 4 讲,每讲 2 学时.在每次课前,学生阅读教材相应章节、观看相关教学视频,在导学问题的指引下思考学习,并完成课前测试练习.

阅读教材章节

徐行可,吴平,大学物理学(第二版)上册,第三章　运动的描述:28—54 页.

观看视频——资料推荐

知识点视频

序号	知识点视频	说明
1	质点、质点系和刚体	这里提供的是本章知识点学习的相关视频条目,视频的具体内容可以在国家级精品资源课程、国家级线上一流课程等网络资源中选取。
2	参照系坐标系	
3	位矢位移	
4	平均速度与瞬时速度	
5	速度加速度	
6	自然坐标平面极坐标速度表示	
7	变速圆周运动	
8	运动学的两类基本问题	
9	相对运动	

导学问题

质点、质点系和刚体

- 什么样的物体可视为质点？
- 质点、质点系、刚体这三种模型的区别是什么？
- 在什么情况下，同一物体可用质点、质点系、刚体这三种不同的模型进行描述？

参考系和坐标系

- 描述质点的运动为什么要选择参考系？
- 参考系和坐标系的关系是什么？
- 位矢、位移、速度、加速度在直角坐标系、极坐标系中的分解形式是怎样的？

运动的描述

- 位矢与位移、路程与位移、速度与速率、平均速度与平均速率有何区别？
- 为什么在描述质点直线运动时，作为矢量的物理量可以用代数量表示？如何确定它们的方向？
- 圆周运动中质点的角量与线量之间的关系是怎样的？
- 如何理解描述曲线运动中的切向加速度反映速度大小的变化，法向加速度反映速度方向的变化？

运动学的基本问题

- 如何分析运动并写出运动方程？
- 若已知运动方程，如何求解运动轨迹？
- 若已知运动方程，如何分析运动情况（某一时刻的位置、速度、加速度）？

相对运动

- 如何理解“运动是绝对的，对运动的描述是相对的”？
- 如何分析解决匀速平动参考系之间位矢、速度和加速度的变换？

课前测试题

选择题

1-1.1 运动中的物体，可能同时具有[ ].

(A) 变化的加速度和恒定为常量的速度

(B) 仅是大小变化的加速度和仅是方向变化的速度

(C) 恒定为常量的加速度和恒定为常量的速度

（D）恒定为常量的加速度和变化的速度

1-1.2 对于描述质点的曲线运动，正确的认识是[ ].

（A）任意曲线运动：加速度的方向一定与速度方向不垂直

（B）圆周运动：加速度的方向一定与速度方向垂直

（C）匀速圆周运动：加速度一定为常量

（D）圆周运动：法向加速度的方向一定与速度方向垂直

1-1.3 下列方程分别为一质点在四种直线运动情形中的速率随时间变化的函数 $v(t)$，具有大小恒定的加速度的运动为[ ].

（A）$v=3$（SI 单位） （B）$v=4t^2+2t-6$（SI 单位）

（C）$v=3t-4$（SI 单位） （D）$v=5t^3-3$（SI 单位）

1-1.4 一小球沿斜面向上做直线运动，其运动方程为 $s=8+10t-t^2$（SI 单位），则小球运动到斜面最高点的时刻应是[ ].

（A）$t=4$ s （B）$t=2$ s （C）$t=8$ s （D）$t=5$ s

1-1.5 如图所示，一物体在位置 1 的径矢为 $\boldsymbol{r}_1$，速度为 $\boldsymbol{v}_1$，经时间 Δt 后到达位置 2，其径矢为 $\boldsymbol{r}_2$，速度为 $\boldsymbol{v}_2$. 则在 Δt 时间内的平均速度表示为[ ].

（A）$\frac{1}{2}(\boldsymbol{v}_2-\boldsymbol{v}_1)$ （B）$\frac{1}{2}(\boldsymbol{v}_2+\boldsymbol{v}_1)$ （C）$\frac{\boldsymbol{r}_2-\boldsymbol{r}_1}{\Delta t}$ （D）$\frac{\boldsymbol{r}_2+\boldsymbol{r}_1}{\Delta t}$

填空题

1-1.6 轮船在水上以相对于水的速度 $\boldsymbol{v}_1$ 航行，水流速度为 $\boldsymbol{v}_2$，一人相对于甲板以速度 $\boldsymbol{v}_3$ 行走. 若人相对于岸静止，则 $\boldsymbol{v}_1$、$\boldsymbol{v}_2$ 和 $\boldsymbol{v}_3$ 的关系可表示为________.

1-1.7 图示为一个质点在三种情况下的瞬时速度和加速度. 质点的速率增加的是情况________.

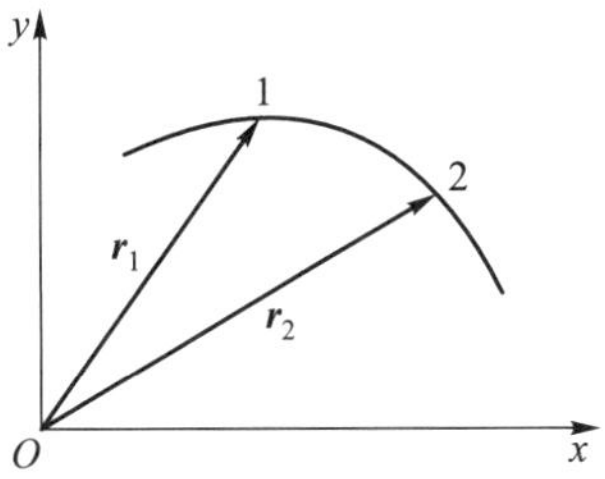

题 1-1.5 图

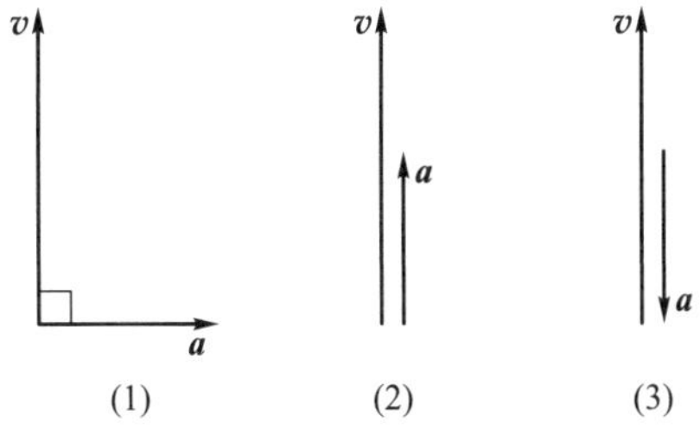

题 1-1.7 图

知识梳理

知识点 1. 质点、质点系、刚体

质点：当物体的线度和形状在所讨论的问题中的作用可以忽略不计时，可将物体抽象为一

个具有质量、占有位置,但无形状、大小的“点”,称为质点.

质点系:质点的集合称为质点系.

刚体:可以把物体简化为其中任意两个质点间的距离保持不变的质点系,称为刚体.

说明 质点、质点系、刚体是物理学研究对象,它们是实际物体研究模型,是力学研究中最基本和最重要的物理模型.本章主要研究质点的运动.

知识点 2. 参考系、惯性系、非惯性系和坐标系

参考系:为了具体描述一个物体的运动,而必须选定的另一个作为参考标准的物体称为参考系.

惯性系:牛顿第一定律(惯性定律)在其中成立的参考系叫做惯性系.一般认为,地面可作为近似程度相当好的惯性系,相对已知惯性系静止或做匀速直线运动的参考系也是惯性系.

非惯性系:牛顿第一定律在其中不成立的参考系叫做非惯性系.一般认为,相对已知惯性系做加速运动的参考系是非惯性系.

坐标系:为了定量描述物体的运动,还需要在选定的参考系上按照某种规则,确定有次序的一组或几组参量,即固结一个适当的数学抽象,称为坐标系(例如直角坐标系、自然坐标系、极坐标系……).

说明 描述运动必须选定参考系和建立坐标系,二者是定量描述物体运动的前提.当然,只有实物能够作为参考系.坐标系是参考系的具体化形式.为了计算方便,一般情况下多采用直角坐标系.坐标系不同,只是表达形式有所不同.

从运动学角度来讲,参考系的选取可以是任意的,它仅仅取决于研究问题的需要和方便.但从动力学角度来讲,二者有根本的不同,牛顿运动定律只在惯性系中成立,惯性系是理想模型,其存在是牛顿力学的基础和前提.

知识点 3. 位置矢量、位移、速度、加速度

位置矢量、位移、速度、加速度四个基本物理量是描述质点运动的基础.正确理解其矢量表示和物理意义是应用的前提,见表 1.1.

表 1.1 描述质点运动的四个物理量及其直角坐标表示

物理量	位置矢量	位移	速度	加速度
定义	从参考点指向质点的有向线段 $\boldsymbol{r}=\overrightarrow{OP}$.	从质点的初位置指向末位置的有向线段 $\Delta\boldsymbol{r}=\overrightarrow{AB}=\boldsymbol{r}_2-\boldsymbol{r}_1$.	位矢的时间变化率 $\boldsymbol{v}=\lim\limits_{\Delta t\to 0}\dfrac{\Delta\boldsymbol{r}}{\Delta t}=\dfrac{\mathrm{d}\boldsymbol{r}}{\mathrm{d}t}$.	速度的时间变化率 $\boldsymbol{a}=\lim\limits_{\Delta t\to 0}\dfrac{\Delta\boldsymbol{v}}{\Delta t}=\dfrac{\mathrm{d}\boldsymbol{v}}{\mathrm{d}t}=\dfrac{\mathrm{d}^2\boldsymbol{r}}{\mathrm{d}t^2}$.
物理意义	确定质点的空间位置,其随时间的变化规律即质点的运动方程 $\boldsymbol{r}=\boldsymbol{r}(t)$.	描述质点位置变化的效果.	描述质点位置变化的快慢和方向.	描述质点速度变化的快慢和方向.

续表

物理量	位置矢量	位移	速度	加速度
直角坐标表示	$\boldsymbol{r}=x\boldsymbol{i}+y\boldsymbol{j}+z\boldsymbol{k}$ 大小: $r=\lvert\boldsymbol{r}\rvert=\sqrt{x^2+y^2+z^2}$ 方向余弦: $\left.\begin{aligned}\cos\alpha&=\frac{x}{r}\\ \cos\beta&=\frac{y}{r}\\ \cos\gamma&=\frac{z}{r}\end{aligned}\right\}$	$\Delta\boldsymbol{r}=\Delta x\boldsymbol{i}+\Delta y\boldsymbol{j}+\Delta z\boldsymbol{k}$ 大小: $\lvert\Delta\boldsymbol{r}\rvert=\sqrt{\Delta x^2+\Delta y^2+\Delta z^2}$ 方向余弦: $\left.\begin{aligned}\cos\alpha&=\frac{\Delta x}{\lvert\Delta\boldsymbol{r}\rvert}\\ \cos\beta&=\frac{\Delta y}{\lvert\Delta\boldsymbol{r}\rvert}\\ \cos\gamma&=\frac{\Delta z}{\lvert\Delta\boldsymbol{r}\rvert}\end{aligned}\right\}$	$\boldsymbol{v}=\frac{\mathrm{d}x}{\mathrm{d}t}\boldsymbol{i}+\frac{\mathrm{d}y}{\mathrm{d}t}\boldsymbol{j}+\frac{\mathrm{d}z}{\mathrm{d}t}\boldsymbol{k}$ $=v_x\boldsymbol{i}+v_y\boldsymbol{j}+v_z\boldsymbol{k}$ 大小: $v=\lvert\boldsymbol{v}\rvert=\sqrt{v_x^2+v_y^2+v_z^2}$ 方向余弦: $\left.\begin{aligned}\cos\alpha&=\frac{v_x}{v}\\ \cos\beta&=\frac{v_y}{v}\\ \cos\gamma&=\frac{v_z}{v}\end{aligned}\right\}$	$\boldsymbol{v}=\frac{\mathrm{d}v_x}{\mathrm{d}t}\boldsymbol{i}+\frac{\mathrm{d}v_y}{\mathrm{d}t}\boldsymbol{j}+\frac{\mathrm{d}v_z}{\mathrm{d}t}\boldsymbol{k}$ $=\frac{\mathrm{d}^2x}{\mathrm{d}t^2}\boldsymbol{i}+\frac{\mathrm{d}^2y}{\mathrm{d}t^2}\boldsymbol{j}+\frac{\mathrm{d}^2z}{\mathrm{d}t^2}\boldsymbol{k}$ $=a_x\boldsymbol{i}+a_y\boldsymbol{j}+a_z\boldsymbol{k}$ 大小: $a=\lvert\boldsymbol{a}\rvert=\sqrt{a_x^2+a_y^2+a_z^2}$ 方向余弦: $\left.\begin{aligned}\cos\alpha&=\frac{a_x}{a}\\ \cos\beta&=\frac{a_y}{a}\\ \cos\gamma&=\frac{a_z}{a}\end{aligned}\right\}$
性质	具有矢量性、相对性、瞬时性(与时刻对应),是描述质点运动的状态参量.	具有矢量性、相对性,是过程量,与时间间隔相对应.是描述质点运动状态变化的参量.	具有矢量性、相对性、瞬时性,是描述质点运动的状态参量.	具有矢量性、相对性、瞬时性,是描述质点运动状态变化的参量.

在学习中,位置矢量(位矢)与位移、位移与路程、平均速度与速度、速度与速率、平均速度与平均速率,这是几组易混易错的物理量,下面在表 1.2—表 1.6 中进行辨析,从区别与联系中进一步加深对基本物理量的理解.

辨析 位置矢量(位矢)与位移(表 1.2)

表 1.2 位矢与位移的比较

概念	比较	关系
位矢	位矢 $\boldsymbol{r}$:描述质点某时刻的空间位置矢量. · 状态量. · 不但与参考系选择有关,还与系内参考点的选择有关.	· 位移 $\Delta\boldsymbol{r}=\boldsymbol{r}_2-\boldsymbol{r}_1$ =末位矢-初位矢 =位矢增量; · 若质点的初位置在坐标原点,则二者一致.
位移	位移 $\Delta\boldsymbol{r}$:描述质点某时间间隔内的位置变化. · 过程量. · 与参考系选择有关,但与系内参考点的选择无关.	

· 说明:(1) 位移大小 $\lvert\Delta\boldsymbol{r}\rvert$ 是位矢增量的大小,不是位矢大小的增量 Δr.

$$\lvert\Delta\boldsymbol{r}\rvert=\lvert\boldsymbol{r}_2-\boldsymbol{r}_1\rvert,\ \Delta r=\lvert\boldsymbol{r}_2\rvert-\lvert\boldsymbol{r}_1\rvert$$

一般情况下,$\lvert\Delta\boldsymbol{r}\rvert\neq\Delta r$.

(2) 速度是位矢的时间变化率,不是位移的时间变化率.

辨析 位移与路程(表 1.3)

表 1.3 位移与路程的比较

<table>
<tr><th>概念</th><th>比较</th><th>关系</th></tr>
<tr><td>位移</td><td>位移 $\Delta\boldsymbol{r}$:
· 从质点的初位置指向末位置的有向线段.不涉及过程细节.描述质点某段时间内位置变化的效果,与轨迹无关
· 矢量、相对量、过程量.</td><td rowspan="2">$\Delta\boldsymbol{r}=\overrightarrow{AB}=\boldsymbol{r}_2-\boldsymbol{r}_1$, $\Delta r=\vert\boldsymbol{r}_2\vert-\vert\boldsymbol{r}_1\vert$
$\Delta s=\overset{\frown}{AB}\geqslant\vert\Delta\boldsymbol{r}\vert$
对于微小时间间隔或直线运动取等号.</td></tr>
<tr><td>路程</td><td>路程 Δs:
· 从质点初位置到末位置沿轨道曲线经过的路径的长度.与初、末位置及运动轨迹相关.
· 标量、相对量、过程量.</td></tr>
</table>

· 说明:(1) 在运动过程存在中途反向的情况时计算路程容易出错.

(2) 在质点曲线运动时计算路程应该沿轨道曲线积分.

辨析 平均速度与速度(表 1.4)

表 1.4 平均速度与速度的比较

<table>
<tr><th>概念</th><th>比较</th><th>关系</th></tr>
<tr><td>平均速度</td><td>平均速度$\bar{\boldsymbol{v}}$:
· 是对该时间间隔内质点运动快慢和方向的粗略描述:
$$\bar{\boldsymbol{v}}=\frac{\Delta\boldsymbol{r}}{\Delta t}.$$
· 矢量、过程量.</td><td rowspan="2">速度是平均速度在时间间隔趋向于零时的极限:
$$\boldsymbol{v}=\lim_{\Delta t\to 0}\frac{\Delta\boldsymbol{r}}{\Delta t}=\frac{\mathrm{d}\boldsymbol{r}}{\mathrm{d}t}.$$</td></tr>
<tr><td>速度</td><td>速度$\boldsymbol{v}$:
· 是对质点某时刻运动快慢和方向的精确描述:
$$\boldsymbol{v}=\frac{\mathrm{d}\boldsymbol{r}}{\mathrm{d}t}.$$
· 矢量、状态量.</td></tr>
</table>

· 说明:(1) 平均速度与速度,二者在过程量与状态量方面有区别.

(2) 平均速率与速率,二者都是标量,同时,二者也是在过程量与状态量方面有区别.

辨析 速度与速率(表 1.5)

表 1.5 速度与速率的比较

概念	比较	关系
速度	速度$\boldsymbol{v}$: · 质点位矢的时间变化率 $\boldsymbol{v}=\lim\limits_{\Delta t\to 0}\dfrac{\Delta \boldsymbol{r}}{\Delta t}=\dfrac{\mathrm{d}\boldsymbol{r}}{\mathrm{d}t}$ · 矢量、相对量、状态量.	因为 $\Delta t\to 0$ 时 $\lvert\Delta \boldsymbol{r}\rvert=\Delta s$, 所以速度与速率大小相等,即 $\lvert\boldsymbol{v}\rvert=v$.
速率	速率 v: · 自然坐标中质点位置的时间变化率 $v=\lim\limits_{\Delta t\to 0}\dfrac{\Delta s}{\Delta t}=\dfrac{\mathrm{d}s}{\mathrm{d}t}$; · 标量、相对量、状态量.	

· 说明:(1) 二者只是大小相等,但定义完全不同.

(2) 注意二者矢量性与标量性的区别.

辨析 平均速度与平均速率(表 1.6)

表 1.6 平均速度与平均速率的比较

概念	比较	关系
平均速度	平均速度$\overline{\boldsymbol{v}}$: · 是对该时间间隔内质点运动快慢和方向的粗略描述, $\overline{\boldsymbol{v}}=\dfrac{\Delta \boldsymbol{r}}{\Delta t}$; · 矢量、过程量.	由于一般情况下 $\lvert\Delta \boldsymbol{r}\rvert\neq\Delta s$, 所以平均速度的大小一般不等于平均速率,即 $\lvert\overline{\boldsymbol{v}}\rvert\neq\overline{v}$.
平均速率	平均速率 $\overline{v}$: · 只是对该时间间隔内质点运动快慢的粗略描述, $\overline{v}=\dfrac{\Delta s}{\Delta t}$ · 标量、过程量.	

· 说明:(1) 二者大小不一定相等.

(2) 二者在矢量性与标量性方面有区别.

知识点 4. 曲线运动——质点运动的自然坐标描述

自然坐标系:坐标原点固结于运动质点,坐标轴沿质点轨迹的切向($\boldsymbol{e}_{\mathrm{t}}$)和法向($\boldsymbol{e}_{\mathrm{n}}$)的二维动坐标系.

质点运动的自然坐标描述(表 1.7)

表 1.7 质点运动的自然坐标描述

<table>
<tr><th rowspan="2">物理量</th><th rowspan="2">位置</th><th rowspan="2">路程</th><th rowspan="2">速度</th><th colspan="2">加速度</th></tr>
<tr><th>切向加速度</th><th>法向加速度</th></tr>
<tr><td rowspan="2">定义</td><td rowspan="2">质点离轨道上某固定点的沿轨道的曲线长度:
$s=\overset{\frown}{oP}$.
运动方程:
$s=s(t)$.</td><td rowspan="2">从质点的初位置到末位置沿轨道曲线经过的路径的长度 Δs.</td><td rowspan="2">大小:位置 s 的时间变化率
方向:沿轨道切向,指向前进一方.
$\boldsymbol{v}=\lim\limits_{\Delta t\to 0}\dfrac{\Delta s}{\Delta t}\boldsymbol{e}_{\mathrm{t}}$
$=\dfrac{\mathrm{d}s}{\mathrm{d}t}\boldsymbol{e}_{\mathrm{t}}$</td><td>质点速度大小(速率)的时间变化率,方向沿轨道切向:
$\boldsymbol{a}_{\mathrm{t}}=\dfrac{\mathrm{d}v}{\mathrm{d}t}\boldsymbol{e}_{\mathrm{t}}$;</td><td>质点速度方向的时间变化率,沿轨道法向,指向轨道曲线凹侧:
$\boldsymbol{a}_{\mathrm{n}}=\dfrac{v^2}{\rho}\boldsymbol{e}_{\mathrm{n}}$;</td></tr>
<tr><td colspan="2">总加速度:$\boldsymbol{a}=\boldsymbol{a}_{\mathrm{t}}+\boldsymbol{a}_{\mathrm{n}}$;
大小:$a=\sqrt{a_{\mathrm{t}}^2+a_{\mathrm{n}}^2}$;
与轨道切向夹角:
$\theta=\arctan\dfrac{a_{\mathrm{n}}}{a_{\mathrm{t}}}$.</td></tr>
<tr><td>物理意义</td><td>① 描述质点在轨道曲线上的位置.
② 状态量,与时刻对应.
③ 标量.</td><td>① 描述质点在轨道曲线上的位置变化.
② 是过程量,与时间间隔相对应.
③ 标量.</td><td>① 描述质点运动的快慢和方向.
② 状态量,与时刻对应.
③ 矢量.</td><td>① 描述质点速度大小变化的快慢,不影响速度方向.
② $\boldsymbol{a}_{\mathrm{t}}$ 恒等于零时,质点做匀速率运动;不恒等于零时,质点做变速率运动.
③ 与时刻对应.
④ 矢量.</td><td>① 描述质点速度方向变化的快慢,不影响速度大小.
② $\boldsymbol{a}_{\mathrm{n}}$ 恒等于零时,质点做直线运动,不恒等于零时,质点做曲线运动.
③ 与时刻对应.
④ 矢量.</td></tr>
</table>

辨析 加速度与切向加速度(表 1.8)

表 1.8 加速度与切向加速度的比较

<table>
<tr><th>概念</th><th>比较</th><th>关系</th></tr>
<tr><td>加速度</td><td>加速度 $\boldsymbol{a}$:
· 描述质点速度大小和方向变化的快慢
$\boldsymbol{a}=\dfrac{\mathrm{d}\boldsymbol{v}}{\mathrm{d}t}$.</td><td rowspan="2">因为一般情况下
$\lvert\Delta\boldsymbol{v}\rvert\neq\Delta v$,
$\left\lvert\dfrac{\mathrm{d}\boldsymbol{v}}{\mathrm{d}t}\right\rvert\neq\dfrac{\mathrm{d}v}{\mathrm{d}t}$,
所以总加速度与切向加速度的大小一般不相等.
$a=\sqrt{a_{\mathrm{t}}^2+a_{\mathrm{n}}^2}\neq a_{\mathrm{t}}$.</td></tr>
<tr><td>切向加速度</td><td>切向加速度 $\boldsymbol{a}_{\mathrm{t}}$:
· 只描述质点速度大小变化的快慢,沿轨道切向
$\boldsymbol{a}_{\mathrm{t}}=\dfrac{\mathrm{d}v}{\mathrm{d}t}\boldsymbol{e}_{\mathrm{t}}$.</td></tr>
</table>

· 说明:加速度是速度的时间变化率,而切向加速度的大小只是速率的时间变化率.

辨析 圆周运动的角量描述(表 1.9)

表 1.9 圆周运动的角量描述

物理量	角位置	角位移	角速度	角加速度
定义	通过质点的半径与参考方向间的夹角. 运动方程: $\theta=\theta(t)$.	从质点的初位置到末位置,通过质点的半径转过的角度 $\Delta\theta$.	质点角位置的时间变化率: 大小:$\omega=\lim\limits_{\Delta t\to 0}\frac{\Delta\theta}{\Delta t}=\frac{d\theta}{dt}$ 方向:垂直于质点的运动平面,其指向由右手螺旋定则确定.	质点角速度的时间变化率: $\beta=\lim\limits_{\Delta t\to 0}\frac{\Delta\omega}{\Delta t}$ $=\frac{d\omega}{dt}$.
物理意义	描述质点在圆周上的位置.	描述圆周运动质点的位置变化.	描述圆周运动质点绕圆心转动的快慢和方向.	描述角速度变化的快慢,二者同号加速,二者异号减速.
性质	标量, 与时刻对应.	标量, 与时间间隔对应.	矢量(轴矢量), 与时刻对应.	标量, 与时刻对应.
匀角加速运动	$\theta=\theta_0+\omega_0 t+\frac{1}{2}\beta t^2$	$\theta-\theta_0=\omega_0 t+\frac{1}{2}\beta t^2$	$\omega=\omega_0+\beta t$	β 为常量.
与线量的关系	$s=R\theta$	$\Delta s=R\Delta\theta$	$\boldsymbol{v}=\boldsymbol{\omega}\times\boldsymbol{r}$ $v=R\omega$	$a_t=R\beta$ $a_n=\frac{v^2}{R}$

辨析 平面曲线运动的法向加速度与圆周运动的向心加速度(表 1.10)

表 1.10 平面曲线运动的法向加速度与圆周运动的向心加速度的比较

概念	比较	关系
平面曲线运动的法向加速度	一般情况:$\boldsymbol{a}_n=\frac{v^2}{\rho}\boldsymbol{e}_n$ ρ 是轨道在该处的曲率半径,$\boldsymbol{a}_n$ 指向曲率中心.	圆周运动是一般平面曲线运动 $\rho\equiv R$ 的特例.
圆周运动的向心加速度	圆周运动:$a_n=\frac{v^2}{R}$ 其方向恒指向圆心.	

· 说明:质点在弹性绳(或弹簧)牵引下运动时,不要将曲率半径与绳长混淆.

知识点 5. 刚体的平动和定轴转动

刚体平动:运动过程中,刚体上任意两点的连线始终保持与原来平行.

刚体定轴转动:刚体上各质点绕同一固定直线做圆周运动,该固定直线称为转轴.

刚体平动与定轴转动的关系见表 1.11.

表 1.11 刚体的平动与定轴转动

运动类型	刚体平动	刚体定轴转动
特点	刚体上各点的轨迹、速度、加速度完全相同.	· 刚体上各点均在垂直于转轴的平面内，绕轴做圆周运动，垂直于转轴的这一系列平面称为定轴刚体的转动平面. · 离轴距离不同的点运动半径不同，描述运动的线量不等，但角量相同.
处理方法	可以将平动刚体视为质点，以其上任意一点(例如质心)的运动代表整个刚体的运动.	· 可以简化为研究其在某个转动平面内的运动. · 可以用角量对定轴转动刚体的运动进行整体描述. · 在转轴上选定正方向，描述刚体定轴转动的角量均可用代数量表示.

知识点 6. 相对运动

运动是相对的，描述运动的基本物理量均与参考系的选择有关.在不同参考系中描述同一物体的运动，其基本物理量之间的关系称为**变换**.在低速($v\ll c$)条件下的变换称为**伽利略变换**.它隐含着时间和空间彼此独立，时间间隔、空间间隔的测量与参考系的选择无关，此观念也称为牛顿的绝对时空观.**伽利略变换**的主要关系如下：

位置变换： $\boldsymbol{r}_{P对O}=\boldsymbol{r}_{P对O'}+\boldsymbol{r}_{O'对O}$

位移变换： $\Delta\boldsymbol{r}_{P对O}=\Delta\boldsymbol{r}_{P对O'}+\Delta\boldsymbol{r}_{O'对O}$

速度变换： $\boldsymbol{v}_{P对O}=\boldsymbol{v}_{P对O'}+\boldsymbol{v}_{O'对O}$

若两个参考系之间只有相对平动，则有

加速度变换： $\boldsymbol{a}_{P对O}=\boldsymbol{a}_{P对O'}+\boldsymbol{a}_{O'对O}$

若两个参考系相对做匀速直线运动，即 $\boldsymbol{a}_{O'对O}=\boldsymbol{0}$，则有

$$\boldsymbol{a}_{P对O}=\boldsymbol{a}_{P对O'}$$

即在相对做匀速直线运动的参考系中观测同一质点的运动时，所测得的加速度相同.

辨析 速度合成与速度变换(表 1.12)

表 1.12 速度合成与速度变换

概念	速度合成	速度变换
比较	· 描述同一参考系中质点的合速度与其分速度之间的关系. · 在任何参考系内，均表示为矢量合成的形式：质点的合速度都等于各分速度的矢量和.	· 涉及相对运动的两个参考系，描述在不同参考系中同一质点运动速度之间的关系. · 其数学形式与参考系之间的相对速度有关，只有在低速条件下，伽利略变换才成立.

典型例题及解题方法

认真做好每一道典型习题，有助于学生理解、掌握和应用所学物理基本概念和原理.物理习

题的求解过程，绝不应当是机械的列公式、代数据、得结果的简单重复.求解大学物理计算题，需要通过分析题意，依据物理基本定律，进行科学演绎推理.它应被看成领悟科学方法的一种模拟的、逻辑思维的训练提高过程.物理计算题的解答应呈现分析问题、解决问题的过程.尽管不同的题目会有不同的侧重，但解题的基本要求是一致的.解题形式上不是简单的公式罗列和数字计算，它应当包含必要的文字说明和形象的示意图表示等.

一般解题过程：

（1）根据题意，首先明确并简要写出题目的已知条件，或定义所求物理量；

（2）作必要的分析，画示意图，如：力学问题中受力分析图，运动学问题中选取参考系建立坐标系，坐标轴（原点、正方向），确定速度、加速度方向等；

（3）引用定律和原理说明问题，用简要文字阐明解题条件和依据；

（4）由定律和原理写出应用基本方程表达式；

（5）列出求解方程并化简；

（6）代入具体数据计算给出结果，指出解的物理意义.

本章质点运动学的求解问题主要围绕质点的运动方程展开，如何建立质点的运动方程是关键.若已知质点的运动方程，即给出了位置矢量的数学表示式，就可以通过微分的方法相继得出速度和加速度的数学表示式，原则上就可知质点在任一时刻的位置、速度、加速度以及运动轨迹.若给出质点的加速度表示式，则可以通过积分的方法相继得出速度和位移的数学表示式.利用这样的演绎推理方法，可以求得物体在任意时刻的位矢、速度和加速度的一般表示式.这些表示式是普遍的，适用于任何运动.中学物理中讨论的匀加速直线运动和匀速率圆周运动仅是其中的两个特例.

由质点的运动方程求解质点在某时刻的速度、加速度，此类问题称为运动学的第一类问题；给出质点的速度或加速度，求解质点某时刻的位置、速度等，此类问题为运动学的第二类问题.本章质点运动学所研究的问题主要为此两大类.

1. 第一类基本问题——已知运动方程，求位移、速度、加速度

质点的运动方程，就是位矢随时间的变化关系，即位矢函数.将运动方程对时间求一阶导数，可得速度随时间的变化关系.将运动方程对时间求二阶导数，可得加速度随时间变化的一般表示.

解题思路和方法：解决这类问题的方法——主要是微分法.

例如：

$$\boldsymbol{r}=\boldsymbol{r}(t)\xrightarrow{\text{微分}}\boldsymbol{v}=\frac{\mathrm{d}\boldsymbol{r}}{\mathrm{d}t}\xrightarrow{\text{微分}}\boldsymbol{a}=\frac{\mathrm{d}\boldsymbol{v}}{\mathrm{d}t}=\frac{\mathrm{d}^2\boldsymbol{r}}{\mathrm{d}t^2}$$

$$s=s(t)\xrightarrow{\text{微分}}\boldsymbol{v}=\frac{\mathrm{d}s}{\mathrm{d}t}\boldsymbol{e}_{\mathrm{t}}\xrightarrow{\text{微分}}\boldsymbol{a}_{\mathrm{t}}=\frac{\mathrm{d}v}{\mathrm{d}t}\boldsymbol{e}_{\mathrm{t}},\boldsymbol{a}_{\mathrm{n}}=\frac{v^2}{\rho}\boldsymbol{e}_{\mathrm{n}}$$

$$\theta=\theta(t)\xrightarrow{\text{微分}}\omega=\frac{\mathrm{d}\theta}{\mathrm{d}t}\xrightarrow{\text{微分}}\beta=\frac{\mathrm{d}\omega}{\mathrm{d}t}=\frac{\mathrm{d}^2\theta}{\mathrm{d}t^2}$$

例题 1-1 已知质点的运动方程为 $\boldsymbol{r}=2t\boldsymbol{i}+(2-t^2)\boldsymbol{j}$ （SI 单位），求质点在 2 s 末速度的大小.

解题示范：

解：由题意知，质点做二维的平面运动.

由运动方程　$\boldsymbol{r}=2t\boldsymbol{i}+(2-t^2)\boldsymbol{j}$

得速度：

$$\boldsymbol{v}=\frac{\mathrm{d}\boldsymbol{r}}{\mathrm{d}t}=2\boldsymbol{i}-2t\boldsymbol{j}$$

速度分量大小为　$v_x=2$；$v_y=-2t$

速度的大小为　$v=\sqrt{v_x^2+v_y^2}=2\sqrt{1+t^2}$

当 $t=2$ s 时，$v_2=2\sqrt{5}$ m·s^{-1}=4.47 m·s^{-1}.

所以，质点在 2 s 末速度的大小为 4.47 m·s^{-1}.

解题思路与线索：

由题意可知，该问题为已知运动方程求速度，属于第一类运动学问题.参照表 1.1，根据速度的定义只需对位矢求时间的一阶导数即可得出速度.

观察所得结果可知，该速度是一个随时间变化的函数，只要代入确定的时刻，即可得到任意时刻该质点的运动速度.这个速度表达式中，既包含了速度大小的信息，也包含了速度方向的信息.

求速度大小可参照表 1.1.写出速度大小（速率）$v=|\boldsymbol{v}|=\sqrt{v_x^2+v_y^2}$，可得速率随时间变化的函数关系.

代入具体的时间，得到 $t=2$ s 时速度的大小.

例题 1-2　如图（a）所示，在高为 h 的岸边，绞车以恒定速率 v_0 收拖缆绳使船靠岸.求当船头与岸的水平距离为 x 时船的速度和加速度.

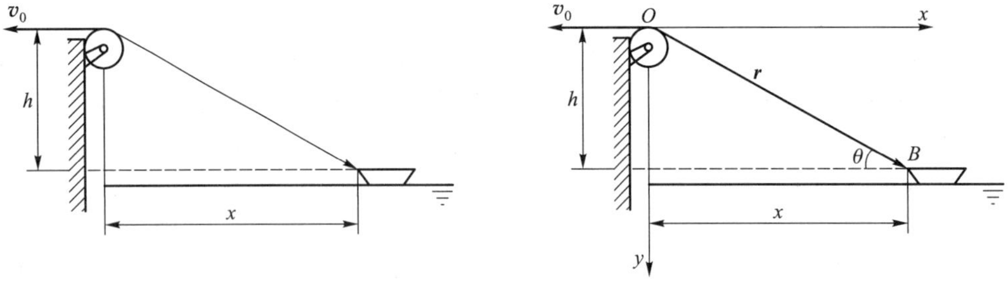

(a)　　(b)

例题 1-2 图

解题示范：

解：根据题意，建立坐标如图（b）所示.

小船 B 的位置矢量为

$$\boldsymbol{r}=x\boldsymbol{i}+y\boldsymbol{j}=x\boldsymbol{i}+h\boldsymbol{j}$$

因为 $r=|\boldsymbol{r}|=\sqrt{x^2+h^2}$，所以 $x=\sqrt{r^2-h^2}$.

由速度的定义，得

$$\boldsymbol{v}_x=\frac{\mathrm{d}x}{\mathrm{d}t}\boldsymbol{i}=\frac{\mathrm{d}}{\mathrm{d}t}\sqrt{r^2-h^2}\,\boldsymbol{i}=\frac{r}{\sqrt{r^2-h^2}}\frac{\mathrm{d}r}{\mathrm{d}t}\boldsymbol{i}$$

上式中，$\frac{\mathrm{d}r}{\mathrm{d}t}$是位矢大小的时间变化率，即收绳速率.

因为绳变短，所以$\frac{\mathrm{d}r}{\mathrm{d}t}=-v_0$.于是有

$$\boldsymbol{v}_x=-\frac{r}{\sqrt{r^2-h^2}}v_0\boldsymbol{i}=-\frac{v_0}{x}\sqrt{x^2+h^2}\,\boldsymbol{i}$$

解题思路与线索：

刚刚看到这个问题，有些同学可能会根据矢量运算分析，直接将收拖缆绳的速率作为小船沿拉绳方向的运动速度，再把该速度投影到水面方向得到小船沿水面的运动速度.

而事实上，小船只沿水面运动，并无垂直于水面的运动分量.所以，收拖缆绳的速度不可能是船的速度.

为求得小船沿水面的运动，应建立如图所示直角坐标系，显然小船的速度应为$\boldsymbol{v}_x=\frac{\mathrm{d}x}{\mathrm{d}t}\boldsymbol{i}$，小船的加速度为 $\boldsymbol{a}_x=\frac{\mathrm{d}v_x}{\mathrm{d}t}\boldsymbol{i}$.

续表

式中负号表示$\boldsymbol{v}_x$的方向与x轴正方向相反. 由加速度定义,有 $$\boldsymbol{a}_x=\frac{\mathrm{d}v_x}{\mathrm{d}t}\boldsymbol{i}=-\frac{\mathrm{d}}{\mathrm{d}t}\left(\frac{v_0}{x}\sqrt{x^2+h^2}\right)\boldsymbol{i}=-\frac{v_0^2h^2}{x^3}\boldsymbol{i}$$ 式中负号表示加速度方向与x正方向相反. 由于速度$\boldsymbol{v}_x$与加速度$\boldsymbol{a}_x$方向相同,所以船是加速靠岸的.	题目中并未给出x随时间变化的函数关系,但根据题意和刚刚建立的直角坐标系可知,已知的收拖缆绳的速率v_0就是小船位置矢量$\boldsymbol{r}$的大小r(缆绳长短)的时间变化率. 利用图示几何关系,不难写出位矢表达式,进而可找到r和x的关系,并根据已知的r的时间变化率求得x的时间变化率.

2. **第二类基本问题——已知加速度(或速度)和初始条件($t=0$时刻的位置和速度),求速度和运动方程**

加速度是位矢对时间的二阶导数,已知加速度随时间变化的函数关系,可由积分得到速度表示式再积分,从而得到运动方程.

辨析 一般运动与其特例之间的关系(表1.13).

表1.13 几种常见运动的规律

运动形式	主要规律
一般变速直线运动 (以x方向运动为例) $a_x\neq C$(常量)	$v_x=v_{0x}+\int_0^t a_x\mathrm{d}t$, $x=x_0+\int_0^t v_x\mathrm{d}t$, $v_x^2-v_{0x}^2=2\int_{x_0}^x a_x\mathrm{d}x$.
匀变速直线运动 (以x方向运动为例) $a_x=C$(常量)	$v_x=v_{0x}+a_xt$, $x-x_0=v_{0x}t+\frac{1}{2}a_xt^2$, $v_x^2-v_{0x}^2=2a_x(x-x_0)$.
一般变速率圆周运动 角加速度$\beta\neq C$(常量)	$\omega=\omega_0+\int_0^t\beta\mathrm{d}t$, $\theta=\theta_0+\int_0^t\omega\mathrm{d}t$, $\omega^2-\omega_0^2=2\int_{\theta_0}^{\theta}\beta\mathrm{d}\theta$.
匀变速率圆周运动 $\beta=C$(常量)	$\omega=\omega_0+\beta t$, $\theta-\theta_0=\omega_0t+\frac{1}{2}\beta t^2$, $\omega^2-\omega_0^2=2\beta(\theta-\theta_0)$.
抛体运动 $a_x=0$, $a_y=-g$	$v_x=v_0\cos\theta$, $v_y=v_0\sin\theta-gt$, $x=v_0\cos\theta\cdot t$, $y=v_0\sin\theta\cdot t-\frac{1}{2}gt^2$, 轨迹方程:$y=x\tan\theta-\frac{gx^2}{v_0^2\cos^2\theta}$ 射高:$Y=\frac{v_0^2\sin^2\theta}{2g}$, 射程:$X=\frac{v_0^2\sin 2\theta}{g}$.

· 说明:当加速度为常量时,可将其从积分号中移出,积分所得速度、路程表达式为中学熟知的匀变速运动公式.

解题思路和方法:解决这类问题的方法——主要用积分法.

例如:

$$\boldsymbol{a}=\frac{\mathrm{d}\boldsymbol{v}}{\mathrm{d}t}\xrightarrow{\text{积分}}\boldsymbol{v}=\boldsymbol{v}_0+\int_0^t\boldsymbol{a}\mathrm{d}t\xrightarrow{\text{积分}}\boldsymbol{r}=\boldsymbol{r}_0+\int_0^t\boldsymbol{v}\mathrm{d}t$$

$$\beta=\frac{\mathrm{d}\omega}{\mathrm{d}t}\xrightarrow{\text{积分}}\omega=\omega_0+\int_0^t\beta\mathrm{d}t\xrightarrow{\text{积分}}\theta=\theta_0+\int_0^t\omega\mathrm{d}t$$

例题 1-3 一质点在某参考系中运动,初位置 $\boldsymbol{r}_0=3\boldsymbol{i}+\boldsymbol{j}$,初速度 $\boldsymbol{v}_0=20\boldsymbol{i}$,加速度 $\boldsymbol{a}(t)=12t\boldsymbol{i}+8\boldsymbol{j}$,式中均使用国际单位制单位.求 $t=0.5$ s 时该质点的 y 坐标和 $t=1$ s 时该质点的速率.

解题示范:

解:根据题意可知

$$t=0,x_0=3,y_0=1$$

$$v_{0x}=20,v_{0y}=0$$

$$a_{0x}=0,a_{0y}=8$$

$$a_x=12t,a_y=8$$

显然,该质点在 x 方向的运动是一般的变加速运动,在 y 方向上的运动是初速度为零的匀加速运动.

由加速度定义可得

$$a_x=\frac{\mathrm{d}v_x}{\mathrm{d}t}=12t,a_y=\frac{\mathrm{d}v_y}{\mathrm{d}t}=8$$

所以速度的 x 分量为(注意积分上下限的对应关系)

$$v_x=\int_{v_{0x}}^{v_x}\mathrm{d}v_x=\int_0^t a_x\mathrm{d}t$$

$$v_x=v_{0x}+\int_0^t a_x\mathrm{d}t=20+\int_0^t 12t\mathrm{d}t=20+6t^2$$

速度的 y 分量为(注意积分上下限的对应关系)

$$v_y=\int_{v_{0y}}^{v_y}\mathrm{d}v_y=\int_0^t a_y\mathrm{d}t$$

$$v_y=v_{0y}+\int_0^t a_y\mathrm{d}t=a_yt=8t$$

由于质点在 y 方向做匀加速直线运动,所以,由匀加速直线运动公式可得 y 方向质点位置为

$$y=y_0+\frac{1}{2}a_yt^2=1+4t^2$$

将 $t=0.5$ s 代入上式,有 $y=1+4\times0.5^2=2$ (m)

把 $t=1$ s 代入前面的两个速率分量式,得质点的速率分量分别为

$$\begin{cases}v_x=26\\v_y=8\end{cases}$$

所以速率为

$$v=\sqrt{v_x^2+v_y^2}=\sqrt{26^2+8^2}=27.2\quad(\mathrm{m\cdot s^{-1}})$$

解题思路与线索:

该问题是已知初始条件和加速度,求位置和速度,属于第二类运动学问题.

由于该质点有两个加速度分量,为使积分方便,我们通常对两个分量分别进行积分运算.

为方便求解,首先列出初始条件和两个加速度分量表达式.

然后,参照表 1.13 可分别对两个加速度分量积分,得到速度的两个分量.

由于 y 方向为匀加速直线运动,也可直接由匀加速运动公式得到位置 y 随时间变化的函数.

特别强调:

由于运动学中的积分变量为时间 t,所以,积分过程中,积分限与质点运动的初末状态必须一一对应.

3. 分析运动、建立运动参量方程,写出质点运动方程或运动轨迹方程

解题思路和方法:建立质点运动方程,消去时间 t,即得到质点的轨迹方程.

$$\left.\begin{array}{l}x=x(t)\\y=y(t)\\z=z(t)\end{array}\right\}\xrightarrow{\text{消去 }t}\text{轨迹方程}$$

例题 1-4　已知图(a)中 $|OA|=|BA|=|AC|$,当 OA 以 ω 绕 O 匀角速率转动时,C 沿 x 轴、B 沿 y 轴做直线运动.求 BC 上任一点 E(设 $|BE|=a$, $|CE|=b$)的运动轨迹.

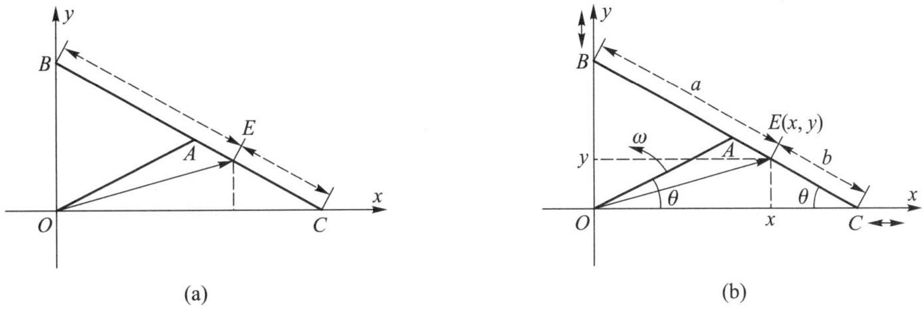

例题 1-4 图

解题示范:

解:欲求 E 点的轨迹方程,首先要写出其运动方程.根据题意,画示意图如图(b)所示:

由于质点做匀角速率圆周运动,若假设初始时刻,OA 与 x 轴重合,$\theta=0$,则任一时刻 t,OA 与 x 轴夹角为 $\theta=\omega t$.

于是可得质点运动的参量方程:

$$\begin{cases} x=a\cos\omega t \\ y=b\sin\omega t \end{cases}$$

消去时间 t,得 E 的轨迹方程:

$$\frac{x^2}{a^2}+\frac{y^2}{b^2}=1$$

即 E 点在 Oxy 平面内做椭圆运动.此即椭圆规的原理.

解题思路与线索:

由上面所述方法,要求轨迹方程,我们首先要找到质点运动坐标分量与时间 t 的函数关系.对于 Oxy 平面上的运动,则只需要找到参量方程 $x(t)$ 和 $y(t)$.

观察例题图 1-4(a),并画出辅助线如例题图 1-4(b)所示,由题意 $|OA|=|AC|$, $\angle AOC=\angle ACO$ 所以 E 点的坐标可以用 a、b 和 OA 与 x 轴夹角 θ 表达出来.

4. 有关相对运动的计算

解题思路和方法:

在运动学中,进行参考系变换主要是为了处理问题更为方便.这类问题可以用解析法或几何法求解.需要注意的是要正确地表示矢量,以便进行矢量运算.区分速度合成和速度变换可参见表 1.12.

(1) **解析法**:在所建立的坐标系中写出各矢量的解析式,利用变换公式进行运算.

(2) **几何法**:按照矢量相加的平行四边形法则(三角形法则、多边形法则)画出图形,用几何关系求解.这种方法往往比较简捷.

例题 1-5　河水自西向东流动,速率为 $10\ \mathrm{km\cdot h^{-1}}$.一艘船在水中航行,船相对于河水的航向为北偏西 30°,相对于河水的航速为 $20\ \mathrm{km\cdot h^{-1}}$.此时风向为正西,风速为 $10\ \mathrm{km\cdot h^{-1}}$.求在船上观察到的烟囱冒出的烟的飘向(设烟离开烟囱后即获得与风相同的速度).

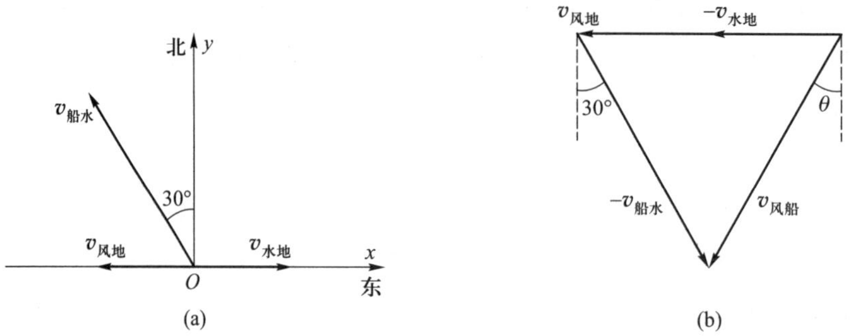

例题 1-5 图

解题示范：

解：(1)解析法

根据题意，建立坐标如图(a)所示.

由题意，参照上图写出已知的速度矢量表达式：

$$\boldsymbol{v}_{水地}=10\boldsymbol{i}\ \mathrm{km\cdot h^{-1}}$$

$$\boldsymbol{v}_{船水}=(-20\sin 30°\boldsymbol{i}+20\cos 30°\boldsymbol{j})\ \mathrm{km\cdot h^{-1}}$$

$$\boldsymbol{v}_{风地}=-10\boldsymbol{i}\ \mathrm{km\cdot h^{-1}}$$

根据相对运动速度合成法则可得

$$\boldsymbol{v}_{烟船}=\boldsymbol{v}_{风船}=\boldsymbol{v}_{风地}+\boldsymbol{v}_{地水}+\boldsymbol{v}_{水船}$$

$$=\boldsymbol{v}_{风地}-(\boldsymbol{v}_{船水}+\boldsymbol{v}_{水地})$$

代入数据得

$$\boldsymbol{v}_{烟船}=[(-10+20\sin 30°-10)\boldsymbol{i}-(20\cos 30°)\boldsymbol{j}]\ \mathrm{km\cdot h^{-1}}$$

$$=(-10\boldsymbol{i}-17.3\boldsymbol{j})\ \mathrm{km\cdot h^{-1}}$$

速度大小为

$$v_{烟船}=\sqrt{(-10)^2+(-17.3)^2}\ \mathrm{km\cdot h^{-1}}=20\ \mathrm{km\cdot h^{-1}}$$

(2) 几何法

由题意，参照图(a)，利用矢量相加的三角形法则，可以画出图(b).

由于风对地和水对地的速率相加为 20 $\mathrm{km\cdot h^{-1}}$，与船对水的速率相同，所以图形为等边三角形.由图示关系，不需要计算即可判断出，在船上观察，烟以 20 $\mathrm{km\cdot h^{-1}}$的速率向南偏西 30°飘去.

解题思路与线索：

根据题意，本问题是要求风(烟)相对于船(或相对于船静止的观察者)的速度.下面我们采用两种方法求解.

(1) 解析法

由于船相对于水在运动，水又相对于地在运动，同时，风相对于地也在运动，所以，共有四个参照物——船、水、风和地.其实，无论有多少参照物，相对运动有多复杂，相对运动速度都遵从下列合成法则：

$$\boldsymbol{v}_{PO}=\boldsymbol{v}_{PA}+\boldsymbol{v}_{AB}+\boldsymbol{v}_{BC}+\cdots+\boldsymbol{v}_{FO}$$

(2)几何法

画图步骤：

① 由题意，标注已知速度的大小和方向；

② 根据相对运动速度合成公式：

$$\boldsymbol{v}_{风船}=\boldsymbol{v}_{风地}+\boldsymbol{v}_{地水}+\boldsymbol{v}_{水船}$$

按照矢量相加的三角形法则，画出速度矢量空间位置图.

由此可见，灵活运用矢量图，可以更简洁、快速地解决问题.

思维拓展

一、运动的绝对性和描述运动的相对性

运动的绝对性　是指运动是物质的固有属性，是一种客观存在，它不需要原因. 狭义地说，牛顿第一定律揭示了在没有外力影响时，物体将保持原来的运动状态（匀速直线运动，或其特例：静止），即物体位置的变化不需要原因. 广义地说，物质的运动即物质的存在形式.

描述运动的相对性　是指我们在认识物质运动和具体说明运动的细节时，无法回避自身作为观察者的地位，无法回避自身与所要描述的对象之间的相互关系. 狭义地说，只有以观察者所在的参考系为标准，才能确定地描述物体的运动；而不同参考系中的观察者与所描述的客体的关系不同，因此对同一客体运动的具体描述可以不同. 广义地说，我们对自然界的认识不可避免地要打上观察者自身的“烙印”.

二、如何研究复杂运动

复杂运动可以按一定方式分解为彼此独立的简单运动，也可以由这些彼此独立的分运动合成得来，这就是运动叠加原理.

（1）分解复杂运动的方式往往不是唯一的. 例如：质点的斜抛运动既可以分解为沿水平方向的匀速直线运动和沿竖直方向的上抛运动，也可以分解为沿初速度方向的匀速直线运动和自由落体运动. 显然，恰当运用叠加原理可以使处理质点一般曲线运动的问题大大简化.

（2）运动叠加原理来自描述运动的物理量的矢量性. 位矢、位移、速度、加速度都可以分解为沿 x、y、z 三个方向的独立分量.

（3）运动叠加原理的条件. 一般来说，物理量满足叠加原理的条件是该物理量遵从线性微分方程：$\frac{\mathrm{d}^n y}{\mathrm{d}x^n}+p_1\frac{\mathrm{d}^{n-1} y}{\mathrm{d}x^{n-1}}+\cdots+p_n y=\phi(x)$. 那么，若 $x_1(t)$、$x_2(t)$ 是方程的解，则 $c_1x_1(t)+c_2x_2(t)$ 也是方程的解. 在非线性领域，叠加原理是不适用的.

三、微积分的思想方法

微积分的建立　微积分方法是物理学中大量运用的基本数学方法之一. 17 世纪，随着社会政治经济的发展，航海、测量等活动日益繁荣，这促进了多学科的研究，求面积、体积、速度、加速度、行程、切线、极值等问题迫切需要被解决，要提供相应的理论和方法. 牛顿和莱布尼茨将前人求解无限小问题的各种技巧统一为微分和积分两类普遍算法，并且确立了这两种算法的互逆关系，从而找到了处理变量及其变化规律等问题的有效工具. 牛顿从对变速运动的研究出发，莱布尼茨从对曲线的切线的几何学研究出发，各自独立地创立了在科学史上意义重大的微

积分方法.

牛顿在1687年发表的《自然哲学的数学原理》中从力学定律出发,用微积分作为工具,严格证明了开普勒行星运动三定律和万有引力定律,他还将微积分方法有效应用于流体力学、声学、光学、潮汐乃至宇宙体系.

在牛顿和莱布尼茨之后,经过洛必达、罗尔、拉格朗日、柯西、欧拉、高斯、格林、斯托克斯、雅可比、拉普拉斯、勒让德等人的工作,微积分方法日臻完善,进一步发展从而产生微分几何、微分方程、变分法……形成了"数学分析".

微积分的思想 微积分方法中采用了变量与函数的概念,物体状态是时间变量的函数,或者说,事物是时刻到状态的映射.什么是"动"? 一个物体,时刻 t_1 在 A 处,时刻 t_2 在另一位置 B 处,就说该物体在 t_1 至 t_2 时间内"动"了,如果对于在 t_1 至 t_2 时间内的任意时刻 t,物体都在 A 处,就说该物体在 t_1 至 t_2 时间内没有"动".因此,"动"或"不动"是涉及两个时刻的概念,需要用两个时刻的状态进行比较,才能作出判断.

物体能否在有限时间内通过空间中的无穷多个点? 微积分方法采用了"连续"和"无穷"的概念,由于时间和空间的连续性,有限空间中含有无穷多个点或区间,有限时间中也含有无穷多个时刻或时间区间,二者形成一一对应的关系.因此,原则上物体可以利用有限时间内的无穷多个时刻或时间区间来通过有限空间中的无穷多个点或区间.

既然运动的描述涉及两个时刻状态的比较,在描述物体运动的快慢时用一段时间去除物体在这段时间里通过的距离,所得的商称为物体在这段时间内的平均速度.对于一个时刻,时间间隔为零,物体通过的距离也为零,0/0 有什么意义呢? 所以,在初等数学框架内是无法解决物体的瞬时速度问题的.为此,牛顿创立了微积分方法,并且用两个微分之比来定义和计算瞬时速度.19世纪末,数学家用现代语言严格定义了无穷小量、极限、函数的连续性、级数的收敛性、导数、微分、积分等概念,补充了微积分的逻辑基础,用微积分方法就能够完美地描述运动的变化了.

微积分方法解决了如何描述物体的运动状态及其变化规律的问题.用数学函数描述物体的状态,用物理定律表述状态之间的相互联系,当状态的变化被设定为无限小时,物理定律就表述为微分方程的形式.

经典物理是决定论的.依据物理定律,未来可以由现在加以预言.爱因斯坦指出:"只有微分定律的形式才能完全满足近代物理学家对因果性的要求.微分定律的明晰概念是牛顿最伟大的成就之一.当时不仅需要这种概念,而且还需要一种数学的形式体系……牛顿在微积分中也找到了这种形式."

四、微积分在运动学中的应用

导数即物理量(函数)的瞬时变化率 在运动学中,物体的位置随时间连续变化的函数关系称为物体的运动方程.可用该函数的增量描述一段时间内物体位置的变化量.在物体运动时,与其位置变化具有同样重要意义的是其位置变化的快慢,可用函数增量与自变量(时间)增量的比值,即函数的变化率描述该段时间内物体运动的快慢.在物理学中,还常见物理量随空间坐标变化的情况,以空间坐标为自变量的函数也很重要,同样需要区分物理量(函数值)的变化量和变化率.

区分平均变化率与瞬时变化率　上述变化率为平均变化率，它是单位自变量间隔内的函数增量，例如：$\bar{\boldsymbol{v}}=\Delta\boldsymbol{r}/\Delta t$，其值与自变量的变化区间相关. 在自变量区间趋向于零时，平均变化率的极限称为函数的瞬时变化率. 例如：$\boldsymbol{v}=\lim\limits_{\Delta t\to 0}\Delta\boldsymbol{r}/\Delta t=\mathrm{d}\boldsymbol{r}/\mathrm{d}t$. 这时，“平均”的意义已经消失，瞬时变化率即物理量（函数）在某点（自变量取某值）处的变化率. 与瞬时变化率有关的表达式，常常写成方程的形式，称为运动微分方程，例如牛顿第二定律：$\boldsymbol{F}=m\boldsymbol{a}=m\cdot\mathrm{d}\boldsymbol{v}/\mathrm{d}t$.

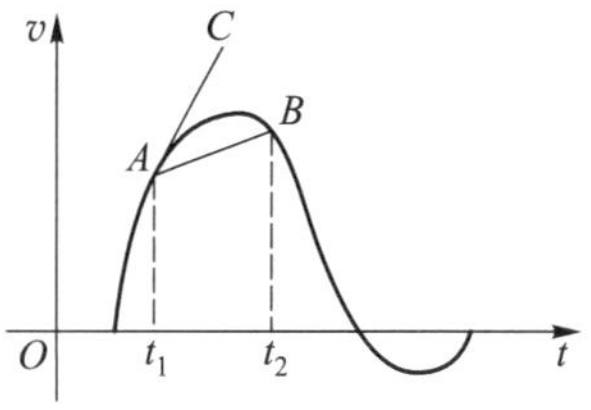

图 1.1　导数的几何意义

导数的几何意义　平均变化率对应函数曲线两点间割线的斜率，瞬时变化率对应函数曲线上某点的切线的斜率. 如图 1.1 所示，割线 AB 的斜率表示 t_1 至 t_2 时间内的平均加速度，切线 AC 的斜率表示 t_1 时刻的加速度.

五、微积分在物理学中的其他应用

求极值　大学物理中表示物理量的函数几乎都是连续可导的，可以采用数学上的方法令其一阶导数为零（函数曲线在该处的斜率为零）来求其极值点，再由二阶导数的符号来判断其为极大值或极小值.

微元分析法　在运动学中处理变速直线运动、曲线运动等问题及大学物理的其他问题（如求变力的冲量、功、力矩，求矢量场的通量、环流……）常常采用微元分析方法：对自变量取小量，在这一微元区间内以直（平）代曲，以恒代变，求出函数（从变量）的小量，然后用积分法求和.

定积分的几何意义　由图 1.2 中可以看出，$f(x)\,\mathrm{d}x$ 即函数曲线下面窄条的面积 $\mathrm{d}A$，而对 $a\leqslant x\leqslant b$ 区间，曲线下面各窄条的面积求和，即该区间曲线下面的总面积为 $A=\int_a^b f(x)\,\mathrm{d}x$. 所以，对微元连续求和的运算就是积分. 在物理学中，可以用这样的方法求解关于路程、总功、总热量、质量连续分布物体的转动惯量、电量连续分布带电体的电势等许多问题. 对于矢量函数，其积分就是对矢量微元求和，应该注意的是，在具体问题中，它往往通过对其各分量的标量积分来完成.

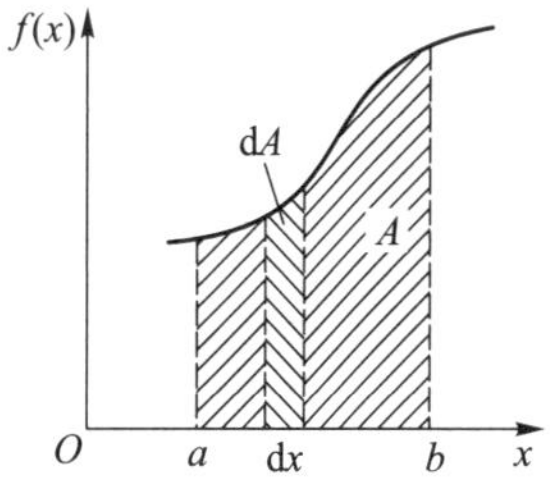

图 1.2　定积分的几何意义

连续变化的物理量的平均值　连续函数在某区间平均值的定义：$\overline{f(x)}=\dfrac{1}{b-a}\int_a^b f(x)\,\mathrm{d}x$. 在物理问题中还常常利用积分方法来计算连续变化的物理量在某区间的平均值. 例如：一个周期内简谐振动动能、势能的平均值，理想气体分子的平均速率、方均根速率等.

六、物理学中关于微积分的两点说明

为什么不讨论更高阶的导数　在运动学中，只讨论位矢 $\boldsymbol{r}$ 变化率（速度）$\boldsymbol{v}=\mathrm{d}\boldsymbol{r}/\mathrm{d}t$，速度变化率（加速度）$\boldsymbol{a}=\mathrm{d}^2\boldsymbol{r}/\mathrm{d}t^2$，而不讨论加速度的变化率 $\mathrm{d}\boldsymbol{a}/\mathrm{d}t=\mathrm{d}^3\boldsymbol{r}/\mathrm{d}t^3$，以及位矢对时间的更高阶的导数. 其主要原因是从动力学角度来看，运动变化的原因是力，力使物体产生加速度，力对物体运动

状态的影响由加速度即可完全体现出来.这样,用位矢、速度描述物体的运动状态,用加速度描述物体运动状态的变化,同时考虑到运动的初始条件,就足以包含关于物体运动的全部信息,没有必要讨论位矢对时间的更高阶的导数.

微分即小量,物理学中的两类小量 物理学中有两类小量.其中一类关系到位置、速度、温度、体积、压强等物理量,这些物理量均与时刻对应,是描述系统的状态量.当系统的状态发生微小变化时,这些物理量可能发生相应的变化(微小增量),与数学中的微分等同.这类小量可以进行加、减、乘、除等运算.另外一类小量关系到功、热量等物理量,这些物理量均与时间间隔对应,不是状态量,而是过程量.这类物理量不能作为自变量.其小量表示在系统状态微小变化过程中伴随的微小效应,而不表示物理量的增量.这类小量可以进行加、减、乘、除等运算,但是不具有数学上全微分的性质.

课后练习题

基础练习题

1-2.1 一质点在平面上运动,已知质点位置矢量的表示式为 $\boldsymbol{r}=at^2\boldsymbol{i}+bt^2\boldsymbol{j}$(SI 单位)($a,b$ 为常量),则该质点做[ ].

(A) 匀速直线运动 (B) 变速直线运动

(C) 抛物线运动 (D) 一般曲线运动

1-2.2 以下五种运动形式中,$\boldsymbol{a}$ 保持不变的运动是[ ].

(A) 单摆的运动 (B) 匀速率圆周运动

(C) 行星的椭圆轨道运动 (D) 抛体运动

(E) 圆锥摆运动

1-2.3 质点做曲线运动,$\boldsymbol{r}$ 表示位矢,s 表示路程,a_t 表示切向加速度的大小,下列表达式中,正确的判断是[ ].

① $\mathrm{d}\boldsymbol{v}/\mathrm{d}t=a$ ② $\mathrm{d}r/\mathrm{d}t=v$ ③ $\mathrm{d}s/\mathrm{d}t=v$ ④ $|\mathrm{d}\boldsymbol{v}/\mathrm{d}t|=a_t$

(A) 只有①、④是对的 (B) 只有②、④是对的

(C) 只有②是对的 (D) 只有③是对的

1-2.4 在地面坐标系内,A、B 二船都以 $2\ \mathrm{m\cdot s^{-1}}$ 的速率匀速行驶,A 船沿 x 轴正向,B 船沿 y 轴正向.今在 A 船上设置与地面坐标系方向相同的坐标系(x、y 方向的单位矢量分别用 $\boldsymbol{i}$、$\boldsymbol{j}$ 表示),那么在 A 船上的坐标系中,B 船的速度(以 $\mathrm{m\cdot s^{-1}}$ 为单位)为[ ].

(A) $2\boldsymbol{i}+2\boldsymbol{j}$ (B) $-2\boldsymbol{i}+2\boldsymbol{j}$ (C) $-2\boldsymbol{i}-2\boldsymbol{j}$ (D) $2\boldsymbol{i}-2\boldsymbol{j}$

1-2.5 一飞机相对空气的速度大小为 200 km/h,风速为 56 km/h,方向从西向东,地面雷达测得飞机速度大小为 192 km/h,方向是[ ].

(A) 南偏西 16.3° (B) 北偏东 16.3°

(C) 向正南或向正北 (D) 西偏北 16.3°

(E) 东偏南 16.3°

1-2.6 一质点沿 x 方向运动，其加速度随时间变化关系为 $a=3+2t$（SI 单位），如果初始时质点的速度 v_0 为 $5\ \mathrm{m\cdot s^{-1}}$，则当 $t=3\ \mathrm{s}$ 时，质点的速度________.

1-2.7 一质点的运动方程为 $x=6t-t^2$（SI 单位），则在 t 由 0 至 4 s 的时间间隔内，质点的位移大小为________，在 t 由 0 到 4 s 的时间间隔内质点走过的路程为________.

1-2.8 在 Oxy 平面内有一运动的质点，其运动方程为 $\boldsymbol{r}=10\cos 5t\boldsymbol{i}+10\sin 5t\boldsymbol{j}$（SI 单位），则 t 时刻其速度 $\boldsymbol{v}=$________；其切向加速度的大小 $a_t=$________；该质点运动的轨迹是________.

1-2.9 一物体做如图所示的斜抛运动，测得在轨道 A 点处速度 $\boldsymbol{v}$ 的大小为 v，其方向与水平方向夹角成 30°.则物体在 A 点的切向加速度 $a_t=$________，轨道的曲率半径 $\rho=$________.

1-2.10 有一水平飞行的飞机，速度为 $\boldsymbol{v}_0$，在飞机上以水平速度 $\boldsymbol{v}$ 向前发射一颗炮弹，略去空气阻力并设发炮过程不影响飞机的速度，则：

（1）以地球为参考系，炮弹的轨迹方程为__________；

（2）以飞机为参考系，炮弹的轨迹方程为__________.

1-2.11 某人自原点出发，在 25 s 内向东走 30 m，又在接下来的 10 s 内向南走 10 m，再在最后 15 s 内向正西北走 18 m.试求：合位移的大小和方向、每一段位移中的平均速度及全部时间内的平均速度和平均速率.

1-2.12 有一质点沿 x 轴做直线运动，t 时刻的坐标为 $x=4.5t^2-2t^3$（SI 单位），试求：

（1）第 2 s 内的平均速度；

（2）第 2 s 末的瞬时速度；

（3）第 2 s 内的路程.

1-2.13 一电子在电场中运动，其运动方程为 $x=2t,y=19-2t^2$（SI 单位）.

（1）计算并作图表示电子的运动轨迹；

（2）求电子的速度和加速度；

（3）什么时候电子的位矢与速度恰好垂直？此时它们的 x 、y 分量各是多少？

（4）何时电子离原点最近？最小距离为多少？

1-2.14 题 1-2.14 图中曲线 abc 为抛物线的一部分，是一个做直线运动的质点的位置随时间变化的关系曲线.曲线在 a 点处的切线与 x 轴的夹角为 45°，写出质点的运动方程并画出其 $v-t$ 图、$a-t$ 图.

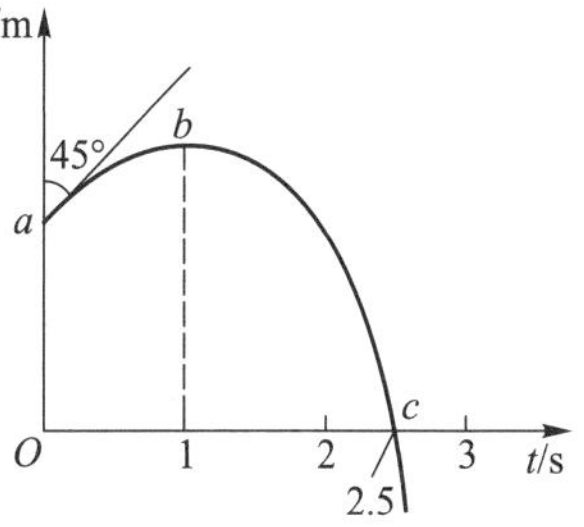

题 1-2.14 图

1-2.15 一质点在水平面内做圆周运动，半径 $R=2\ \mathrm{m}$，角速度 $\omega=kt^2$（k 为常量）.当 $t=0$ 时，$\theta=-\pi/4$，第 2 s 末时质点的线速度大小为 $32\ \mathrm{m\cdot s^{-1}}$.试用角坐标表示质点的运动方程.

1-2.16 一艘舰艇正以 $17\ \mathrm{m\cdot s^{-1}}$ 的速率向东行驶，有一架直升机准备降落在舰艇的甲板上，海上有 $12\ \mathrm{m\cdot s^{-1}}$ 的北风.若舰艇上的海员看到直升机以 $5\ \mathrm{m\cdot s^{-1}}$ 的速度垂直降下，试求直升机相对于海水和相对于空气的速度.（以正南为 x 正方向，正东为 y 正方向，竖直向上为 z 正方向建立坐标系.）

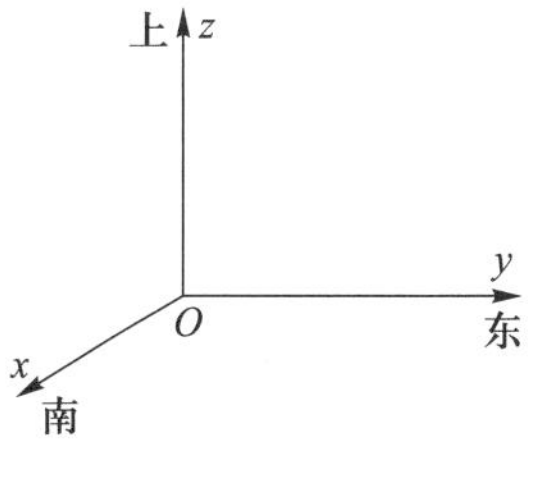

题 1-2.16 图

1-2.17 一人以 $2.0\ \mathrm{km\cdot h^{-1}}$ 的速率自东向西步行时，看见雨滴竖

直下落；当他的速率增加至 4.0 km · h^{-1}时看见雨滴与前进方向成 135°角下落，求雨点对地的速度.

综合练习题

1-3.1 路灯离地面高度为 H，一个身高为 h 的人在灯下水平路面上以匀速 v_0 步行，如图所示.求当人与灯水平距离为 x 时，她的头顶在地面上的影子移动的速度.

1-3.2 距海岸（视为直线）500 m 处有一艘静止的船，船上的探照灯以转速 $n=1$ r · min^{-1}转动，求当光束与岸边成 60°角时，光束沿岸移动的速度.

1-3.3 质点 M 在水平面内运动的轨迹如图所示，OA 段为直线，AB、BC 段分别为不同半径的两个 1/4 圆周.设 $t=0$ 时，M 在 O 点，已知运动方程为 $s=30t+5t^2$（SI 单位），求 $t=2$ s 时刻，质点 M 的切向加速度和法向加速度.

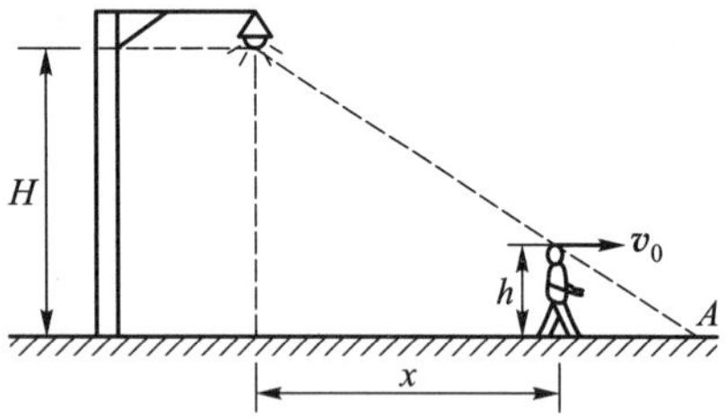

题 1-3.1 图

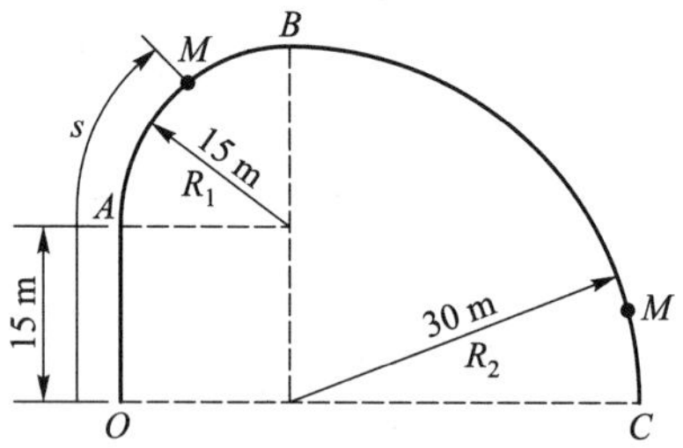

题 1-3.3 图

1-3.4 一个半径为 $R=1.0$ m 的圆盘，可以绕一水平轴自由转动.一根轻绳绕在盘子的边缘，其自由端拴一物体 A.在重力作用下，物体 A 从静止开始匀加速地下降，在 $\Delta t=2.0$ s 内下降的距离 $h=0.4$ m.求物体开始下降后 3 s 末，盘边缘上任一点的切向加速度与法向加速度.

1-3.5 一质点沿半径为 0.10 m 的圆周运动，其角位置 $\theta=2+4t^3$（SI 单位），问：

（1）$t=2$ s 时质点的法向加速度和切向加速度各是多少？

（2）当切向加速度的大小恰是总加速度大小的一半时，θ 的值是多少？

（3）在哪一时刻，切向加速度和法向加速度恰有相等的值？

1-3.6 某发动机工作时，主轴边缘一点做圆周运动的运动方程为 $\theta=t^3+4t+3$（SI 单位）.

（1）$t=2$ s 时，该点的角速度和角加速度各为多大？

（2）若主轴直径 $D=40$ cm，求 $t=1$ s 时该点的速度和加速度.

1-3.7 一艘正在沿直线行驶的电艇，在发动机关闭后，其加速度方向与速度方向相反，大小与速度平方成正比，即 $dv/dt=-kv^2$，式中 k 为常量.试证明电艇在关闭发动机后又行驶 x 距离时的速度为 $v=v_0e^{-kx}$，式中 k 为常量.

1-3.8 飞机 A 以 $v_A=10^3$km · h^{-1}的速率（相对地面）向南飞行，同时另一架飞机 B 以 $v_B=$ 800 km · h^{-1}的速率（相对地面）向东偏南 30°方向飞行.求 A 机相对于 B 机的速度和 B 机相对于 A 机的速度.

习题解答

第二章　动量　动量守恒定律

人们公认伽利略时代是现代物理的诞生时期.他留给我们一些重要的发现,但是如果你想一下,虽然这些发现很重要,但它们并不是最重要的遗产,更重要的是他教给我们应当怎样去研究物理学.

——杨振宁

课前导引

力对物体的瞬时作用,这样的表述往往只不过是作用时段 Δt 趋于零的极限情况.事实上,作用时段 Δt 的大小,总是一个有限值.因此,我们有必要考虑和研究力对质点持续作用有限时段 Δt 后,对质点运动状况所产生的累积效果.力的时间累积效应将使动量发生变化.

本章将使学生对牛顿运动定律的认识得到提升.用动量的时间变化率来表述牛顿第二定律,这是牛顿第二定律的更一般表示形式.动量守恒定律是自然界最普遍、最基本的定律之一,比牛顿三大运动定律的应用更广泛.在近代物理中,牛顿三大运动定律遇到两方面的困难:一是在微观理论中,力的概念已经非常模糊;二是在相对论中,力的传递需要时间,建立在"瞬时"作用基础上的牛顿三大运动定律失去意义.而动量的概念在近代物理中仍然重要,动量守恒定律在微观理论和相对论中得到了实验事实的充分肯定.

本章的学习应与中学所学有所区分.首先,从体系上看,本章以守恒量和守恒定律为中心,中学学习是以"力"为中心.再者,从内容上看,中学讨论的问题只涉及惯性系中质点所受恒力的问题,而本章扩展到质点系、变力、非惯性系等问题.

在本章中,了解质心、质心运动定理对于理解质点系、刚体的运动、应用动量守恒定律分析问题非常有帮助.对非惯性系力学定律的了解有助于对牛顿三大运动定律加深理解.

学习目标

1. 理解质点动量、质点系动量的概念.
2. 掌握牛顿三大运动定律的基本内容及运用条件.
3. 熟练掌握用隔离法分析物体的受力情况,计算惯性系中的质点动力学问题.
4. 掌握质点、质点系动量定理的微积分形式,并熟练应用.
5. 掌握动量守恒条件,熟练应用动量守恒定律求解有关问题.

本章知识框图

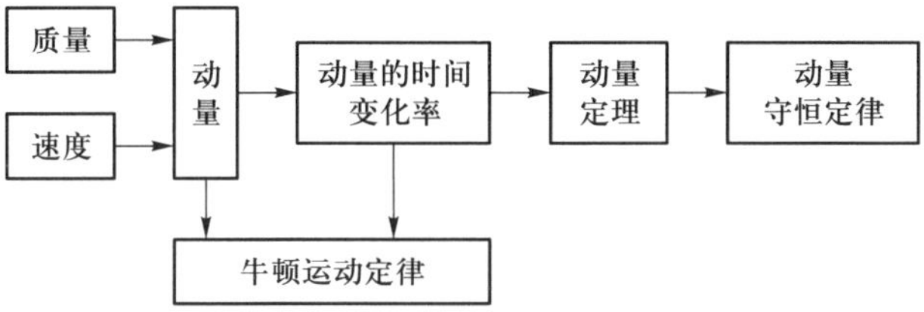

混合教学学习指导

本章课堂教学计划为 4 讲,每讲 2 学时.在每次课前,学生阅读教材相应章节、观看相关教学视频,在问题导学下思考学习,并完成课前测试练习.

阅读教材章节

徐行可,吴平,大学物理学(第二版)上册,第四章　动量　动量守恒定律:58—78 页.

观看视频——资料推荐

知识点视频

序号	知识点视频	说明
1	质心和质心运动定律	这里提供的是本章知识点学习的相关视频条目,视频的具体内容可以在国家级精品资源课程、国家级线上一流课程等网络资源中选取。
2	质点系的动量	
3	动量　动量的时间变化率	
4	惯性系中的牛顿运动定律	
5	非惯性系中的牛顿运动定律	
6	动量定理	
7	动量守恒定律	

导学问题

质量与质心

- 如何定义质点系的质心?

- 质心与几何中心两个概念的区别是什么？在什么情况下二者重合？请举例说明.
- 如何理解物体的惯性质量与引力质量？

牛顿运动定律

- 牛顿运动定律的适用条件是什么？
- 如何划分内力和外力？
- 什么是惯性力？它与真实力有什么区别？
- 如何处理非惯性系中的力学问题？

动量定理

- 冲量的方向是否与冲力的方向相同？
- 如何理解质点的动量变化不与质点所受的合力相对应？

动量守恒定律

- 动量守恒定律成立的条件是什么？
- 能否由某系统所受合外力的冲量为零来判定该系统的动量守恒？为什么？
- 为什么在碰撞、爆炸、打击等过程中可以近似地应用动量守恒定律？

课前测试题

选择题

2-1.1 下列叙述中，正确的是[ ].

(A) 物体所受摩擦力的方向总是与物体运动的方向相反

(B) 系统的总动量随时间的变化率大小等于该系统所受的合外力

(C) 汽车加速时，驾驶员所受到的惯性力与靠背的推力是一对作用力和反作用力

(D) 物体所受合力一定大于分力

2-1.2 下列叙述中，正确的是[ ].

(A) 质点组总动量的改变与内力无关

(B) 物体所受合外力冲量的方向一定与合外力的方向相同

(C) 一小球从竖直墙面无任何速率改变弹回，其动量的改变量为零

(D) 若系统所受合外力的冲量为零，则系统的动量守恒

2-1.3 两质点 A 和 B，质量分别为 m_A 和 $m_B(m_A>m_B)$，速度分别为$\boldsymbol{v}_A$ 和$\boldsymbol{v}_B(v_A>v_B)$，受到相同的冲量作用，则[ ].

(A) A 的动量增量的绝对值比 B 的小　　(B) A 的动量增量的绝对值比 B 的大

(C) A、B 的动量增量相等　　(D) A、B 的速度增量相等

2-1.4 假设一个乒乓球和一个保龄球向你滚来，二者都具有相同的动量，然后你用相同的力将两只球停住，比较停住两只球所用的时间间隔可知[ ].

(A) 停住乒乓球所用的时间间隔较短
(B) 停住乒乓球和保龄球所用的时间间隔相同
(C) 停住乒乓球所用的时间间隔较长
(D) 条件不足,不能确定

填空题

2-1.5 一只企鹅站在一质量分布均匀的雪橇 A 端,雪橇长为 L,平放在光滑的冰面上,雪橇和企鹅的质量相等.在企鹅从 A 端走向 B 端的过程中,雪橇-企鹅这个系统的质心地面坐标位置将________.(选填:变化、不变)

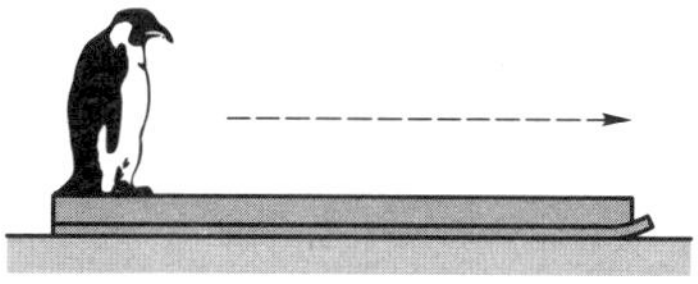

题 2-1.5 图

2-1.6 两个质量相同的物体 A 和 B,从同一高度自由下落,与水平地面相碰,A 物体反弹回来,B 物体却贴在地上,________物体给地面的冲量较大.

2-1.7 在两个力的作用下,一个质点以恒定速度 $\boldsymbol{v}=3\boldsymbol{i}-4\boldsymbol{j}$(SI 单位)运动,已知一个力为 $\boldsymbol{F}_1=2\boldsymbol{i}-6\boldsymbol{j}$,则另一个力 $\boldsymbol{F}_2=$________.

知识梳理

知识点 1. 质量、动量

质量:最初,牛顿将质量概念引入物理学,解释为"物质的量",用密度和体积来量度,但这只是一种循环定义.目前物理学对质量概念的认识如下:

在万有引力定律中,质量是物体产生和接受引力的能力强弱的量度,称为引力质量.在牛顿第二定律中,质量是受到外力作用时,物体改变其运动状态的难易程度,即惯性大小的量度,称为惯性质量.实验证明,引力质量和惯性质量成正比,在恰当的单位制下,二者数值相等.所以,它们是表征物质的基本属性的同一物理量(质量)的不同表现.爱因斯坦在狭义相对论中建立质能关系,进一步揭示出质量是能量的载体.

动量:动量是描述物体(质点或质点系)机械运动状态的物理量,可量度物体平动运动的强弱.质点和质点系动量的定义如表 2.1 所示.

表 2.1 质点和质点系的动量

研究对象	质点	质点系
定义	质点的动量等于其质量与速度的乘积: $\boldsymbol{p}=m\boldsymbol{v}$.	质点系的动量是质点系内各质点动量的矢量和,也等于质点系总质量与质心速度的乘积: $\boldsymbol{p}=\sum_i m_i\boldsymbol{v}_i=m_0\boldsymbol{v}_c$.

知识点 2. 力、力的冲量

力:是物体之间的相互作用,是物体运动状态变化(产生加速度)的原因.其作用效果与力的大小、方向、作用点有关.

力的冲量:描述力对时间的累积效应.

$$\boldsymbol{I}=\int_{t_1}^{t_2}\boldsymbol{F}(t)\,\mathrm{d}t$$

力的冲量效果:改变质点或质点系的动量.

$$对质点:\boldsymbol{I}=\int_{t_1}^{t_2}\boldsymbol{F}\,\mathrm{d}t=\overline{\boldsymbol{F}}\cdot\Delta t=\Delta\boldsymbol{p}$$

$$对质点系:\begin{cases}\boldsymbol{I}_{外}=\displaystyle\int_{t_1}^{t_2}\boldsymbol{F}_{外}\,\mathrm{d}t=\Delta\boldsymbol{p}\\ \boldsymbol{I}_{内}=\displaystyle\int_{t_1}^{t_2}\boldsymbol{F}_{内}\,\mathrm{d}t=\boldsymbol{0}\end{cases}$$

知识点 3. 牛顿运动定律

牛顿运动定律是经典力学的基本定律,1687 年首次发表于《自然哲学的数学原理》.在此基础上构建了具有严谨逻辑结构的经典力学体系.表 2.2 给出牛顿运动定律的内容、意义和适用条件.牛顿曾经说:“如果我看得更远,那是因为我站在巨人的肩上.”图 2.1 表示出牛顿的卓越成就与前人工作的联系.

表 2.2 牛顿运动定律

定律	内容	物理意义	适用条件
牛顿第一定律	任何物体在不受外力作用时都将保持原来的静止或匀速直线运动状态.	阐明物体具有惯性,又称为惯性定律. 阐明了力是改变物体运动状态的原因. 定义了惯性参考系,是牛顿力学体系存在的基础和前提.	宏观 惯性系
牛顿第二定律	质点所受的合力等于质点动量的时间变化率:$\boldsymbol{F}=\dfrac{\mathrm{d}\boldsymbol{p}}{\mathrm{d}t}=m\boldsymbol{a}$ 分量式:$\begin{cases}F_x=m\dfrac{\mathrm{d}^2x}{\mathrm{d}t^2}\\ F_y=m\dfrac{\mathrm{d}^2y}{\mathrm{d}t^2}\\ F_z=m\dfrac{\mathrm{d}^2z}{\mathrm{d}t^2}\end{cases}$ 或:$F_t=ma_t$,$F_n=ma_n$.	定量描述了力的瞬时作用效果(产生加速度); 量度了物体平动惯性的大小.	宏观 低速($v\ll c$) 质点 惯性系

续表

定律	内容	物理意义	适用条件
牛顿第三定律	物体之间的作用总是相互的.作用力和反作用力等大、反向,沿同一直线.	阐明力具有相互作用的特征;是质点力学过渡到质点系力学的桥梁;并且直接导出动量守恒定律.	宏观 低速 质点 惯性系

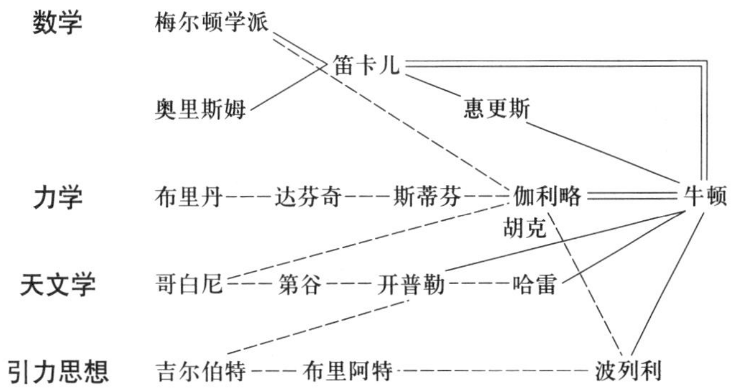

图 2.1　牛顿继承前人的成果

应用牛顿运动定律,需要进行物体受力分析,分析的对象不仅仅是单个物体,还常常是联结体,甚至是复杂的联结体.

牛顿运动定律只在惯性系中成立,但在实际应用中我们经常遇到非惯性系中的问题.惯性力是在非惯性系中物体受到的一种"力",它是由非惯性系相对于惯性系的加速运动引起的.同学们应注意区分外力和内力(表 2.3)、真实力和惯性力(表 2.4)的定义和效果.

辨析　外力和内力

表 2.3　外力和内力的比较

	定义	效果
外力	质点系外的物体对系统内任一质点的作用力,都称为质点系所受的外力.	由牛顿第二定律可知:$\boldsymbol{F}_{外}=\sum_{i}\boldsymbol{F}_{i外}=\mathrm{d}\boldsymbol{p}/\mathrm{d}t=m_0\boldsymbol{a}_{\mathrm{c}}$. 式中 $\boldsymbol{p}$ 为质点系的总动量,m_0 为质点系的总质量. 质点系所受合外力等于质点系总动量的时间变化率.
内力	质点系内各质点之间的相互作用力称为质点系的内力.	由牛顿第三定律可知:$\boldsymbol{F}_{内}=\sum_{i}\boldsymbol{F}_{i内}=0$. 内力不能改变质点系整体(质心)的平动状态,但能影响质点系内各质点的运动.

说明　外力和内力的划分具有相对的意义.同一个力可能对某一系统为外力,而对另一系统则为内力.

注意　内力的冲量不能改变质点系的总动量,只能影响总动量在质点系内的分配.

辨析　真实力和惯性力

表 2.4 真实力和惯性力的比较

	定义	效果	性质
真实力	物体之间的相互作用.	惯性系中的力学定律： $\boldsymbol{F}_{真}=m\boldsymbol{a}$.	遵守牛顿第三定律.
惯性力	为了在非惯性系中借用牛顿第二定律形式建立方程而引入的虚拟力. 其大小等于物体质量 m 与非惯性系相对于惯性系的加速度 $\boldsymbol{a}_0$ 的乘积，方向与 $\boldsymbol{a}_0$ 的方向相反： $\boldsymbol{F}_{惯}=\boldsymbol{F}_0=-m\boldsymbol{a}_0$	非惯性系中的力学定律： $\boldsymbol{F}_{真}+\boldsymbol{F}_{惯}=m\boldsymbol{a}'$ 式中 $\boldsymbol{a}'$ 为物体相对于非惯性系的加速度. 对于非惯性系中的观察者，惯性力具有真实的效果，而且可以用仪器进行测量.	不是物体之间真实的相互作用，无施力物体，也无反作用力.是非惯性系相对惯性系加速度的反映.

说明 惯性力不是物体之间的相互作用力，因而惯性力既没有施力者，也不存在反作用力.从这个意义上讲，惯性力称为“虚构力”，而万有引力、接触力等具有相互作用性质的力称为真实力.

知识点 4. 质心、质心运动定理

质心：是由质点系质量分布决定的一个几何点.在讨论质点系的整体运动时，可以以质心为代表，将质点系的全部质量集中于这一点，将质点系所受到的全部外力平移至这一点，从而直接简便地得出结论.

质心的位置，其位矢可以由各质点位矢加权平均求出：

$$\boldsymbol{r}_c=\sum_i m_i\boldsymbol{r}_i\Big/\sum_i m_i,\quad \boldsymbol{r}_c=\int\boldsymbol{r}\mathrm{d}m\Big/\int\mathrm{d}m$$

也可以用以上两式的分量式表示出质心的坐标.

质心运动定理：质点系的质心的运动好像这样一个虚拟质点的运动，该质点位于质点系的质心处，集中了质点系的全部质量，其所受到的力等于整个质点系所受全部外力的矢量和，即质心的运动只取决于质点系所受外力，与质点系的内力无关.

$$\boldsymbol{F}_{外}=\sum_i\boldsymbol{F}_{i外}=\mathrm{d}\boldsymbol{p}/\mathrm{d}t=m_0\boldsymbol{a}_c$$

质心运动定理是确定质点系运动整体特征(即各质点运动共性的动力学规律)，在分析物体运动时常常采用的方法.

知识点 5. 动量定理、动量守恒定律

质点和质点系动量定理的微分形式、积分形式如表 2.5 所示.

表 2.5 质点和质点系的动量定理

	质点	质点系
微分形式	$\mathrm{d}\boldsymbol{I}=\boldsymbol{F}\mathrm{d}t=\mathrm{d}\boldsymbol{p}$	$\mathrm{d}\boldsymbol{I}_{外}=\boldsymbol{F}_{外}\mathrm{d}t=\mathrm{d}\boldsymbol{p}$
积分形式	$\boldsymbol{I}=\int_{t_1}^{t_2}\boldsymbol{F}\mathrm{d}t=\overline{\boldsymbol{F}}\cdot\Delta t=\Delta\boldsymbol{p}$ 分量式 $\begin{cases}I_x=\int_{t_1}^{t_2}F_x\mathrm{d}t=\Delta p_x\\I_y=\int_{t_1}^{t_2}F_y\mathrm{d}t=\Delta p_y\\I_z=\int_{t_1}^{t_2}F_z\mathrm{d}t=\Delta p_z\end{cases}$	$\boldsymbol{I}_{外}=\int_{t_1}^{t_2}\boldsymbol{F}_{外}\mathrm{d}t=\Delta\boldsymbol{p}$ 分量式 $\begin{cases}I_{外x}=\int_{t_1}^{t_2}F_{外x}\mathrm{d}t=\Delta p_x\\I_{外y}=\int_{t_1}^{t_2}F_{外y}\mathrm{d}t=\Delta p_y\\I_{外z}=\int_{t_1}^{t_2}F_{外z}\mathrm{d}t=\Delta p_z\end{cases}$
物理意义	质点所受合力的冲量等于质点动量的增量.	质点系所受合外力的冲量等于质点系总动量的增量.

动量守恒定律:当质点系所受外力矢量和为零时,质点系的总动量为常矢量(表 2.6).

表 2.6 动量守恒定律

研究对象	条件	结论
质点系	$\boldsymbol{F}_{外}=\sum_i\boldsymbol{F}_{i外}=\boldsymbol{0}$	$\mathrm{d}\boldsymbol{p}/\mathrm{d}t=\boldsymbol{0}$ $\boldsymbol{p}=\sum_i\boldsymbol{p}_i=$常矢量

典型例题及解题方法

1. 运用牛顿运动定律解题

解题思路和方法:

首先明确牛顿运动定律的适用条件:

(1) 研究对象为质点或可视为质点的物体;

(2) 物体运动参考系为惯性参考系;

(3) 物体所受的合力,合外力与加速度之间的关系是瞬时关系.

根据题目条件,恰当选择研究对象,明确所受力,应用牛顿第二定律列方程.一般解题步骤:

(1) 隔离物体:即选取研究对象,将其从和它有联系的其他物体中隔离出来;

(2) 具体分析:分析隔离体的受力情况和运动情况,画出受力图;

(3) 选定坐标:选取固结于惯性参考系的坐标系;

(4) 建立方程:写出隔离体的运动微分方程,通常用分量式

$$\begin{cases} F_x = m\dfrac{\mathrm{d}v_x}{\mathrm{d}t} \\ F_y = m\dfrac{\mathrm{d}v_y}{\mathrm{d}t} \\ F_z = m\dfrac{\mathrm{d}v_z}{\mathrm{d}t} \end{cases} \quad 或 \quad \begin{cases} F_t = ma_t \\ F_n = ma_n \end{cases}$$

（5）求解讨论：求解方程，理解和讨论结果的物理意义.

例题 2-1 如图(a)所示，两物块经过滑轮相连，放置在斜块上，A 沿斜面上滑，斜块与地面固定.已知：两物块质量分别为 m_A，m_B，斜块倾斜角度为 θ，斜面摩擦因数为 μ，忽略滑轮摩擦和质量.写出物块 B 下落的加速度 a 的表示式.

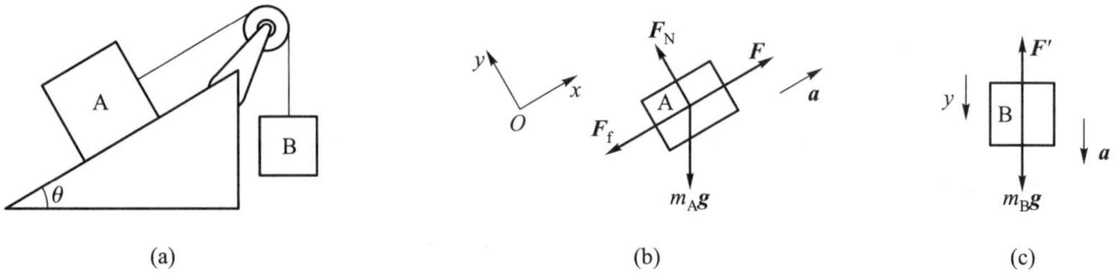

例题 2-1 图

解题示范：

解：按照前述一般步骤：

（1）选定 A、B 两个物体为研究对象；

（2）隔离物体，分别画出受力图(b)和(c)，如果绳不伸长，则物块 A、B 运动加速度的大小相同，设为 a.

（3）以斜块(地面)为惯性参考系，对 A 和 B 两个物体分别选定坐标系，如图所示，因为只是作为矢量方向的参考，所以，原点可以任意选择.

（4）根据牛顿运动定律列方程：

$$\begin{cases} F - F_f - m_A g\sin\theta = m_A a \\ F_N - m_A g\cos\theta = 0 \\ F_f = \mu F_N \\ m_B g - F' = m_B a \\ F' = F \end{cases}$$

（5）联立求解，可得

$$m_B g - m_B a - \mu m_A g\cos\theta - m_A g\sin\theta = m_A a$$

化简可得物体 B 下落的加速度：

$$a = \frac{m_B g - \mu m_A g\cos\theta - m_A g\sin\theta}{m_A + m_B}$$

解题思路与线索：

这个问题大家在中学就会求解，但解题的思路和步骤可能不够规范，对于简单问题，规范的重要性也许不那么突出，但面对复杂问题的时候，清晰的思路、规范的方法和步骤会有助于我们正确地分析和求解.

选择惯性参考系和固结于参考系上的坐标系是分析运动问题的必要步骤，因为力和加速度都是矢量，所以列牛顿运动方程的分量式时，坐标系是矢量方向的重要参考.

对 A 物体列出沿 x 方向和 y 方向的牛顿运动定律分量式，对 B 物体列出 y 方向牛顿运动定律分量式.凡是与坐标轴方向一致的力和加速度的分量取正号，相反的则取负号.

例题 2-2 如图(a)所示，有一定厚度的方块与斜块以及地面之间光滑接触，开始时均静止.当方块下滑时，求方块对斜块的正压力 $\boldsymbol{F}_N$ 以及斜块对地的加速度 $\boldsymbol{a}_{m'}$，方块对斜块的加速度为

$\boldsymbol{a}'$.已知方块质量为 m,斜块质量为 m',斜块坡面与地面夹角为 θ.

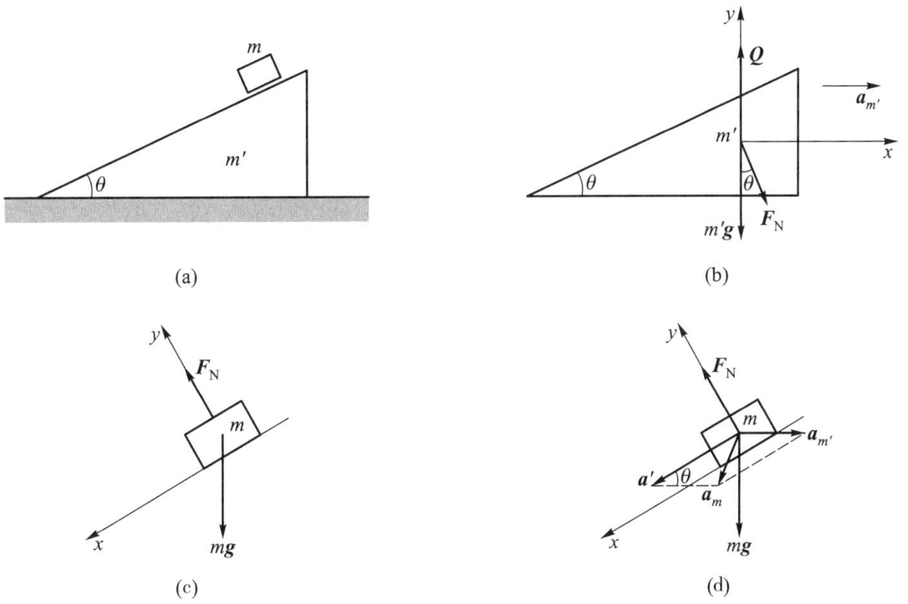

例题 2-2 图

解题示范:

解:(1) 选择方块和斜块为研究对象.

(2) 隔离物体,进行受力分析,分别画出如图所示隔离体受力图(b)和(c);该物体系统的运动情况相对复杂,方块相对于斜块运动,方块和斜块都相对于地面运动,所以必然涉及相对运动问题.

(3) 选地面为参考系,分别对两个物体建立如图所示直角坐标系.

(4) 由牛顿第二定律列出方程:

对斜块:

$$\begin{cases} \sum F_x = F_N \sin\theta = m'a_{m'} & ① \\ \sum F_y = Q - m'g - F_N\cos\theta = 0 & ② \end{cases}$$

对方块:

$$\begin{cases} \sum F_x = mg\sin\theta = ma_{mx} & ③ \\ \sum F_y = F_N - mg\cos\theta = ma_{my} & ④ \end{cases}$$

设方块(m)相对于斜面(m')以加速度 a'下滑,同时随斜块(m')以 $a_{m'}$向右加速运动,画出加速度矢量 $\boldsymbol{a}'$和 $\boldsymbol{a}_{m'}$如图(d)所示,根据相对运动的加速度合成法则(与速度合成法则类似)可知,

$$\boldsymbol{a}_{m地} = \boldsymbol{a}'_{mm'} + \boldsymbol{a}_{m'地} = \boldsymbol{a}_m = \boldsymbol{a}' + \boldsymbol{a}_{m'} \quad ⑤$$

解题思路与线索:

该问题与例题 2.1 相比较,虽然都是滑块运动问题,但由于地面与三角形斜块之间没有摩擦,因而会产生方块与斜块、斜块与地面、方块与地面之间的相对运动,问题将会更加复杂,既不是单纯的动力学问题,也不是单纯的运动学问题.

另一方面,本问题是否能像通常情况那样,选择斜块作为惯性参考系来研究方块的运动呢?这取决于斜块是否相对于地面做匀速直线运动.

很显然,答案是否定的.因为,由斜块的受力图可知,水平方向的合力不等于零,所以,必然会产生相对于地面的加速度 $a_{m'}$,因此根据惯性系的定义,斜块不是惯性系而是非惯性系,牛顿运动定律在非惯性系中不成立,不能作为参考系用牛顿运动定律来直接求方块对斜块的加速度 a',只能选地面为参考系.

观察方程①~④我们发现,共有 5 个未知数——N、Q、$a_{m'}$、a_{mx}、a_{my},但只有四个方程,无法求解.

续表

写出分量式：

$$\begin{cases} a_{mx}=a'-a_{m'}\cos\theta & ⑥ \\ a_{my}=-a_{m'}\sin\theta & ⑦ \end{cases}$$

(5) 解方程

联立①②③④⑥⑦可以解得

$$F_{\mathrm{N}}=\frac{m'mg\cos\theta}{m'+m\sin^2\theta}$$

$$a_{m'}=\frac{mg\cos\theta\sin\theta}{m'+m\sin^2\theta}$$

$$a'=\frac{(m'+m)g\sin\theta}{m'+m\sin^2\theta}$$

回顾前面的第(2)步中的运动分析，我们可以尝试从相对运动的角度寻找加速度之间的关系，并列出更多方程.

虽然加速度相加公式中多了一个未知数 a'，但我们得到了两个方程：⑥和⑦.

将所得结果用于 $\theta\to0$，$\theta\to\pi/2$，$m'\to\infty$ 三种极限情况进行讨论，是一种对计算结果的有效验证，也是科学研究的重要方法之一.

该问题的求解分析过程，让我们从中加深了对加速度这个物理量的理解，它既是一个运动学量，又是一个动力学量，它是运动学和动力学的桥梁.

2. 非惯性系中牛顿运动定律的应用

解题思路和方法：

利用非惯性系中的力学定律解题的关键是在受力分析时，除分析隔离体所受的真实力以外，还要增加惯性力.例如：

加速平动参考系：$\boldsymbol{F}_{惯}=\boldsymbol{F}_0=-m\boldsymbol{a}_0$.

匀角速转动参考系：$\boldsymbol{F}_{惯}=-m\boldsymbol{a}_{\mathrm{n}}$(惯性离心力).

运动方程为：$\boldsymbol{F}_{真}+\boldsymbol{F}_{惯}=m\boldsymbol{a}'$，式中 $\boldsymbol{a}'$是隔离体相对于非惯性系的加速度.

例题 2-3 用非惯性系中的运动定律求解[例题 2-2]中方块(m)对斜块(m')的加速度 a'.

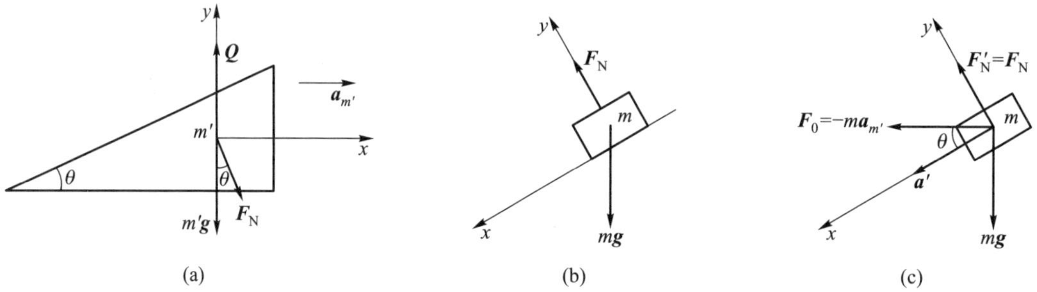

例题 2-3 图

解题示范：

解：采用与例题 2.2 完全相同的解题步骤：隔离物体，进行受力和运动分析，画隔离体受力图，建立直角坐标系，如图(a)(b)所示.

上面方块的受力图是以地面为参考时的受力图，若以斜块为参考系(非惯性系)，则方块 m 受力图中应增加惯性力 $\boldsymbol{F}_0$，如图(c)所示.

由惯性力的定义 $\boldsymbol{F}_0=-m\boldsymbol{a}_{m'}$，应用牛顿第二定律分别对斜块和方块列方程：

$$\begin{cases} \sum F_x=F_{\mathrm{N}}\sin\theta=m'a_{m'} & ① \\ \sum F_y=Q-m'g-F_{\mathrm{N}}\cos\theta=0 & ② \end{cases}$$

解题思路与线索：

学习了非惯性系中的牛顿运动定律，在该问题中，我们就可以尝试选择斜块为参考系来研究方块的运动了，只要将由于斜块相对于地面加速运动而引起的惯性力考虑进来即可.

续表

$\sum F_x = mg\sin\theta + ma_{m'}\cos\theta = ma'$　③ $\sum F_y = F_N - mg\cos\theta + ma_{m'}\sin\theta = 0$　④ 联立方程①③④，即可求得 $a' = \dfrac{(m'+m)g\sin\theta}{m'+m\sin^2\theta}$	显然，引入惯性力之后，我们可以选择非惯性系为参考来研究动力学问题，这给我们带来了很大的方便.

3. 运用动量定理或动量守恒定律解题

解题思路和方法：

运用动量定理的积分形式或动量守恒定律解题的一般步骤如下：

(1) **选系统：**确定研究对象.对于质点系问题，恰当地选择系统，可以使一些未知力成为内力，不在方程中出现.

(2) **选过程：**确定初、末状态.对于综合性问题，可以划分为几个互相衔接的阶段处理.

(3) **查受力：**对于质点系，只分析从初态到末态过程中质点系所受外力，而无须分析内力.

(4) **建坐标：**选取恰当的惯性系，建立坐标系.

(5) **列方程：**若不满足动量守恒条件，则应用动量定理求解.常常采用分量式：

对质点有 $\begin{cases} I_x = \int_{t_1}^{t_2} F_x \mathrm{d}t = \Delta p_x \\ I_y = \int_{t_1}^{t_2} F_y \mathrm{d}t = \Delta p_y \\ I_z = \int_{t_1}^{t_2} F_z \mathrm{d}t = \Delta p_z \end{cases}$；对质点系有 $\begin{cases} I_{外x} = \int_{t_1}^{t_2} F_{外x} \mathrm{d}t = \Delta p_x \\ I_{外y} = \int_{t_1}^{t_2} F_{外y} \mathrm{d}t = \Delta p_y \\ I_{外z} = \int_{t_1}^{t_2} F_{外z} \mathrm{d}t = \Delta p_z \end{cases}$

若满足动量守恒条件，则应用动量守恒定律求解.常常采用分量式：

$$\begin{cases} F_x = 0: \quad p_{1x} = p_{2x} \\ F_y = 0: \quad p_{1y} = p_{2y} \\ F_z = 0: \quad p_{1z} = p_{2z} \end{cases}$$

当质点所受合力为零时，质点将静止或做匀速直线运动.当质点系所受合外力为零时，质心将静止或做匀速直线运动.

(6) 求解和讨论

应用动量守恒定律解题请注意以下问题：

① 动量守恒定律只适用于惯性系.

② 在某一过程中动量守恒，不仅指过程始、末状态动量相等，而且整个过程中任意两个瞬间系统动量的大小、方向都不变.所以动量守恒条件是系统所受合外力为零，而不是过程中合外力的冲量为零.

③ 公式中的速度应该相对同一惯性系而言，如果题目已知条件中的速度是相对不同参考系的，则必须变换到同一参考系.

④ 动量是状态量，在守恒定律方程中，等式同一端的各质点的速度应该相对同一时刻（对应于同一状态）而言.

⑤ 动量具有矢量性.动量守恒是指其大小、方向均不变.对于质点系，系统内各质点的动量

可以显著变化，但质点系总动量的大小、方向不变（如爆炸问题）.

⑥ 当质点系所受合外力不为零，但合外力在某方向的分量为零时，质点系总动量不守恒，而总动量在该方向上的分量守恒.当质点系所受合外力不为零，但远远小于内力时，也可以近似使用动量守恒定律（如碰撞问题）.

例题 2-4 如图(a)所示，为 α 粒子散射示意图.在一次 α 粒子散射过程中，α 粒子与静止的氧原子核发生“碰撞”，实验测出碰撞后 α 粒子沿与入射方向成 $\theta=72°$的方向运动，而氧原子核沿与 α 粒子入射方向成 $\beta=41°$的方向“反冲”.求“碰撞”前后 α 粒子的速率之比.

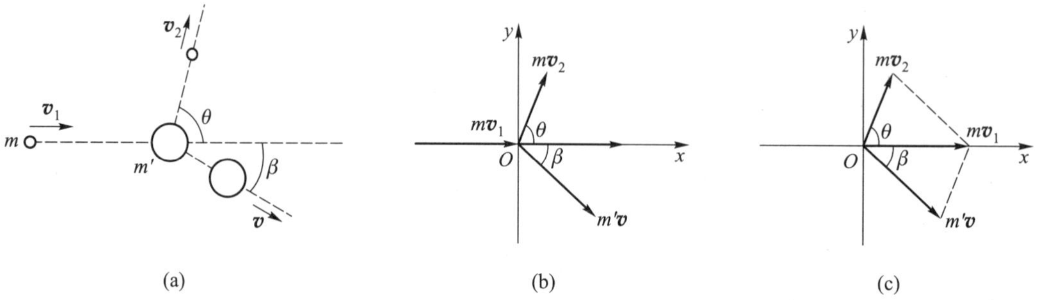

例题 2-4 图

解题示范：

解	解题思路与线索
解：设 α 粒子和氧原子核质量分别为 m 和 m'，碰撞前后 α 粒子的速度分别为$\boldsymbol{v}_1$ 和$\boldsymbol{v}_2$，氧原子核的速度分别为 **0** 和$\boldsymbol{v}$. 质点的动量等于质量与速度的乘积，是一个矢量.为定量分析，我们必须建立合适的坐标系，画出两个粒子碰撞前后的动量矢量，如图(b)所示. 根据动量守恒定律，α 粒子和氧原子核系统碰撞前后的总动量相等，所以有 $m\boldsymbol{v}_1+\boldsymbol{0}=m\boldsymbol{v}_2+m'\boldsymbol{v}$ 该矢量表达式可以用图(c)的平行四边形法则表示出来. 在直角坐标系中，写出动量守恒分量式： x 轴方向：$mv_1=mv_2\cos\theta+m'v\cos\beta$ ① y 轴方向：$0=mv_2\sin\theta-m'v\sin\beta$ ② 联立方程求解，得 $\frac{v_2}{v_1}=\frac{\sin\beta}{\sin(\theta+\beta)}=\frac{\sin 41°}{\sin(72°+41°)}=0.71$ 即 α 粒子“碰撞”后速率约为“碰撞”前的 71%.	**解题思路与线索：** α 粒子散射实验是研究物质基本结构、基本相互作用的重要方法.100多年前，卢瑟福就是利用α粒子轰击金箔的散射实验研究得到了原子是由集中了大部分原子质量、带有正电、集中在很小的空间范围的原子核和围绕其运动的电子组成的有核模型，让人类探索微观世界的步伐前进了一大步. 本问题研究 α 粒子与静止的氧原子核的“碰撞”，加引号是因为该碰撞不是通常意义上两个球体的碰撞.α 粒子是一个带正电的氦核，当它靠近带正电的氧原子核时，库仑斥力会将 α 粒子弹开（我们称之为散射）. 由于两个粒子的相互作用力的数量级远大于外力，所以，我们可以认为该过程是一个没有外力作用的动量守恒的过程. 显然，动量守恒定律的矢量表达式无法直接求出速率之比.通常我们可以将矢量式在坐标轴方向投影，得到两个分量代数式，更便于计算求解. 该例题又一次表明：涉及矢量运算问题时，画出恰当的图示、建立合适的坐标系，有助于我们更清晰地理解和分析问题.

思维拓展

学以致用——生活中的物理

物理教学的目的之一是培养学生应用物理理论解决实际问题的能力.如果课后题目不仅包含常规的已经抽象出的数学模型,还能把一些生活、生产中的原始物理问题提交给学生,这对学生的能力提升将十分有益.这类问题既能帮助学生更加深入、准确地理解物理理论,又能提高学生的学习兴趣,有利于激发他们的创造性思维.下面汇集的十个问题只是一种引导.希望同学们勤于观察和思考,积极主动地运用所掌握的知识去解决实际问题.

【问题 1】在杂技表演中,仰卧在地上的演员身上放一块大而重的石板,另外一个人用大锤猛击石板,石板碎了,下面的演员却未受伤.这是为什么? 如果将重石板换成轻木板,躺着的演员会更安全吗?

【参考解答】对石板:受到大锤猛击,因为力的作用时间极短,冲力很大,所以石板立即被击碎.由于石板质量很大,所以获得大锤传递的动量时,石板向下运动的速度很小.加上时间很短,石板在被击碎前向下的位移极小.实际上,石板还来不及将大锤的打击力传递到人体身上,便破碎了.因此,演员不易受伤.

对木板:使演员可能受伤的力,主要不是板的重力,而是冲击力.把石板换成木板,虽然板的重力减小,但正是由于板的质量小,在大锤传递的动量大体相同的情况下,板向下运动的速度增大,能够发生足够大的位移挤压人体.即能够将大锤的打击力传递到人体身上,从而更容易使演员受伤.

【问题 2】试分析比较下面两种现象:(1)用铁锤击船,不容易将船击动,用铁锤去推,很容易推动.(2)用铁锤击钉,容易将钉击入木板,而用铁锤去压钉,却很难压进去.

【参考解答】想要移动船,需要船的动量发生明显变化.用铁锤击船,虽然冲力大,但是作用时间太短,力的冲量 $\boldsymbol{F}\cdot t$ 不大,从而引起的船的动量变化并不大.用手借助铁锤去推船,作用力虽然减小,但力的作用时间可以长得多,力的冲量可以更大,从而引起船的动量发生明显变化.

想要将钉钉进木板,需要克服木板的阻力.若用铁锤去压,作用时间可以很长,但只要压力小于阻力,时间再长也无济于事.而用铁锤击钉,力的作用时间短,冲力大,更容易克服阻力,将钉钉进木板.

【问题 3】在如图 2.2 所示装置中,A、B 为相同的线.如果缓慢向下拉 B,逐渐加大拉力,则到一定程度时,A 被拉断,B 仍完好;而猛然向下拉 B,则 B 被拉断,A 仍然完好.这是为什么?

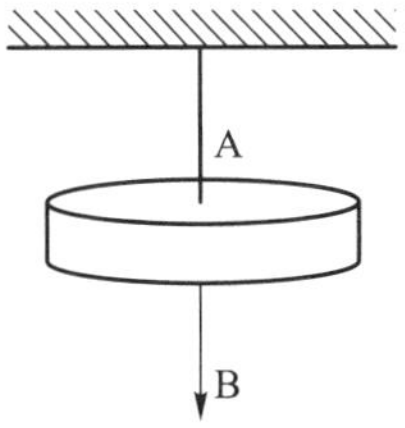

图 2.2

【参考解答】将线拉断的过程,实际上是外力使线发生形变的过程.当形变超过线的弹性限度时,线中张力足以使线断裂.

在图 2.2 中,猛然拉 B,B 迅速被拉长,发生断裂.而力作用时间极短,物体动量变化很小,物体向下的位移和线 A 的形变也很小,A 中张力尚不足以使 A 断裂.当线 B 被拉断时,外力便消失了,因此 B 断 A 不断.

如果缓慢拉 B,外力作用时间长,而且逐渐增大,则力的作用来得及传递到 A.线 A 中的张力大致等于 B 所受的外力加上物体的重力.这样,线 B 中张力比线 A 中张力小.当 A 中张力达到使其断裂的极限时,B 所受到的外力尚未达到使其断裂的程度,所以 A 断 B 不断.

【问题 4】试比较螺旋桨飞机、喷气式飞机和火箭的飞行原理.

【参考解答】螺旋桨飞机:根据作用力与反作用力的原理,将空气对螺旋桨的反作用力作为其飞行的动力.它不能在真空中飞行.

喷气式飞机:根据动量守恒定律,通过向后喷出燃气来获得向前的动量.它不依赖于空气的反作用力,但一般喷气式飞机的发动机需要从大气中吸入空气才能使燃料燃烧,所以它也不能在真空中飞行.

火箭:它也是根据动量守恒定律,通过向后喷出燃气来获得向前的动量.但它自身携带燃料和氧化剂,可以在真空中飞行.

【问题 5】帆船是怎么逆风前进的?

【参考解答】逆风行舟依据的物理原理是动量定理.因为合外力的冲量等于物体动量的增量,如果物体的始、末动量不在一条直线上,则力的冲量的方向与物体运动方向就不在同一直线上.

如图 2.3 所示,设帆与风向夹角为 θ,以质量为 m 的空气为研究对象,其初速为 $\boldsymbol{v}_0$,与帆相互作用(时间为 t)以后,速率为 v,指向船尾方向.由动量定理:$\boldsymbol{F}t=m\boldsymbol{v}-m\boldsymbol{v}_0$,得到船对空气的冲力 $\boldsymbol{F}$ 方向如图中所示.由牛顿第三定律,空气对帆的作用力方向与之相反.这个力($-\boldsymbol{F}$)在垂直于船身方向的分量可与水的横向阻力平衡,而在平行于船身方向的分量则可推动帆船前进.

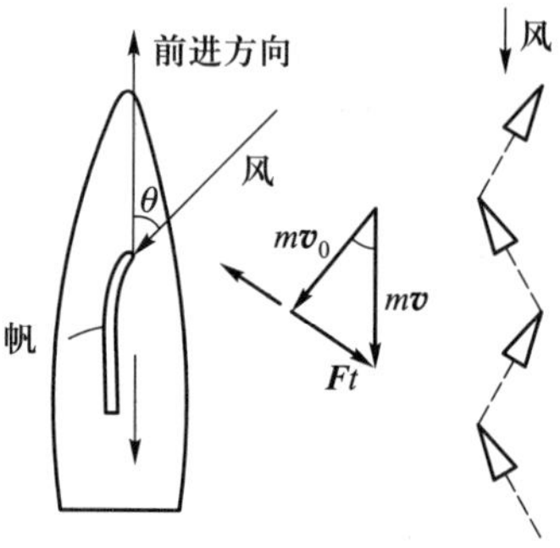

图 2.3

【问题 6】为什么夜间行车的安全速度取决于车头灯光的照明距离?

【参考解答】这个问题涉及紧急刹车过程的运动规律.如图 2.4 所示,设刹车时初速率为 v_0,车轮与路面之间的摩擦因数为 μ,刹车距离为 s,则有

$$\left.\begin{aligned}&F_{\mathrm{N}}=mg\\&F_{\mathrm{f}}=\mu F_{\mathrm{N}}=ma\\&v_0^2=2as\end{aligned}\right\}\text{得}:v_0=\sqrt{2\mu gs}$$

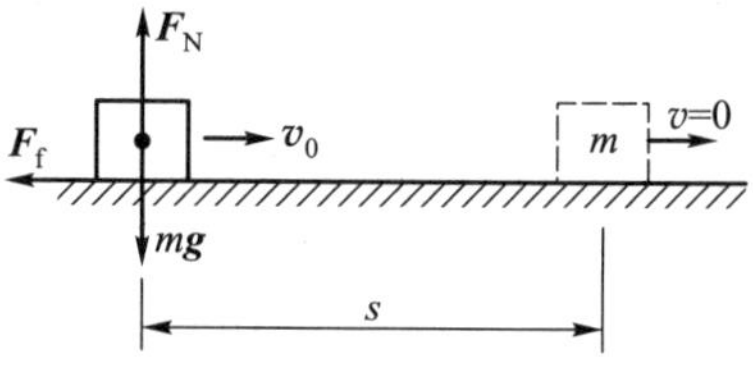

图 2.4

如果用车头灯光的照明距离 l 代替 s,即刹车距离内的事物均在灯光的照明距离之内,驾驶员可以清晰地看见刹车距离内的事物,则可有效降低事故发生率.所以,夜间安全行车的最大速率为 $v_{\mathrm{m}}=\sqrt{2\mu gl}$.发生交通事故时,由实测的刹车距离与车灯照明距离比较,即可判断驾驶员是否超速行车.所以,车灯照明距离实际上限制着夜间安全行车的速率.

【问题 7】竞走速度与身体摇摆.

【参考解答】由于竞赛规则要求,运动员竞走时,在任何时刻至少有一只脚不离开地面.于是,竞走过程中运动员的质心运动轨迹为一条波浪线,每走两步为一个周期.设运动员的腿长为 l,起步时两腿之间夹角为 2θ,则每一步行走的距离为 $2l\sin\theta$.如果质心上升高度为 h,走两步的时间为 $2t$,由于质心下降可视为人体受重力作用的结果,$t=\sqrt{2h/g}$,则可得行走速度为 $v=\dfrac{2l\sin\theta}{2t}=l\sin\theta\sqrt{\dfrac{g}{2h}}$.这样,为了提高速度,就需要尽可能增大 θ,减小 h.运动员来回摇摆臀部的目的就是为了用力蹬地,

加大 θ 的同时，质心升高量 h 尽可能小．当行走速度越大时，身体摇摆就越剧烈．

【问题 8】杂技演员砍木块．

【参考解答】如图 2.5 所示的杂技节目中，演员每只手拿一木块，中间夹着若干木块．他突然向上抬起右手，用手中的木块将相邻的木块砍掉，而其他木块仍然整齐地靠着左手上的木块，不掉下来．其中的原因是：演员第一个动作是让两手夹着的全部木块以一定的速度向上运动，突然拿起右手中的木块，撤销了木块之间相互挤压的力，木块之间的摩擦力随之消失，则其余木块以重力加速度 g 做匀减速运动，这期间迅速用右手中的木块自上而下地砍击相邻木块，只要力足够大，被砍击的木块即获得很大的向下的加速度飞出，而由于木块之间相互作用力为零，其他木块的运动不受影响．这时迅速将右手中的木块和剩余的其他木块排在一起，就又会恢复原来的状态，只不过少了一个木块而已．

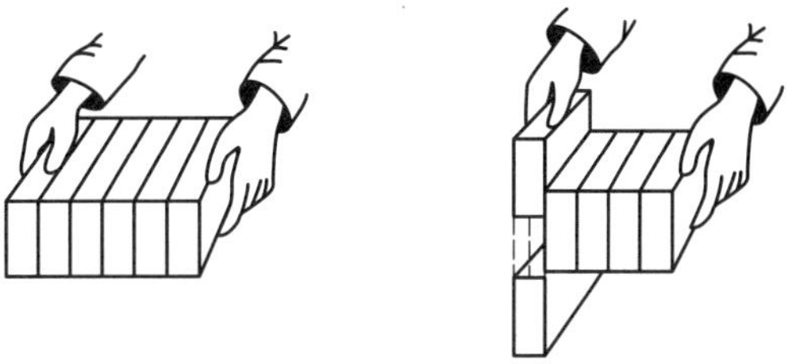

图 2.5

【问题 9】为什么火车司机启动很重的列车时总是先开倒车，使车后退一下，然后再向前？

【参考解答】　如果列车各节车厢之间的挂钩拉得很紧，那么牵引力必须克服整列火车与铁轨之间的最大静摩擦力才能起动．重载列车与铁轨之间的最大静摩擦力 $F_{fm}=\mu\sum m_i g$ 很大，所以起动困难．若司机先开倒车，使车厢之间的挂钩松弛，则向前开时，车厢是逐节被起动的，只需要克服正在起动的那节车厢与铁轨之间的最大静摩擦力和前面已经起动的车厢与铁轨之间的滚动摩擦力即可，所需要的牵引力大大减小．如果考虑起动以后的车厢有一定动量，它与待起动的车厢之间有冲力作用，还可以进一步降低对牵引力的要求．

【问题 10】分析铁轨接缝对车轮的冲击．

【参考解答】设每两根铁轨接缝处间隙为 d，如图 2.6 所示．车轮每经过一根铁轨，行进到接缝处，就受到一次冲击．这种周期性冲力使车厢做受迫振动．下面计算车轮经过轨端接缝时受到的平均冲力．

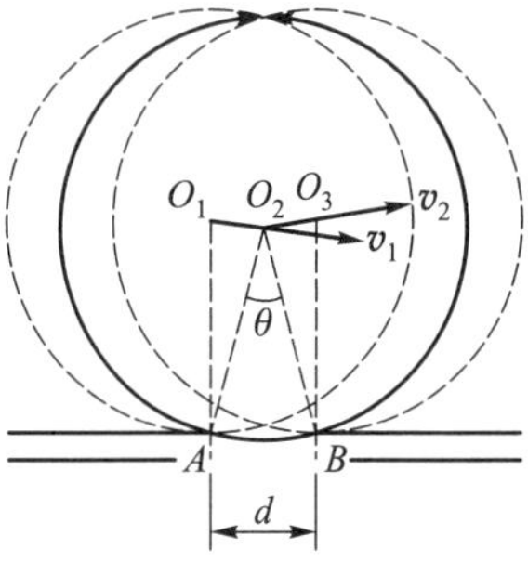

图 2.6

隔离车轮，其与铁轨的接触点从 A 移到 B 时，车轮绕其中心转动了角度 $\theta=d/R$，即车轮中心的运动方向改变了 θ，车轮所受到的冲量为 $\boldsymbol{I}=m\boldsymbol{v}_2-m\boldsymbol{v}_1$，其分量式为

$$\begin{cases} I_x=mv_{2x}-mv_{1x}=0 \\ I_y=mv_{2y}+mv_{1y}=2mv\sin\dfrac{\theta}{2}\approx 2mv\cdot\dfrac{\theta}{2}=mv\dfrac{d}{R} \end{cases}$$

车轮所受冲击力为

$$F=\frac{I_y}{\Delta t}=\frac{mvd}{R}\cdot\frac{v}{d}=\frac{mv^2}{R}$$

力的方向向上．

设：$m=0.70\ \text{t}$，$R=0.50\ \text{m}$，$v=20.0\ \text{m/s}$，可得

$$F=112\ \text{N}$$

我国生产的铁轨长度一般为 12.50 m，则冲力的周期为

$$T=(12.5/20)\ \text{s}=0.625\ \text{s}$$

课后练习题

基础练习题

2-2.1 升降机天花板上拴有轻绳，其下端系一重物，当升降机以加速度 a_1 上升时，若绳中的张力正好等于绳子所能承受的最大张力的一半，问：升降机以多大加速度上升时，绳子刚好被拉断？[ ].

(A) $2a_1$ (B) $2(a_1+g)$ (C) $2a_1+g$ (D) a_1+g

2-2.2 如图所示，滑轮和绳子的质量忽略不计，忽略一切摩擦阻力，物体 A 的质量 m_1 大于物体 B 的质量 m_2. 在 A、B 运动过程中，弹簧秤的读数是[ ].

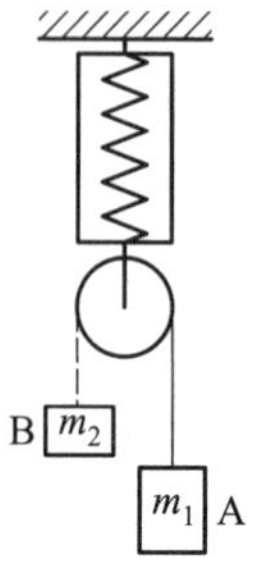

题 2-2.2 图

(A) $(m_1+m_2)g$ (B) $(m_1-m_2)g$

(C) $\dfrac{2m_1m_2}{m_1+m_2}g$ (D) $\dfrac{4m_1m_2}{m_1+m_2}g$

2-2.3 力 $\boldsymbol{F}=12t\boldsymbol{i}$(SI 单位)作用在质量 $m=2$ kg 的物体上，使物体由原点从静止开始运动，则它在 3 s 末的动量应为[ ].

(A) $-54\boldsymbol{i}$ kg·m/s (B) $54\boldsymbol{i}$ kg·m/s

(C) $-27\boldsymbol{i}$ kg·m/s (D) $27\boldsymbol{i}$ kg·m/s

2-2.4 在水平冰面上以一定速度向东行驶的炮车，向东南(斜向上)方向发射一炮弹，对于炮车和炮弹这一系统，在此过程中(忽略冰面摩擦力及空气阻力)[ ].

(A) 总动量守恒

(B) 总动量在炮身前进的方向上的分量守恒，其他方向动量不守恒

(C) 总动量在水平面上任意方向的分量守恒，竖直方向分量不守恒

(D) 总动量在任何方向的分量均不守恒

2-2.5 质量为 m 的平板 A，用竖立的弹簧支持而处在水平位置，如图所示. 从平台上以初速度 $\boldsymbol{v}$ 沿水平方向投掷一个质量为 m 的球 B，与平板发生完全弹性碰撞. 假定平板是光滑的，则球与平板碰撞后的运动方向应为[ ].

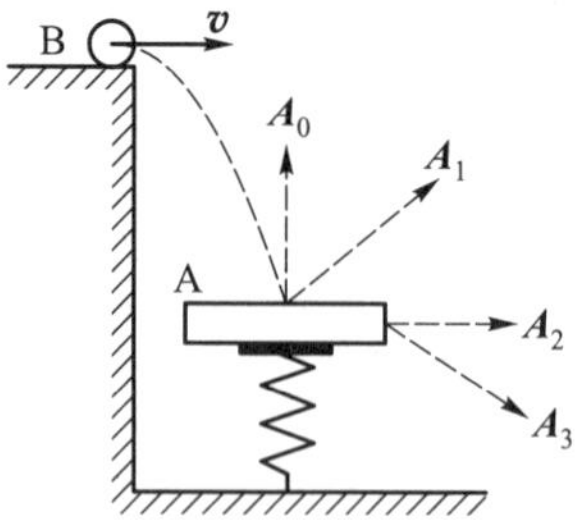

题 2-2.5 图

(A) $\boldsymbol{A}_0$ 方向 (B) $\boldsymbol{A}_1$ 方向

(C) $\boldsymbol{A}_2$ 方向 (D) $\boldsymbol{A}_3$ 方向

2-2.6 设作用在质量为 1 kg 的物体上的力为 $F=6t+3$(SI 单位). 在 0 到 2.0 s 的时间间隔内，这个力作用在物体上的冲量大小 $I=$________.

2-2.7 一颗子弹在枪筒里前进时所受合力的大小为

$$F=400-\frac{4\times10^5}{3}t\text{(SI 单位)}$$

子弹从枪口射出时的速率为 300 m · s^{-1}.假设子弹离开枪口时合力刚好为零,则:

(1)子弹走完枪筒全长所用的时间为________;

(2)子弹在枪筒中所受力的冲量的大小为________;

(3)子弹的质量为________.

2-2.8 如图所示,有一质量为 m'(含炮弹)的大炮,在一倾角为 θ 的光滑斜面上下滑,当它滑到某处速率为 v_0 时,从炮内沿水平方向射出一质量为 m 的炮弹.欲使炮车在发射炮弹后瞬时停止滑动,则炮弹出口速率 v=________.

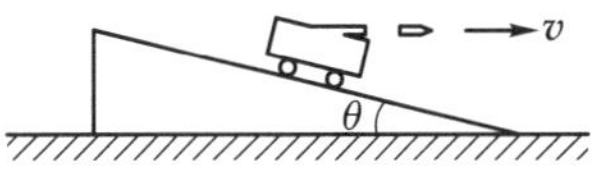

题 2-2.8 图

2-2.9 一质量为 m 的物体做斜抛运动,初速率为 $\boldsymbol{v}_0$,仰角为 θ.如果忽略空气阻力,物体从抛出点到最高点这一过程中所受合外力的冲量大小为________,冲量的方向为________.

2-2.10 质量 m 为 10 kg 的木箱放在地面上,在水平拉力 F 的作用下由静止开始沿直线运动,其拉力随时间的变化关系如图所示,若已知木箱与地面间的摩擦因数 μ 为 0.2,那么在 t=4 s 时,木箱的速度大小为________;在 t=7 s 时,木箱的速度大小为________.(g 取 10 m/s^2)

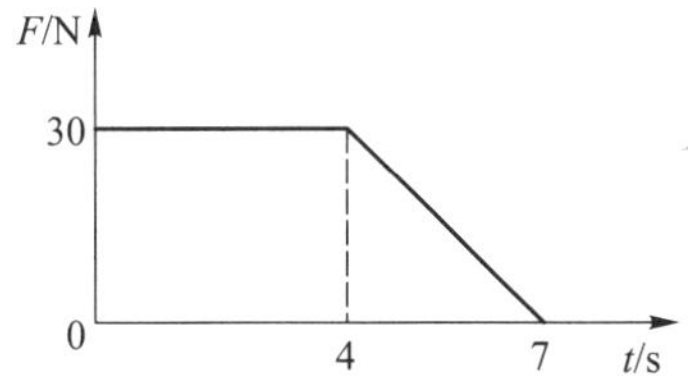

题 2-2.10 图

2-2.11 如图所示,一轻绳跨过一定滑轮,轻绳的一边悬有一个质量为 m_1 的物体,另一边穿在质量为 m_2 的圆柱体轴孔中,圆柱体可沿轻绳滑动.今看到圆柱体相对于轻绳以匀加速度 a 下滑,求 m_1、m_2 相对于地面的加速度、绳的张力及圆柱体与轻绳间的摩擦力.

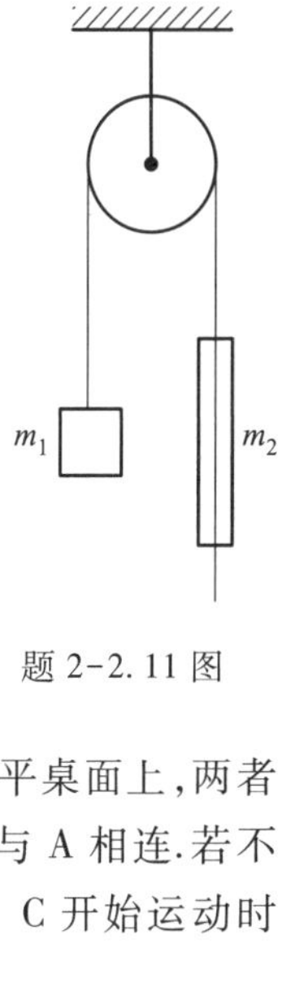

题 2-2.11 图

2-2.12 某喷气式飞机以 200 m · s^{-1}的速率在空中匀速飞行,引擎每秒吸入 50 kg 空气,与飞机内 2kg 的燃料混合后燃烧,燃烧后的气体相对于飞机以 400 m · s^{-1}的速度向后喷出.试求此喷气式飞机引擎的推力.

2-2.13 如图所示,一绳跨过一定滑轮,两端分别系有质量为 m 及 m'的物体,且 $m'>m$.最初 m'静止在桌上,抬高 m,使绳处于松弛状态.当 m 自由下落距离 h 后,绳才被拉紧,求此时两物体的速率和 m'所能上升的最大高度.不计轮、绳的质量,轴承的摩擦及绳的伸长.

2-2.14 图中,A、B、C 为三个质量均为 m 的物体.B、C 靠在一起放在光滑水平桌面上,两者间连有长 0.4 m 的细绳,原先绳是松弛的.B 的另一侧的细绳跨过桌边的定滑轮与 A 相连.若不计滑轮和细绳的质量及轮轴的摩擦,问:A、B 起动后,经多长时间 C 也开始运动? C 开始运动时的速率为多大?($g\approx 10$ m · s^{-2}.)

2-2.15 一个原来静止的原子核,放射性衰变时放出一个动量为 $p_1=9.22\times10^{-16}$ g · cm · s^{-1} 的电子,同时还在垂直于此电子运动的方向上放出一个动量为 $p_2=5.33\times10^{-16}$ g · cm · s^{-1}的中微子.求衰变后原子核动量的大小和方向.

2-2.16 如图所示,A 球的质量为 m,以速度 $\boldsymbol{u}$ 飞行,与一静止的小球 B 碰撞后,A 球的速度变为 $\boldsymbol{v}_1$,其方向与 $\boldsymbol{u}$ 成 90°,B 球的质量为 5 m,它被撞后以速度 $\boldsymbol{v}_2$ 飞行,$\boldsymbol{v}_2$ 的方向与 $\boldsymbol{u}$ 的夹角 θ=arcsin3/5.求两球相撞后的速度 $\boldsymbol{v}_1$ 和 $\boldsymbol{v}_2$ 的大小.

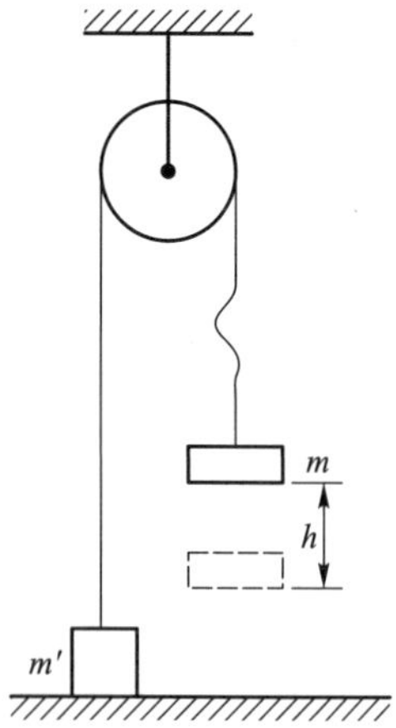

题 2-2.13 图

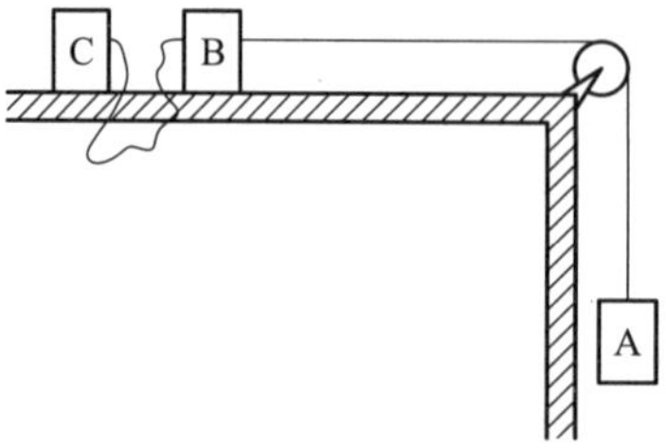

题 2-2.14 图

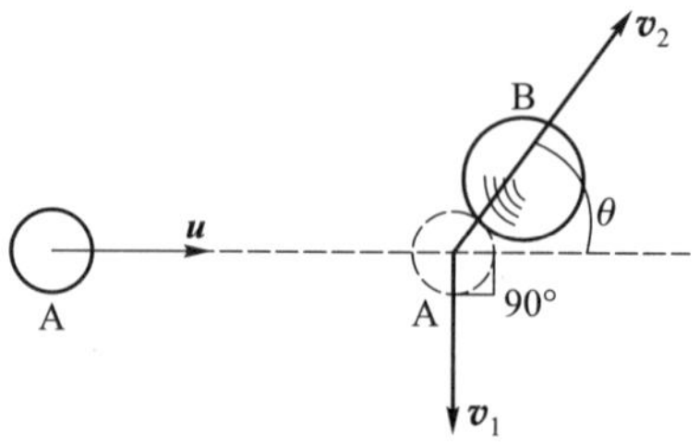

题 2-2.16 图

综合练习题

2-3.1 飞机降落时着陆速度大小 $v_0=90\ \mathrm{km\cdot h^{-1}}$,方向与地面平行,飞机与地面间的摩擦因数 $\mu=0.10$,迎面空气阻力为 C_xv^2,升力为 C_yv^2(v 是飞机在跑道上的滑行速率,C_x 和 C_y 均为常量).已知飞机的升阻比 $K=C_y/C_x=5$,求飞机从着陆到停止这段时间所滑行的距离.(设飞机刚着陆时对地面无压力,取 $g\approx10\ \mathrm{m\cdot s^{-2}}$.)

2-3.2 一条质量分布均匀的绳子,质量为 m',长度为 L,一端固定在竖直转轴上,绳以恒定角速度 ω 在水平面内旋转.设转动过程中绳子始终伸直,且忽略重力,求距转轴为 r 处绳中的张力 $F_T(r)$.

2-3.3 图中,物体 $m=1\ \mathrm{kg}$,$v_0=0$,受到与水平方向成 $\theta=37°$的变力 $F=1.12t$(SI 单位)作用.物体与水平面间摩擦因数 $\mu=0.2$,求 $t=3\ \mathrm{s}$ 时物体的速度.($g\approx10\ \mathrm{m\cdot s^{-2}}$.)

2-3.4 如图所示,用传送带 A 输送煤粉,料斗口在 A 上方高 $h=0.5\ \mathrm{m}$ 处,煤粉自料斗口自由落在 A 上,设料斗口连续卸煤的流量为 $q=40\ \mathrm{kg\cdot s^{-1}}$,A 以 $v=2.0\ \mathrm{m\cdot s^{-1}}$的水平速度匀速向右移动.求装煤的过程中,煤粉对 A 的作用力的大小和方向.(不计原来就相对于传送带静止的煤粉质量.)

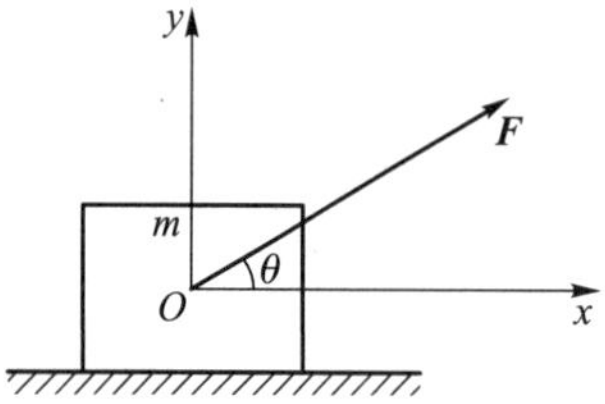

题 2-3.3 图

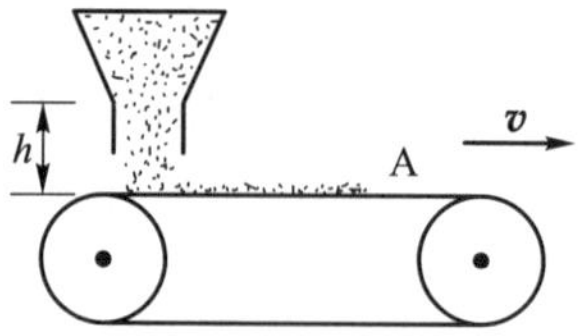

题 2-3.4 图

2-3.5 一辆停在直轨道上质量为 m'的平板车上站着两个人,当他们从车上沿水平同一方向跳下时,车获得一定的速度.设两人的质量均为 m,跳车时相对于车的速率均为 u.试比较下列两种情况下车所获得的速度的大小:

(1) 两人同时跳下;

(2) 两人依次跳下.

2-3.6 如图所示,水平地面上一辆静止的炮车发射炮弹.炮车质量为 m',炮身仰角为 α,炮弹质量为 m,炮弹刚到达出口时,相对于炮身的速率为 u,不计地面摩擦.

(1) 求炮弹刚到达出口时,炮车的反冲速度大小;

(2) 若炮筒长为 l,求发炮过程中炮车移动的距离.

2-3.7 如图所示,质量为 m'的滑块正沿着光滑水平地面向右滑动,一质量为 m 的小球水平向右飞行,以速率 v_1(对地)与滑块斜面相碰,碰后竖直向上弹起,速率为 v_2(对地),若碰撞时间为 Δt,试计算此过程中滑块对地的平均作用力和滑块速度增量的大小.

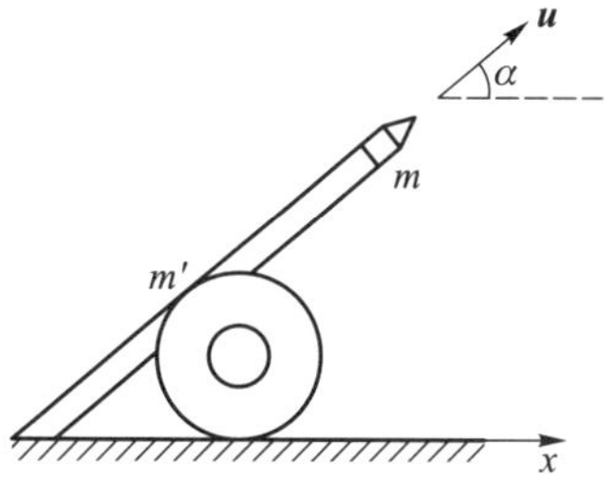

题 2-3.6 图

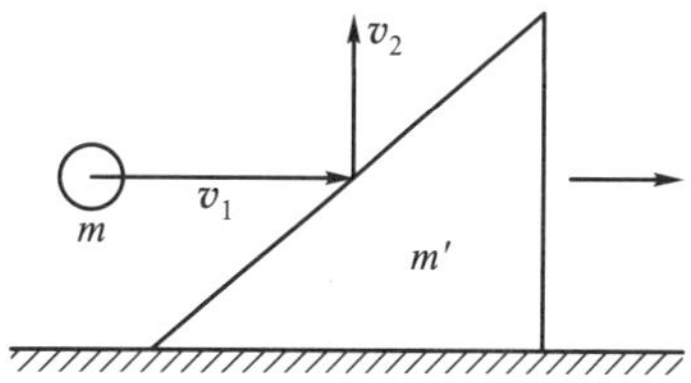

题 2-3.7 图

习题解答

第三章　角动量　角动量守恒定律

我们对主宰宇宙的法则了解得越多,我们在宇宙中的特殊地位或是扮演的角色看起来就越不起眼.温伯格关于人类不受天宠的看法可能十分恰当,但你仍然会情不自禁地为人类精神的无限好奇和无穷智慧而振奋不已.

——布雷恩·格林

课前导引

前一章动量和动量守恒定律只适用于研究物体在惯性系中所做的直线运动及其变化.对于类似太阳、地球和月亮这样的天体的曲线运动,若加以抽象概括,就是质点或质点系相对于某个定点或定轴的运动,动量守恒定律使用就不方便了.

本章研究转动问题,引入非常重要的物理量:角动量.有关角动量的概念和相关规律,是中学没有接触过的知识,通过进一步的学习将了解到,角动量是一个与质量、电荷等相类似的基本物理量.也就是说,原子、分子、电子等微观粒子都具有角动量,这是由它们的固有属性所决定的.角动量守恒定律属于自然界普遍适用的基本定律.

本章主要围绕刚体定轴转动问题展开,还将涉及物理量的矢量叉积运算和表示.学生容易将平动问题与转动问题中的概念和规律混淆.建议采用类比的方式学习,比如:质量与转动惯量、动量与角动量、力与力矩、平动动能与转动动能、动量定理与角动量定理、动量守恒与角动量守恒等.

学习目标

1. 理解质点、质点系、定轴转动刚体的角动量概念.
2. 理解定轴转动刚体的转动惯量概念,会进行简单计算.
3. 理解力矩的物理意义,会进行简单计算.
4. 掌握刚体定轴转动定律,能熟练进行有关计算.
5. 理解角冲量(冲量矩)概念,掌握质点、质点系、定轴转动刚体的角动量定理,熟练进行有关计算.
6. 掌握角动量守恒的条件,熟练应用角动量守恒定律求解有关问题.

本章知识框图

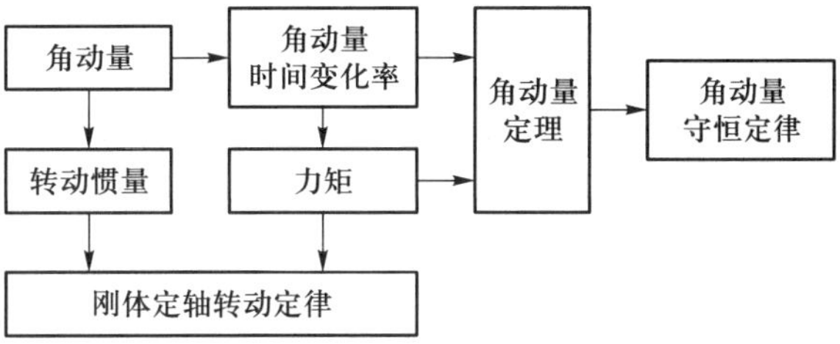

混合教学学习指导

本章课堂教学计划为 4 讲,每讲 2 学时.在每次课前,学生阅读教材相应章节、观看相关教学视频,在问题导学下思考学习,并完成课前测试练习.

阅读教材章节

徐行可,吴平,大学物理学(第二版)上册,第五章 角动量 角动量守恒定律:82—102 页.

观看视频——资料推荐

知识点视频

序号	知识点视频	说明
1	质点角动量	这里提供的是本章知识点学习的相关视频条目,视频的具体内容可以在国家级精品资源课程、国家级线上一流课程等网络资源中选取。
	质点系角动量	
2	刚体定轴转动角动量	
3	转动惯量	
	角动量时间变化率、力矩	
4	刚体定轴转动定律	
5	角动量定理	
6	角动量守恒定律	

导学问题

角动量

- 什么是质点对某参考点的角动量？如何确定其方向？做直线运动的质点的角动量一定为零吗？
- 如何计算质点系对参考点的总角动量？
- 什么是定轴转动刚体对转轴的角动量？为什么说它是一个代数量？

转动惯量

- 决定物体转动惯量大小的因素有哪些？对质量大小、形状确定的物体，其转动惯量值是确定的唯一值吗？

力矩、刚体定轴转动定律

- 如果选取不同的参考点或不同的轴，同一作用力的力矩值有何不同？
- 如何用刚体定轴转动定律解题？

角动量定理、角动量守恒定律

- 角动量守恒的条件有哪些？
- 如何应用角动量守恒定律求解问题？

课前测试题

选择题

3-1.1 对于角动量的认识，正确的是[ ].

(A) 质点的角动量为零，说明作用于该质点上的力一定为零

(B) 质点的角动量大小一般表示为 $L=mvr$

(C) 一个运动质点，其所受合力为零，其对某点的角动量大小不一定为零

(D) 质点做直线运动时，其动量一定不为零而角动量一定为零

3-1.2 有的矢量是相对某一定点（或轴）来确定的，有的矢量与定点（或轴）的选择无关.请指出下列矢量与定点（或轴）的选择有关的是[ ].

(A) 位矢、位移、速度　　(B) 速度、动量、角动量

(C) 角动量、力、力矩　　(D) 位矢、角动量、力矩

3-1.3 下列叙述中，正确的是[ ].

(A) 当两个力的矢量和为零时，它们对参考点（轴）的合力矩不一定为零

(B) 如果作用于质点的合力矩垂直于质点的角动量，质点角动量一定不变

(C) 做匀速圆周运动的质点,对于圆周上的某一定点,其角动量守恒

(D) 如果不计摩擦阻力,做单摆运动的质点对悬挂点的角动量守恒

3-1.4 如图表示一个书本样的长方体刚体和四个供选择的垂直于刚体表面的转轴.刚体对轴的转动惯量最小的是[ ].

(A) 转轴(1) (B) 转轴(2)

(C) 转轴(3) (D) 转轴(4)

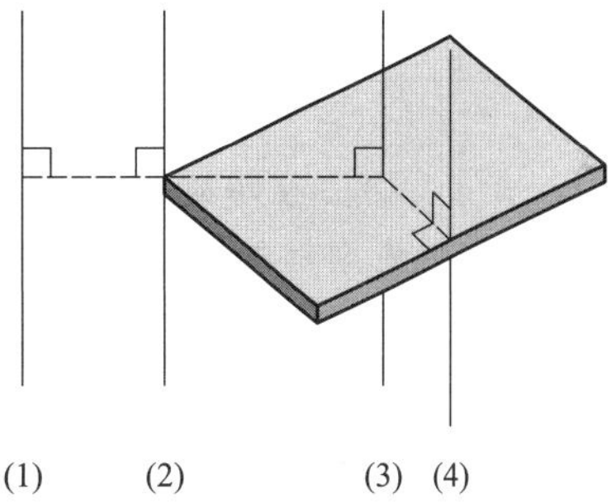

题 3-1.4 图

3-1.5 花样滑冰运动员绕通过脚尖的竖直轴旋转,当她将手臂收回至胸前时,则[ ].

(A) 绕轴转动角动量增大,转动角速度增大

(B) 绕轴转动角动量减小,转动角速度增大

(C) 绕轴转动角动量不变,转动惯量减小

(D) 绕轴转动角动量增大,转动动能增大

3-1.6 体重和身高相同的甲、乙两人,分别用手握住跨过无摩擦轻滑轮的绳子各一端,他们由初速为零向上爬,经过一定时间,甲相对绳子的速率是乙相对绳子速率的三倍,则到达顶点情况是[ ].

(A) 乙先到达 (B) 甲先到达 (C) 不能确定 (D) 同时到达

填空题

3-1.7 如图所示,质量均为 m 的下列几何体绕通过中心 O 且垂直于纸面的轴的转动惯量 J 的大小按从大到小的顺序为________.

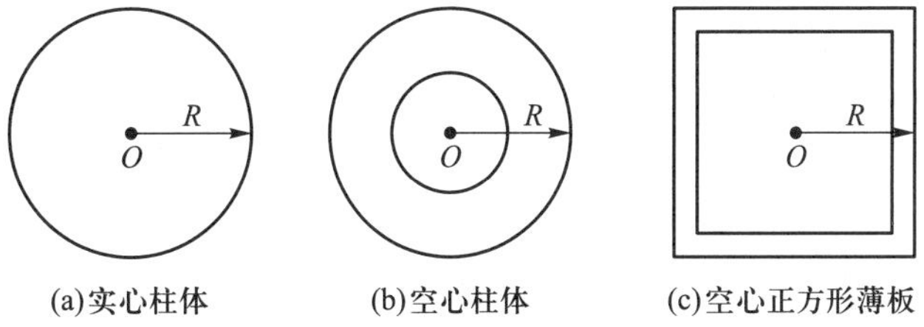

题 3-1.7 图

知 识 梳 理

知识点 1. 质点、质点系、定轴刚体的角动量

角动量也称动量矩,它被用来量度物体的转动运动量以及描述物体绕参考点(轴)旋转倾向的强弱.

辨析 比较质点、质点系、定轴刚体的角动量(表 3.1).

表 3.1 质点、质点系和定轴刚体的角动量

研究对象	质点	质点系	定轴刚体
定义	$\boldsymbol{L}=\boldsymbol{r}\times\boldsymbol{p}$ 质点对参考点的位矢与质点动量的矢积.	$\boldsymbol{L}=\sum_i \boldsymbol{L}_i=\sum_i(\boldsymbol{r}_i\times\boldsymbol{p}_i)$ $=\boldsymbol{r}_C\times m\boldsymbol{v}_C+\sum_i(\boldsymbol{r}_{i\to C}\times m_i\boldsymbol{v}_{i\to C})$ 质点系内所有质点对同一参考点的角动量的矢量和.	$L=\sum_i L_i=J\omega$ 定轴转动刚体对转轴的转动惯量与其角速度的乘积.
物理意义	描述质点绕参考点旋转倾向的强弱.	轨道角动量:描述质点系整体绕参考点的旋转运动. $\boldsymbol{L}_{轨道}=\boldsymbol{r}_C\times m\boldsymbol{v}_C$ 自旋角动量:描述质点系内各质点对质心的旋转运动. $\boldsymbol{L}_{自旋}=\sum_i(\boldsymbol{r}_{i\to C}\times m_i\boldsymbol{v}_{i\to C})$	描述刚体绕定轴转动的运动量.
性质	状态量 矢量:垂直于位矢与动量所确定的平面,其指向由右手螺旋定则确定.	状态量 矢量:指向轨道角动量与自旋角动量的矢量和的方向.	状态量 代数量:在轴上选定正方向,角速度与其同向时,角动量为正,反之为负.

知识点 2. 刚体对定轴的转动惯量

刚体对定轴的转动惯量是描述刚体绕定轴转动时,其转动惯性大小的物理量.定义为刚体上每个质元(质点、线元、面元、体积元)的质量与该质元到转轴距离平方之积的总和,即

$$J=\sum_i m_i r_i^2 \quad 或 \quad J=\int r^2\mathrm{d}m=\begin{cases}\int r^2\lambda\,\mathrm{d}l & (线密度\ \lambda)\\ \int r^2\sigma\,\mathrm{d}S & (面密度\ \sigma)\\ \int r^2\rho\,\mathrm{d}V & (体密度\ \rho)\end{cases}$$

转动惯量的大小与刚体总质量、质量分布及转轴位置有关.

知识点 3. 力矩、转动定律

力的作用点对参考点的位矢与力的矢积叫做力对该参考点的力矩(图 3.1),即

$$\boldsymbol{M}=\boldsymbol{r}\times\boldsymbol{F}=\begin{vmatrix}\boldsymbol{i} & \boldsymbol{j} & \boldsymbol{k}\\ x & y & z\\ F_x & F_y & F_z\end{vmatrix}$$
$$=(yF_z-zF_y)\boldsymbol{i}+(zF_x-xF_z)\boldsymbol{j}+(xF_y-yF_x)\boldsymbol{k}$$

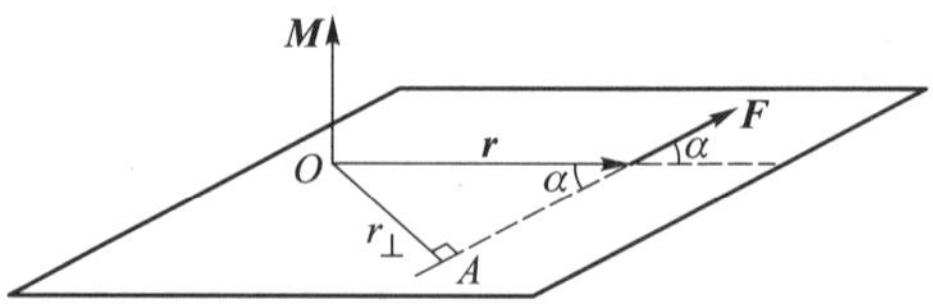

图 3.1

大小：$M=rF\sin\alpha=Fr_{\perp}$（力×力臂）

方向：垂直于 $\boldsymbol{r},\boldsymbol{F}$ 决定的平面，其指向由右手定则确定.

说明

力矩是引起物体转动状态改变的原因.

力矩是相对于某个给定的参考点或某个给定的轴而言的.

力矩矢量在直角坐标系三个坐标轴上的分量就是力对这三个坐标轴的力矩.

（1）力对参考点的力矩和力对定轴的力矩

力对某轴的力矩是力对轴上任意一点的力矩在该轴上的投影.例如：某力对 x 轴、y 轴、z 轴的力矩就是该力对原点的力矩在三个坐标轴上的投影：

$$\begin{cases}M_x=yF_z-zF_y\\M_y=yF_x-xF_z\\M_z=xF_y-yF_x\end{cases}$$

由上可知：力对参考点的力矩是矢量，而力对定轴的力矩是代数量.

（2）质点系的合外力矩与质点系的外力矢量和的力矩

合外力矩为各外力对同一参考点的力矩的矢量和，即：$\boldsymbol{M}=\sum_i(\boldsymbol{r}_i\times\boldsymbol{F}_i)$，由于一般情况下，各外力的作用点的位矢各不相同，所以不能先求合力 $\boldsymbol{F}=\sum_i\boldsymbol{F}_i$，再求合力的力矩.但是存在特例：在求重力矩时，可以把质点系内各质点所受重力平移到质心 C，先求出其合力 $\boldsymbol{G}=\sum_i m_i\boldsymbol{g}$，再由 $\boldsymbol{r}_C\times\boldsymbol{G}$ 得到重力的合力矩.

由此还可以得到：作用于系统的合外力为零时，合外力矩不一定为零（图 3.2）；系统的合外力矩为零时，其合外力也不一定为零（图 3.3）.

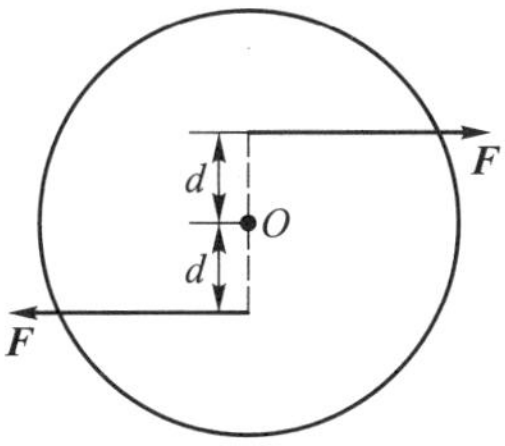

图 3.2

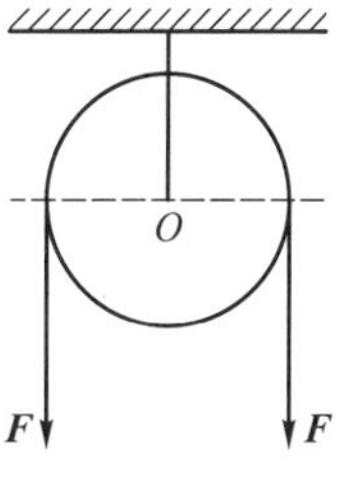

图 3.3

知识点 4. 角动量定理、角动量守恒定律

质点和质点系、定轴转动刚体的角动量定理的微分、积分形式如表 3.2 所示.

表 3.2 质点和质点系、定轴转动刚体的角动量定理

	质点	质点系	定轴转动刚体（转动定律）
微分形式	$M=\dfrac{\mathrm{d}L}{\mathrm{d}t}$； $M\mathrm{d}t=\mathrm{d}L$.	$M_{外}=\dfrac{\mathrm{d}L}{\mathrm{d}t}$； $M_{外}\ \mathrm{d}t=\mathrm{d}L$.	$M_{z外}=\dfrac{\mathrm{d}L_z}{\mathrm{d}t}=J\dfrac{\mathrm{d}\omega}{\mathrm{d}t}=J\alpha$.
积分形式	$\int_{t_1}^{t_2}\boldsymbol{M}\mathrm{d}t=\Delta\boldsymbol{L}$	$\int_{t_1}^{t_2}\boldsymbol{M}_{外}\ \mathrm{d}t=\Delta\boldsymbol{L}$	$\int_{t_1}^{t_2}M_{z外}\mathrm{d}t=\Delta L_z=J\cdot\Delta\omega$

续表

	质点	质点系	定轴转动刚体(转动定律)
物理意义	·质点所受的合力矩等于质点角动量的时间变化率. ·质点所受的合力矩的角冲量等于质点角动量的增量.	·质点系所受的合外力矩等于质点系总角动量的时间变化率. ·质点系所受的合外力矩的角冲量等于质点系总角动量的增量.	·力矩的瞬时作用效果是产生角加速度. ·刚体定轴转动的角加速度与刚体所受的对该轴的合外力矩成正比,与刚体对该轴的转动惯量成反比. ·与平动问题中牛顿第二定律地位相当.

说明:

(1) 质点和质点系角动量定理是矢量式.定轴转动刚体角动量定理是标量式,它是质点系角动量定理在定轴转动方向上的分量式.

(2) 质点和质点系角动量定理式中的力矩和角动量均对某选定参考点计算.转动定律式中的力矩、角动量、转动惯量、角速度、角加速度均对某选定轴而言.

(3) 合力矩与角动量的变化相联系,而不是直接与角动量本身相联系.所以,在一般情况下,合力矩的方向与角动量的方向并不相同.

角动量守恒定律

当质点系所受对某参考点(轴)的合外力矩为零时,质点系对该参考点(轴)的总角动量不随时间变化(表3.3).角动量守恒定律是自然界普遍适用的基本定律之一,在生活、技术及科学研究中有非常广泛的应用.

表 3.3 角动量守恒定律

研究对象	条件	结论
质点系	对某参考点:$\boldsymbol{M}_{外}=\sum_i \boldsymbol{M}_{i外}=\boldsymbol{0}$.	对该参考点:$\boldsymbol{L}$=常矢量.
定轴刚体	对某定轴:$M_{z外}=\sum_i M_{iz外}=0$.	对该定轴:L_z=常量.

说明:

(1) 由于内力总是成对出现,作用力和反作用力等大、反向、在同一直线上,所以对任何参考点内力矩的矢量和恒为零.当然,对任意轴,内力矩的代数和也恒为零.

(2) 系统若只有有心力作用,则角动量守恒.有心力为力的作用线始终通过某定点的力,该定点称为力心.显然,有心力对其力心的力臂为零.所以,有心力对其力心的力矩恒为零.

(3) 角动量守恒方程中的力矩、角动量均应该对同一参考点或转轴而言.在对固定点的方程中要注意其矢量性,在对定轴转动方程中要注意其正、负号.

(4) 角动量守恒的条件不是合外力矩的角冲量为零.

在某一过程中角动量守恒,不仅指该过程始、末状态的角动量相等,而且要求整个过程中任意两个瞬间系统角动量的大小、方向都不变.所以,角动量守恒的条件是系统所受的合外力矩为零,而不是合外力矩的角冲量为零.力矩的角冲量(冲量矩)见表3.4.

表 3.4 力矩的角冲量

定义	物理意义	作用效果	性质
$\int_{t_1}^{t_2}\boldsymbol{M}\mathrm{d}t$	描述力矩对时间的累积效应.	改变质点或质点系的角动量. 对质点: $\int_{t_1}^{t_2}\boldsymbol{M}\mathrm{d}t=\Delta\boldsymbol{L}$ 对质点系: $\begin{cases}\int_{t_1}^{t_2}\boldsymbol{M}_{外}\,\mathrm{d}t=\Delta\boldsymbol{L}\\ \int_{t_1}^{t_2}\boldsymbol{M}_{内}\,\mathrm{d}t=\boldsymbol{0}\end{cases}$ 注意:内力矩的角冲量不能改变质点系的总角动量,只能影响总角动量在质点系内的分配.	矢量 过程量

辨析 两种不同的冲击摆

例如,图 3.4 中是两种不同的冲击摆问题.在图 3.4(a)中,轻绳悬挂木块,m、m'系统的动量及对 O 的角动量均守恒.而在图 3.4(b)中,刚体为 m',O 轴对系统的约束力不能忽略,但该约束力对 O 轴的力矩为零,所以,虽然系统所受合外力不为零,但是系统总动量不守恒;系统所受力对 O 轴的合外力矩为零,则系统对 O 轴的角动量守恒.学生在学习过程中要注意区分两种不同的冲击摆,明确系统动量守恒和角动量守恒的条件.

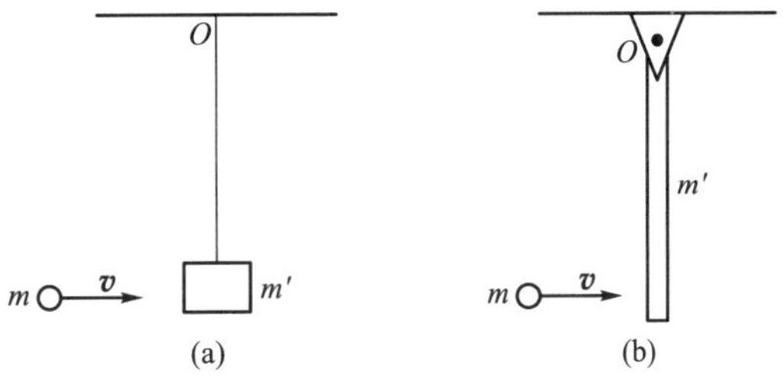

图 3.4 两种冲击摆

典型例题及解题方法

1. 运用刚体定轴转动定律解题

刚体定轴转动定律描述刚体定轴转动中的瞬时关系,常常用来求解角加速度.

解题思路和方法:

通常,与转动定律相联系的综合性问题,处理方法首先是隔离物体、分析受力,对定轴刚体用转动定律列方程,对平动质点用牛顿第二定律列方程,二者之间用角量与线量的关系联系起来,求解方程组.

(1) 隔离物体:明确研究对象.

(2) 具体分析:分析所选定的定轴转动刚体的受力情况和运动情况,画出受力图.

(3) 选定坐标:在惯性系中建立一维坐标,即沿转轴选择参考正方向.

(4) 建立方程:用转动定律列出定轴刚体的运动微分方程 $M_{z外}=J\dfrac{\mathrm{d}\omega}{\mathrm{d}t}=J\alpha$.

列方程式时，要注意的是式中的力矩、转动惯量必须对同一轴而言，并且要明确方向，与所选正方向同向的力矩和角速度为正，反之为负，然后写出标量式.

(5) 求解讨论：求解方程，理解和讨论结果的物理意义.

例题 3-1 如图(a)所示为一个质量 $m=2.5$ kg，半径 $R=20$ cm 的均匀圆盘装在一个水平轴上，一个质量 $m_0=1.2$ kg 的物块由一根轻绳绕在盘沿上，绳不打滑，且在轴上没有摩擦. 求下落物块的加速度、圆盘的角加速度和绳上的张力.

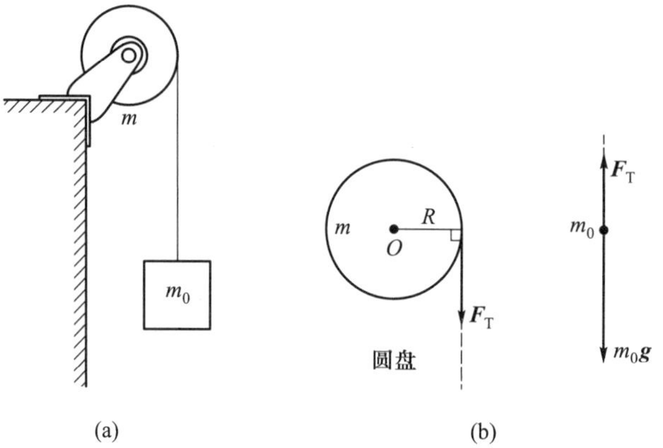

例题 3-1 图

解题示范：

解：设下落物块的加速度为 a、圆盘的角加速度为 α、绳中的张力为 F_T.

① 选定研究对象为圆盘和物块.

② 圆盘和物块的受力如图(b)所示：

③ 建立坐标系：选圆盘顺时针转动方向为参考正方向，对物块选向下为正方向.

④ 根据质点的牛顿运动定律和刚体定轴转动定律列方程：

$$m_0g-F_T=m_0a \quad ①$$

$$M_z=RF_T=J\alpha=\frac{1}{2}mR^2\alpha \quad ②$$

$$a=a_t=R\alpha \quad ③$$

⑤ 联立①②③求解得

$$a=\frac{2m_0}{m+2m_0}g=\frac{2\times1.2}{2.5+2\times1.2}\times9.8\ \text{m/s}^2=4.8\ \text{m/s}^2$$

$$F_T=\frac{1}{2}ma=\frac{1}{2}\times2.5\times4.8\ \text{N}=6.0\ \text{N}$$

$$\alpha=\frac{a}{R}=24.0\ \text{rad/s}^2$$

解题思路与线索：

本问题涉及圆盘(刚体)的定轴转动和物块(可抽象为一个质点)的平动，所以研究它们的运动需要用到刚体定轴转动定律和质点的牛顿运动定律.

物块在重力和绳子张力的作用下做平动，而圆盘则在绳子张力对轴产生的力矩作用下做定轴转动；由于绳为轻绳且不伸长、不打滑，所以物块平动的加速度与圆盘边缘转动的切向加速度相同；作用在圆盘边缘的绳子张力与作用在物块上的张力相同.

对于定轴转动的刚体，计算对轴的力矩时，需要首先选定参考正方向.

方程③的依据就是物块平动的加速度与圆盘边缘转动的切向加速度相同.

对于所有需要代入数据计算的问题，我们通常先求解出符号表达式，最后再代入数据计算结果，这样可以避免多次运算产生的计算误差，也便于我们复查求解过程.

例题 3-2　如图(a)所示,一轻绳跨过两个质量均为 m、半径均为 R 的定滑轮,轻绳的两端所系重物的质量分别为 m 和 $2m$.将系统由静止释放,求两滑轮间轻绳的加速度和张力.假设轻绳长度不变,质量不计,轻绳与滑轮间不打滑、无相对运动,滑轮质量均匀,其转动惯量可按圆盘计算,轴处摩擦不计.

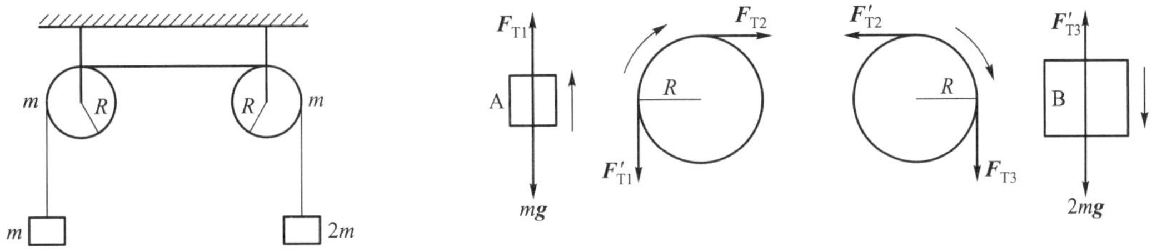

(a)　　　　(b)

例题 3-2 图

解题示范:

解:(1) 选定研究对象为两个圆盘和两个物块.

(2) 设左、中、右三段轻绳的张力分别为 F_{T1}、F_{T2}、F_{T3},下落物块的加速度为 a,圆盘的角加速度为 α,滑轮的转动惯量查表可得 $J=\frac{1}{2}mR^2$.

滑轮和物块的受力如图(b)所示:

(3) 建立坐标系:选圆盘顺时针转动方向为参考正方向,即轴的参考正方向垂直纸面向里,物块 A 向上运动,选向上为正,物块 B 则选向下为正方向.

(4) 根据质点的牛顿运动定律和刚体定轴转动定律列方程:

由牛顿第三定律知:$F_{T1}=F'_{T1}$　$F_{T2}=F'_{T2}$　$F'_{T3}=F'_{T3}$

对 A 物块:

$$F_{T1}-mg=ma \quad ①$$

对滑轮:

$$F_{T2}R-F_{T1}R=J\alpha \quad ②$$

$$F_{T3}R-F_{T2}R=J\alpha \quad ③$$

对 B 物块:

$$2mg-F_{T3}=2ma \quad ④$$

由于轻绳与滑轮间无滑动,所以滑轮边缘的切向加速度与物块平动加速度相同,可得

$$a=R\alpha \quad ⑤$$

联立方程①~⑤求解,得:$a=\frac{1}{4}g$,$F_{T2}=\frac{11}{8}mg$

解题思路与线索:

本问题与例题 3-1 完全类似,只不过研究对象加倍了而已.所以所有的分析方法与步骤可以仿照例题 3-1.

由于滑轮不是轻滑轮,轻绳与滑轮间无滑动,意味着滑轮必然是在力矩的作用下转动的,所以三段轻绳中的张力一定不会相等,否则滑轮所受对轴的合力矩为零,不会发生转动.理解这个问题是求解决该问题的关键.

坐标系参考正方向的选择也要考虑运动系统的内在逻辑性,若圆盘转动正方向选为顺时针,则物块 A 必然向上运动,物块 B 则向下运动.

2. 运用角动量定理或角动量守恒定律解题

因为对定轴转动的刚体来说,其总动量往往并无实际意义(例如定轴转动滑轮的总动量为零),所以只能用角动量对其整体机械运动量进行量度.在力矩持续作用一段时间的问题中,则用角动量定理取代平动问题中的动量定理.对于平动质点和定轴刚体组成的系统,既可以对系统

整体运用角动量定理,也可以分别对平动质点运用动量定理,对定轴刚体运用角动量定理,再用力矩表达式将二者联系起来.

解题思路和方法:

运用角动量定理或角动量守恒定律解题的一般步骤与运用动量定理或动量守恒定律求解平动问题类似,用角量取代相应的线量:

(1) 选系统:即确定研究对象.

(2) 建坐标:选取惯性系,确定参考点或转轴.

(3) 选过程:选取一定的时间间隔,确定系统的初、末态.对于综合性问题,可以划分为几个互相衔接的阶段处理.

(4) 算力矩:画出对所选定的参考点或转轴力矩不为零的外力,无须分析系统内力和对参考点或转轴力矩为零的外力.

(5) 列方程:如果不满足角动量守恒条件,运用角动量定理列方程:

对固定点:$\int_{t_1}^{t_2} \boldsymbol{M}_{外}\,\mathrm{d}t = \Delta \boldsymbol{L}$

对定轴:$\int_{t_1}^{t_2} M_{z外}\,\mathrm{d}t = \Delta L_z$

如果满足角动量守恒条件,运用角动量守恒定律列方程:

对固定点:$\boldsymbol{M}_{外} = \mathbf{0} \quad \rightarrow \quad \boldsymbol{L} =$ 常矢量

对定轴: $M_{z外} = 0 \quad \rightarrow \quad L_z =$ 常量

(6) 求解并讨论:求解方程,理解和讨论结果的物理意义.

例题 3-3 一根放在水平光滑桌面上的匀质棒,可绕通过其一端的竖直固定光滑轴 O 转动.棒的质量 $m = 1.5\ \mathrm{kg}$,长度 $l = 1.0\ \mathrm{m}$,对轴的转动惯量 $J = \frac{1}{3}ml^2$.初始时棒静止.今有一水平运动的子弹垂直地射入棒的另一端,并留在棒中,如图所示.子弹的质量 $m' = 0.020\ \mathrm{kg}$,速率 $v = 400\ \mathrm{m\cdot s^{-1}}$.求:

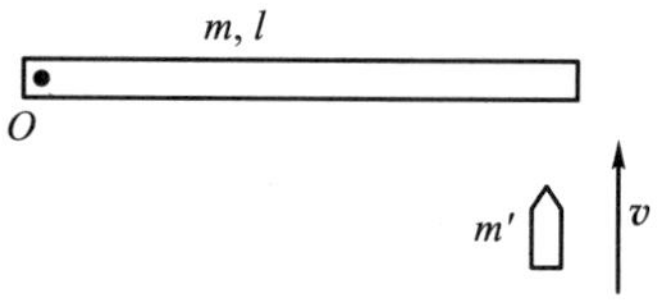

例题 3-3 图

(1) 棒和子弹一起转动时初始角速度 ω_0;

(2) 若棒转动时受到大小为 $M_r = 4.0\ \mathrm{N\cdot m}$ 的恒定阻力矩作用,棒能转过的角度 θ.

解题示范:

解:(1) 因棒和子弹组成的系统相对于转轴的合外力矩为零,故系统相对于转轴的角动量守恒,所以有

$$m'vl = \left(\frac{1}{3}ml^2 + m'l^2\right)\omega_0$$

可以解得

$$\omega_0 = \frac{m'v}{\left(\frac{1}{3}m + m'\right)l} = \frac{0.020\times 400}{\left(\frac{1}{3}\times 1.5 + 0.020\right)\times 1.0}\ \mathrm{rad\cdot s^{-1}}$$

$$= 15.4\ \mathrm{rad\cdot s^{-1}}$$

(2) 选逆时针方向为参考正方向,由刚体定轴转动定律有

$$-M_r = \left(\frac{1}{3}ml^2 + m'l^2\right)\alpha \qquad ①$$

解题思路与线索:

对于光滑水平面上,有固定转轴的匀质棒和子弹组成的系统,在撞击过程中,轴对棒的作用力是唯一不能忽略的外力,所以该系统碰撞前后动量不守恒.但相对于棒的转轴而言,轴对棒的作用力的力矩为零,因此该问题属于前面讨论过的第二种冲击摆,这个系统角动量守恒.

子弹嵌入细棒后,系统可以作为一个定轴转动的刚体,如果受到阻力矩作用,根据刚体定轴转动定律,系统将会产生角加

续表

由于系统停止时，末角速度为零，所以利用运动学关系得 $$0-\omega_0^2=2\alpha\Delta\theta=2\alpha\theta \qquad ②$$ 联立①②求解可得 $$\theta=\frac{\left(\frac{1}{3}m+m'\right)l^2\omega_0^2}{2M_r}=\frac{\left(\frac{1}{3}\times1.5+0.020\right)\times1.0^2\times15.4^2}{2\times4.0}\ \text{rad}$$ $=15.4\ \text{rad}$	速度 α，使得系统的转动速率逐渐减慢直至停止.前面我们已经得到了系统转动的初始角速度 ω，假设初始的角位置 $\theta_0=0$，若能利用刚体定轴转动定律求得角加速度 α，该问题就转换成了求圆周运动的角位置 θ 的运动学问题，参照第一章表 1.13，可以找到对应的求解方法.

思维拓展

1. 为什么有限角位移不是矢量，而无限小角位移是矢量？

物理学中对矢量的定义是必须满足下列两个条件：第一，具有大小和方向；第二，相加时遵守平行四边形法则.由此还可知，矢量的叠加遵守交换律和结合律.有些物理量虽然可以具有大小和方向，但是不遵守矢量加法的交换律，从而不能用平行四边形法则相加，这样的物理量不能称为矢量.

我们先定性分析有限角位移和无限小角位移的矢量性.如图 3.5 所示，(a)、(b)两图中刚体的初位形相同，(a)中刚体先绕 x 轴转动 90°，再绕 y 轴转动 90°；而(b)中刚体先绕 y 轴转动 90°，再绕 x 轴转动 90°；二者的末位形完全不同.这说明刚体的有限角位移不遵守矢量叠加的交换律，它不是矢量.而对无限小的角位移，经过同样的上述两种操作，显示不出其末位形的区别.所以，无限小的角位移是矢量.

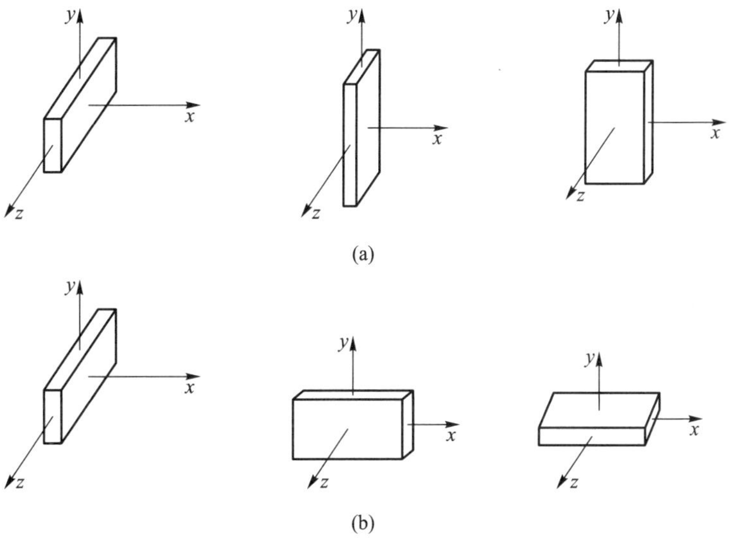

图 3.5　有限角位移不遵从矢量加法的交换律

下面举一实例作定量讨论.我们考虑连续转动对矢量的影响.设某矢量最初沿 x 轴：$\boldsymbol{r}=r\boldsymbol{i}$，它先绕 z 轴转动角度 α，再绕 y 轴转动角度 β，在转动过程中，矢量的大小保持不变.如图 3.6 所示，

第一次转动以后,该矢量为

$$\boldsymbol{r}_\alpha = r\cos\alpha\boldsymbol{i} + r\sin\alpha\boldsymbol{j}$$

第二次转动中,分量 $r\sin\alpha\boldsymbol{j}$ 保持不变.如图 3.7 所示,经过两次转动以后的矢量 $\boldsymbol{r}_{\alpha\beta}$ 为

$$\begin{aligned}\boldsymbol{r}_{\alpha\beta} &= r\cos\alpha(\cos\beta\boldsymbol{i} - \sin\beta\boldsymbol{k}) + r\sin\alpha\boldsymbol{j}\\ &= r\cos\alpha\cos\beta\boldsymbol{i} + r\sin\alpha\boldsymbol{j} - r\cos\alpha\sin\beta\boldsymbol{k}\end{aligned}$$

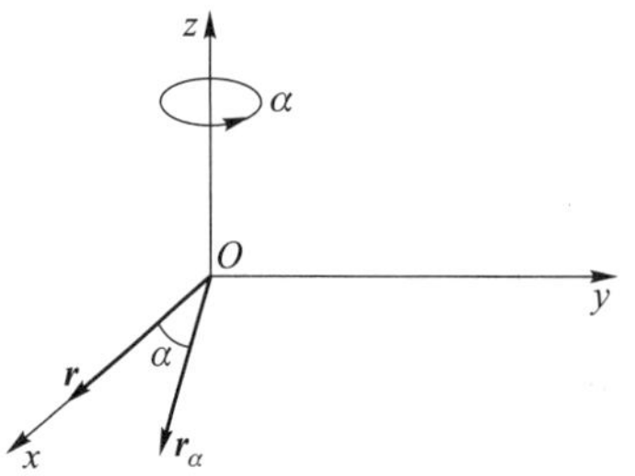

图 3.6

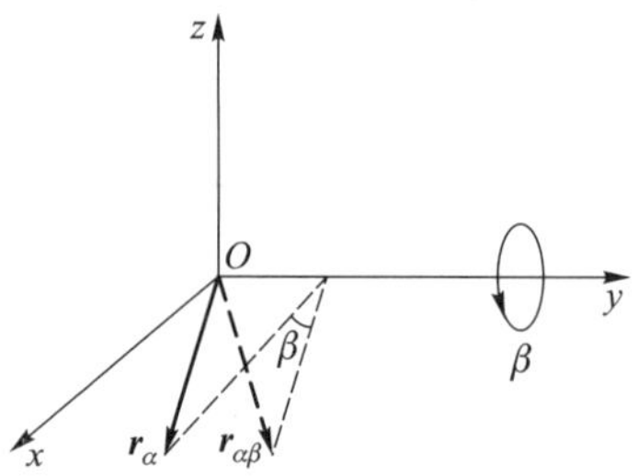

图 3.7

若将两次旋转的次序颠倒,即矢量 $\boldsymbol{r}$ 先绕 y 轴转动角度 β,再绕 z 轴转动角度 α,经过与上面类似的讨论可得,经过两次转动以后的矢量 $\boldsymbol{r}_{\beta\alpha}$ 为

$$\begin{aligned}\boldsymbol{r}_{\beta\alpha} &= r\cos\beta(\cos\alpha\boldsymbol{i} + \sin\alpha\boldsymbol{j}) - r\sin\beta\boldsymbol{k}\\ &= r\cos\beta\cos\alpha\boldsymbol{i} + r\cos\beta\sin\alpha\boldsymbol{j} - r\sin\beta\boldsymbol{k}\end{aligned}$$

显然,$\boldsymbol{r}_{\alpha\beta}$ 和 $\boldsymbol{r}_{\beta\alpha}$ 的 y、z 分量不相同,即连续两次有限角位移转动的结果与转动的次序有关.所以,有限角位移不是矢量.

如果上述两个转动中的角度均为无限小角度 $\delta\alpha$ 和 $\delta\beta$,那么可以忽略所有二阶和更高阶项,运用 $\sin\delta\theta \approx \delta\theta$, $\cos\delta\theta \approx 1$,得到

$$\begin{aligned}\boldsymbol{r}_{\alpha\beta} &= r\cos\delta\alpha\cos\delta\beta\boldsymbol{i} + r\sin\delta\alpha\boldsymbol{j} - r\cos\delta\alpha\sin\delta\beta\boldsymbol{k}\\ &= r\boldsymbol{i} + r\delta\alpha\boldsymbol{j} - r\delta\beta\boldsymbol{k}\\ \boldsymbol{r}_{\beta\alpha} &= r\cos\delta\beta\cos\delta\alpha\boldsymbol{i} + r\cos\delta\beta\sin\delta\alpha\boldsymbol{j} - r\sin\delta\beta\boldsymbol{k}\\ &= r\boldsymbol{i} + r\delta\alpha\boldsymbol{j} - r\delta\beta\boldsymbol{k}\\ \boldsymbol{r}_{\alpha\beta} &= \boldsymbol{r}_{\beta\alpha}\end{aligned}$$

即连续两次无限小角位移转动的结果与转动的次序无关.所以,无限小角位移是矢量.

2. 为什么角速度是矢量?

因为角速度不是直接与一般情况的角位移相联系,而只是与无限小的角位移相联系,既然无限小角位移是矢量,角速度当然也就是矢量了.下面,再用一个特例来说明角速度叠加遵从平行四边形法则,以验证这个结论.

如图 3.8 所示,设某刚体同时以 ω_1 绕 x 轴,以 ω_2 绕 y 轴转动.我们先将角速度认定为矢量,用右手螺旋定则表示其方向,并按照平行四边形法则求出 $\boldsymbol{\omega}_1$ 和 $\boldsymbol{\omega}_2$ 的矢量和 $\boldsymbol{\omega}$.然后证明:刚体的合运动的确是绕 $\boldsymbol{\omega}$ 所在直线的转动,而且合运动角速度的大小恰好为 $\omega=\sqrt{\omega_1^2+\omega_2^2}$,从而说明角速度合成满足平行四边形法则.

于 $\boldsymbol{\omega}$ 所在直线上任选一点 O',此点与转轴 x、y 的距离分别为 r_1' 和 r_2',由于刚体绕 x 轴转

动，O'点得到垂直于纸面向外的线速度，其大小为 $\omega_1 r_1'$；由于刚体绕 y 轴转动，O'点又得到垂直于纸面向里的线速度，其大小为 $\omega_2 r_2'$. 由图中几何关系可知：$\dfrac{\omega_1}{\omega_2}=\dfrac{r_2'}{r_1'}$，所以，$O'$点的合速度为

$$v_{O'}=\omega_1 r_1'-\omega_2 r_2'=0$$

即 O'点是不动的. 对于刚体而言，O 点和 O'点不动，则 OO'直线上所有的点都是不动的. 也就是说，$\boldsymbol{\omega}$ 所在直线是刚体合运动的转轴.

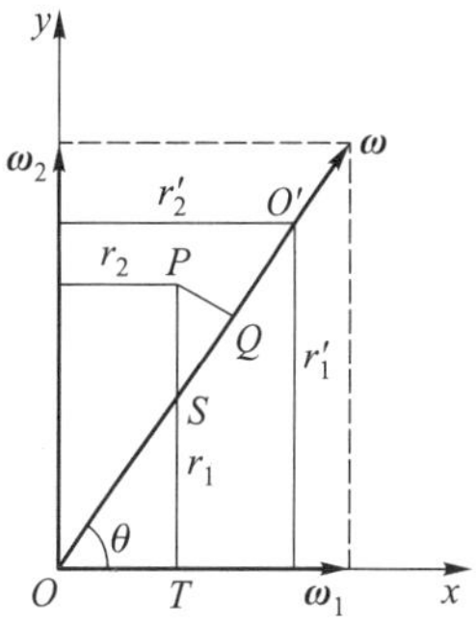

图 3.8

下面计算刚体总角速度的大小. 在刚体上任取一点 P，P 点与转轴 x、y 的垂直距离分别为 r_1 和 r_2，自 P 点向 OO'作垂线 PQ，经过与前面类似的讨论可得，P 点的速度大小为

$$v_P=\omega_1 r_1-\omega_2 r_2=(|PS|+|ST|)\omega_1-\omega_2 r_2 \qquad *$$

由图中几何关系：$\angle SPQ=\angle SOT=\theta$，且有

$$\cos\theta=\omega_1/\sqrt{\omega_1^2+\omega_2^2};\ \tan\theta=\omega_2/\omega_1$$

所以有

$$|PS|=|PQ|/\cos\theta=|PQ|\cdot\sqrt{\omega_1^2+\omega_2^2}/\omega_1$$
$$|ST|=|OT|\tan\theta=r_2\cdot\omega_2/\omega_1$$

代入 * 式，得到：$v_P=(|PS|+|ST|)\omega_1-\omega_2 r_2=|PQ|\cdot\sqrt{\omega_1^2+\omega_2^2}$

又因为刚体上任意一点的线速度的大小等于该点到转轴距离与刚体角速度 ω 的乘积，即 $v_P=|PQ|\cdot\sqrt{\omega_1^2+\omega_2^2}=|PQ|\cdot\omega$，所以，刚体转动角速度的大小 $\omega=\sqrt{\omega_1^2+\omega_2^2}$.

前面证明了 $\boldsymbol{\omega}$ 所在直线是刚体合运动的转轴，这里又证明了刚体转动角速度的大小正好是 $\omega=\sqrt{\omega_1^2+\omega_2^2}=|\boldsymbol{\omega}_1+\boldsymbol{\omega}_2|$，所以，角速度合成满足平行四边形法则，角速度是矢量.

3. 为什么角加速度不是矢量？

在物理学中，角加速度不是矢量，而且角加速度概念也仅在质点圆周运动、刚体定轴转动等较小范围内使用. 既然角速度是矢量，为什么不采用类似于由速度矢量引入加速度矢量的方式，由角速度矢量引入角加速度矢量呢？有以下几个原因：

第一，角速度 $\boldsymbol{\omega}$ 是轴矢量. 它只能沿轴移动，而不能平移. 因为平移意味着改变刚体上的各个质元到轴的垂直距离，运动情况也就发生变化. 因此，在一般情况下，很难说明角速度矢量的增量 $\Delta\boldsymbol{\omega}$ 的物理意义. 刚体的定点转动，即使可以认为固定点是不同时刻角速度矢量的共同起点，不用平移 $\boldsymbol{\omega}$ 就可以形式上计算 $\Delta\boldsymbol{\omega}$，但是其极限方向并不沿 t 时刻或 $t+\Delta t$ 时刻的瞬时转轴，没有什么实际意义.

第二，没有理论上的需求. 在刚体动力学中，并不出现角加速度矢量，所以在运动学中也没有必要引入这个矢量.

第三，在刚体定轴转动问题中，角加速度是有物理意义的. 但定轴转动定律是角动量定理在沿轴方向的分量式，是一个标量式. 其中角加速度 $\alpha=\dfrac{\mathrm{d}\omega}{\mathrm{d}t}$反映的是标量微商的关系，$\alpha$ 不需要表示为矢量，也不能推广为矢量.

课后练习题

基础练习题

3-2.1 一质点做匀速率圆周运动时,[ ].

(A) 它的动量不变,对圆心的角动量也不变

(B) 它的动量不变,对圆心的角动量不断改变

(C) 它的动量不断改变,对圆心的角动量不变

(D) 它的动量不断改变,对圆心的角动量也不断改变

3-2.2 已知地球的质量为 m_e,太阳的质量为 m,地心与日心的距离为 R,引力常量为 G,则地球绕太阳做圆周运动的轨道角动量为[ ].

(A) $m_e\sqrt{GmR}$ (B) $\sqrt{\dfrac{Gmm_e}{R}}$ (C) $mm_e\sqrt{\dfrac{G}{R}}$ (D) $\sqrt{\dfrac{Gmm_e}{2R}}$

3-2.3 均匀细棒 OA 可绕通过其一端 O 而与棒垂直的水平固定光滑轴转动,如图所示,今使棒从水平位置由静止开始自由下落,在棒摆动到竖直位置的过程中,下述说法哪一种是正确的? [ ].

(A) 角速度从小到大,角加速度从大到小

(B) 角速度从小到大,角加速度从小到大

(C) 角速度从大到小,角加速度从大到小

(D) 角速度从大到小,角加速度从小到大

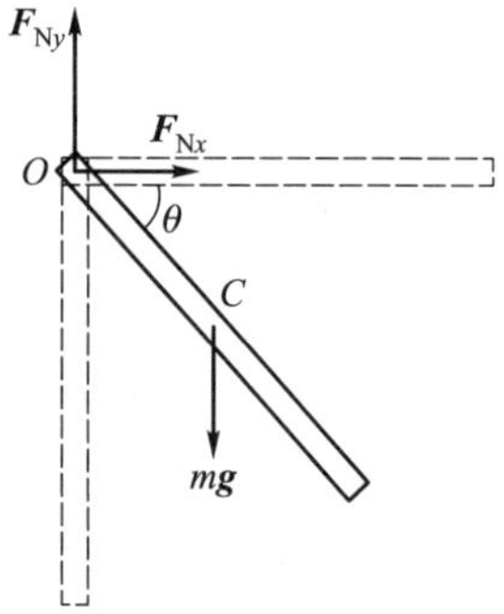

题 3-2.3 图

3-2.4 如图所示,一圆盘正绕垂直于盘面的水平光滑固定轴 O 转动,水平射来两个质量相同、速度大小相同,方向相反并在一条直线上的子弹,子弹射入圆盘并且留在盘内,则子弹射入后的瞬间,圆盘的角速度 ω[ ].

(A) 增大 (B) 不变

(C) 减小 (D) 不能确定

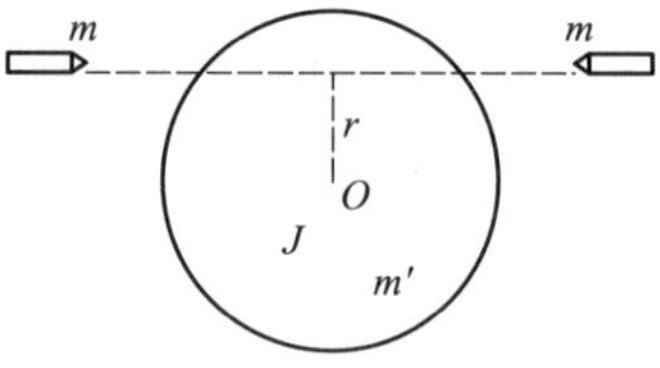

题 3-2.4 图

3-2.5 关于力矩有以下几种说法:

① 内力矩不会改变刚体对某个定轴的角动量;

② 作用力和反作用力对同一轴的力矩之和必为零;

③ 质量相等、形状和大小不同的两个刚体,在相同力矩的作用下,它们的角加速度一定相等.

在上述说法中,[ ].

(A) 只有②是正确的 (B) ①、②是正确的

(C) ②、③是正确的 (D) ①、②、③都是正确的

3-2.6 哈雷彗星绕太阳的轨道是以太阳为一个焦点的椭圆.它离太阳最近的距离 $r_1=8.75\times$

10^{10} m，此时它的速率是 $v_1=5.46\times10^4\ \text{m}\cdot\text{s}^{-1}$，它离太阳最远时的速率是 $v_2=9.08\times10^2\ \text{m}\cdot\text{s}^{-1}$，这时它离太阳的距离是________.

3-2.7　两个滑冰运动员的质量各为 70 kg，以 $6.5\ \text{m}\cdot\text{s}^{-1}$的速率沿相反的方向滑行，滑行路线间的垂直距离为 10 m，当他们彼此交错时，二人各抓住一条 10 m 长的绳索的一端，然后相对旋转，则抓住绳索之后各自对绳中心的角动量 $L=$________；它们各自收拢绳索，到绳长为 5 m 时，各自的速率为________.

3-2.8　一质量为 m 的质点沿着一条曲线运动，该曲线在直角坐标系下的表示式为 $\boldsymbol{r}=a\cos\omega t\boldsymbol{i}+b\sin\omega t\boldsymbol{j}$，其中 a、b、ω 皆为常量，则此质点所受的对原点的力矩 $\boldsymbol{M}=$________；该质点对原点的角动量 $\boldsymbol{L}=$________.

3-2.9　一飞轮以 600 rev/min 的转速旋转，转动惯量为 $2.5\ \text{kg}\cdot\text{m}^2$，现加一恒定的制动力矩使飞轮在 1 s 内停止转动，则该恒定制动力矩的大小 $M=$________.

3-2.10　如图所示，有一半径为 R 的匀质圆形水平转台，可绕通过盘心 O 且垂直于盘面的竖直固定轴 OO'转动，转动惯量为 J.台上有一人，质量为 m，当他站在离转轴 r 处时（$r<R$），转台和人一起以 ω_1 的角速度转动，若转轴处摩擦可以忽略，当人走到转台边缘时，转台和人一起转动的角速度为________.

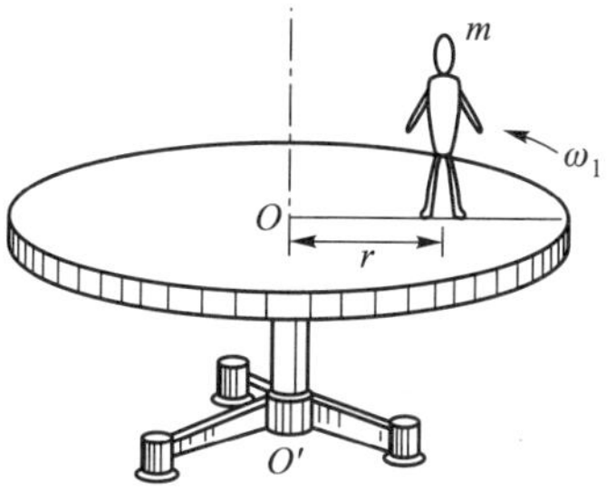

题 3-2.10 图

3-2.11　如图所示，一质量为 m 的物体悬于一条轻绳的一端，绳另一端绕在一轮盘的轴上，轴水平且垂直于轮盘面，轴半径为 r，整个装置架在光滑的固定轴承之上.物体从静止释放后，在时间 t 内下降了一段距离 s.试求整个轮盘的转动惯量.

3-2.12　氢原子中的电子以角速度 $\omega=4.13\times10^{16}\ \text{rad}\cdot\text{s}^{-1}$在半径为 $r=5.3\times10^{-11}$ m 的圆形轨道上绕质子转动，试求电子的轨道角动量，并以普朗克常量 $\hbar=\dfrac{h}{2\pi}=1.055\times10^{-34}\ \text{J}\cdot\text{s}$ 来表示.

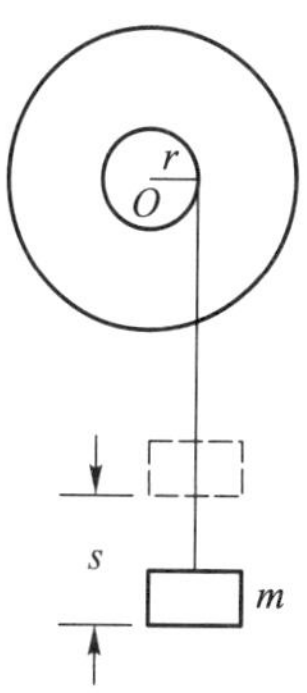

题 3-2.11 图

3-2.13　已知地球的质量为 m_e，半径为 R，自转周期为 T，太阳的质量为 m，地心与日心的距离为 r，引力常量为 G，将地球视为质量均匀的球体，设地球绕日运动为圆周运动，求地球的自转角动量和绕日运动的轨道角动量.

3-2.14　两个匀质圆盘，一大一小，同轴地黏结在一起，构成一个组合轮，小圆盘的半径为 r，质量为 m；大圆盘的半径 $r'=2r$，质量 $m'=2m$.组合轮可绕通过其中心且垂直于盘面的光滑水平固定轴 O 转动.对 O 轴的转动惯量 $J=9mr^2/2$.两圆盘边缘上分别绕有轻质细绳，细绳下端各悬挂质量为 m 的物体 A 和 B，如图所示，若这一系统从静止开始运动，细绳与圆盘无相对滑动，细绳的长度不变.已知 $r=10$ cm，求：

（1）组合轮的角加速度 α；

（2）当物体 A 上升 $h=40$ cm 时，组合轮的角速度 ω.

3-2.15　如图所示，两物体质量分别为 m_1 和 m_2，滑轮质量为 m，半径为 r.已知 m_2 与桌面间的滑动摩擦因数为 μ，不计轴承摩擦，求质量为 m_1 的物体下落的加速度和两段绳中的张力.

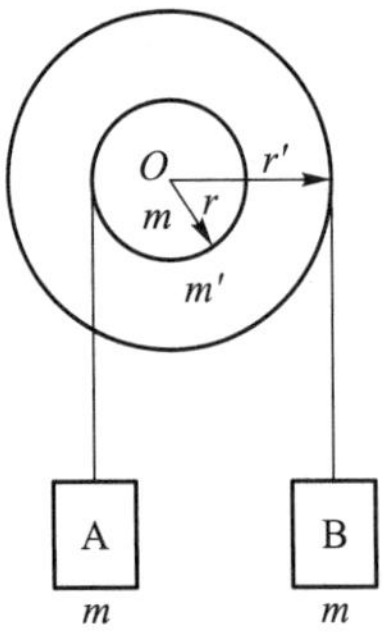

题 3-2.14 图

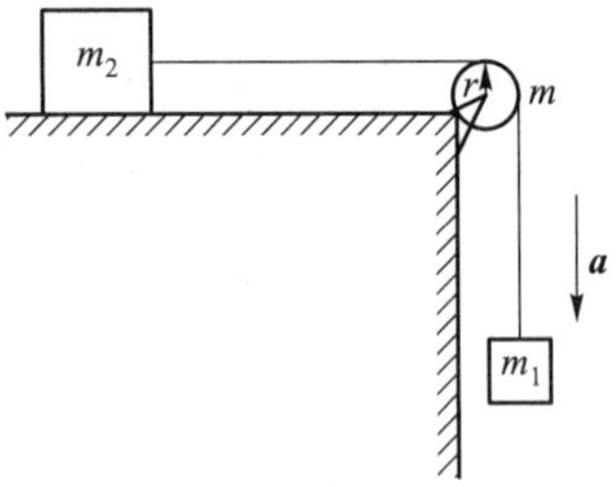

题 3-2.15 图

综合练习题

3-3.1 有一半径为 R 的匀质圆形平板放在水平桌面上,平板与水平桌面的摩擦因数为 μ,若平板绕通过其中心垂直板面的固定轴以角速率 ω_0 旋转,它将在旋转几圈后停止?

3-3.2 质量为 m'的匀质圆盘,可绕通过盘中心垂直于盘面的水平固定光滑轴转动,绕过圆盘的边缘挂有质量为 m、长为 l 的匀质柔软绳索(如图所示).设绳与圆盘无相对滑动,试求当圆盘两侧绳长之差为 s 时,绳的加速度的大小.

3-3.3 在半径为 R 的具有光滑竖直固定中心轴的水平圆盘上,有一人静止站立在距转轴 $R/2$ 处,人的质量 m 是圆盘质量 m'的 1/10,开始时圆盘载人相对于地以角速度 ω_1 转动,如果此人垂直圆盘半径相对于圆盘以速率 v 沿与圆盘转动相反方向做圆周运动,如图所示,已知圆盘对中心轴的转动惯量为 $m'R^2/2$,求:

(1) 圆盘对地的角速度 ω;

(2) 欲使圆盘对地静止,人沿着半径为 $R/2$ 的圆周对圆盘的速度$\boldsymbol{v}$ 的大小及方向.

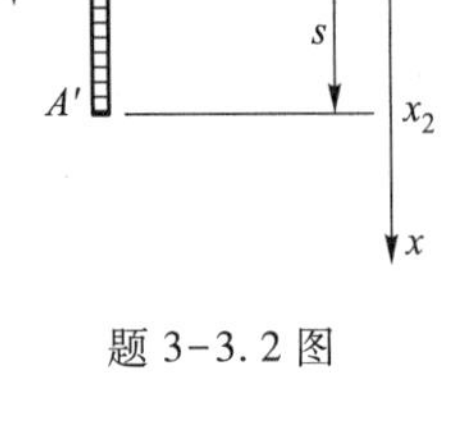

题 3-3.2 图

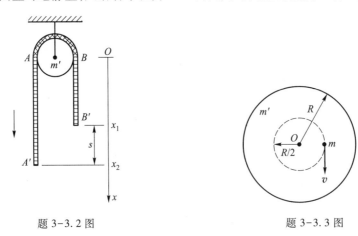

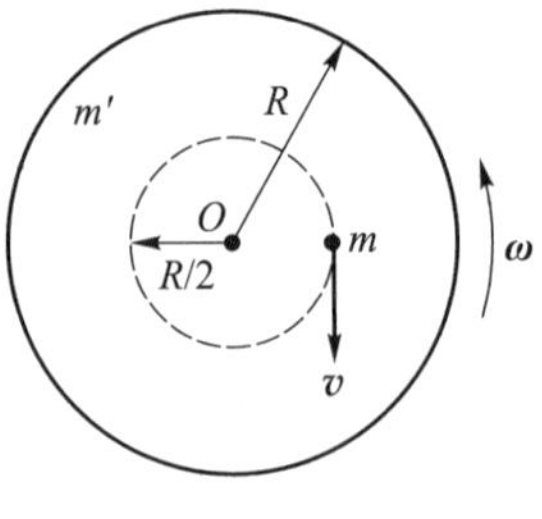

题 3-3.3 图

3-3.4 如图所示,A 和 B 两飞轮的轴线在同一中心线上,设两轮的转动惯量分别为 $J_A=10\ \mathrm{kg\cdot m^2}$ 和 $J_B=20\ \mathrm{kg\cdot m^2}$.开始时 A 轮转速为$600\ \mathrm{r\cdot min^{-1}}$,B轮静止,C 为摩擦离合器,其转动惯量可忽略不计,A、B 分别与 C 的左右两个组件相连,当 C 的左右组件接触时,B 轮得到加速而 A 轮减速，直到两轮的转速相等为止.不计轴承摩擦，求：

（1）两轮转速相等时的转速 n；

（2）两轮各自所受的角冲量.

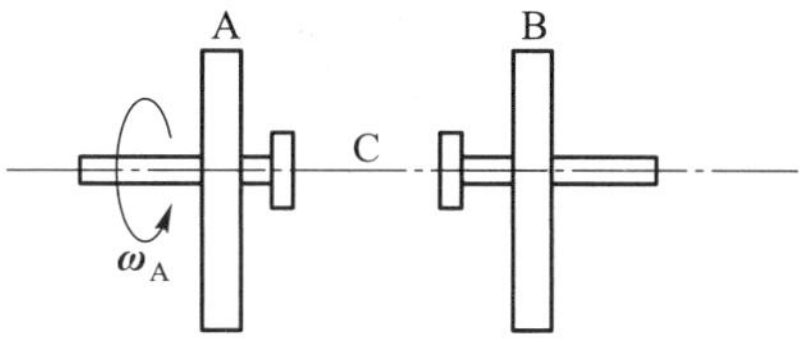

题 3-3.4 图

3-3.5　一匀质转台，质量为 m'，半径为 R，可绕竖直中心轴转动，初角速度为 $\boldsymbol{\omega}_0$. 有一质量为 m 的人以相对于转台恒定的速率 u 沿半径从转台中心向边缘走去，求转台转过的角度与时间 t 的函数关系.

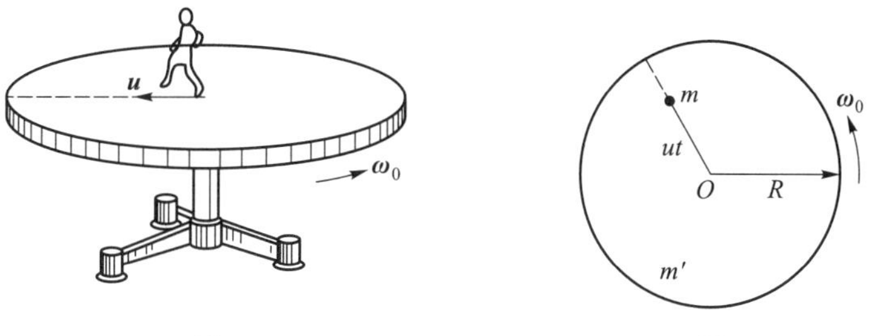

(a)　(b)

题 3-3.5 图

3-3.6　如图所示，长为 l 的轻杆，两端各固定质量分别为 m 和 $2m$ 的小球，杆可绕水平光滑轴在竖直面内转动，转轴 O 距杆两端的距离分别为 $l/3$ 和 $2l/3$.原来杆静止在竖直的位置.今有另一质量为 m 的小球，以水平速度 v_0 与杆下端小球 m 作对心碰撞，碰后以 $v_0/2$ 的速度返回，试求碰撞后轻杆所获得的角速度 ω.

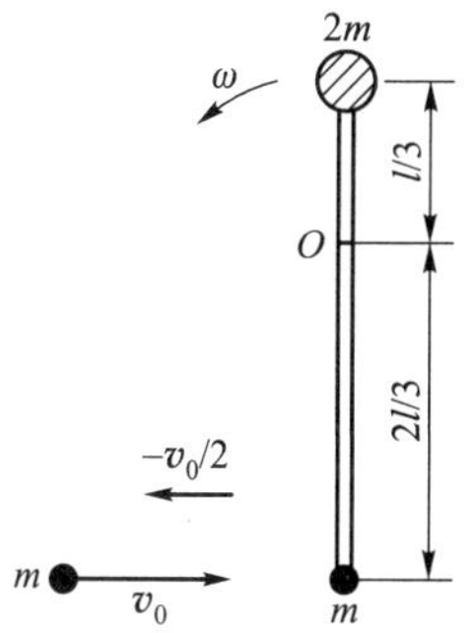

题 3-3.6 图

3-3.7　有的恒星在其核燃料燃尽，到达生命末期时，会发生所谓超新星爆发，这时星体中有大量物质喷射到星际空间，同时星的内核向内收缩，坍缩成体积很小，异常致密的中子星.由于中子星的致密性和极快的自转角速度，在星体周围形成极强的磁场并发射出很强的电磁波.当中子星的辐射束扫过地球时，地面上就测得脉冲信号.因此，中子星又称脉冲星.目前，我们探测到的脉冲星已超过 550 个.设某恒星绕自转轴每 45 天转一周，它的内核半径 R_0 约为 2×10^7 m，坍缩为半径 R 为 600 m 的中子星.试将星体内核当成质量不变的匀质圆球，计算中子星的角速度.

3-3.8　我国第一颗人造地球卫星沿椭圆轨道运动，地球中心 O 为该椭圆的一个焦点.已知地球半径 $R=6\ 378$ km，卫星与地面的最近距离 $L_1=439$ km，最远距离 $L_2=2384$ km.若卫星在近地点的速率为 $v_1=8.1\ \text{km}\cdot\text{s}^{-1}$，求卫星在远地点的速率 v_2.

习题解答

第四章　机械能　机械能守恒定律

对人本身及其命运的关心，必须永远成为一切技术努力的主要兴趣所在……以使我们心灵的创造成为人类的幸事而不是灾祸.绝对不要迷失在你的图形和方程式中.

——爱因斯坦

课 前 导 引

能量是现代科学技术中最重要的物理概念之一，能量的形式多样，它以机械能、电磁能、化学能、热能和核能等形式存在于宇宙中，并且能从一种形式转化为另一种形式.事实上，自然界的所有过程可以看成能量的传递与转化过程.

本章首先研究力对空间的累积效应，引入功、动能、势能等重要概念，从而讨论功与能量变化之间的关系.在本章中，学生不需要了解质点系中质点运动的过程细节，只需从整体上把握系统运动状况的变化.特别是，在质点所受力是变力的复杂状况下，仅从分析功和能的角度出发，能对质点系统力学问题作出更直接、简洁的分析.

学生在学习时应注意物理概念和研究方法的扩展.例如，功的概念、变力的功的计算、保守力与势能的相互关系、机械能守恒条件的一般表述.

本章的重点是掌握功和能量的概念，学会用动能定理、功能原理和机械能守恒定律解决力学问题.区别内力与外力、保守力与非保守力、动能定理与功能原理等，搞清概念，有利于对本章内容的学习与理解.

学习目标

1. 理解质点、质点系的动能的概念，会计算定轴刚体的转动动能.
2. 理解功的含义，熟练计算变力的功.
3. 理解保守力做功的特点，保守力与相关势能的关系.
4. 理解质点、质点系、定轴转动刚体的动能定理和功能原理.
5. 理解机械能守恒条件，能熟练应用机械能守恒定律求解有关问题.

本章知识框图

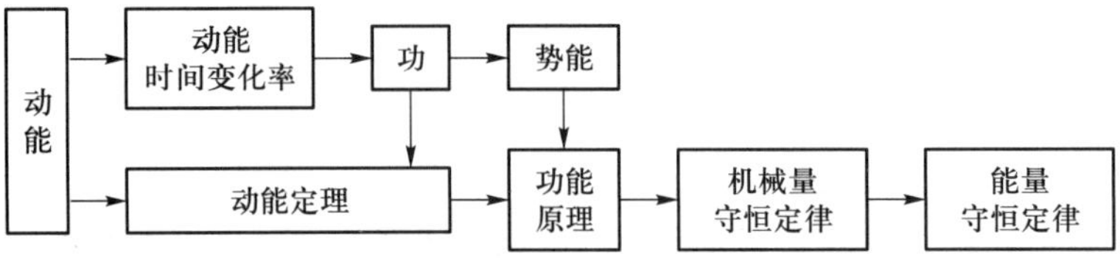

混合教学学习指导

本章课堂教学计划为 2 讲,每讲 2 学时.在每次课前,学生阅读教材相应章节、观看相关教学视频,在问题导学的指引下思考学习,并完成课前测试练习.

阅读教材章节

徐行可,吴平,大学物理学(第二版)上册,第六章 机械能 机械能守恒定律:107—125 页.

观看视频——资料推荐

知识点视频

序号	知识点视频	说明
1	恒力与变力所做的功	这里提供的是本章知识点学习的相关视频条目,视频的具体内容可以在国家级精品资源课程、国家级线上一流课程等网络资源中选取。
2	动能定理	
3	保守力和非保守力	
4	保守力与势能的关系	
5	功能原理	
6	机械能守恒定律	

导学问题

功

- 力在什么情况下做正功、负功、无用功?

- 如何理解做功与力的作用点的位移有关？一对作用力与反作用力所做的功的代数和一定为零吗？
- 如何计算变力的功？

动能、动能定理

- 如何理解功与动能的关系？
- 如何应用动能定理解题？

保守力、势能

- 什么是保守力？保守力做功的特点是什么？
- 保守力做功与其相关势能函数有何关系？

功能原理

- 如何理解功能原理？
- 试对动能定理和功能原理进行比较.
- 如何应用功能原理解题？

机械能守恒定律

- 如何理解机械能守恒？机械能守恒的条件是什么？
- 如何应用机械能守恒定律解题？

课前测试题

选择题

4-1.1 一质点受力 $\boldsymbol{F}=3x^2\boldsymbol{i}$(SI 单位)作用,沿 x 轴正方向运动,从 $x=0$ 到 $x=2$ m 的过程中,力 $\boldsymbol{F}$ 做的功为[ ].

(A) 8 J (B) 12 J (C) 16 J (D) 24 J

4-1.2 将一重物匀速地推上一个斜坡,因其动能不变,可知[ ].

(A) 推力不做功 (B) 推力和摩擦力做的功等值反号

(C) 推力与重力做的功等值反号 (D) 此重物所受的外力的功之和为零

4-1.3 如图所示,置于水平光滑桌面上质量分别为 m_1 和 m_2 的物体 A 和 B 之间夹有一轻弹簧.首先用双手挤压 A 和 B,使弹簧处于压缩状态,然后撤掉外力,则在 A 和 B 被弹开的过程中[ ].

(A) 系统的动量守恒,机械能不守恒

(B) 系统的动量守恒,机械能守恒

(C) 系统的动量不守恒,机械能守恒

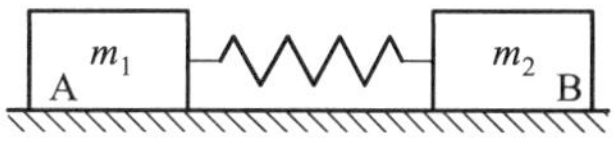

题 4-1.3 图

(D) 系统的动量与机械能都不守恒

4-1.4 如图所示,一个小球先后两次从 P 点由静止开始,分别沿着光滑的固定斜面 l_1 和圆弧面 l_2 下滑.则小球滑到两面的底端 Q 时的[ ].

(A) 动量相同,动能也相同

(B) 动量相同,动能不同

(C) 动量不同,动能也不同

(D) 动量不同,动能相同

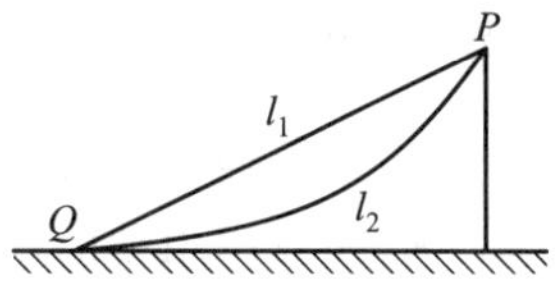

题 4-1.4 图

填空题

4-1.5 如图所示,四个图(按同一标尺画出)为作用于一质点的变力 F(沿 x 轴)随质点位置 x 变化的曲线.在从 $x=0$ 到 $x=x_1$ 的过程中,F 对质点做的功由正最大至负最大,排序为________.

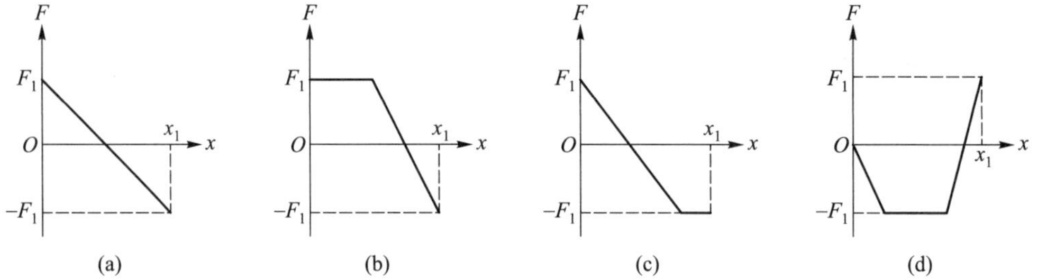

题 4-1.5 图

4-1.6 一块 10 kg 的砖头沿 x 轴运动.它的加速度与位置的关系如图所示.在砖头从 $x=0$ 运动至 $x=8.0$ m 的过程中,加速的力对它所做的净功 $A=$________.

4-1.7 质点受力 $\boldsymbol{F}=2x\boldsymbol{i}+3\boldsymbol{j}$(SI 单位),将质点从位置 $\boldsymbol{r}_1=2\boldsymbol{i}+3\boldsymbol{j}$ 移动到位置 $\boldsymbol{r}_2=-4\boldsymbol{i}-3\boldsymbol{j}$,所做的功为________.

4-1.8 质量 $m=1$ kg 的物体,在坐标原点处从静止出发在水平面内沿 x 轴运动,其所受合力方向与运动方向相同,合力大小为 $F=3+2x$ (SI 单位),那么,物体在开始运动的 3 m 内,其所受合力做的功 $A=$________,且在 $x=3$ m 位置时,其速率 $v=$________.

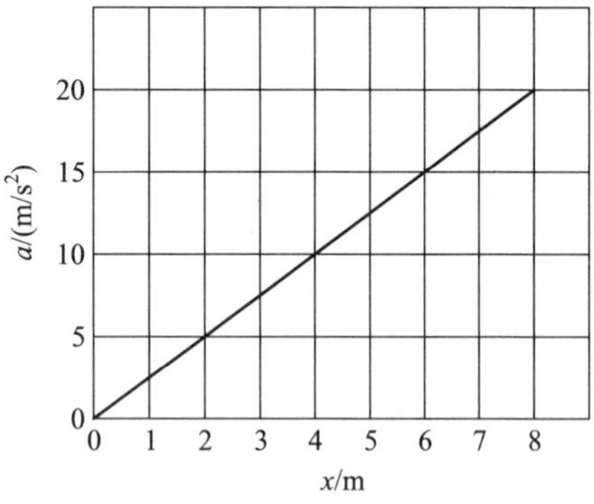

题 4-1.6 图

知识梳理

知识点 1. 动能

动能是状态量,是对质点或系统机械运动的一种量度.

在物理学的历史上,关于如何量度机械运动、用动量还是动能,曾经有过长达半个世纪的争论.1743 年,达朗贝尔在《动力学论》中指出:"力既可以表示为在单位时间内的运动改变(即动量),又可以表示为单位距离内的运动改变(即动能),"才使之趋于平息.这次争论的直接结果是功能概念的形成和分析力学的建立.19 世纪后期,在能量守恒及转化定律比较明确之后,恩格斯在《自然辩证法》中进一步分析:"机械运动确实有两种量度,$m\boldsymbol{v}$ 以机械运动本身来量度机械运动;而 $mv^2/2$ 以机械运动转化为一定量的其他形式的运动的能力来量度机械运动."

质点、质点系、定轴转动刚体的动能定义及其与动量、角动量的关系如表 4.1 所示.

表 4.1 质点、质点系、定轴转动刚体的动能定义及其与动量、角动量的关系

研究对象	质点	质点系	定轴刚体
动能定义	$E_k=\frac{1}{2}mv^2$	$E_k=\sum_i\frac{1}{2}m_iv_i^2=E_{kC}+E_k'$ $E_{kC}=\frac{1}{2}m_0v_C^2$;$E_k'=\sum_i\frac{1}{2}m_iv_i'^2$ 式中,m_0 为质点系总质量,C 表示质心,撇号表示相对质心的速度或动能.	$E_k=\sum_i\frac{1}{2}m_iv_i^2=\frac{1}{2}J\omega^2$ 式中,J 为刚体对定轴的转动惯量.
与动量、角动量的关系	$E_k=\frac{1}{2}\boldsymbol{p}\cdot\boldsymbol{v}$ $=\frac{p^2}{2m}$	$E_k=\frac{p^2}{2m_0}$ 式中,p 为质点系总动量.	$E_k=\frac{1}{2}\boldsymbol{L}\cdot\boldsymbol{\omega}=\frac{L^2}{2J}$ 式中,L 为刚体对定轴的角动量.

知识点 2. 功

功的定义是力与力的作用点(即力所作用的质点)位移的标积.所以,功是标量.由于功与位移相联系,而位移是相对量、过程量,所以,一个力做的功与参考系的选择有关,是相对量;与能量是状态量不同,功是过程量,是运动过程的函数.做功是能量传递的一种方式,功是能量转化的一种量度.

下面具体表述在各种情况下力所做的功:

(1) **元功**:采用微元分析方法,在力的作用点的一段元位移中,我们可以"以直代曲,以恒代变",得到力的元功为

$$\mathrm{d}A=\boldsymbol{F}\cdot\mathrm{d}\boldsymbol{r}=F_x\mathrm{d}x+F_y\mathrm{d}y+F_z\mathrm{d}z$$

(2) **变力的功**:用力在运动路径上的各段元位移中的元功求和,即力沿运动路径的线积分,得到力在该过程中所做的功:

$$A=\int_a^b\mathrm{d}A=\int_{r_a}^{r_b}\boldsymbol{F}\cdot\mathrm{d}\boldsymbol{r}=\int_{x_a}^{x_b}F_x\mathrm{d}x+\int_{y_a}^{y_b}F_y\mathrm{d}y+\int_{z_a}^{z_b}F_z\mathrm{d}z$$

(3) **恒力的功**:作为一种特例,恒力的功可以直接用力与位移的标积来计算.

$$A=\boldsymbol{F}\cdot\Delta\boldsymbol{r}=F\cdot\Delta r\cdot\cos\theta\quad(\text{式中 }\theta\text{ 为力和位移正方向之间的夹角})$$

(4) **内力的功**:虽然由牛顿第三定律可以得到系统内力的矢量和为零,但是内力做功的代

数和不一定为零.这是因为作用力和反作用力的作用点的位移不一定相同,所以,虽然一对作用力与反作用力等大反向,其做功却不一定等值异号,做功的代数和不一定为零.

(5) **力矩的功**:在刚体定轴转动的情况下,作用于刚体的外力的功可以用外力对定轴的力矩的功来计算:

$$A=\int_{\varphi_1}^{\varphi_2} M\mathrm{d}\varphi$$

辨析 力的作用点的位移与物体的位移

在功的定义中,力的作用点的位移是指力所作用的质点的位移.在研究对象不能视为单个质点时,应该注意区分力的作用点的位移、物体位移和质点位移.图 4.1(a)中,恒力 $\boldsymbol{F}$ 作用于棒的一端A,该棒一边随其质心 O 平动,一边绕质心转动.在图示过程中,力的作用点的位移是$|AA'|$,物体的位移(即质心的位移)是$|OO'|$,而棒上不同位置的质点则有各自不同的位移(如$|BB'|$).这时,功的定义式中的位移是指力所作用的质点的位移,即$|AA'|$.又如图 4.1(b)所示,物体在地面上滑动,受到摩擦阻力 $\boldsymbol{F}_1$,它对物体做负功.而地面所受摩擦力为 $\boldsymbol{F}_2$,其作用点没有位移,只是在地面上不断转移,所以不做功.

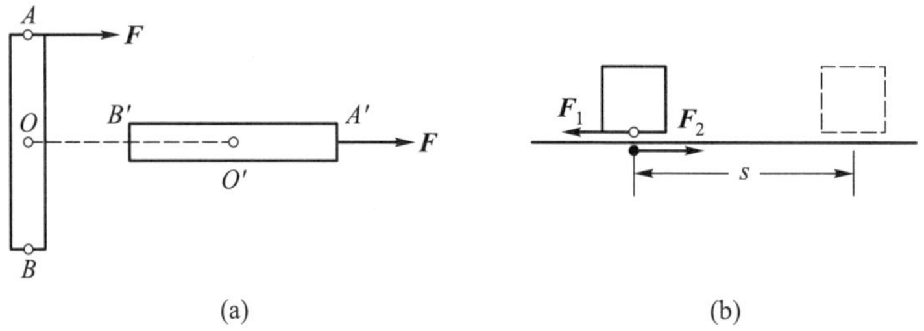

图 4.1

辨析 如何计算一对内力的功

我们用图 4.2 来说明如何计算一对内力的功.设 dt 时间内,质点 m_i、m_j 分别发生元位移 d$\boldsymbol{r}_i$、d$\boldsymbol{r}_j$,两质点间的相互作用力 $\boldsymbol{F}_{ji}=-\boldsymbol{F}_{ij}$,它们所做的元功之和为

$$\begin{aligned}\mathrm{d}A&=\boldsymbol{F}_{ji}\cdot\mathrm{d}\boldsymbol{r}_i+\boldsymbol{F}_{ij}\cdot\mathrm{d}\boldsymbol{r}_j=\boldsymbol{F}_{ji}\cdot(\mathrm{d}\boldsymbol{r}_i-\mathrm{d}\boldsymbol{r}_j)=\boldsymbol{F}_{ji}\cdot\mathrm{d}(\boldsymbol{r}_i-\boldsymbol{r}_j)\\&=\boldsymbol{F}_{ji}\cdot\mathrm{d}\boldsymbol{r}_{ij}=\boldsymbol{F}_{ij}\cdot\mathrm{d}\boldsymbol{r}_{ji}\end{aligned}$$

即两个质点间的相互作用力所做元功之和等于其中一个质点所受的力和此质点相对另一个质点的元位移的标积.由此,两质点间相互作用力所做的总功只与二者的相对运动有关,与二者所在的参考系无关.也就是说,单个力做功是相对量,与参考系选择有关,而一对力做功是绝对量,与参考系的选择无关.我们还可以得出:如果两质点之间没有相对运动,或者它们相对运动方向与相互作用力垂直,那么这一对相互作用力做功的总和为零,否则,这一对力做功的总和不为零.对于刚体,其上任意两质点之间没有相对运动,所以刚体内力做功之和恒为零.

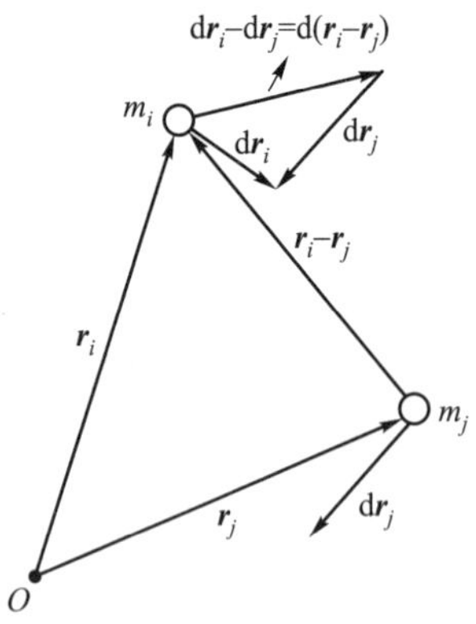

图 4.2

辨析 动量、动能及冲量、功,四个概念的区别与联系

表 4.2 对动量、动能及冲量、功进行了比较.

表 4.2 动量、动能、冲量、功的比较

	动量	动能	冲量	功
区别	· 矢量： $\boldsymbol{p}=m\boldsymbol{v}$ · 以机械运动自身来量度运动量. · 其变化与力的冲量相对应.	· 标量： $E_k=mv^2/2$ · 以运动转化能力来量度运动量. · 其变化与力做功相对应.	· 矢量： $\boldsymbol{I}=\int_{t_1}^{t_2}\boldsymbol{F}\mathrm{d}t$ · 是力对时间的累积效应. · 是动量变化的量度.	· 标量： $A=\int_{r_1}^{r_2}\boldsymbol{F}\cdot\mathrm{d}\boldsymbol{r}$ · 是力对空间的累积效应. · 是动能变化的量度.
联系	· 从不同角度量度物体的机械运动量. · 都是状态量，都与质量 m，速率 v 有关. · 都与参考系选择有关.		· 都是运动变化的量度. · 都是过程量，是力的累积效应. · 力的冲量和一对内力做功的大小都与参考系选择无关.	

知识点 3. 保守力和非保守力、势能

根据力做功的不同特点，可以把力分为保守力和非保守力，其有关内容见表 4.3.

表 4.3 保守力和非保守力

种类	保守力	非保守力
定义	做功只与物体起点、终点的位置有关，与物体所通过的路径无关的力叫做保守力. $A=\int_{a(沿L_1)}^{b}\boldsymbol{F}\cdot\mathrm{d}\boldsymbol{r}=\int_{a(沿L_2)}^{b}\boldsymbol{F}\cdot\mathrm{d}\boldsymbol{r}$ （与路径无关）； 或：$\oint_L\boldsymbol{F}\cdot\mathrm{d}\boldsymbol{r}=0$.	做功不但与物体起点、终点的位置有关，还与物体所通过的路径有关的力叫做非保守力. $A=\int_{a(沿L_1)}^{b}\boldsymbol{F}\cdot\mathrm{d}\boldsymbol{r}\neq\int_{a(沿L_2)}^{b}\boldsymbol{F}\cdot\mathrm{d}\boldsymbol{r}$ （与路径有关）； 或：$\oint_L\boldsymbol{F}\cdot\mathrm{d}\boldsymbol{r}\neq0$.
性质	当物体沿闭合路径运动一周时，保守力对物体所做的功为零. 保守力均可引入只依赖于位置的状态函数，即凡保守力均有与其相关的势能.	当物体沿闭合路径运动一周时，非保守力对物体所做的功不为零. 对非保守力，不可引入只依赖于位置的势函数.
实例	重力、万有引力、弹力、静电力…… 四种基本相互作用都是保守力.	摩擦力、磁场力……
能量转换	保守力做功，只引起动能和势能的相互转化，不产生耗散（不转变为热能）.	非保守力做功有可能引起机械能与热能的相互转化.

说明：

（1）在非保守力中，其做功效果引起机械能耗散（转化为热能）的，又称为耗散力.

（2）摩擦力的非保守性是因为它并不直接对应于两个粒子之间的相互作用，而是互相接触的许多对分子间电磁相互作用的宏观表现. 当物体在桌面上滑动一周时，它的宏观位置复原，但物体内和桌面轨迹上的分子和原子并未复原. 此过程中，微观上的保守力做功不为零，其宏观表现即摩擦力的功. 凡涉及热现象的力，宏观上都是非保守力，这是能量转化的某种不可逆性的反映.

保守力做功等于其相关势能增量的负值,势能函数是由与其相关的保守力做功来定义的,即

$$A_{\text{保内}}=-\Delta E_{\mathrm{p}}$$

而保守力等于其相关势能函数梯度(势能曲线切线的斜率)的负值:

$$\boldsymbol{F}=-\mathrm{grad}\ E_{\mathrm{p}}=-\nabla E_{\mathrm{p}}=-\left(\frac{\partial E_{\mathrm{p}}}{\partial x}\boldsymbol{i}+\frac{\partial E_{\mathrm{p}}}{\partial y}\boldsymbol{j}+\frac{\partial E_{\mathrm{p}}}{\partial z}\boldsymbol{k}\right)$$

表 4.4 列出了重力势能、弹性势能、引力势能的有关内容.

表 4.4 重力势能、弹性势能和引力势能

	重力势能	弹性势能	引力势能
表达式	$E_{\mathrm{p}}=mgh$ $g\approx 9.8\ \mathrm{m\cdot s^{-2}}$	$E_{\mathrm{p}}=\frac{1}{2}kx^2$ k 为弹性系数(准弹性系数),由系统本身的特性确定.	$E_{\mathrm{p}}=-G\frac{mm'}{r}$ $G\approx 6.67\times10^{-11}\ \mathrm{m^3kg^{-1}s^{-2}}$
零势能点	$h=0:E_{\mathrm{p}}=0$	$x=0:E_{\mathrm{p}}=0$	$r=\infty:E_{\mathrm{p}}=0$
势能曲线	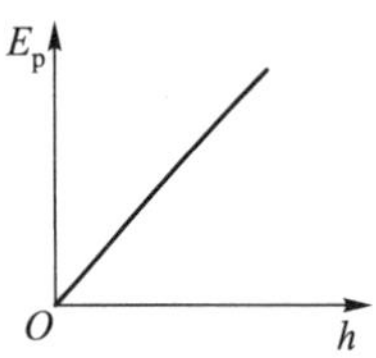	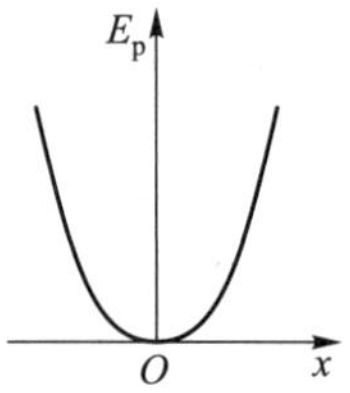	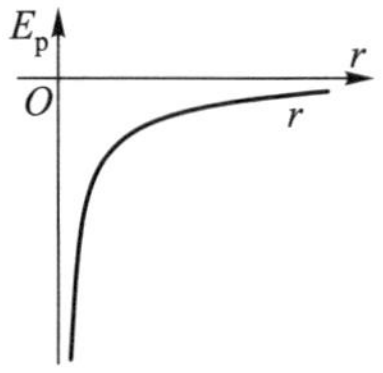

注意:

(1) 只有对于存在保守内力的系统,才可以引入与该保守内力相关的势能.

(2) 势能是相对量.这是因为势能与相关保守力做功的关系中定义的只是势能的增量,并未定义势能的绝对大小.只有相对于选定的零势能点,势能才有确定的值.零势能点选取不同,系统势能的大小、正负可以不同.原则上,零势能点的选取是任意的.通常根据具体情况选取使势能表达式具有比较简洁形式的零势能点.

辨析 如何理解势能属于系统共有

势能属于系统共有.这是因为:

第一,势能不仅与单个物体相关,而且取决于系统内所有物体的相对位置.

第二,势能与保守力做功相关,而保守力是系统的内力.严格地说,保守力做功与路径无关是指一对作用力和反作用力做功之和与路径无关.因为在讨论保守力做功的特点时,是把系统内一个物体视为静止,求它对另一物体的作用力所做的功的,而如前所述,这实际上是两个物体之间的一对作用力和反作用力做功的总和.例如,在地球参考系中,计算物体所受重力的功,就等于地球与物体相互作用力做功的总和(在该参考系中,另一个力做功为零).而且,一对内力做功之和是与参考系选择无关的.既然与路径无关的是保守内力做功的总和,那么相应的势能也应当属于系统共有.

知识点 4. 动能定理、功能原理

质点、质点系、定轴刚体的动能定理的表述如表 4.5 所示.

表 4.5 质点、质点系、定轴刚体的动能定理

研究对象	质点	质点系	定轴刚体
动能定理	合力对质点所做的功等于质点动能的增量： $A=\Delta E_k$	质点系内所有质点所受外力和内力做功的代数和等于质点系总动能的增量： $A_{外}+A_{内}=\Delta E_k$	对定轴的外力矩所做的功的代数和等于刚体转动动能的增量： $A_{外}=\Delta E_k$

注意：

(1) 力对空间累积的效果是改变质点的动能.

(2) 内力做功可以改变系统的动能.内力对时间累积和对空间累积的不对称来源于做功可以涉及机械运动与其他运动形式之间的能量转化.

(3) 刚体各质点之间没有相对运动，所以，其内力做功的代数和为零.

辨析 质点的动能定理与牛顿第二定律的区别与联系

质点的动能定理与牛顿第二定律的比较见表 4.6.

表 4.6 质点的动能定理与牛顿第二定律比较

	牛顿第二定律	动能定理
区别	$\boldsymbol{F}=m\boldsymbol{a}$ · 是由实验归纳总结形成的定律. · 与时刻相联系，是瞬时关系. · 反映物体各时刻受力及运动变化的细节.	$A=\Delta E_k$ · 来自从实验定律出发的逻辑推导. · 与过程相联系. · 反映过程中做功与初、末状态动能的变化之间的关系，不涉及过程细节.
联系	· 牛顿第二定律是基础，动能定理是扩展，是力对空间累积的效应.	

功能原理

质点系所受外力的功和非保守内力的功的代数和等于系统机械能的增量.

$$A_{外}+A_{非保内}=\Delta E$$

辨析 动能定理和功能原理的区别与联系

表 4.7 对动能定理和功能原理进行了比较.

表 4.7 动能定理和功能原理比较

	动能定理	功能原理
区别	· 研究对象可以是质点或质点系. · 对质点系：$A_{外}+A_{内}=\Delta E_k$ · 反映所有力（外力、保守内力、非保守内力）做功之和与动能增量的关系. · 没有引入势能，不能直接反映出其他形式能量与机械能之间的相互转化.	· 研究对象只能是质点系. · $A_{外}+A_{非保内}=\Delta E$ · 引入了势能，不计算保守内力的功，能够反映外力、非保守内力做功之和与机械能增量的关系. · 可以直接反映出其他形式能量与机械能之间的相互转化.

续表

	动能定理	功能原理
联系	·功能原理是以质点系动能定理为基础,将内力的功分为保守内力的功和非保守内力的功,再用势能增量的负值替换保守内力的功得来. ·二者都反映功与能量转化之间的关系,本质上是相同的.	

辨析 比较内力对系统的贡献.

表 4.8 对内力的特性和作用进行了比较.

表 4.8 内力的性质

	内力矢量和	内力的总冲量	内力对点(轴)的合力矩	内力矩的角冲量	内力的总功
性质	$\sum_i \boldsymbol{F}_{i内}=\boldsymbol{0}$ 系统内力矢量和恒为零.	$\sum_i \boldsymbol{I}_{i内}=\boldsymbol{0}$ 系统内力的总冲量恒为零.	$\sum_i \boldsymbol{M}_{i内}=\boldsymbol{0}$ 系统内力对同一参考点(轴)的合力矩恒为零.	$\int_{t_1}^{t_2}\boldsymbol{M}_{内}\mathrm{d}t=\boldsymbol{0}$ 系统内力矩的角冲量恒为零.	一般情况: $\sum_i A_{i内}\neq 0$ 定轴刚体: $\sum_i A_{i内}=0$
意义	内力不能改变质心的运动状态.	内力不能改变系统的总动量.	内力不能改变系统的转动状态.	内力不能改变系统的总角动量.	系统内力的总功不一定为零.内力的功可以改变系统的总动能.

知识点 5. 机械能、机械能守恒定律

系统宏观意义上的动能和势能的总和称为系统的机械能:

$$E=E_k+E_p$$

当质点系所受外力和非保守内力所做的功的代数和为零时,质点系的初、末状态的机械能相等.若在从初态到末态的每一个元过程中,外力和非保守内力所做的元功的代数和均为零,则整个过程中质点系的机械能守恒.

$$A_{外}+A_{非保内}=0 \quad \rightarrow \quad \Delta E=0 \quad \rightarrow \quad E_1=E_2$$

$$\mathrm{d}A_{外}+\mathrm{d}A_{非保内}=0 \quad \rightarrow \quad \mathrm{d}E=0 \quad \rightarrow \quad E=常量$$

辨析 普遍的能量守恒定律与机械能守恒定律的比较如表 4.9 所示.

表 4.9 机械能守恒定律与普遍的能量守恒定律的比较

	机械能守恒定律	能量守恒定律
区别	·因为涉及外力,研究对象可以是非孤立系统. ·揭示出动能和势能可以互相转化. ·是一定条件下,局部领域的规律. ·涉及做功,与参考系选择有关.	·研究对象是孤立系统. ·揭示出各种运动形式的能量可以互相转化. ·是自然界最普遍的规律之一. ·与参考系选择无关.

续表

	机械能守恒定律	能量守恒定律
联系	· 机械能守恒是普遍的能量守恒定律在只涉及机械运动条件下的特例.	

辨析 比较三个守恒定律成立的条件

动量守恒定律、角动量守恒定律、机械能守恒定律是力学中的三个重要规律. 比较三个守恒定律成立的条件,见表 4.10.

表 4.10 动量守恒定律、角动量守恒定律、机械能守恒定律比较

	动量守恒定律	角动量守恒定律	机械能守恒定律
研究对象	系统	系统	系统
成立条件	惯性系 $F_{外}=0\rightarrow\frac{\mathrm{d}p}{\mathrm{d}t}=0$ $\rightarrow\boldsymbol{p}=$常矢量.	惯性系 $M_{外}=0\rightarrow\frac{\mathrm{d}L}{\mathrm{d}t}=0$ $\rightarrow\boldsymbol{L}=$常矢量.	惯性系 $\mathrm{d}A_{外}+\mathrm{d}A_{非保内}=0\rightarrow\mathrm{d}E=0$ $\rightarrow E=$常量.

一般说来,以 Ψ 表示某物理量,可以用其时间变化率 $\frac{\mathrm{d}\Psi}{\mathrm{d}t}$ 是否为零作为其是否守恒的判据,而不能仅用初态与末态下该物理量相等,即 $\Psi_1=\Psi_2$ 用来作为守恒的判据. 三个守恒定律成立的条件应该从相应的运动定理(动量定理、角动量定理、动能定理)的微分形式得出,而不是从积分形式得出.

典型例题及解题方法

用有关功-能关系解题的基本步骤如下:

(1) 选系统明确研究对象

根据题意选择合适的系统,所选系统应能通过所用原理把题目的已知条件与所求量联系起来. 如果问题涉及势能,所选系统应包括有保守力作用的物体系统.

(2) 分析受力和所做功

定性分析所选系统内各物体的运动状态,分析系统内各物体受力情况,分清内力、外力、保守力与非保守力. 由功的定义,定性判断各力是否做功及做功的正负等.

(3) 依据条件应用定理、定律列方程

功-能关系中的动能、势能、机械能都是状态量,在列方程时应先明确所选系统的初、末状态,写出相应状态的能量表示. 若涉及势能,则应明确势能参考点,先选择势能零点.

(4) 联立方程求解

有些复杂的问题,不能单由功-能关系一个原理求解,需综合考虑. 有时涉及运动学、动力学原理方程.

1. 应用动能定理解题

其思路如下：

(1) 确定研究对象；

(2) 选定惯性系；

(3) 选过程，确定初、末状态动能；

(4) 分析受力(外力、内力)，求出过程中各力的功；

(5) 由动能定理列方程：$A_{外}+A_{内}=\Delta E_k$；

(6) 求解并讨论.

例题 4-1 如图(a)所示，弹性系数为 k 的弹簧，一端固定于墙上，另一端与一质量为 m_1 的木块 A 相接，A 又与质量为 m_2 的木块 B 用轻绳相连，整个系统放在光滑水平面上.然后以不变的力 $\boldsymbol{F}$ 向右拉 m_2，使 m_2 自平衡位置由静止开始运动，求：

(1) 木块 A、B 系统所受合外力为零时的速率；

(2) 此过程中绳的拉力 F_T 对 m_1 所做的功；

(3) 恒力 $\boldsymbol{F}$ 对 m_2 所做的功.

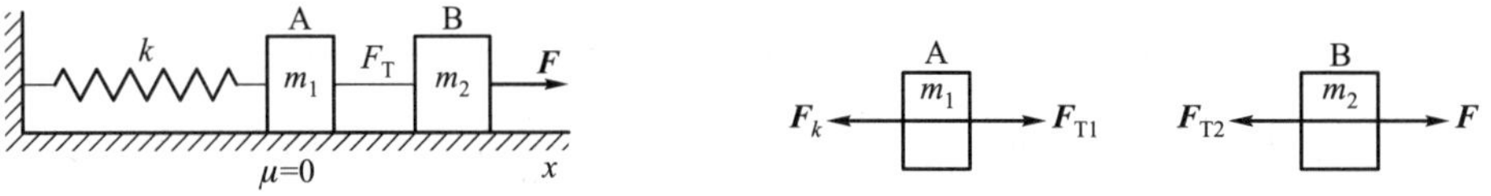

(a) (b)

例题 4-1 图

解题示范：

解：(1) 两个木块的速率.

研究对象(系统)为两个物块 A 和 B，选择地面为参考系，系统初始时刻处于静止状态(初动能和初速率为零)，在合力作用下，当合力为零时，系统获得了动能(运动速率).画出隔离物体受力图如图(b)所示：

设系统末态时，弹簧伸长 x_0，木块 A 和 B 系统所受合外力为零，可得

$$F-kx_0=0 \qquad ①$$

两个外力的功：

$$\boldsymbol{A}_F=\int_0^{x_0}F\mathrm{d}x=Fx_0 \qquad ②$$

$$\boldsymbol{A}_{F_k}=\int_0^{x_0}F_k\mathrm{d}x=\int_0^{x_0}kx\mathrm{d}x=\frac{1}{2}kx_0^2 \qquad ③$$

动能定理：

$$A_F+A_{F_k}=\frac{1}{2}(m_1+m_2)v^2 \qquad ④$$

联立上述方程求解可得 A、B 所受合外力为零时的速率：

$$v=\frac{F}{\sqrt{k(m_1+m_2)}}$$

解题思路与线索：

功是一个过程量，涉及计算力做功的问题时，参照前述解题思路，选定研究对象和参考系后，首先要明确系统状态变化的过程和初、末状态，然后进行系统中各物体的受力分析，明确内力、外力、力的性质和做功特点等，在利用相关定义、原理、定理等进行计算.

(1) 系统所受外力有两个，恒定的拉力 $\boldsymbol{F}$、弹簧的弹力(变力) $\boldsymbol{F}_k$.内力为分别作用于两物体的绳子张力，两个内力大小相等，方向相反.根据动能定理，两个外力(内力的总功为零)的总功应该等于系统动能的增量.

做功与过程和路径(力的作用点的位移)有关，所以先计算力的作用点的位移(即弹簧的伸长量).

续表

	需要注意变力做功的计算方法.
（2）拉力 F_T 对 m_1 所做的功. 选 m_1 为研究对象，根据动能定理 $$A_{F_T}+A_{F_k}=\frac{1}{2}m_1v^2$$ 将 A_{F_k} 的值和速率 v 代入上式可得 $$A_{F_T}=\frac{1}{2}m_1\frac{F^2}{k(m_1+m_2)}+\frac{F^2}{2k}=\frac{(2m_1+m_2)F^2}{2k(m_1+m_2)}$$	（2）m_1 受到拉力 F_T 和弹性力 F_k 两个力的作用.拉力做正功，弹性力做负功，已经求得 m_1 的速率或动能已知，则可以利用动能定理求拉力 F_T 的功.
（3）F 对 m_2 所做的功. $$A_F=\int_0^{x_0}F\mathrm{d}x=Fx_0=\frac{F^2}{k}$$	（3）选 m_2 为研究对象，F 对 m_2 所做的功，就是恒力 F 的功.

2. 应用功能原理或机械能守恒定律解题

其思路如下：

（1）选体系，使保守力成为系统的内力.例如：有重力时应该将地球包括到体系中；有弹力时应该将弹簧包括到体系中.

（2）选过程，选势能零点，确定初、末状态机械能.

（3）分析受力（外力、非保守内力），求出过程中各力的功；判断是否满足机械能守恒条件.

（4）由功能原理或机械能守恒定律列方程；

功能原理：$A_{外}+A_{非保内}=\Delta E$；

机械能守恒：$A_{外}+A_{非保内}=0 \quad \rightarrow \quad E_1=E_2$.

（5）求解并讨论.

例题 4-2 如图(a)所示，总长为 l、质量为 m 的匀质链条，置于水平桌面上，链条与桌面之间的滑动摩擦因数为 μ，下垂部分的长度为 a.在链条由静止开始运动，直到链条离开桌面的过程中，问：

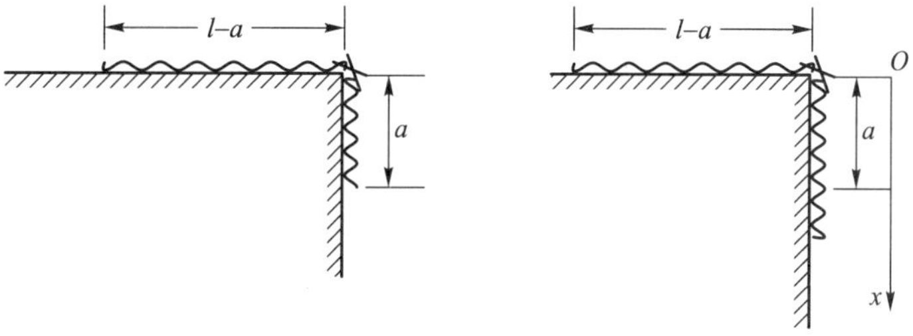

(a) (b)

例题 4-2 图

（1）重力对链条做了多少功？

（2）摩擦力对链条做了多少功？

（3）链条离开桌面时的速率是多少？

解题示范：

解：(1) 重力的功：

方法①：选链条为研究对象(系统).为定量计算链条位移，建立如图(b)所示坐标.

分析可知，本问题中的重力是保守力，也是变力，因为重力与下垂部分链条的质量相关.链条下垂长度为 x 时，重力可表示为 $\frac{m}{l}xg$，方向向下，重力的功为

$$A_p=\int_a^l \frac{m}{l}xg\mathrm{d}x=\frac{1}{2l}mg(l^2-a^2)$$

方法②：选链条(质量连续分布的系统)和地球为研究对象，桌面为重力势能零点.可以根据系统势能增量来计算重力(保守内力)的功.初始时刻链条的质心(重力作用点)位于$(-a/2)$，末态时质心位于$(-l/2)$，势能增量的负值即为重力的功.

$$A_p=-\Delta E_p=-\left[-mg\frac{l}{2}-\left(-\frac{m}{l}ag\frac{a}{2}\right)\right]=\frac{mg}{2l}(l^2-a^2)$$

(2) 摩擦力的功：选链条为研究对象.链条下滑过程，桌上链条质量减少，摩擦力随之变化，可表示为

$$F_f=\mu\frac{m}{l}(l-x)g$$

摩擦力所做的功为

$$A_{F_f}=\int \boldsymbol{F}_f\cdot \mathrm{d}\boldsymbol{r}=-\int_a^l F_f\mathrm{d}x=-\int_a^l \mu\frac{m}{l}(l-x)g\mathrm{d}x$$

$$=-\frac{\mu mg}{2l}(l-a)^2$$

负号表明摩擦力做负功.

(3) 由功能原理(链条和地球系统外力和非保守内力的功的代数和等于系统机械能的增量) $A_{F_f}=\Delta E=\Delta E_k+\Delta E_p$，或由动能定理(链条系统所有内力、外力的总功等于系统动能增量) $A_{F_f}+A_p=\Delta E_k$ 都将得到

$$A_{F_f}+A_p=\Delta E_k=\frac{1}{2}mv^2-0=\frac{1}{2}mv^2$$

可以解得链条离开桌面时的速率：

$$v=\sqrt{\frac{g}{l}[l^2-a^2-\mu(l-a)^2]}$$

解题思路与线索：

系统初态静止，末态时链条全部离开桌面，并在重力和摩擦力做功的影响下，获得动能增量(运动速率).

(1) ① 以链条为研究对象，重力是变化的外力，所以可以用变力做功方法计算其所做的功.② 涉及重力等保守力做功的问题时，我们可以将相互作用的两个物体包含在研究系统中，即选择链条和地球为研究对象(系统)，如此可以用势能改变表达对应的保守力的功(可以免去功的积分计算).

(2) 问题中摩擦力为变力，利用积分计算其所做的功时，需注意的是，摩擦力的方向与力的作用点(桌面上链条的质心)的位移方向相反，矢量标积结果出现负号.下垂链条末端的位移等于桌面上链条质心(随运动而变化)的位移，所以积分限是 $a\to l$.

(3) 功能原理和动能定理本质上没有区别，仅仅是选择的研究对象或系统不同，保守力的功以不同的形式出现在两个定理中而已.当系统为链条和地球时，重力在功能原理中为保守内力，以势能增量的形式出现，当系统为链条时，重力为系统外力，以外力的功的形式出现.

3. 求解综合性问题

复杂问题常常应分阶段处理.根据具体情况，每个阶段可以选择不同的研究对象和力学定律.利用前一阶段的末态即后一阶段的初态将各个阶段衔接起来.常见情况如下：

(1) 碰撞、冲击阶段往往有 $A_{非保内}\neq 0$，不知道内力的具体形式，无法使用动能定理或功能原理，但力的作用时间短，外力≫内力，可以适当选择系统，用动量定理、动量守恒定律或角动量定理、角动量守恒定律求解.

(2) 摆动、在曲面上滑动这类过程往往用动能定理、功能原理或机械能守恒定律求解.

(3) 牛顿第二定律只应用于质点，只能处理瞬时问题.如果用于质点系，需要用隔离法将系统内力转化为外力，然后列方程组求解.

(4) 动量定理、角动量定理、动能定理可以直接用于体系，只讨论初、末状态，不涉及过程细节，往往可使问题简化.

例题 4-3　如图所示，光滑水平桌面上放有质量为 m' 的木块，木块与一原长为 L_0、弹性系数为 k 的轻弹簧相连，弹簧另一端固定于 O 点.当木块静止于 A 处时，弹簧保持原长.设一质量为 m 的子弹以初速 $\boldsymbol{v}_0$ 水平射向木块并嵌在木块内.当木块沿桌面运动到 B($OB \perp OA$)时，弹簧的长度为 L.求木块在 B 点的速度 $\boldsymbol{v}_B$ 的大小和方向.

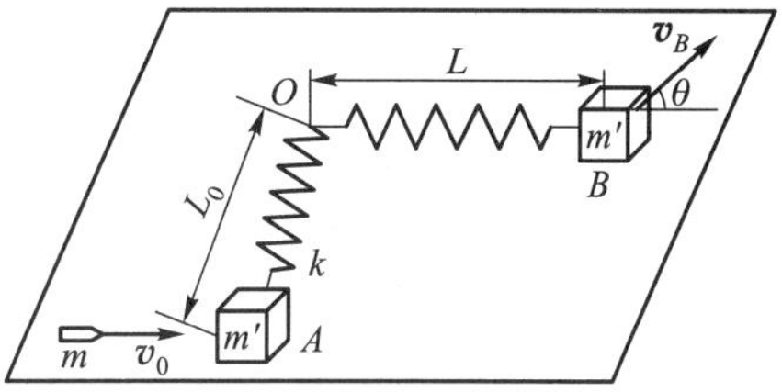

例题 4-3 图

解题示范：

解：(1) 碰撞过程：

子弹 m 与木块 m' 相撞，m 与 m' 组成的系统，所受合外力为零，系统的动量守恒.

$$mv_0=(m+m')v_A \quad ①$$

(2) 由 A 到 B 运动过程：

以 m、m' 和弹簧组成的系统，只有弹簧的弹力(保守内力)做功，机械能守恒：

$$E_{kA}+E_{pA}=E_{kB}+E_{pB}$$

所以有

$$\frac{1}{2}(m+m')v_A^2=\frac{1}{2}(m+m')v_B^2+\frac{1}{2}k(L-L_0)^2 \quad ②$$

以 m 与 m' 组成的系统，合外力矩为零，对 O 点的角动量守恒：$\boldsymbol{r}_A\times(m+m')\boldsymbol{v}_A=\boldsymbol{r}_B\times(m+m')\boldsymbol{v}_B$，所以有

$$(m+m')v_AL_0=(m+m')v_BL\sin\theta \quad ③$$

联立①②③求解，得 B 点的速度矢量大小和方向：

$$v_B=\left[\frac{m^2v_0^2}{(m+m')^2}-\frac{k(L-L_0)^2}{m+m'}\right]^{\frac{1}{2}}$$

$$\theta=\arcsin\frac{mL_0v_0}{L[m^2v_0^2-k(m+m')(L-L_0)^2]^{\frac{1}{2}}}$$

解题思路与线索：

该问题中，木块从 A 点处的静止状态到 B 点处获得速率(动能)，整个过程经历了子弹与木块的碰撞，然后从碰撞后的状态在弹性拉力的作用下做曲线运动到达最终的末态两个过程，可以将两个过程分开来分析.

(1) 子弹与木块的碰撞过程中没有外力作用，所以系统动量守恒.

(2) 选择子弹、木块和轻弹簧为研究对象(系统)，子弹与木块系统从 A 点到 B 点的过程中，只有弹性力(保守内力)做功，所以这个过程机械能守恒.

由于整个系统是在平面上绕固定转轴(中心)转动，而弹性力恰好过转动中心，所以相对于转动中心的角动量守恒.

需要强调的是，由于弹簧在运动过程中伸长，子弹和木块系统的运动不是圆周运动，所以系统在 B 点时的速度与弹簧不会垂直，求解结果既要表达出大小，也要表达出方向.

思 维 拓 展

有心力作用下的运动

1. 有心力问题的基本规律

如前所述，力的作用线始终通过某定点的力称为**有心力**.该定点称为**力心**.仅受有心力作用的物体，其运动必定具有以下特征：

(1) 物体在其初速度和力心所决定的平面内运动.

(2) 有心力对其力心的力臂为零.所以,有心力对其力心的力矩恒为零,物体对力心的角动量守恒.

(3) 由于有心力的大小通常只取决于物体与力心的距离,而与方位角无关,可以证明有心力对物体做功只与起点、终点的位置有关,与其间所通过的路径无关,即有心力是保守力(有势力).于是,有心力系统的机械能守恒.

这样,由角动量守恒定律、机械能守恒定律可以列出研究有心力问题的两个基本方程.采用平面极坐标系描述质点在有心力作用下的运动最为方便,通常以力心位置作为极坐标的原点,可以得到角动量守恒和机械能守恒的表达式为

$$\begin{cases} mr^2\dfrac{\mathrm{d}\theta}{\mathrm{d}t}=L & ① \\ \dfrac{1}{2}m\left(\dfrac{\mathrm{d}r}{\mathrm{d}t}\right)^2+\dfrac{1}{2}m\left(r\dfrac{\mathrm{d}\theta}{\mathrm{d}t}\right)^2+E_{\mathrm{p}}=E & ② \end{cases}$$

式中,L 和 E 是由初始条件决定的常量,势能函数 E_{p} 由有心力的具体形式决定.

应用$\dfrac{\mathrm{d}r}{\mathrm{d}t}=\dfrac{\mathrm{d}r}{\mathrm{d}\theta}\dfrac{\mathrm{d}\theta}{\mathrm{d}t}$稍作变换,由①、②两式消去 t,得到

$$\frac{1}{2}\frac{L^2}{mr^4}\left(\frac{\mathrm{d}r}{\mathrm{d}\theta}\right)^2+\frac{1}{2}\frac{L^2}{mr^2}+E_{\mathrm{p}}=E$$

$$\frac{L\mathrm{d}r}{r^2\sqrt{2mE-2mE_{\mathrm{p}}-\dfrac{L^2}{r^2}}}=\mathrm{d}\theta \qquad ③$$

③ 即在有心力作用下质点轨道的微分方程.将由初始条件决定的 L 和 E 代入该式,可以解得质点轨道方程 $r=f(\theta)$.

2. 天体运动——平方反比引力作用下的运动

丹麦天文学家第谷 · 布拉赫(1546—1601)曾经系统地观测星球的位置.当时望远镜尚未发明,全部观测仅凭肉眼进行,但其测量结果却以高精度著称.其测量的不确定度为 2′,精度比前人高 5 倍,有的数据甚至沿用至今.他把大量资料留给了助手开普勒.开普勒潜心研究,终于突破自古以来认为行星做圆周运动的思想束缚,总结出开普勒行星运动三定律:

(1) 行星轨道为椭圆,太阳位于椭圆的一个焦点.

(2) 行星位矢在相等的时间内扫过相等的面积.

(3) 行星公转周期的平方正比于轨道半长轴的立方.

事实上,由万有引力和引力势能:

$$F=-\frac{Gm'm}{r^2},\quad E_{\mathrm{p}}=-\frac{Gm'm}{r}$$

从系统角动量守恒定律和机械能守恒定律容易得出与开普勒相同的结论(如教材 5.4 节【例 3】).

不仅如此,以人造地球卫星为例,若设初位矢大小为 r_0,初速度大小为 v_0,得

$$L = mr_0v_0$$

$$E = \frac{1}{2}mv_0^2 - G\frac{mm'}{r_0}$$

将 L 和 E 代入③式，设 $\theta=0$ 时卫星在近地点，可以解得卫星的轨道方程为

$$r = \frac{L^2/(Gm'm^2)}{1+\sqrt{1+\frac{2EL^2}{G^2m'^2m^3}}\cos\theta}$$

令 $p=L^2/(Gm'm^2)$，$\varepsilon=\sqrt{1+\frac{2EL^2}{G^2m'^2m^3}}$，则轨道方程的形式为

$$r = \frac{p}{1+\varepsilon\cos\theta} \qquad ④$$

④ 式表明人造地球卫星的轨道是以地心为焦点的圆锥曲线，式中 ε 是圆锥曲线的偏心率，p 是焦点参量.对轨道形状讨论如下：

- 若 $E>0$，则 $\varepsilon>1$，轨道为双曲线；
- 若 $E=0$，则 $\varepsilon=1$，轨道为抛物线；
- 若 $-\frac{G^2m'^2m^3}{2L^2}<E<0$，则 $1>\varepsilon>0$，轨道为椭圆；
- 若 $E=-\frac{G^2m'^2m^3}{2L^2}$，则 $\varepsilon=0$，轨道为圆形.

当然，不管是人造天体，还是自然天体，都可以用有心力作用下的运动定律进行讨论.也就是说，在平方反比有心引力的作用下，天体除做椭圆运动以外还可能做抛物线和双曲线运动（图 4.3），天文观测也证实了有些彗星就是按抛物线或接近抛物线的双曲线运动的.

由此还可以解释为什么银河系和宇宙中的许多星系都具有类似铁饼的扁平旋涡状结构.因为银河系等星系原来是极大团的气状星云，有一定的初始角动量.在万有引力作用下逐渐收缩，过程中保持角动量守恒.由于在垂直于转轴方向上，气团中的质点越靠近转轴，角速度越大，所受惯性离心力也越大，使向转轴靠近的收缩减缓进行，所以气团在垂直于转轴方向上的收缩慢于沿轴方向上的收缩，从而收缩过程中星系沿轴向变扁（图 4.4）.

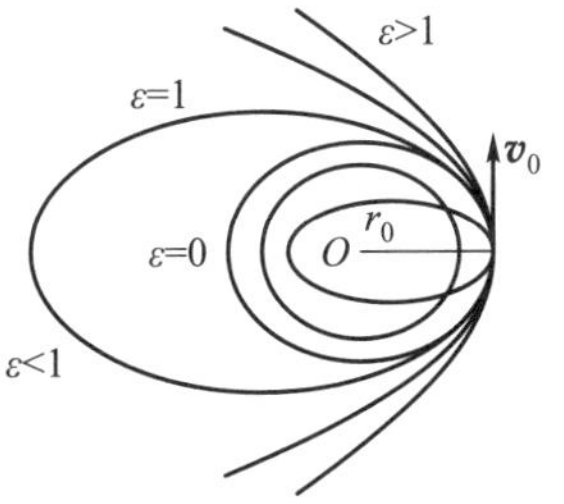

图 4.3

图 4.4

3. 粒子散射——平方反比斥力作用下的运动

由静电学库仑定律可知，两个带同号电荷的带电粒子之间的排斥力与二者之间距离的平方

成反比.

以被加速的质子(所带电荷量为 e)被靶核(原子序为 Z,所带电荷量为 Ze)散射为例(图 4.5),由

$$F=\frac{Ze^2}{r^2},\quad E_{\mathrm{p}}=\frac{Ze^2}{r}$$

与平方反比引力的情况类似(以 $+Ze^2$ 取代 $-Gm'm$),可以得到质子的轨道方程为圆锥曲线,由于 $E>0,\varepsilon>1$,轨道是双曲线的一支.

我们可以由角动量守恒计算质子的散射角.如图 4.6 所示,以靶核为坐标原点建立直角坐标系.设质子在远处 A 点时速度为 $\boldsymbol{v}_0$,靶核与沿 $\boldsymbol{v}_0$ 方向的直线的垂直距离为 b(称为碰撞参量).则质子在 A 点对靶核的角动量大小为

$$L_A=mv_0b$$

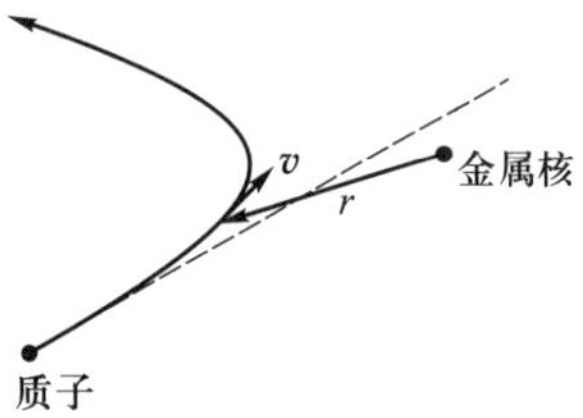

图 4.5

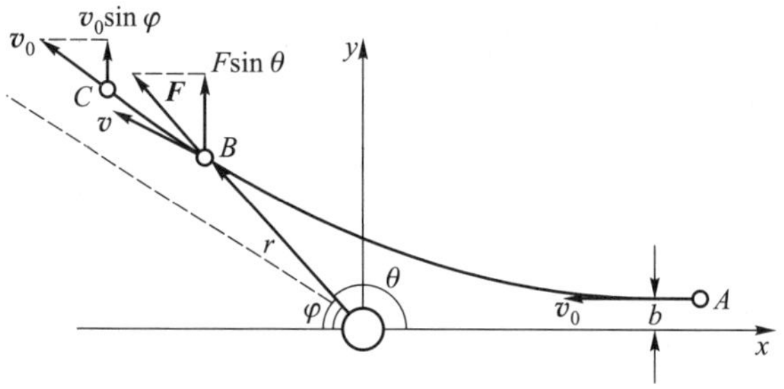

图 4.6

设 B 为质子在轨道上的任意位置,从 A 至 B,位矢 $\boldsymbol{r}$ 转过的角度为 θ,则质子在 B 点对靶核的角动量大小为

$$L_B=mr^2\frac{\mathrm{d}\theta}{\mathrm{d}t}$$

$\boldsymbol{L}_A$ 和 $\boldsymbol{L}_B$ 的方向均为垂直于纸面向外。因角动量守恒 $L_A=L_B$,即

$$mv_0b=mr^2\frac{\mathrm{d}\theta}{\mathrm{d}t} \qquad ⑤$$

又有

$$F_y=F\sin\theta=\frac{kZe^2}{r^2}\sin\theta=m\frac{\mathrm{d}v_y}{\mathrm{d}t} \qquad ⑥$$

由⑤、⑥两式消去 r^2,得

$$\mathrm{d}v_y=\frac{kZe^2}{mv_0b}\sin\theta\mathrm{d}\theta \qquad ⑦$$

当质子运动到远处的 C 点时,其不再受到靶核的作用因而速率重新为 v_0,这时其运动方向对在 A 处的运动方向的偏角即散射角 φ.从 A 至 C 的过程中,v_y 由 0 变至 $v_0\sin\theta$,而 θ 由 0 变至 $\pi-\varphi$.对⑦式两端积分,得

$$\int_0^{v_0\sin\varphi}\mathrm{d}v_y=\frac{kZe^2}{mv_0b}\int_0^{\pi-\varphi}\sin\theta\mathrm{d}\theta$$

$$v_0\sin\varphi=\frac{kZe^2}{mv_0b}(1+\cos\varphi)$$

利用 $1+\cos\varphi=2\cos^2\dfrac{\varphi}{2}$，$\sin\varphi=2\sin\dfrac{\varphi}{2}\cos\dfrac{\varphi}{2}$，得到

$$\tan\frac{\varphi}{2}=\frac{kZe^2}{mv_0b}$$

$$\varphi=2\arctan\frac{kZe^2}{mv_0b}$$

课后练习题

基础练习题

4-2.1 一个质点同时在几个力作用下的位移为：$\Delta\boldsymbol{r}=4\boldsymbol{i}-5\boldsymbol{j}+6\boldsymbol{k}$ （SI 单位），其中一个力为恒力 $\boldsymbol{F}=-3\boldsymbol{i}-5\boldsymbol{j}+9\boldsymbol{k}$ （SI 单位），则此力在该位移过程中所做的功为[ ].

(A) 67 J (B) 91 J (C) 17 J (D) -67 J

4-2.2 如图所示，子弹射入放在水平光滑地面上静止的木块中而不穿出，以地面为参考系，下列说法中正确的是[ ].

(A) 子弹的动能转化为木块的动能

(B) 子弹-木块系统的机械能守恒

(C) 子弹动能的减少等于子弹克服木块阻力所做的功

(D) 子弹克服木块阻力所做的功等于这一过程中产生的热量

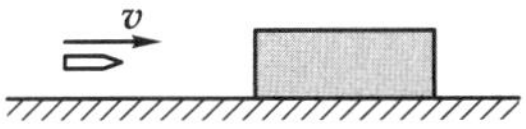

题 4-2.2 图

4-2.3 对质点系有以下几种说法：

① 质点系总动量的改变与内力无关；

② 质点系总动能的改变与内力无关；

③ 质点系机械能的改变与保守内力无关.

在上述说法中：[ ].

(A) 只有①是正确的 (B) ①、③是正确的

(C) ①、②是正确的 (D) ②、③是正确的

4-2.4 有一质量为 $m=5$ kg 的物体，在 0 到 10 s 内，受到沿 x 轴的正方向的变力 F 的作用，由静止开始沿 x 轴正方向运动，若力的大小随时间的变化如图所示，则 10 s 内变力 F 所做的功为________.

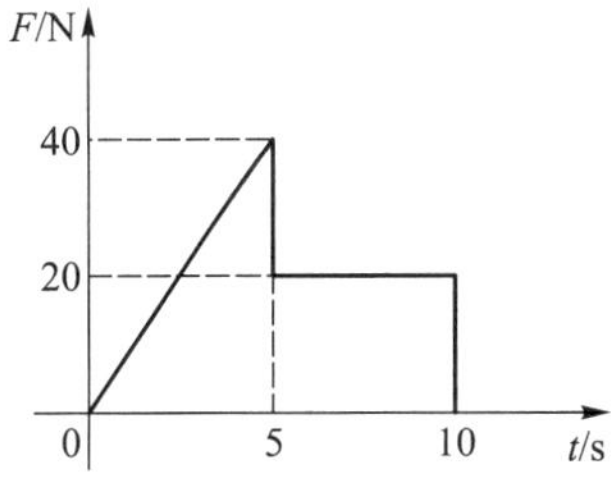

题 4-2.4 图

4-2.5 已知地球的半径为 R，质量为 m_e，现有一质量为 m 的物体，在离地面高度为 $2R$ 处，若以地球和物体为系统，且取地面为势能零点，则系统的引力势能为________；若取无穷远处为势能零点，则系统的引力势能为________.

4-2.6 如图所示，一弹簧原长 $l_0=0.1\ \mathrm{m}$，弹性系数 $k=5\ \mathrm{N\cdot m^{-1}}$，其一端固定在半径为 $R=0.1\ \mathrm{m}$ 的半圆环的端点 A，另一端与一个套在半圆环上的小环相连.在把小环由半圆环中点 B 移到另一端 C 的过程中，弹簧的拉力对小环所做的功为________ J.

4-2.7 如图所示，一均匀木球固结在一细棒下端，且可绕水平光滑固定轴 O 转动，今有一子弹沿着与水平面成一角度的方向击中木球而嵌入其中，则在此过程中，木球、子弹、细棒组成的系统________守恒，原因是________________.木球被击中后细棒和木球升高的过程中，木球、子弹、细棒、地球组成的系统________守恒.

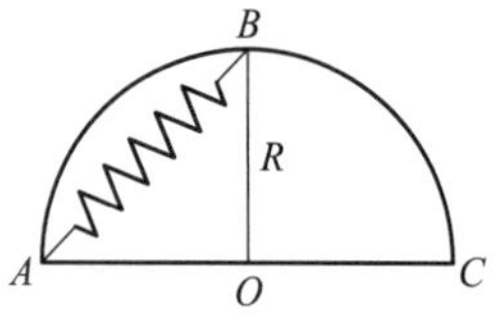

题 4-2.6 图

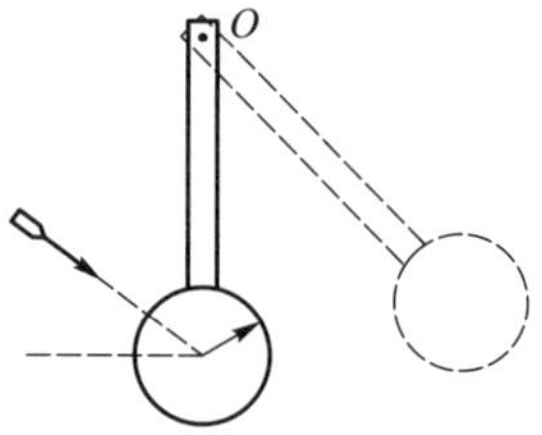

题 4-2.7 图

4-2.8 求把水从面积为 $50\ \mathrm{m^2}$ 的地下室中抽到地面上所需做的功.已知水深 1.5 m，水面距地面 5 m.

4-2.9 一人从 10 m 深的井中用水桶提水.起始时水桶中装有 10 kg 的水，水桶的质量为 1 kg，由于水桶漏水，每升高 1 m 要漏去 0.2 kg 的水，求将水桶匀速地从井中提到井口的过程中人所做的功.

4-2.10 在如图所示的系统中(滑轮质量不计，轴光滑)，外力 $\boldsymbol{F}$ 通过不可伸长的绳子和一根弹性系数 $k=200\ \mathrm{N\cdot m^{-1}}$ 的轻弹簧缓慢地拉地面上的物体，物体的质量 $m=2\ \mathrm{kg}$，初始时弹簧为自然长度.求在把绳子拉下 20 cm 的过程中，$\boldsymbol{F}$ 所做的功.(重力加速度 g 取 $10\ \mathrm{m\cdot s^{-2}}$.)

4-2.11 如图所示，一弹簧弹性系数为 k，一端固定在 A 点，另一端连一质量为 m 的物体，靠在光滑的半径为 a 的圆柱面上，弹簧原长为 AB.在切向变力 $\boldsymbol{F}$ 的作用下，物体极缓慢地沿表面从位置 B 移到 C，求力 $\boldsymbol{F}$ 做的功.

(1) 用积分方法解；

(2) 用动能定理解；

(3) 用功能原理解.

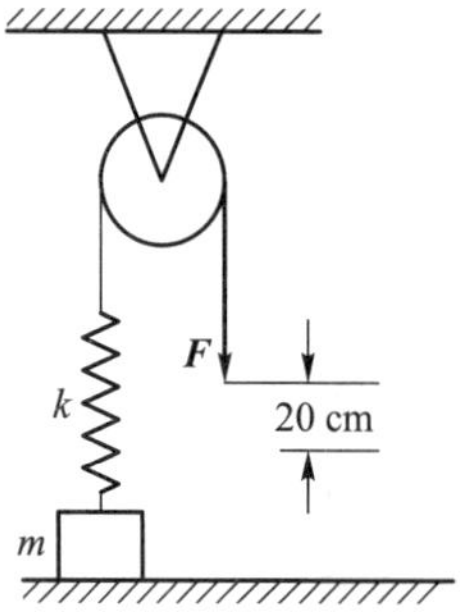

题 4-2.10 图

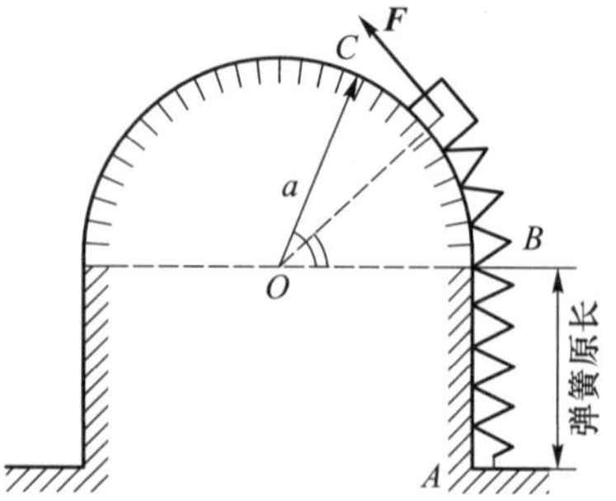

题 4-2.11 图

4-2.12　一质量为 m 的人造地球卫星沿一圆形轨道运行，轨道离开地面的高度等于地球半径 R 的两倍(即 $2R$).试以 m、R、引力常量 G 和地球质量 m_e 表示出：

(1) 人造地球卫星的动能；

(2) 人造地球卫星在地球引力场中的引力势能；

(3) 人造地球卫星的总机械能.

4-2.13　设两个粒子间的相互作用力为排斥力 F_f，其大小变化规律为 $F_f=\dfrac{k}{r^3}$，k 为常量，r 为粒子间的距离.试求两粒子相距为 r 时的势能(设无穷远处势能为零).

4-2.14　如图所示，一质量为 $m'=4$ kg 的表面光滑的凹槽静止在光滑水平地面上，凹槽横断面为圆弧状，其半径 $R=0.2$ m，凹槽的 A 端与圆弧中心 O 在同一水平面上，B 端到 O 的连线与竖直方向夹角 $\theta=60°$.今有一个质量 $m=1$ kg 的滑块自 A 从静止开始沿槽面下滑，求滑块由 B 端滑出时，凹槽相对地面的速度.

4-2.15　一长为 L 的轻棒，其上固定装有质量分别为 m_1' 和 m_2' 的两个小球：m_1' 在棒的一端，m_2' 在棒的中点.棒可绕光滑轴 A 自由转动.初始时棒竖直悬挂，如图所示.现有一质量为 m 的油灰球以水平速度 $\boldsymbol{v}_0$ 撞击 m_2'，使棒刚好能转过 90°而达到水平位置.设碰撞是完全非弹性的，且 $m_1'=m$，$m_2'=4m$，$L=1$ m，求油灰球速度 $\boldsymbol{v}_0$ 的大小.

4-2.16　如图所示，一质量为 m'、长为 L 的粗细均匀的细棒自由下垂，并可绕固定点 O 自由转动.现有一质量为 m 的小泥团以与水平方向夹角为 α 的速度 $\boldsymbol{v}_0$ 击在细棒上距 O 为 3/4 棒长处并粘在细棒上，求(只列方程)：

(1) 细棒被击中后的瞬时角速度 ω；

(2) 细棒摆到最高位置时与竖直方向的夹角 θ.

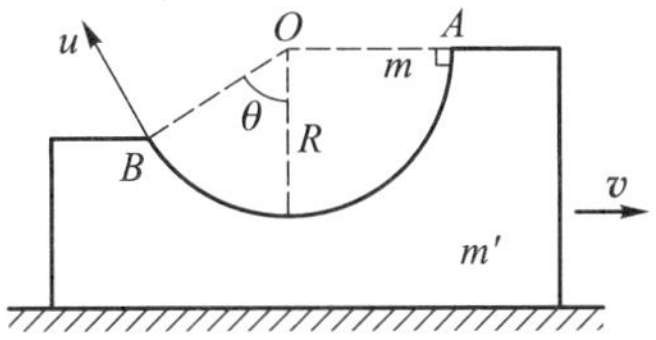

题 4-2.14 图

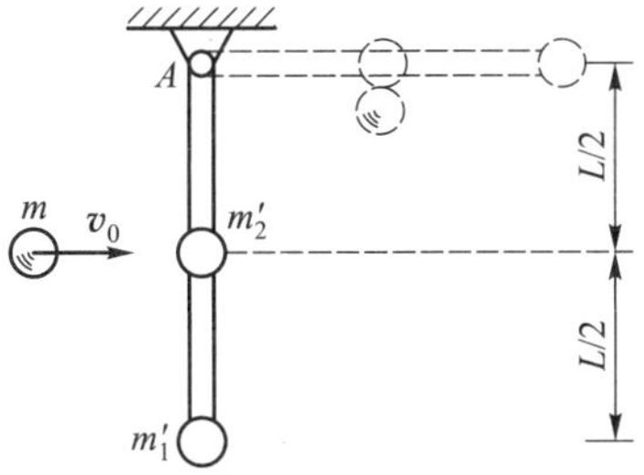

题 4-2.15 图

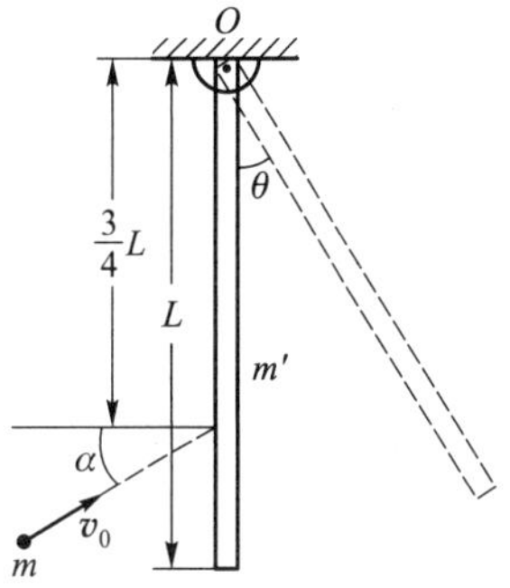

题 4-2.16 图

综合练习题

4-3.1　一质量为 m，长为 L 的均匀链条挂在天花板下的一个钩子上.现在把链条末端的环 A 竖直提起并挂在钩子上，如图所示.

(1) 通过考虑链条质心位置的变化来求链条重力势能的增量；

(2) 写出缓慢提起链条所需的向上的外力 $F(y)$ 的方程(作为链条末端 A 离 O 竖直距离 y

的函数)；

(3) 通过直接积分 $\int F(y)\mathrm{d}y$ 求出此过程中 $F(y)$ 对链条所做的功.

4-3.2 如图所示,将质量为 m 的均匀金属丝弯成一半径为 R 的半圆环,其上套有一个质量也是 m 的小珠,小珠可以在此半圆环上无摩擦地运动,这一系统可绕固定在地面上的竖直轴自由转动.开始时,小珠(视为质点)位于半圆环顶部的 A 点,系统绕轴旋转的角速度为 ω_0.求小珠滑到与环心在同一水平面的 B 处和环底部的 C 处时,环的角速度大小、小珠相对于环和相对于地面的速度大小.

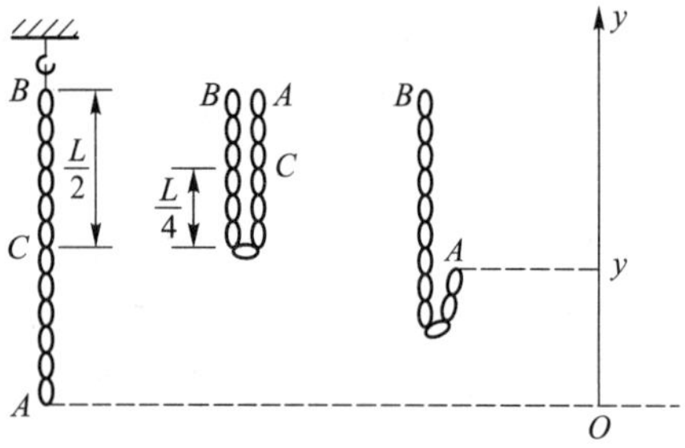

题 4-3.1 图

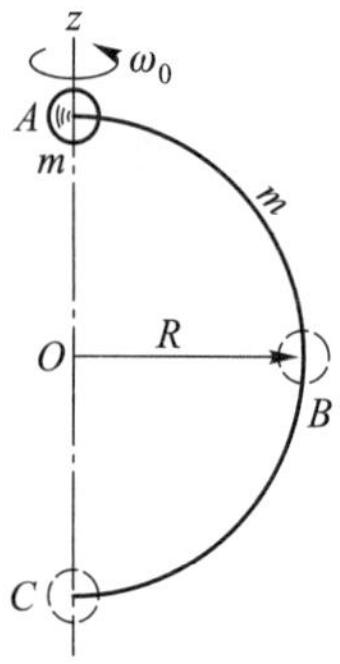

题 4-3.2 图

4-3.3 处于保守力场中的某一质点被限制在 x 轴上运动,它的势能 $E_p(x)$ 是 x 的函数,它的总机械能 E 是一常量.设 $t=0$ 时,质点在坐标原点,试证明这一质点从原点运动到坐标 x 处时的时间是

$$t=\int_0^x \frac{\mathrm{d}x}{\sqrt{2[E-E_p(x)]/m}}$$

4-3.4 一个星体的逃逸速率为光速,亦即由于万有引力的作用,光子也不能从该星体表面逃离时,该星体就成了一个"黑洞".理论证明,对于这种情况,逃逸速度公式($v_e=\sqrt{2Gm/R}$)仍然正确.试计算:若太阳成为黑洞,它的半径应是多大,质量密度是多少.(目前太阳的半径 $R_0\approx7\times10^8$ m,质量 $m_s\approx1.99\times10^{30}$ kg.)

4-3.5 已知某双原子分子的原子间相互作用的势能函数为

$$E_p(x)=\frac{A}{x^{12}}-\frac{B}{x^6}$$

其中 A、B 为常量,x 为两原子间的距离.试求原子间作用力的函数式及原子间相互作用力为零时的距离.

4-3.6 质量 $m=2$ kg 的质点位于一维势场中,如图所示.开始时质点位于 $x=7$ m 处以 $\boldsymbol{v}_0=-2\boldsymbol{i}$ m 的速度运动,试问:

(1) 该粒子运动范围如何?

(2) 粒子在何处受到正向斥力?

(3) 粒子在何处速率最大? 最大速率为多少?

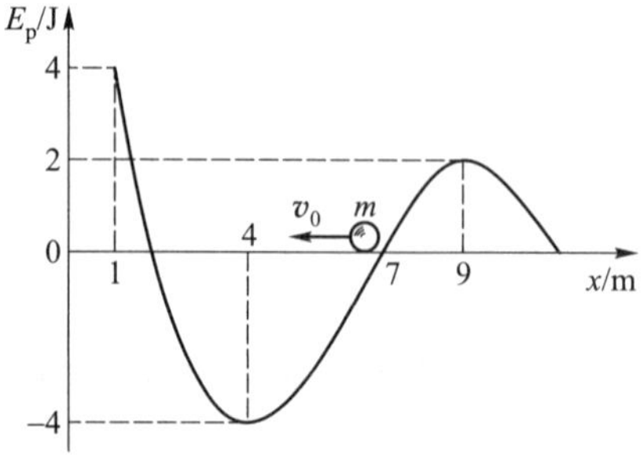

题 4-3.6 图

习题解答

第五章　狭义相对论基础

正如爱因斯坦所描述的，建造新的理论不是像把旧仓库拆了，去造摩天楼；倒不如说成，像爬上一座山，使你能得到更好的视野．如果你朝后看，你还能看到你的旧理论、你的出发点．旧理论并没有消失掉，只是它看上去变小了，也没有以前那么重要．

——柯尔《物理学与头脑相遇的地方》

课前导引

前几章所讲的以牛顿运动定律为基础的经典力学仅适用于研究宏观低速物体的运动情形．对于物体的高速运动(接近光速)，本章将采用狭义相对论力学加以描述．

空间和时间是描述自然现象最基本的概念，时空观是物理学的基本概念．经典力学的时空观念是绝对的三维空间和独立的一维时间，是人类关于时间和空间的日常体验的概括和总结．绝对时空观在描述宏观低速物体运动时相当完美，但在描述高速运动时却与运动情况不匹配．因此，空间和时间概念的统一必然导致其他基本物理概念的统一，这是相对论的基本特征．

狭义相对论是关于空间、时间和物质运动的理论，是 20 世纪以来物理学发展的重大成就之一．狭义相对论认为空间和时间的测量都是相对的，没有绝对的意义．相对论时空观的精髓在于"空间与时间的相互渗透"，没有离开时间的空间，也没有离开空间的时间．

狭义相对论的核心是两条基本原理和由此建立的洛伦兹变换．相对论的时空观是理解狭义相对论的核心，对比牛顿的绝对时空观，正确理解狭义相对论的时空观，是学习的关键．洛伦兹变换又是狭义相对论时空理论的基础．狭义相对论认为时空与物质运动是密切不可分的．狭义相对论的创立，对人类的时空观、物质观，以及运动观、宇宙观都有重大影响．狭义相对论与量子力学构成了现代物理学以及高新技术发展的基础．

本章学习重点在于正确理解狭义相对论的时空观，讨论同时性的相对性．时间延缓和长度收缩等狭义相对论时空问题．

学习目标

1. 理解爱因斯坦狭义相对性原理和光速不变原理．
2. 掌握洛伦兹坐标变换，并能进行相应的计算．
3. 了解相对论时空观和绝对时空观以及二者的差异．

4. 理解同时的相对性、时空量度的相对性,理解动钟变慢、动尺缩短等狭义相对论效应并能正确进行相应计算.

5. 理解狭义相对论的质速关系、质能关系、能量与动量的关系,并能分析简单计算.

本章知识框图

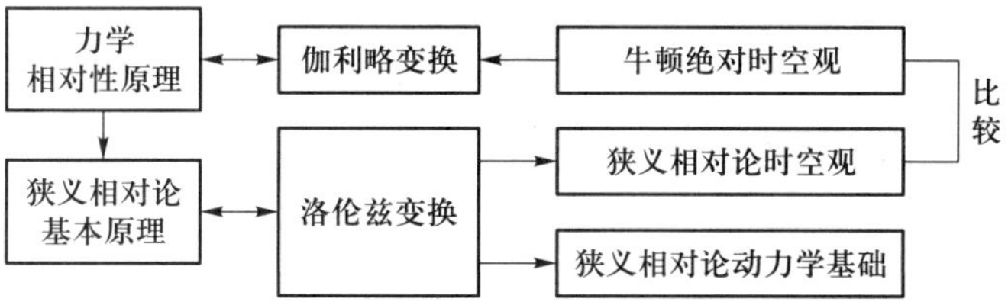

混合教学学习指导

本章课堂教学计划为 4 讲,每讲 2 学时.在每次课前,学生阅读教材相应章节、观看相关教学视频,在问题导学下思考学习,并完成课前测试练习.

阅读教材章节

徐行可,吴平,大学物理学(第二版)上册,第八章　狭义相对论基础:142—177 页.

观看视频——资料推荐

知识点视频

序号	知识点视频	说明
1	狭义相对论建立的背景	这里提供的是本章知识点学习的相关视频条目,视频的具体内容可以在国家级精品资源课程、国家级线上一流课程等网络资源中选取。
2	狭义相对论的基本原理	
3	洛伦兹变换	
4	同时性的相对性	
5	时间量度的相对性	
6	空间量度的相对性	
7	狭义相对论动力学基础	

导学问题

两种时空观

- 牛顿的绝对时空观的内容是怎样的？
- 爱因斯坦为什么要提出相对论时空观？
- 绝对时空观与相对论时空观的区别在于哪些方面？
- 持有不同的时空观将带来怎样的变化？

狭义相对论的基本原理

- 准确叙述狭义相对论的两条基本原理.
- 狭义相对性原理和光速不变原理分别包含了什么物理思想？

洛伦兹坐标变换

- 由狭义相对论的两条基本原理如何推导洛伦兹坐标变换？
- 准确写出洛伦兹坐标正变换与逆变换，比较洛伦兹变换与伽利略变换的区别和联系.
- 为什么在洛伦兹坐标变换中 $y=y'$，$z=z'$，而在速度变换中 $v_y\neq v_y'$，$v_z\neq v_z'$？

狭义相对论时空观

- 什么是同时性的相对性？在一个惯性系中同时发生的两个事件在其他惯性系中一定是不同时的吗？
- 在同一个惯性系内，不同地点的钟如何校准同步？不同惯性系内的钟是如何对时的？
- 什么是原时？时间膨胀公式与洛伦兹变换的关系是怎样的？
- 什么是原长？长度收缩公式如何从洛伦兹变换得到？
- 狭义相对论时空观的基本要点有哪些？

狭义相对论动力学基础

- 为什么要对经典力学进行改造？改造经典力学应遵循哪两条基本原则？
- 说明质速关系式、质能关系的物理意义.
- 相对论能量与动量的关系是怎样的？
- 牛顿力学中的变质量问题（如火箭）与相对论中的质量变化有什么不同？

课前测试题

选择题

5-1.1 理解狭义相对论基本原理，光速不变原理中的“光速不变”是指[　　].

(A) 任何情况下光在传播过程中速度始终不变

(B) 在不同介质中光的传播速度保持不变

(C) 仅在同一个惯性参考系中光的传播速度始终不变

(D) 光在真空中的传播速度在不同的惯性参考系中相同

5-1.2 根据狭义相对论,正确的观点是[ ].

(A) 任何物体的运动速度均不能超过光速

(B) 粒子在水中的运动速度可以超过光在水中的传播速度

(C) 粒子的运动速度有可能超过光在真空中的传播速度

(D) 在真空中高速运动的光源发射出的光的传播速度高于静止光源发出的光的传播速度

5-1.3 当宇宙飞船以接近光速高速运动时,飞船上的宇航员观测两个星系间的距离要比地球上的人们观测到同样两个星系间的距离要短.根据相对论,这是[ ].

(A) 宇航员的错觉　　(B) 宇航员的主观效应,因人而异

(C) 由宇宙的膨胀引起的　　(D) 客观效应,可以精确定量重复测定

5-1.4 在惯性系 S 中同时不同地发生的事件 A 和 B,则在相对于 S 系高速运动的其他惯性系中观测,A 和 B 两事件[ ].

(A) 一定同时　　(B) 可能同时

(C) 不可能同时,但可能同地　　(D) 不可能同时,也不可能同地

5-1.5 在惯性系 S 中观测,两个事件 A 和 B 同地不同时发生,则在相对于 S 系高速运动的其他惯性系中观测,A 和 B 两事件[ ].

(A) 一定同地　　(B) 可能同地

(C) 不可能同地,但可能同时　　(D) 不可能同地,也不可能同时

5-1.6 甲驾驶飞船从金星飞向火星,以接近光速的速率经过地球上的乙,两人对飞船从金星到火星的旅行时间进行测量,谁测的是固有时? [ ].

(A) 甲　　(B) 乙　　(C) 都不是

5-1.7 甲驾驶飞船从金星飞向火星,以接近光速的速率经过地球上的乙,如果在飞行中甲向火星发射一光脉冲,两人对脉冲的飞行时间进行测量,谁测的是固有时? [ ].

(A) 甲　　(B) 乙　　(C) 都不是

填空题

5-1.8 粒子在加速器中被加速,当其质量为静止质量的 3 倍时,其动能为静止能量的________倍.

5-1.9 考虑相对论效应,总能量是其静能的 5/4 倍的粒子的速率为光速的________倍.

知 识 梳 理

知识点 1. 狭义相对论的基本原理

狭义相对论的基本假设(原理)有两条:狭义相对性原理和光速不变原理.

狭义相对性原理：

一切物理定律对所有的惯性系都相同，不存在任何一个特殊的惯性系.物理定律在一切惯性系中都具有相同的表达形式.狭义相对性原理是对力学相对性原理的扩展，它表明，不论在哪个惯性系中做物理实验（不仅仅是力学实验），都不能确定该惯性系的运动状态.

光速不变原理：

在任何一个惯性系中测得真空中光速都恒等于 c，与光源或观察者的运动无关.根据麦克斯韦电磁场理论和有关光速精确测量的实验都证实，不论在哪个惯性系，沿任何方向测定真空中的光速，结果都相同，其大小都等于常量 c.应当指出，光速不变原理断言光的传播定律在所有惯性系中的等同性，所以，它与相对性原理有着内在的一致性.

说明 狭义相对性原理和光速不变原理是狭义相对论的两条基本假设.狭义相对论的基础是狭义相对论的基本原理.在爱因斯坦之前，洛伦兹和庞加莱对相对性原理和光速不变原理进行了初步的研究，为狭义相对论的建立做出了重要贡献.在20世纪初，大量的实验和理论研究使狭义相对论的产生具备了充分的条件.

辨析 伽利略相对性原理与狭义相对论的相对性原理

力学相对性原理指出，力学定律在一切惯性系中具有相同的数学形式.即对描述力学规律而言，一切惯性系彼此等价，也可理解为，无法用实验证明一个惯性系是静止的还是做匀速直线运动的.伽利略相对性原理与狭义相对论的相对性原理的相同之处在于，二者都认为，对于力学规律而言，一切惯性系都是等价的.不同之处在于，伽利略相对性原理仅限于力学规律，而狭义相对论的相对性原理则对于所有的物理规律都成立，不仅限于力学规律，它指出一切惯性系都是等价的.狭义相对性原理与力学相对性原理基本思想一致，适用范围不同.

知识点 2. 洛伦兹坐标变换

洛伦兹坐标变换所代表的是同一个物理事件在不同的惯性系中时空坐标的变换关系.式中表明，时间与空间是相互联系的.如图 5.1 所示，S 和 S′是两个惯性系，S′系相对于 S 系以速度 u 沿 x 方向做匀速直线运动.

（1）正变换

$$x'=\gamma(x-ut)$$

$$y'=y$$

$$z'=z$$

$$t'=\gamma\left(t-\frac{u}{C^2}x\right)$$

$$\gamma=\frac{1}{\sqrt{1-\frac{u^2}{c^2}}}$$

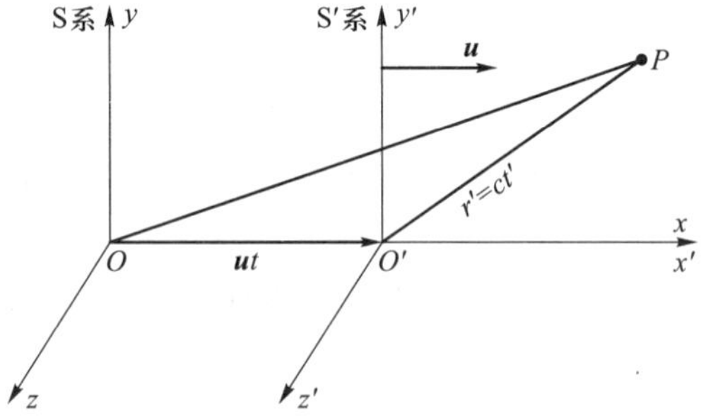

图 5.1

（2）逆变换

$$x=\gamma(x'+ut')$$

$$y=y'$$

$$z=z'$$

$$t=\gamma\left(t'+\frac{u}{c^2}x'\right)$$

说明 在狭义相对论的两条基本假设基础上,爱因斯坦导出不同惯性系的各个时空坐标之间确定的数学关系,即"洛伦兹变换".爱因斯坦得出的"洛伦兹变换",是狭义相对论的两条基本原理的必然结果.洛伦兹在1904年曾提出这个变换关系.只是,洛伦兹没有摆脱绝对时空观念,得出的变换附加了许多特殊的假设.爱因斯坦认为,自然导出的这种变换并不是仅具纯粹形式意义的符号,而是时空内在量度的变化.

辨析 伽利略变换与洛伦兹变换

洛伦兹变换与伽利略变换的关系见表5.1.

(1) 伽利略变换只适用于低速的机械运动.若超出力学范围,譬如对于电磁学中电荷的运动,即使在低速情况下,伽利略变换也不适用.

(2) 伽利略变换不适用时,惯性系之间的变换要用洛伦兹变换来代替.

(3) 洛伦兹变换表明,时间与空间两者是相互联系的,这一点与伽利略变换是不同的.

(4) 洛伦兹变换满足对应原理,对于机械运动的低速情况,当 $u\ll c$ 时,洛伦兹变换就退化成伽利略变换.

表5.1 洛伦兹变换与伽利略变换对比

变换关系		伽利略变换	洛伦兹变换
坐标变换	正变换	$x'=x-ut$ $y'=y$ $z'=z$ $t'=t$	$x'=\gamma(x-ut)$ $y'=y$ $z'=z$ $t'=\gamma\left(t-\frac{u}{c^2}x\right)$
	逆变换	$x=x'+ut'$ $y=y'$ $z=z'$ $t=t'$	$x=\gamma(x'+ut')$ $y=y'$ $z=z'$ $t=\gamma\left(t'+\frac{u}{c^2}x'\right)$

知识点3. 两种时空观

绝对时空观:也称牛顿力学时空观.17世纪,牛顿建立了经典力学理论体系,引入了绝对空间和绝对时间,把绝对空间以及对于绝对空间做匀速直线运动的参考系,作为牛顿运动定律能够成立的参考系,即惯性系.

绝对时空观认为,时间、空间彼此独立,且与物质及其运动无关.同一物体不论它相对于观察者做何运动,所测长度都是相同的;任何两个事件的时间间隔不论参考系如何选择,其测量也是相同的.时间的量度和空间的量度是彼此分离的.绝对时空观符合我们日常生活体验,它与我们日常生活中对时间、空间的认知是一致的.

相对论时空观:也称爱因斯坦相对论力学时空观,认为时间、空间彼此关联,这是人类对时空认识的一次飞跃.长度和时间的测量与参考系的选择有关,且与物质及其运动有关.

说明 人类对空间和时间本性的认识是一个逐渐深化的辩证过程.在经典力学中,空间是绝对的、静止的,物体在其中运动而不会与空间产生任何相互作用.用来量度空间的标准尺的长度在运动时与静止时一样,空间是均匀的和各向同性的,可以用欧几里得几何学精确描述.经典力学中的时间是绝对的,与外界物体无关而均匀地流逝着,用来量度时间的标准钟的快慢在运动时与静止时一样.经典力学中的空间和时间是各自独立地存在着的,与物质运动无关.

狭义相对论的建立,使人们认识到,空间和时间都是相对的,与运动有关.空间和时间相互联系相互渗透而形成了不可分割的四维时空连续区域.当然,在宏观低速条件下,经典力学的绝对空间和绝对时间是狭义相对论四维时空连续区域的相当好的近似.

知识点 4. 狭义相对论的时空观

同时的相对性:在一个惯性系中测得是同时发生的两个事件,在另一惯性系中测量可能不是同时发生的.

一个惯性系中的同时、同地事件,在其他惯性系中必为同时事件;一个惯性系中的同时、异地事件,在其他惯性系中必为不同时事件,即:同时性概念是因参考系而异的,在一个惯性系中认为同时发生的两个事件,在另一惯性系中看来,不一定同时发生.同时性具有相对性.

狭义相对论认为,两个事件的时间间隔、空间间隔的测量值与参考系的运动有关.

动钟变慢效应:

原时:若在某惯性系中相继发生两个事件,则相对于该惯性系静止的时钟所测出的该两事件的时间间隔称为固有时间(原时).

时间膨胀:从相对事件发生地运动的惯性系中测量出的时间总比原时长.在一切时间测量中,原时最短.

动钟变慢:每个惯性系中的观测者都会认为相对自己运动的钟比自己的钟走得慢,时长是原时的 γ 倍.

说明 动钟变慢效应,这里说的“钟”是标准钟,与其他惯性系的钟放在一起应该走得一样快.动钟变慢不是钟出了问题,而是运动惯性系中的时间节奏变缓了.

长度收缩效应:

原长:被测物体与观测者相对静止时,长度测量值最大,称为物体的固有长度(原长).

空间收缩:空间测量与被测物体相对于观测者的运动有关.被测物体与观测者有相对运动时,在运动方向上的长度测量值都有收缩效应.在一切长度测量中,原长最长.

动尺缩短:在其他惯性系中测量相对其运动的尺,在其运动方向上,总得到比原长小的结果,其运动测量长度是原长的 $1/\gamma$.

说明 实际生活中为何不能观察到相对论效应

相对论效应是否显著主要在于运动速度的快慢.只有当物体以接近光速运动时,长度收缩和时间膨胀才会显著表现出来.

表 5.2 对物体运动不同速度列出 γ 值和米尺在此速度运动时的长度$\left(即\dfrac{1}{\gamma}\ \mathrm{m}\right)$.其中,$\gamma=$

$\dfrac{1}{\sqrt{1-\dfrac{u^2}{c^2}}}$，$u$ 是所讨论的物体运动速度，c 是真空中的光速.

表 5.2 物体以不同速度运动时的 γ 值和长度比较

速度/(m/s)	0	20	10^5	0.1c	0.9c	0.999c	c
γ	1	1.000 000 00	1.000 000 06	1.005	2.29	22.4	∞
长度/m	1	0.999 999 99	0.999 999 94	0.995	0.44	0.045	0

可见，在现实生活中对于最快的速度，如宇宙飞船速度大约为 10^6 m/s，其 γ 值几乎就是 1. 所以，在日常生活经历中，我们并不能感觉到相对论效应，也就是说，一般情况下，研究宏观物体的低速运动时，并不需要考虑相对论效应.

知识点 5. 狭义相对论动力学关系

质速关系：相对论质量 m 是随速率发生变化的.

$$m=\gamma m_0=\frac{m_0}{\sqrt{1-\left(\dfrac{v}{c}\right)^2}}$$

其中，m_0 为静止质量.

相对论动量：

$$p=mv=\frac{m_0 v}{\sqrt{1-\left(\dfrac{v}{c}\right)^2}}$$

质能关系：质能公式中 E 为包含化学能、电磁能、机械能等的总能量.

$$E=mc^2=\frac{m_0 c^2}{\sqrt{1-\left(\dfrac{v}{c}\right)^2}}$$

其中，$E_0=m_0c^2$ 表示静质能，即物体运动速度 $v=0$ 时的能量.

相对论动能：相对论动能为物体总能量与静质能之差.

$$E_k=mc^2-m_0c^2$$

相对论能量与动量关系式：

$$E^2=p^2c^2+m_0^2c^4$$

辨析 牛顿力学与狭义相对论力学的比较

相对论力学与牛顿力学不同，但它们之间又相互联系. 表 5.3 列出了相对论动力学的主要关系与牛顿力学的对比关系.

表 5.3 相对论动力学与牛顿力学比较

项目	牛顿力学	狭义相对论力学
研究对象	低速物体($v \ll c$)	高速物体($v \sim c$)
相对性原理	在所有惯性系中，力学定律的数学形式不变.	在所有惯性系中，物理定律的数学形式不变.

续表

项目		牛顿力学	狭义相对论力学
变换关系		伽利略变换	洛伦兹变换
动力学结论	质量	$m=m_0$ 为常量	$m=\gamma m_0=\dfrac{m_0}{\left(1-\dfrac{v^2}{c^2}\right)^{\frac{1}{2}}}$
	运动方程	$\boldsymbol{F}=\dfrac{\mathrm{d}}{\mathrm{d}t}(m\boldsymbol{v})=m\boldsymbol{a}$	$\boldsymbol{F}=\dfrac{\mathrm{d}}{\mathrm{d}t}(m\boldsymbol{v})=m\dfrac{\mathrm{d}\boldsymbol{v}}{\mathrm{d}t}+\boldsymbol{v}\dfrac{\mathrm{d}m}{\mathrm{d}t}$
	动量	$\boldsymbol{p}=m\boldsymbol{v}$	$\boldsymbol{p}=m\boldsymbol{v}=\gamma m_0\boldsymbol{v}$
	动能	$E_\mathrm{k}=\dfrac{1}{2}mv^2$	$E_\mathrm{k}=mc^2-m_0c^2$

说明 质能关系与核能利用

质能关系式反映了质量是能量的载体.质量、能量不可分割,物质具有一定质量,也必然具有与该质量相当的能量.如果一物体的质量变化 Δm,则物体的能量也必定有相应的变化 $\Delta E=\Delta mc^2$,这揭示了原子能(核能)释放的可能性.

1 kg 汽油的燃烧值为 4.6×10^7 J,而 1 kg 汽油的静质能为 9×10^{16} J,可见物质所包含的化学能只占其静质能的极小部分,约为 $1/10^{10}$.

通常,释放核能的方式为核裂变和核聚变,目前已广泛应用的核反应为核裂变.

关于核能利用,表 5.4 列出了人类认识、开发原子能的历程.

表 5.4 人类认识、开发原子能的历程

年份	事件	意义	代表人物
1896	发现铀的天然放射性.	人类历史上第一次发现原子核放射现象,这是原子核物理研究的开端.	贝可勒尔(H.Becquerel)
1897	发现电子.	打破原子不可分的旧观念,开辟原子物理学新领域.	汤姆孙(J.J.Thomson)
1898	在矿物中发现放射性元素钋和镭.	开创新学科——放射化学,展开对放射性的研究.	居里夫妇(J-Curies)
1905	创立狭义相对论,提出 $E=mc^2$.	揭示了原子能(核能)的释放.	爱因斯坦(A.Einstein)
1909	发现 α 粒子轰击原子时发生大角度散射.	奠定了原子有核模型的实验基础.	盖革(H.W.Geiger) 马斯登(E.Marsden)
1911	提出原子的有核模型.	使人们对原子结构有了正确认识.	卢瑟福(Rutherford)
1913	发表氢原子结构理论,解释氢原子光谱.	阐明光谱的发射与吸收,建立量子化的原子模型.	玻尔(N.Bohr)
1914	测汞的激发电势.	为能级存在提供直接证据,支持玻尔原子理论.	弗兰克(J.Franck) G.L.赫兹(G.L.Hertz)

续表

年份	事件	意义	代表人物
1925	建立量子力学.	为微观粒子的研究奠定理论基础.	海森伯(W.K.Heisenberg) 薛定谔(E.Schrödinger) 狄拉克(P.A.M.Dirac)
1932	发现中子.	加深了对原子结构的认识.	查德威克(S.J.Chadwick)
1932	提出原子核的质子-中子模型.	建立了完整的原子模型.	海森伯(W.K.Heisenberg) 伊万年科(Iwanenko)
1938	实现重核(铀)裂变.	为原子能释放提供了实验基础.	哈恩(O.Hahn) 施特拉斯曼(F.Straβmann)
1939	给出哈恩-施特拉斯曼实验解释.		迈特纳(L.Meitner) 弗里施(O.R.Frisch)
1942	实现核的链式反应.	建成世界上第一座裂变反应堆.	费米(E.Fermi)
1945	日本广岛原子弹爆炸.	显示了原子裂变反应的威力,原子弹首次用于战争.	
1952	美国在太平洋上试验氢弹成功.	证明了氢聚变比铀裂变威力大几千倍.	
1954	建立第一座核电站.	为人类提供能源.	

典型例题及解题方法

1. 用洛伦兹坐标变换,求解狭义相对论运动学问题

解题思路和方法:

(1) 分析题意,明确被研究对象和观察者所处的参考系,确定参考系 S 系和 S′系及相对运动速率 u.

(2) 设定研究对象(事件)在 S 系和 S′系中的空间、时间坐标.

(3) 根据题意选取恰当坐标变换公式,列出方程并计算.

(4) 讨论解的物理意义.

注意:

① 洛伦兹坐标变换式推导前提是 S′系相对于 S 系以 u 沿 x 轴匀速运动,所以,明确被研究对象和观察者在哪一个惯性参考系尤为重要.

② 钟慢尺缩公式只是一般洛伦兹变换式的一种特例.

③ 分清固有时(原时)、固有长度(原长).从测量的角度讲,随着物体一起运动的钟所测得的时间为原时,随着物体一起运动的尺所测得的长度为原长.

例题 5-1 观察者甲和乙分别静止于两个惯性参考系 K 和 K′中,甲测得在同一地点发生的两个事件的时间间隔为 4 s,而乙测得这两个事件的时间间隔为 5 s,求:

(1) K′相对于 K 的运动速率;

(2) 乙测得这两个事件发生的地点间的距离.

解题示范:

解:(1) K′相对于 K 的运动速率.

① 利用时间和空间间隔的洛伦兹变换式求解.

由题意知,观察者甲(K 系)测得两个事件的空间和时间间隔分别为 $\Delta x=0$, $t=4$ s,观察者乙(K′系)测得两个事件的时间间隔为 $\Delta t'=5$ s,设 K′相对于 K 的运动速度为 u,将上述已知数据代入右边方程①:

$$\Delta t'=t_2'-t_1'=\gamma\left(\Delta t-\frac{u}{c^2}\Delta x\right)$$

可得

$$\Delta t'=\gamma\Delta t=\frac{1}{\sqrt{1-\frac{u^2}{c^2}}}\Delta t$$

可以解得

$$u=\frac{3}{5}c$$

② 利用动钟变慢效应公式求解.

由题意可知,两个事件发生在 K 系的同一个地点,相对于观察者甲是静止的,所以甲测得同一地点发生的两个事件的时间间隔为固有时间间隔 $\Delta t=4$ s,而由于 K 系相对于 K′(观察者乙)在运动,所以,观察者乙测得两事件的时间间隔 $\Delta t'=5$ s,为观测时间间隔.由动钟变慢效应公式(观测时间间隔是固有时的γ倍)$\Delta t'=\gamma\Delta t$ 同样可以求得两个参考系的相对运动速率 u.

(2) 求乙测得这两个事件发生的地点间的距离.

由题意可知,两个事件在 K 系中的空间和时间间隔分别为 $\Delta x=0$, $t=4$ s,利用上面求出的速率 u 和γ的数值,代入右边空间间隔的洛伦兹变换式②可得

$$\Delta x'=x_2'-x_1'=\gamma(\Delta x-u\Delta t)=-\gamma u\Delta t$$

可以解得

$$\begin{aligned}\Delta x'&=-\frac{u\Delta t}{\sqrt{1-\left(\frac{u}{c}\right)^2}}\\&=-\frac{0.6c\times4}{\sqrt{1-\left(\frac{3}{5}\right)^2}}=-3c\\&=-9\times10^8\ \text{m}\end{aligned}$$

即在 K′系中,两个事件的空间间隔为

$$L=|\Delta x'|=9\times10^8\ \text{m}$$

解题思路与线索:

(1) 在相对论问题的求解中,我们常用到的除了表 5.1 列出的坐标变换式外,还更常用到关于时间间隔和空间间隔的两个洛伦兹变换式(正变换)

$$\Delta t'=t_2'-t'=\gamma\left(\Delta t-\frac{u}{c^2}\Delta x\right) \quad ①$$

$$\Delta x'=x_2'-x_1'=\gamma(\Delta x-u\Delta t) \quad ②$$

本问题有两种求解方法:洛伦兹变换和动钟变慢效应公式(因为我们能够明确知道固有时),但本质上,动钟变慢效应公式直接可以从洛伦兹变换推导出来.

计算结果表明,两个参考系相对运动的速率接近光速,正是这个相对高的运动速率,才导致了不同惯性系对同样两个先后发生的事件的时间间隔测量的差别.

显然,该问题求解过程表明,首先理清事件以及事件发生的惯性参考系,事件在参考系中的时间、空间坐标,或时间与空间间隔,利用合适的变换公式或相关的效应公式是求解问题的关键.

(2) 请大家思考:在 K′系中测得的两个事件的空间坐标之差为负值的物理意义是什么?

例题 5-2　有一飞船从地球飞向一个相对地球静止的宇航站.飞船相对地球以 $u=0.8c$ 的速率匀速飞行.当飞船飞离地球时,飞船上的时钟与地球时钟均为 0 点 0 分,宇航站时钟与地球钟同步.问:

（1）当飞船时钟为 0 点 30 分时,飞船经过宇航站,宇航站上的时钟时间为多少?

（2）当飞船时钟指向 0 点 30 分时,飞船向地球发送光信号,地球观测者测得收到光信号的时间(地球时钟的时间)为多少?

解题示范:

解:(1) 定义地球/宇航站为 S 系,飞船为 S′系,两个事件分别为飞船从地球起飞(事件 1)和经过宇航站(事件 2).

由题意可知,在 S′系中,两个事件发生的时间间隔 $\Delta t_1'=t_2'-t_1'=30\times60$ s,两个事件发生在飞船上的同一地点,所以空间间隔 $\Delta x_1'=0$,两个惯性系相对运动速率 $u=0.8c$.

利用上述数据和由表 5.1 中的时空坐标洛伦兹逆变换所得的时间间隔的洛伦兹逆变换公式可得宇航站观察者测得的时间间隔为

$$\Delta t_1=\gamma\left(\Delta t_1'+\frac{u}{c^2}\Delta x_1'\right)$$

可以解得

$$\Delta t_1=\gamma\Delta t_1'=\frac{5}{3}\times30\times60\ \text{s}=3\ 000\ \text{s}$$

即当飞船时钟为 0 点 30 分时,宇航站(地球)时钟为 0 点 50 分.

(2) 这个问题中事件 1 为飞船发出光信号,事件 2 为地球接收到光信号.地球与宇航站距离可由空间间隔的洛伦兹逆变换公式得出:

$$\Delta x_1=\gamma\Delta t_1'=u\Delta t_1$$

地球观测者测得的光信号到达地球所需的时间为(两个事件的时间间隔)

$$\Delta t_2=\frac{\Delta x_1}{c}=\frac{u\Delta t_1}{c}=\frac{0.8c\times3\ 000\ \text{s}}{c}=2\ 400\ \text{s}=40\ \text{min}$$

所以,地球观测者测得的从飞船起飞到光信号到达地球的时间间隔为(50 min+40 min),时钟应为 1 点 30 分.

解题思路与线索:

(1) 首先理清发生的事件、事件发生的惯性参考系,明确事件发生的时间坐标(时间间隔)、空间坐标(空间位置).

由表 5.1 可以得到时间和空间间隔的洛伦兹逆变换公式:

$$\Delta t=t_2-t_1=\gamma\left(\Delta t'+\frac{u}{c^2}\Delta x'\right)\quad ①$$

$$\Delta x=x_2-x_1=\gamma(\Delta x'+u\Delta t')\quad ②$$

大家可以比较一下正变换和逆变换有什么不同.

(2) 光在真空中的传播速率相对于飞船观察者和地球/宇航站观察者都是 c,光传播的时间与空间间隔相关,相对于地球/宇航站观察者来说,地球与宇航站的距离就是光传播的距离.而这个距离按照地球观察者的测量结果,应该等于飞船以速率 $u=0.8c$ 在 50 min 内飞行的距离.

2. **用狭义相对论动力学关系求解狭义相对论动力学问题**

解题思路和方法:

熟记公式并理解相对论质速关系、质能关系、能量与动量的关系,区分相应的经典物理量和规律.

例题 5-3　考虑相对论效应,如果粒子的能量增加,粒子在磁场中的回旋周期将随能量的增加而增大.试计算动能为 10^4 MeV 的质子在磁感应强度为 1 T 的磁场中的回旋周期.

(质子的静止质量为 1.67×10^{-27} kg,1 eV $=1.6\times10^{-19}$ J.)

解题示范：

解：由题意知，磁感应强度 B、质子带电量 q、质子静止质量 m_0、回旋转动动能 E_k 已知.

质子回旋周期为

$$T=\frac{2\pi m}{qB} \quad ①$$

其中，m 为质子运动质量. 为求出质子运动质量，根据相对论动能公式 $E_k=mc^2-m_0c^2$，可得

$$m=m_0+\frac{E_k}{c^2} \quad ②$$

联立求解方程①②可得

$$\begin{aligned} T&=\frac{2\pi m}{qB} \\ &=2\pi\frac{m_0+\frac{E_k}{c^2}}{qB} \\ &=2\pi\frac{1.67\times10^{-27}+\frac{1.6\times10^{-9}}{(3\times10^8)^2}}{1.6\times10^{-19}\times1}\ \text{s} \\ &=7.26\times10^{-7}\ \text{s} \end{aligned}$$

解题思路与线索：

要求解本问题，首先要明确粒子在磁场中的回旋周期与什么因素相关.

当带电粒子的速度与磁场垂直时，粒子将绕磁场做圆周运动，其转动周期为

$$T=\frac{2\pi m}{qB}$$

可见，转动周期与粒子质量 m、带电量 q 和磁感应强度 B 有关，而且周期与质量成正比.

在本问题中，磁感应强度 B 和质子电量 q 都是确定的，我们是否可以将质子质量 $m_0=1.67\times10^{-27}$ kg 直接代入周期公式中计算出结果呢？

答案是否定的. 因为相对论动力学表明，质子在磁场中高速运动时，其质量将比静止质量 m_0 大，所以，我们必须先求出质子在高能（高速回旋）时的运动质量.

题目中给定了质子的动能，根据相对论动能公式 $E_k=mc^2-m_0c^2$，可求得质子运动质量 m.

思 维 拓 展

关于动钟变慢相对论效应及双生子佯谬

动钟变慢相对论效应是相对论时空观的重要结论. 它指出：在相对匀速运动的惯性系之间，每个惯性系中的观察者都会认为相对自己运动的钟比自己所在参考系的钟走得慢——动钟变慢. 值得指出的是：此处所说的“钟”是正常运行的计时装置，动钟变慢是相对论效应，不是钟出了问题，应理解为运动惯性系中的时间节奏变缓了，即运动惯性系中能描述时间流逝的所有过程都变缓了，其中生物的新陈代谢也变慢了. 运动是相对概念，动钟变慢效应也是相对的. 往往有同学问：地面观察者看高速宇宙飞船上的钟慢，而高速宇宙飞船的观察者看地面上的钟也慢，地面观察者和宇宙飞船的观察者都是正确的，究竟谁的钟慢？如果考虑生物个体的人，假如双胞胎兄弟乙乘飞船旅行，甲留在地球. 根据相对论效应，地球上的观测者认为乙比甲年轻，飞船上的观测者认为甲比乙年轻，那么甲乙两人重逢时到底谁年轻？这是相对论学习中学生常提到的问题，这也是著名的“双生子佯谬”问题.

“双生子佯谬”的意思是指两个不同参考系观察者对双生子甲和乙的观测得出看似互为矛盾的结论. 以下采用设问的方式，帮助理解有关相对论效应.

设问 1 若一对双生子 20 岁，甲留在地球，乙乘速度为 $u=0.99c$ 的飞船飞行，飞到距地球

30 光年的星球后返回,到达地球时甲比乙年轻,还是乙比甲年轻?

解答 这个问题的回答分为两部分,首先问题的关键是双生子中甲留在地球,乙乘飞船航行,在乙飞向星球并返回地球的这一过程中,飞船在离开和返回地球时必有加速过程,产生加速度.倘若载乙的飞船仅仅做相对匀速直线运动,甲和乙将无法相遇,也就无法比较.这说明甲和乙两人必须相对做有速度变化的非惯性运动.动钟变慢相对论效应所说的甲观测乙所在参考系的钟变慢和乙观测甲所在参考系的钟变慢,要求甲和乙做相对匀速运动,也就是说,只有在相对匀速运动的惯性系中,动钟变慢相对论效应才是等价的.星际往返问题不宜用狭义相对论解释,非惯性系问题涉及广义相对论.(对双生子效应的狭义相对论讨论,只是为了便于理解所进行的一种近似.)

根据相对论,此问题的结论是相遇时飞船上乙必然比地球上甲年轻.若用狭义相对论来近似解释,可认为在动钟变慢相对论效应分析时,飞船不能认为是"不动的",地球则可以认为是不动的.这是因为飞船相对地球运动的过程中,也是相对周围的大量天体在做高速的变速运动;而地球相对周围宇宙是"静止的""不动的",只相对飞船是运动的.所以,地球看飞船上的钟慢、地球上的钟快.重逢时,飞船上的乙相对更年轻.这结论已得到 1971 年铯原子钟绕地球飞行实验的验证.问题讨论的结论是相对于整个宇宙做更高、更多速度变化运动的物体,其生物钟变慢,寿命延长.双生子佯谬是不存在的,因而应改称双生子效应.

设问 2 如果忽略飞船的加速时间,譬如相对于行程 30 l. y.只用了一天时间加速,这样,可把飞船飞行很长过程近似看成相对地球的匀速运动.根据相对论理论,在每个参考系中的观测者都会认为相对自己运动的钟比自己的钟走得慢(动钟变慢),也就是说,地球上的观测者认为飞船上的钟慢,飞船上的观测者也会认为地球上的钟慢.此说法是正确的,但应如何理解? 进一步想,岂不是也会得出双生子佯谬:地球上甲比飞船上乙年轻? 还是飞船上乙比地球上甲年轻?

解答 此问题特意将飞船与地球等价的匀速过程拉得很长,忽略了飞船的加速过程,突出对动钟变慢相对论效应的理解.若飞船飞行速度 $u=0.99c$,得

$$\gamma=1/\sqrt{1-\frac{u^2}{c^2}}=10$$

飞船为 S′系,地球和星球为 S 系(假定星球和地球的相对速度很小,可看成静止于同一惯性系中).甲留地球,乙乘飞船飞行,在飞船起飞前,地球钟 A、飞船钟 B、星球钟 C 都互相校准.

在地星系(S 系)观察:飞船起飞后在远远少于 30 a 的时间内加速达到 $u=0.99c$,可认为钟 A、钟 B 和钟 C 仍是对准同步的,如图 5.2 所示.飞船以 $u=0.99c$ 的速度匀速飞向距地球 30 l. y.的星球需时间 30 a,忽略加速过程,飞船调头又匀速飞回地球.从地球角度看,飞船往返需 60 a,地球上甲已是 80 岁老人;根据相对论效应,地球钟认为飞船钟慢,为地球钟的 1/10,如图 5.3 和图 5.4 所示,飞船往返钟 B 走过 6 a,在地球重逢时乙只有 26 岁.

在火箭系(S′系)观察,飞船起飞后在远远少于 30 a 的时间内加速达到 $u=0.99c$,钟 A 和钟 B 对准指零,星球上钟 C 不指零,指针应超前 29.7 a,如图 5.5 所示.计算如下:设飞船起飞时 S 系 $t_A=0$,假定飞船加速时间很短可忽略不计,达到预定速度时飞船钟 B 指示时间近似为 $t'=0$,这时整个 S′系中各处位置钟都指示为零.因此 $t'_C=0$,由洛伦兹变换:

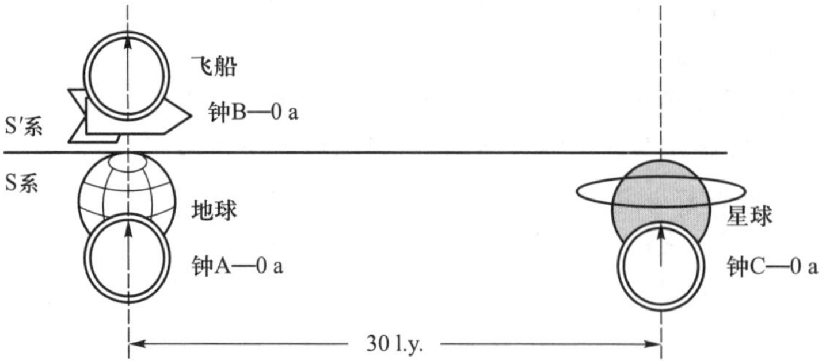

图 5.2　从 S 系看，飞船起飞时钟 A、B、C 指零

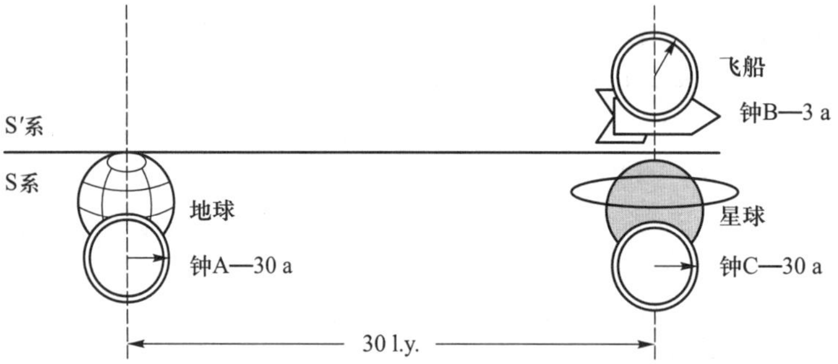

图 5.3　从 S 系看，飞船抵达星球时钟 B 指示 3 年，A、C 指示 30 a

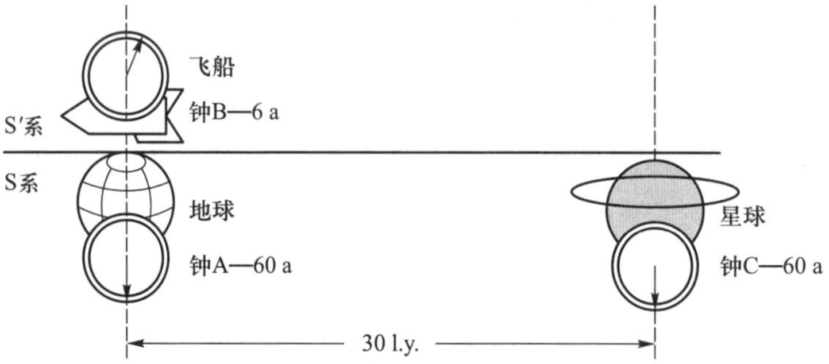

图 5.4　从 S 系看，飞船回到地球时钟 B 指示 6 年，A、C 指示 60 a

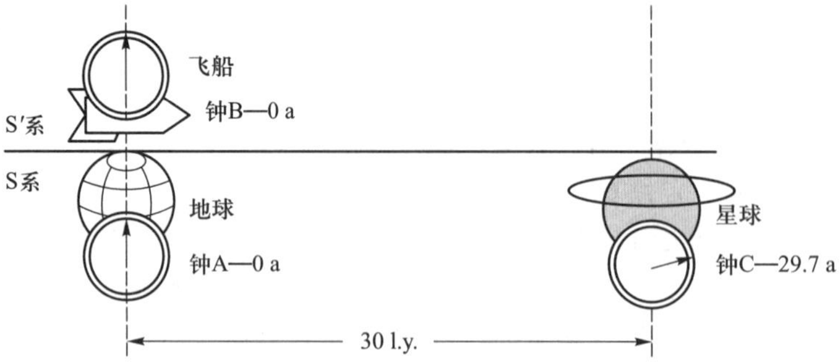

图 5.5　从 S′系看，飞船起飞时钟 C 指示 29.7 a(超前)

$$t'_{C}=\gamma\left(t_{C}-\frac{u}{c^{2}}x_{C}\right)$$

$$t_{C}=\frac{u}{c^{2}}x_{C}=\frac{0.99c}{c^{2}}\times 30c\ \text{a}=29.7\ \text{a}$$

由此可知,S′系的同一时刻 t'(飞船上的某一时刻),对应于 S 系中的不同时刻如 t_A、t_C 等(S 系中不同位置有不同时刻).由洛伦兹变换:

$$t'_{C}=\gamma\left(t_{C}-\frac{u}{c^{2}}x_{C}\right),\qquad t'_{A}=\gamma\left(t_{A}-\frac{u}{c^{2}}x_{A}\right)$$

在飞船上的观测者看来,飞船系中各处钟同步,$t'_A=t'_C=t'$,由上式可得

$$\gamma\left(t_{C}-\frac{u}{c^{2}}x_{C}\right)=\gamma\left(t_{A}-\frac{u}{c^{2}}x_{A}\right)$$

即

$$t_{C}-t_{A}=\frac{u}{c^{2}}(x_{C}-x_{A})$$

若考虑 S 系某一位置有钟 F,则有

$$t_{F}-t_{A}=\frac{u}{c^{2}}(x_{F}-x_{A})$$

此式说明,S 系中远处的钟 F 比近处的钟 A 超前$\frac{u}{c^{2}}(x_{F}-x_{A})$.

飞船从地球飞到距地球 30 l. y.的星球,在飞船看来,由洛伦兹收缩,地球-星球间距离缩短为 30 l. y.$\times\frac{1}{\gamma}$=3 l. y.因而飞船所经历时间为 3 a,另外,飞船上的观测者认为自己只走了 3 a,而星球钟 C 比自己还慢,为 1/10,在此过程中星球钟 C 只走了 0.3 a.飞船与星球相遇时星球钟 C 正好指在(29.7+0.3) a=30 a,图 5.6 与图 5.3 相同.

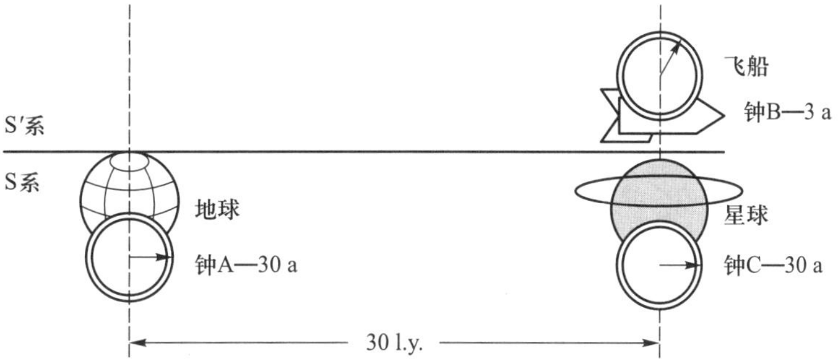

图 5.6　从 S′系看,飞船到达星球时钟 C 指示 30 a

飞船到达星球后调头以原速飞回地球,在调头过程中,飞船从以 u 运动的 S′系过渡到以 $-u$ 运动的 S″系.刚调头时飞船钟 B 仍指示 3 a,星球钟 C 指示 30 a.从飞船看地球钟,地球钟 A 应比星球钟 C 的指示超前 29.7 a,因而,钟 A 指示 59.7 a,如图 5.7 所示.

在返回路程中,从飞船观察需经 3 a 飞回地球,总共往返共用 6 a.在飞船看来,地球相对飞船运动,动钟变慢,地球钟 A 变慢应为自己的 1/10,回程中地球钟 A 只走了 0.3 a.所以飞船到达

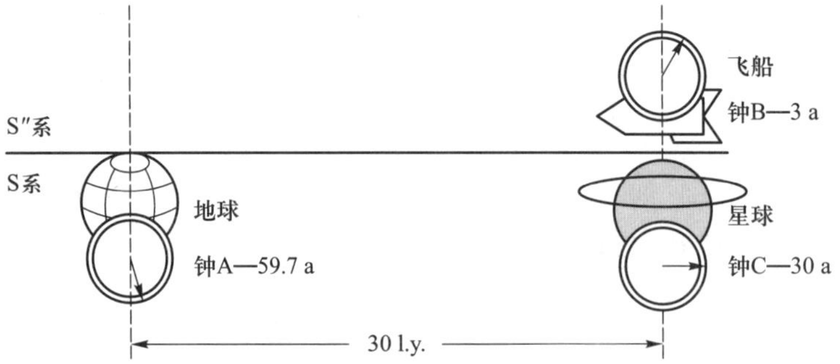

图 5.7 从 S″系看,飞船到达星球调头后钟 A、B、C 指示不同

地球时地球钟 A 应指(59.7+0.3) a=60 a,即双生子甲 80 岁,乙 26 岁.此结果与地星系计算结果一致.由讨论可知,结论:

(1) 双生子甲留地球,乙乘飞船航行,归来时,乙比甲年轻(甲 80 岁,乙 26 岁).

(2) 在不同惯性系之间没有统一的“同时性”,在地星系同步的钟(钟 A、钟 B 时针走动一致)在飞船系看来不同步.

(3) 相对于观察者做高速运动的时钟比相对于观察者静止的时钟走得慢.动钟变慢相对论效应是相对的,地星系看飞船钟慢,飞船系看地星钟慢.

设问 3 飞船到达星球时调头前后,地球钟 A 指示由 30 a 变为 59.7 a,如图 5.6、图 5.7 所示.这是否说明飞船中的乙看到地球上的甲突然老了 29.7 岁?

解答 当然不是.其一:飞船在调头前后处于以 u 运动的 S′系和以 $-u$ 运动的 S″系中,这是两个不同的惯性系;其二:看到地球钟指 30 a 和 59.7 a 的是两个处于不同惯性系中、与地球钟相遇的飞船钟观测点上的观察者,不是飞船上的乙.地球和飞船没有相遇,二者上的观测者不可能看到对方.飞船上乙在飞船调头前后所看到的地星系中星球钟指示不变,仍然是 30 a,如图 5.6、图 5.7 所示.地球上甲的衰老对地球上的观察者来说是正常的过程.

总之,时间的流逝不是绝对的.不存在一个普适的、统一的时间,只有地球系、飞船系不同惯性系中的不同运动状态的观察者甲和乙个体的时间,如:地球时、飞船时.时间、空间、运动是相互联系的,没有脱离参考系或运动的时间.同时,运动将改变时间的进程.如:同龄的两个人,一位星际旅行归来时可能才 26 岁,另一位留在地球已 80 岁.

课后练习题

基础练习题

5-2.1 一火箭的固有长度为 L,相对地面做匀速直线运动的速度为 v_1,火箭上有一个人从火箭的后端向火箭前端上的一个靶子发射一颗相对火箭的速度为 v_2 的子弹.在火箭上测得子弹从射出到击中靶的时间间隔是[ ].

(A) $\dfrac{L}{v_1+v_2}$ (B) $\dfrac{L}{v_2}$ (C) $\dfrac{L}{v_2-v_1}$ (D) $\dfrac{L}{v_1\sqrt{1-(v_1/c)^2}}$

5-2.2 关于同时性,有人提出以下一些结论,其中哪个是正确的? [ ].

(A) 在一惯性系同时发生的两个事件,在另一惯性系一定不同时发生

(B) 在一惯性系不同地点同时发生的两个事件,在另一惯性系一定同时发生

(C) 在一惯性系同一地点同时发生的两个事件,在另一惯性系一定同时发生

(D) 在一惯性系不同地点不同时发生的两个事件,在另一惯性系一定不同时发生

5-2.3 一艘宇宙飞船相对地球以 $0.8c$(c 表示真空中光速)的速度飞行,一光脉冲从船尾传到船头,飞船上的观察者测得飞船长为 90 m,地球上的观察者测得脉冲从船尾发出和到达船头两个事件的空间间隔为[ ].

(A) 90 m (B) 54 m (C) 270 m (D) 150 m

5-2.4 某核电站年发电量为 100 亿度,它等于 3.6×10^{16} J 的能量,如果这是由核材料的全部静止能转化产生的,则需要消耗的核材料的质量为[ ].

(A) 0.4 kg (B) 0.8 kg (C) 12×10^7 kg (D) $(1/12)\times10^7$ kg

5-2.5 设某微观粒子的总能量是它的静止能量的 K 倍,则其运动速度的大小为[ ].

(A) $\dfrac{c}{K-1}$ (B) $\dfrac{c}{K}\sqrt{1-K^2}$ (C) $\dfrac{c}{K}\sqrt{K^2-1}$ (D) $\dfrac{c}{K+1}\sqrt{K(K+2)}$

5-2.6 μ 子是一种粒子,在相对 μ 子静止的坐标系中测得其寿命为 $\tau_0=2\times10^{-6}$ s.如果 μ 子相对地球的速度为 $v=0.988c$(c 为真空中光速),则在地球坐标系中测出的 μ 子的寿命为________.

5-2.7 牛郎星距离地球约 16 l.y.,宇宙飞船若以________的速度匀速飞行,将用 4 a 的时间(宇宙飞船上的钟指示的时间)抵达牛郎星.

5-2.8 一列高速火车以速度 u 驶过车站时,固定在站台上的相距 1 m 的两只机械手在车厢上同时划出两个痕迹,则车厢上的观测者应测出这两个痕迹之间的距离为________.

5-2.9 已知一静止质量为 m_0 的粒子,其固有寿命为实验室测量到的寿命的 $1/n$,则此粒子的动能是________.

5-2.10 如图所示,一根米尺静止放置在 S′系中,与 $O'x'$轴成 30°角,如果在 S 系中测得该米尺与 Ox 轴成 45°角,那么 S′系相对 S 系的速度 u 为多大? S 系中测得米尺的长度是多少?

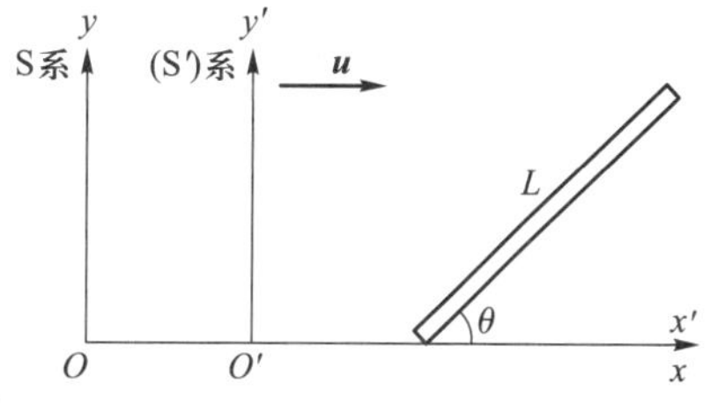

题 5-2.10 图

5-2.11 π 介子的固有寿命是 2.6×10^{-8} s.如果 π 介子在实验室参考系中的速率是 $0.8c$,那么(1)按经典理论,(2)按相对论理论,计算该介子在实验室参考系中的飞行距离.

5-2.12 一米尺沿长度方向以 $0.8c$ 的速率相对于某观察者运动,试求这米尺始、末两端通过观察者的时间间隔.

5-2.13 半人马座 α 星是距离太阳系最近的恒星,它距离地球 $s=4.3\times10^{16}$ m,设有一宇宙飞船自地球飞到半人马座 α 星,若宇宙飞船相对地球的速度为 $v=0.999c$,按地球上的时钟计算要用多少时间? 如以飞船上的时钟计算,所需时间又为多少年?

5-2.14 一艘宇宙飞船的船身固有长度为 $L_0=90\ \mathrm{m}$，相对于地面以 $v=0.8c$（c 为真空中光速）的匀速度在一观测站的上空飞过.问：

（1）观测站测得飞船的船身通过观测站的时间间隔是多少？

（2）宇航员测得船身通过观测站的时间间隔是多少？

5-2.15 在惯性系 K 中，有两个事件同时发生在 x 轴上相距 1 000 m 的两点，而在另一惯性系 K′（沿 x 方向相对 K 系运动）中测得这两个事件发生的地点相距 2 000 m，求在 K′系中测得这两个事件的时间间隔.

5-2.16 一电子（静止质量为 $m_0=9.11\times10^{-31}\ \mathrm{kg}$）以 $0.99c$ 的速率运动，问：

（1）电子的总能量是多少？

（2）电子的经典力学动能与相对论动能之比是多少？

5-2.17 一体积为 V_0、质量为 m_0 的立方体沿其一棱的方向相对观察者 A 以速度 v 运动.问：观察者 A 测得其密度是多少？

5-2.18 在什么速度下粒子的动量等于其非相对论动量的两倍？又在什么速度下粒子的动能等于其非相对论动能的两倍？

5-2.19 比较牛顿力学和狭义相对论力学.根据提示，在下列表格空白处填写完成相应内容：

内容		牛顿力学	狭义相对论力学
适用范围		低速物体（$v\ll c$）	
真空中光速		随惯性系而异	在所有惯性系中均为 c
相对性原理		在所有惯性系中，力学定律的数学形式不变.	在所有惯性系中，________的数学形式不变.
变换关系		伽利略变换	
坐标变换	正变换	$x'=x-ut$　$y'=y$ $z=z'$　$t'=t$	
	逆变换	$x=x'+ut'$　$y=y'$ $z=z'$　$t=t'$	
时空量度		$\Delta t=\Delta t'$　$\Delta L=\Delta L'$	同时性是________，原时最________， 原长最________
动力学结论	质量	$m=m_0$ 为常量	
	运动方程	$\boldsymbol{F}=\dfrac{\mathrm{d}}{\mathrm{d}t}(m\boldsymbol{v})=m\boldsymbol{a}$	
	动量	$\boldsymbol{p}=m\boldsymbol{v}$	
	动能	$E_\mathrm{k}=\dfrac{1}{2}mv^2$	
	质能关系		
	动量与能量的关系	$E_\mathrm{k}=\dfrac{p^2}{2m}$	
不变量		t,m,a,F	
相对量		x,y,z,v	x,y,z,v,a,t,m,F

综合练习题

5-3.1 观测者 A 测得与他相对静止的 Oxy 平面上一个圆的面积为 12 cm^2;另一观测者 B 相对 A 以 $v=0.8c$(c 为真空中光速)平行于 Oxy 平面做匀速直线运动,B 测得这图形为一椭圆.试问:其面积是多少?

5-3.2 K 惯性系中观测者记录的两事件的空间间隔和时间间隔分别是 $x_2-x_1=600$ m 和 $t_2-t_1=8\times10^{-7}$ s,为了使两事件对 K′系来说是同时发生的,K′系必须以多大速度相对 K 系沿 x 方向运动?

5-3.3 宇宙射线和大气相互作用时能产生 π 介子衰变,在大气上层放出 μ 子.这些 μ 子的速度接近光速($u=0.998c$).如果在实验室中测得静止 μ 子的平均寿命为 2.2×10^{-6} s,试问:在 8 000 m 高空由 π 介子衰变放出的 μ 子能否飞到地面?

5-3.4 一宇宙飞船沿 x 方向离开地球(S 系,以地心为原点),以速度 $u=0.8c$ 航行.宇航员观测到在自己的参考系中(S′系,原点在飞船上),在时刻 $t'=-6.0\times10^8$ s,$x'=1.80\times10^{17}$ m,$y'=1.20\times10^{17}$ m,$z'=0$ 处有一超新星爆发.他把这一观测通过无线电发回地球.问:在地球参考系中,该超新星爆发事件的时空坐标如何?(假定飞船飞过地球时,其上的钟与地球上的钟示值都指零.)

5-3.5 一隧道长为 L,宽为 d,高为 h,拱顶为半圆,如图所示.设想一列车以极高的速度 v 沿隧道长度方向通过隧道,若从列车上观察,则:

(1) 隧道的尺寸如何?

(2) 设列车的长度为 l_0,它全部通过隧道所需的时间是多少?

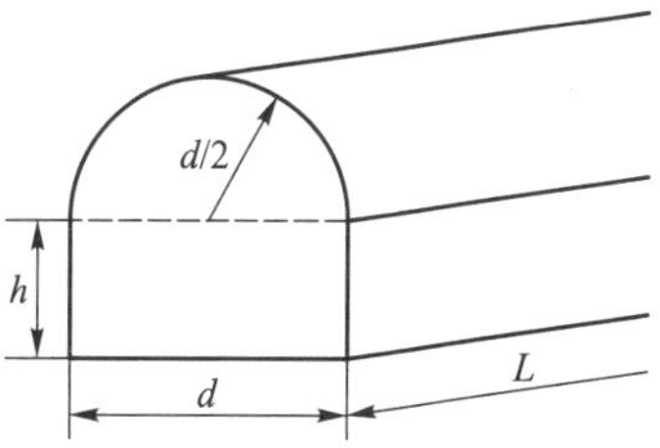

题 5-3.5 图

5-3.6 观测者甲以 $4c/5$ 的速度(c 为真空中光速)相对静止的观测者乙运动,若甲携带一长度为 L、截面积为 S、质量为 m 的棒,将这根棒安放在运动方向上,试问:

(1) 甲测得此棒的密度为多少?

(2) 乙测得此棒的密度为多少?

5-3.7 设快速运动的介子的能量约为 $E=3\ 000$ MeV,而这种介子在静止时的能量为 $E_0=100$ MeV,若这种介子的固有寿命是 $\tau_0=2\times10^{-6}$ s,求它运动的距离.(真空中光速 $c=2.997\ 9\times10^8\ m\cdot s^{-1}$.)

5-3.8 要使电子的速度从 $v_1=1.2\times10^8\ m\cdot s^{-1}$ 增加到 $v_2=2.4\times10^8\ m\cdot s^{-1}$,必须对它做多少功?(电子静止质量 $m_e=9.11\times10^{-31}$ kg.)

习题解答

第二篇

电磁相互作用和电磁场

第六章　电相互作用和静电场

大自然整体的每一片段或部分始终只是对完整真理(或迄今我们所认识的完整真理)的逼近.事实上,我们知道的每件事物都只是某种近似,因为我们知道:我们至今还不知道所有的定律.因此,我们之所以要学习一些东西,正是为了以后再放弃它,或者,更恰当地说,再改正它.

——R.P.费因曼

课前导引

电磁学是研究电、磁的基本运动及其运动规律的学科.电磁运动是物质运动的一种基本形式.电磁相互作用是自然界已知的四种基本相互作用的一种.日常生活和生产活动中经常涉及电磁运动,理解和掌握电磁运动的基本规律,在理论和实践上都有重要意义.

电场、磁场是一种特殊的物质形式.电场、磁场不再是分离的实物,而是弥漫在空间中的连续分布物质.对这种物质的研究不同于力学中对质点、刚体的研究.电磁学的研究方法是在基本实验规律的基础上,使用空间函数来描述场的性质,通过引入通量和环流概念来建立场与源之间的联系.由于场的概念比较抽象,学习中在思维中建立场的整体图像非常重要.学习时要注意描述方法和研究方法的变化.

一般来说,运动电荷将同时激发电场和磁场,电场和磁场是相互关联的.但当研究电荷相对观察者静止时,电荷在观察者所在参考系中仅激发电场,这种电场称为静电场.

电场是存在于电荷周围的一种特殊形式的物质,对电场的物质概念,本章只要求一般了解;本章的主要内容是静电场的基本特性,要求理解和掌握,这是本章的重点.静止电荷间的相互作用力是借助静电场来传递的,静电场的基本特性表现在两个方面:①静电场对场中电荷有力的作用;②电荷 q 在静电场中移动时,电场力要做功.本章通过引入两个物理量——电场强度和电势来描述静电场的这两方面的基本特性.

静电场是电磁场中首次遇到的矢量场,可以通过通量和环流来描述它的特性,得到的高斯定理和安培环路定理说明了静电场是有源场和保守场,它们反映了静电场的基本特性.

静电场中的导体和电介质是静电场基本原理的应用和推广.

学习本章时要复习力学中功、能等有关概念,把静电场与重力场进行比较,这有助于理解静电场的基本特性.本章较多地应用了积分和矢量的知识,公式较多,学习时要理解公式所表达的物理内容.

学习目标

1. 掌握电场强度和电势的概念，理解它们的联系与区别，掌握点电荷的电场强度和电势的计算.能用叠加原理求解任意带电体的电场强度和电势.能用电势的定义式从已知电场强度分布求解电势.

2. 理解静电场的两个基本定理——高斯定理和安培环路定理.掌握用高斯定理计算电场强度的条件和方法，并能熟练应用.

3. 理解导体静电平衡的性质和条件，能分析静电平衡时导体上的电荷分布，理解静电屏蔽原理.

4. 了解介质的极化现象及其微观解释.理解电位移 $\boldsymbol{D}$ 的物理意义及介质中的高斯定理及其应用.

5. 理解电容的定义及其物理意义，并能进行相关计算.

6. 了解电场的物质性，理解电场能量密度的概念.

7. 理解电流和电流密度的概念.

8. 什么是理想模型？本章涉及的理想模型有哪些？

9. 通过静电场与重力场的类比，理解、掌握类比的分析方法.

本章知识框图

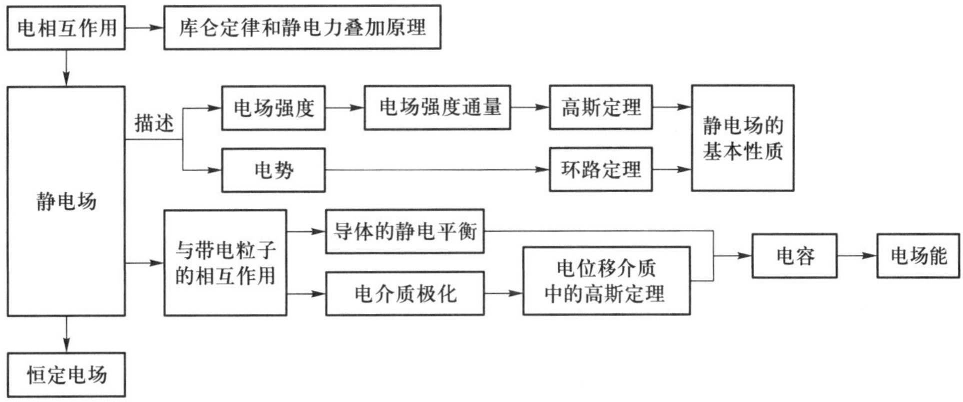

混合教学学习指导

本章课堂教学计划为 7 讲，每讲 2 学时.在每次课前，学生阅读教材相应章节、观看相关教学视频，在问题导学的指引下思考学习，并完成课前测试练习.

阅读教材章节

徐行可,吴平,《大学物理学》(第二版)上册,第九章 电相互作用和静电场:182—234 页.

观看视频——资料推荐

知识点视频

序号	知识点视频	说明
1	库仑定律 静电场	这里提供的是本章知识点学习的相关视频条目,视频的具体内容可以在国家级精品资源课程、国家级线上一流课程等网络资源中选取.
2	电场强度	
3	电场强度的计算	
4	高斯定理	
5	高斯定理的应用	
6	电势能 电势	
7	电势的计算	
8	环路定理	
9	静电场中的导体	
10	静电场中的电介质	
11	介质中的高斯定理	
12	电容和电容器	
13	静电场的能量	
14	电流和电动势	

导学问题

库仑定律 静电场

- 什么是电荷守恒定律?
- 什么是点电荷、试探电荷、电偶极子?
- 什么是静电场?
- 库仑定律的具体内容是什么?库仑定律适用于所有的带电体吗?它的适用条件是什么?

电场强度

- 电场强度的定义是什么?

- 电场线是如何描述静电场的大小和方向的?
- 电场强度的叠加原理是什么?
- 什么是电荷元? 如何利用点电荷的电场强度公式和电场强度叠加原理计算典型带电体的电场强度分布?

高斯定理

- 什么是电场强度通量? 应如何计算?
- 高斯定理的内容是什么? 公式中各物理量的含义是什么?
- 什么是对称性? 高斯定理求解电场强度时,带电体的电荷分布要满足哪些对称性?
- 高斯定理求解有特定对称性电荷分布的带电体电场的步骤是什么?

电势能　电势

- 什么是电势能?
- 电势的定义及物理意义是什么?
- 什么是等势面? 等势面与电场线的关系是什么? 如何计算电势梯度?
- 计算电势的方法有哪些?
- 什么是电势零点? 在应用电势叠加原理时,要注意哪些问题?
- 电场强度与电势的关系是什么?
- 如何计算电场力做的功?

环路定理

- 静电场的环路定理的内容是什么?

静电场中的导体

- 什么是静电感应? 什么是静电平衡?
- 如何理解尖端放电? 如何理解静电屏蔽?
- 导体静电平衡的条件是什么? 静电平衡时导体上的电荷如何分布?
- 静电平衡时导体的特性是什么?
- 电场与导体相互作用的过程是怎样的?
- 怎样计算带电导体在空间产生的电场?

静电场中的电介质

- 什么是电介质? 电介质与导体有什么不同?
- 什么是有极分子? 什么是无极分子? 什么是介质的极化?
- 电介质极化的微观机制是什么? 宏观束缚电荷是怎样产生的?
- 介质中的高斯定理的内容和数学表示是什么? 其中各物理量的含义是什么?
- 什么是电位移? 它的物理意义是什么? 在各向同性介质中电位移与电场强度的关系是什么?

- 电容的定义是什么？如何计算一个电容器的电容？

静电场的能量

- 什么是电场的能量密度？如何根据能量密度求电场的能量？

恒定电场(电流、电阻、电动势)

- 什么是恒定电流？电流的定义是什么？电流是否是矢量？电流的方向如何确定？
- 电流密度的定义是什么？电流密度是矢量吗？其方向如何确定？
- 电阻与哪些因素有关？欧姆定律的内容及适用条件是什么？
- 电路中的电功率如何计算？
- 如何定义电源电动势？它的物理意义是什么？

课前测试题

6-1.1 下面的说法不正确的是[ ].

(A) 玻璃棒与丝绸摩擦后所带的电荷为正电荷

(B) 电荷是量子化的

(C) 点电荷就是体积很小的带电体

(D) 任意封闭系统中的电荷都满足守恒定律

6-1.2 真空中有两个点电荷 M、N,相互间作用力为 $\boldsymbol{F}$,当另一点电荷 Q 移近这两个点电荷时,M、N 两个点电荷之间的作用力 $\boldsymbol{F}$[ ].

(A) 大小不变,方向改变　　(B) 大小改变,方向不变

(C) 大小和方向都不变　　(D) 大小和方向都改变

6-1.3 关于电场强度定义式 $\boldsymbol{E}=\dfrac{\boldsymbol{F}}{q_0}$,下列说法中正确的是[ ].

(A) 电场强度 $\boldsymbol{E}$ 的大小与试探电荷 q_0 的大小成反比

(B) 对场中某点,试探电荷受力 $\boldsymbol{F}$ 与 q_0 的比值不因 q_0 而变

(C) 试探电荷受力 $\boldsymbol{F}$ 的方向就是电场强度 $\boldsymbol{E}$ 的方向

(D) 若场中某点不放试探电荷 q_0,则 $\boldsymbol{F}=\boldsymbol{0}$,从而 $\boldsymbol{E}=\boldsymbol{0}$

6-1.4 在均匀的电场 $\boldsymbol{E}$ 中沿电场方向放一横截面半径为 R、长为 L 的圆柱面,如图所示.则通过其侧面的电场强度通量为[ ].

(A) 0

(B) $2\pi RLE$

(C) πR^2E

(D) $(2\pi RL-\pi R^2)E$

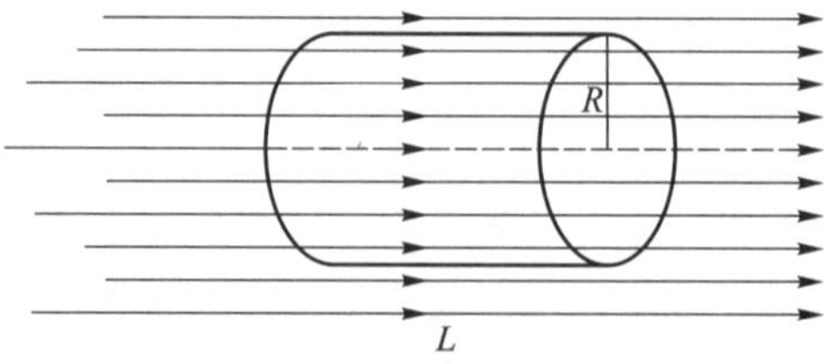

题 6-1.4 图

6-1.5 根据电势定义,下列说法正确的是[ ].

(A) 电场中某点的电势等于该点电场强度和点电荷移动的路程的乘积

（B）电场中某点的电势等于将电荷从该点移到无穷远处静电力所做的功

（C）电场中某点的电势等于将单位正电荷从该点沿任何路径移动到电势零点，静电力所做的功

（D）电场中某点的电势是空间所有电荷单独存在时在该点产生的电势的代数和，与电势零点无关

6-1.6 有两个大小不等的金属球，大球半径是小球半径的两倍，小球带有正电荷.当用金属细线连接两金属球后［ ］.

（A）大球电势是小球电势的两倍　　（B）大球电势是小球电势的一半

（C）所有电荷流向大球　　（D）两球电势相等

6-1.7 一个不带电的导体球壳半径为 r，球心处放一点电荷，可测得球壳内外的电场.此后将该点电荷移至距球心 $r/2$ 处，重新测量电场.电荷的移动对电场的影响为［ ］.

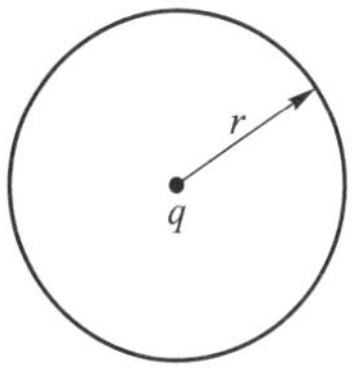

题 6-1.7 图

（A）对球壳内外电场无影响

（B）球壳内外电场均改变

（C）球壳内电场改变，球壳外电场不变

（D）球壳内电场不变，球壳外电场改变

6-1.8 与外加电场相比，各向同性均匀电介质中的电场［ ］.

（A）较大，因为极化电荷产生的电场强度与外加电场方向相同

（B）较小，因为极化电荷产生的电场强度与外加电场方向相反

（C）不变，因为各向同性电介质中电荷密度为零，不产生附加电场

（D）不确定，不同电介质情况不同

6-1.9 当外加电压保持一定时，减小平板电容器存储能量的方法是［ ］.

（A）增加极板的面积　　（B）增加极板之间的距离

（C）在极板之间插入电介质　　（D）以上方法都可以

6-1.10 如果拉伸一根圆柱形导线，在拉伸过程中始终保持导线为圆柱形，则该导线的电阻（沿其长度测量）将［ ］.

（A）增大　　（B）减小　　（C）不变　　（D）不能确定

知识梳理

知识点 1. 点电荷

点电荷是电学中的一个重要概念.它在电学中的地位，与质点概念在力学中的地位相似.在理解和运用这一概念时要注意以下几点：

① 掌握带电体可看成点电荷的条件.在讨论带电体之间的相互作用时，带电体自身的线度

比带电体之间的距离小得多,或在讨论电场中某一场点的性质时,场源带电体自身的线度比起场点到此带电体的距离小得多,那么这些带电体可以视为点电荷.

② 点电荷是一个宏观范围的理想模型,面电荷、线电荷和电偶极子等都属于这类模型.每一个可视为点电荷的带电体总包含了大量的微观带电粒子.但是,任何微观带电粒子却不一定能满足点电荷的条件而被看成点电荷.点电荷不是带有一定电量的几何点.实际上,带有一定电量的几何点是不存在的.

知识点 2. 库仑定律

库仑定律是电磁学的基本实验定律,也是物理学的基本定律之一.库仑定律阐明了带电体相互作用的规律,决定了静电场的性质,也为整个电磁学奠定了基础.库仑定律的内容是:真空中,两个相对静止的点电荷之间的相互作用力的大小正比于两者电荷量的乘积,反比于两者距离的平方,方向沿两点电荷的连线,同种电荷相斥,异种电荷相吸,即

$$\boldsymbol{F}_{12}=\frac{1}{4\pi\varepsilon_0}\frac{q_1q_2}{r^3}\boldsymbol{r}$$

库仑力和万有引力在形式上有相似之处,但万有引力只有引力,库仑力既有引力还有斥力,而且,万有引力只有当其中一个物体有巨大质量时才有明显效果,库仑力却不同,带电体间的库仑力是显著的.

说明 *库仑定律的成立条件是:真空条件和静止点电荷.*

真空条件是为除去其他电荷的影响而提出的,这样两个点电荷只受对方的作用,可使问题简化.在非真空情况下,除两个点电荷外,还会因感应或极化产生电荷,这些电荷间都有相互作用.于是作用在两个点电荷上的总的作用力将会很复杂.但两个点电荷间的作用力仍然遵从库仑定律.真空条件并非必要,是可以去掉的.

静止是指两点电荷相对静止,且相对于观察者静止(均在惯性系中).静止条件也可适当放宽,可以推广到静止源电荷对运动电荷的作用,但不能推广到运动源电荷对静止或运动电荷的作用.

库仑定律适用的范围是指距离 r 在什么尺度范围内,库仑定律适用.库仑扭秤实验、电引力单摆实验、卢瑟福 α 粒子散射实验及地球物理实验等大量实验表明,库仑定律在 $10^{-13}\sim10^{9}$ cm 的尺度范围内是可靠的.

知识点 3. 电场强度通量

设在电场中有一个曲面 S,我们定义一个物理量 $\varPhi$,令

$$\varPhi=\int_S\boldsymbol{E}\cdot\mathrm{d}\boldsymbol{S}$$

称为通过该曲面的电场强度通量.从图像上可以将电场强度通量 $\varPhi$ 描述为穿过曲面 S 的电场线“数目”.上式中 $\mathrm{d}\boldsymbol{S}$ 是曲面上的面积元 $\mathrm{d}S$ 的矢量表示.

通过任意封闭曲面的电场强度通量为

$$\Phi=\oint_S \boldsymbol{E}\cdot \mathrm{d}\boldsymbol{S}$$

关于电场强度通量的概念有两点说明：

① 电场强度通量不是点函数，我们只能谈及某面元或某曲面的电场强度通量，而不能说某点的电场强度通量.

② 电场强度通量是代数量，即电场强度通量有正、负之别.在电场强度一定时，电场强度通量的正负取决于面元法向的选取.因此，在计算电场强度通量前应明确选取面元的法向.但对闭合曲面，我们约定以向外为面元法线正方向.

知识点 4. 高斯定理、环路定理与库仑定律的关系

在静电学中，高斯定理、环路定理都可由库仑定律和叠加原理导出，反过来，由高斯定理和环路定理结合起来也可导出库仑定律.但仅由高斯定理不能导出库仑定律.这就是说，只有高斯定理和环路定理一起才等价于库仑定律.因此，在静电学中，库仑定律是最基本的定律.事实上，在静电场中，若已知电荷分布，根据库仑定律和叠加原理，原则上可以唯一地确定任意点的电场强度，但高斯定理却不能.因为电场是个矢量场，若我们把它分成“纵向”“横向”两部分，高斯定理最多决定了其中一部分即纵向分量，决定不了横向分量，场的横向分量是由环路定理决定的.“在一些电荷分布具有某种对称性的特殊情况下”，可由高斯定理计算出任一点的电场强度，这种“特殊情况”实际上是指的电场的横向分量为零、只有纵向分量的情况，仅由高斯定理就可唯一确定静电场的分布了.

知识点 5. 导体的静电平衡

导体内部及表面上的电荷都无宏观定向运动的状态，叫做导体的静电平衡状态.导体的静电平衡条件：

从电场强度的角度：(1) 导体内部任一点电场强度为零；(2) 导体表面附近任一点电场强度方向与表面垂直.

从电势的角度：(1) 导体是等势体；(2) 导体面是等势面.

知识点 6. 静电场的能量

移动一个电荷，外力需要抵抗电荷之间的静电力做功.外力做的功转化为电能而储存在电场中，这种能量称为静电能.带电系统周围伴随有静电场.实际上，带电系统的能量储存在整个电场空间中，是电场的能量.单位体积内储存的电场能量，即电场的能量密度为

$$w_{\mathrm{e}}=\frac{1}{2}ED=\frac{1}{2}\varepsilon E^2=\frac{1}{2}\,\frac{D^2}{\varepsilon}$$

整个电场空间的总能量为

$$W_{\mathrm{e}}=\int_V \frac{1}{2}ED\,\mathrm{d}V$$

积分对整个电场所在的空间进行.

典型例题及解题方法

一、求电场强度的解题思路和方法

1. 积分方法求电场强度

用积分方法求任意带电体的电场强度的基本思想是把带电体看成微元电荷的集合(电荷元可以是线元、面元或体元).在电场中某点的电场强度为各微元电荷在该点产生的电场强度的矢量和.积分法解题的主要步骤如下:

(1) 建立适当的坐标系,将带电体分成无限多个微元电荷,每一微元电荷可视为点电荷,写出微元电荷 $\mathrm{d}q$ 与相关坐标变量的关系.

(2) 利用点电荷产生的电场强度公式,表达出微元电荷在空间所求场点产生的微元电场强度:

$$\mathrm{d}\boldsymbol{E}=\frac{1}{4\pi\varepsilon_0}\frac{\mathrm{d}q}{r^3}\boldsymbol{r}$$

(3) 将 $\mathrm{d}\boldsymbol{E}$ 在坐标系中分解为分量,再由电场强度叠加原理,通过积分计算出各方向的电场强度分量.积分时,要注意各变量之间的关系,找出统一变量,由选定的坐标系和带电体的形状确定积分限,需要注意的是积分要遍及整个带电体.例如在直角坐标系下:

$$E_x=\int_{x_1}^{x_2}\mathrm{d}E_x,\quad E_y=\int_{y_1}^{y_2}\mathrm{d}E_y,\quad E_z=\int_{z_1}^{z_2}\mathrm{d}E_z$$

(4) 表达出带电体在空间所求场点产生的总电场强度矢量:

$$\boldsymbol{E}=E_x\boldsymbol{i}+E_y\boldsymbol{j}+E_z\boldsymbol{k}$$

在某些情况下,可把电荷连续分布的带电体视为由无限多个具有微小宽度的带电直线(圆环)或者具有微小厚度的圆盘(球壳)所组成.如无限大均匀的带电平面可视为由无限多圆环组成,均匀带电的直圆柱体可视为由无限多圆盘所组成.这时可以分别取带电圆环和圆盘为电荷元来求出无限大带电平面周围的电场强度与带电圆柱体轴线上一点的电场强度.这样取电荷元的好处是可以把二重或三重积分化为单重积分,使运算简化.

除点电荷外,还有一些常用典型带电体产生的电场强度:

(1) 电荷线密度为 λ 的无限长均匀带电细棒,在距细棒垂直距离为 a 处的电场强度:

大小:$E=\dfrac{\lambda}{2\pi\varepsilon_0 a}$,　方向:垂直于细棒.

(2) 带电量为 q,半径为 R 的均匀带电圆环轴线(x 轴)上距离环心为 x 处的电场强度:

$$\boldsymbol{E}=\frac{qx}{4\pi\varepsilon_0(R^2+x^2)^{3/2}}\boldsymbol{i}$$

(3) 电荷面密度为 σ 的无限大均匀带电平面的电场强度:

大小:$E=\dfrac{\sigma}{2\varepsilon_0}$,　方向:垂直于平面.

例题 6-1 半径为 R 的带电细圆环,电荷线密度 $\lambda=\lambda_0\cos\varphi$($\lambda_0$ 为常量,φ 为半径 R 与 x 轴的夹角),求圆环中心处的电场强度.

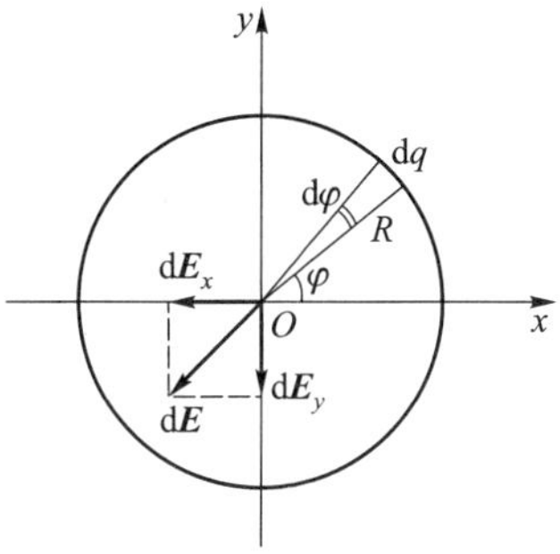

例题 6-1 图

解题示范:

解:(1) 画出带电细圆环,并建立如图所示的直角坐标系.在半径与 x 轴夹角为 φ 处,任意选取环上一个线元 $dl=Rd\varphi$,其上所分布的电荷量为微元电荷 dq:

$$dq=\lambda dl=\lambda Rd\varphi=\lambda_0R\cos\varphi d\varphi$$

(2) 画出该电荷元在 O 点处产生的电场强度 $d\boldsymbol{E}$.利用点电荷产生的电场强度公式可得电场强度 $d\boldsymbol{E}$ 的大小为

$$dE=\frac{dq}{4\pi\varepsilon_0R^2}=\frac{\lambda_0\cos\varphi d\varphi}{4\pi\varepsilon_0R}$$

方向如图所示.

(3) 将电场强度 $d\boldsymbol{E}$ 分解为两个分量:

$$dE_x=-dE\cos\varphi$$

$$dE_y=-dE\sin\varphi$$

分别对两个分量求积分(注意积分变量为 φ,所以积分限也要与之相对应)可得

$$E_x=\int dE_x=-\int_0^{2\pi}\frac{\lambda_0\cos^2\varphi d\varphi}{4\pi\varepsilon_0R}=-\frac{\lambda_0}{4\varepsilon_0R}$$

$$E_y=\int dE_y=-\int_0^{2\pi}\frac{\lambda_0\cos\varphi\sin\varphi d\varphi}{4\pi\varepsilon_0R}=0$$

(4) 整个圆环在环心 O 处产生的电场强度为

$$\boldsymbol{E}=E_x\boldsymbol{i}+E_y\boldsymbol{j}=-\frac{\lambda_0}{4\varepsilon_0R}\boldsymbol{i}$$

负号表示电场强度的方向沿 x 轴负方向.

解题思路与线索:

这是一个电荷连续分布的带电体,而且电荷分布不均匀,随半径与 x 轴的夹角而变化.因此,没有现成的公式直接套用和求解.求解这类问题的一般思路,就是将带电体分解为无限多个可以视为点电荷的微元电荷——微元分析法,利用点电荷的电场强度公式和电场强度叠加原理求解.

选取微元电荷有一个要点,即如何正确表达这个微元电荷.一般来说,电荷的空间分布与空间坐标有关,所选取的微元尺寸必然与坐标相关,所以,微元电荷电量 dq 也必定与空间坐标有关.当电荷分布在直线上时,微元电荷的长度常选择坐标微元 dx、dy、dz 等,若为圆弧,则微元长度表达为弧长 dl,微元弧长又可由角度微元 $d\varphi$、$d\theta$ 等表示.为了让所选择的微元位置能够具有代表性或任意性,通常不会选在坐标或角度为特定值(例如 $\varphi=0$)这样的位置.

在求解的过程中,必须要牢记电场强度是一个矢量,一般情况下,处在不同位置的各个电荷微元 dq 产生的电场强度 $d\boldsymbol{E}$ 的大小和方向是不同的,所以,电场强度叠加的过程是矢量叠加(求和)过程.

矢量求和的方法通常要选择合适的坐标系,然后将微元电荷 dq 产生的电场强度 $d\boldsymbol{E}$ 分解为分量,依次对各分量积分(求和),最后再求出带电体所产生的总的电场强度的大小和方向.

由题意可知,由于电荷的分布(电荷线密度 λ)随半径与 x 轴的夹角 φ 变化,φ 是电荷分布的位置变量.所以,在圆环上取线元 dl 为电荷元时,要将电荷元用位置变量 φ 表达出来.

请读者思考:

① 所求的结果与电荷均匀分布的圆环有什么不同?

② 若电荷线密度为 $\lambda=\lambda_0\sin\varphi$,结果如何?

例题 6-2　求电荷面密度为 σ 的均匀带电半球面球心处的电场强度.

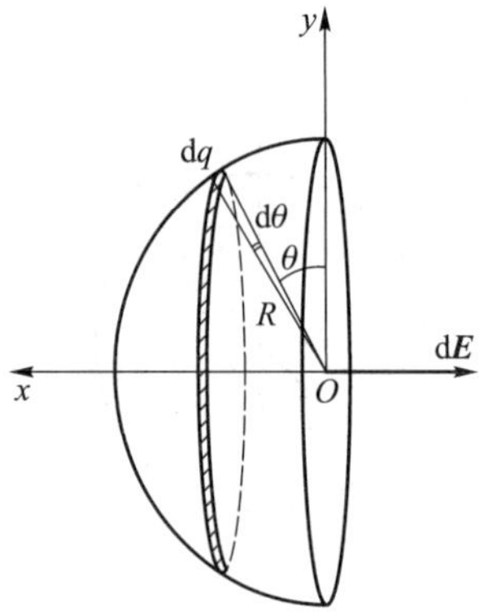

例题 6-2 图

解题示范：

解：

① 画出均匀带电半球面的示意图，并建立如图所示的直角坐标系.

设球面半径为 R，在球面上取细圆环，其面积为 $dS=2\pi yRd\theta$（其中 y 为环的半径，$Rd\theta$ 为环的宽度），细圆环带电量为

$$dq=\sigma dS=2\pi yR\sigma d\theta$$

② 由带电圆环轴线上电场强度公式可得，dq 在球心处产生的电场强度大小为

$$dE=\frac{xdq}{4\pi\varepsilon_0(x^2+y^2)^{3/2}}=\frac{\sigma Rxyd\theta}{2\varepsilon_0(x^2+y^2)^{3/2}}$$

电场的方向沿 x 轴向，$\sigma>0$ 时，$d\boldsymbol{E}$ 沿 $-x$ 方向（如图所示）.

③ 显然，由对称性分析可知，所有圆环产生的电场强度都沿 x 轴负方向. 我们只需对电场强度的大小积分（求和）即可. 将 $x=R\sin\theta, y=R\cos\theta$，代入上式得

$$dE=\frac{\sigma R^2\sin\theta R\cos\theta d\theta}{2\varepsilon_0R^3}=\frac{\sin\theta\cos\theta\sigma d\theta}{2\varepsilon_0}$$

④ 积分可得整个带电半球面在球心处产生的电场强度大小为

$$E=\int dE=\int_0^{\pi/2}\frac{\sigma}{2\varepsilon_0}\sin\theta d(\sin\theta)=\frac{\sigma}{4\varepsilon_0}$$

写成矢量式：

$$\boldsymbol{E}=-\frac{\sigma}{4\varepsilon_0}\boldsymbol{i}$$

解题思路与线索：

这仍然是一个带电的连续分布体，没有现成的公式直接求解. 按照一般思路，我们当然可以在半球面上任意选择一个小面元，写出面元上所带电量 dq，用坐标变量表达出 dq，并写出 dq 在球心处的电场强度微元 $d\boldsymbol{E}$，然后分解矢量并积分求解. 但我们会发现，接下来的积分计算将会比较复杂. 怎样才能让问题得到简化呢？

观察本问题的示意图不难发现，半球面可以分解为很多个以 x 轴为轴线的半径（y 坐标）不同的圆环. 参照前面典型带电体的电场强度，我们可以利用均匀带电圆环在圆环轴线上任意一点的电场强度这个典型结果，作为微元电场.

在电场强度微元表达式中，共出现了三个变量：θ, x, y，为方便积分，通常我们要找到它们之间的关系，以便将多个变量统一到一个变量上. 本问题中，将变量统一为 θ 会更方便. 参照例题 6-2 图，很容易找到 θ, x, y 之间的关系.

请读者尝试，若在半球面上，选取一个小面积元作为电荷微元，如何表达出微元电量 dq 和微元电场强度的大小 dE？

2. 由高斯定理求电场强度

用高斯定理求电场强度必须要根据电场的对称性，选择适当的高斯面使电场强度能提到积

分号外.用高斯定理求电场强度的主要步骤是:

① 分析给定问题中电场的对称性.如电场强度分布具有球对称性、平面对称性("无限大"均匀带电的平板或平面)以及轴对称性("无限长"均匀带电的圆柱体、圆柱面和直线等)时能用高斯定理求解.

② 选择适当的高斯面使电场强度 $\boldsymbol{E}$ 能提到积分号外面,如电场具有球对称性时,高斯面选为与带电球同心的球面.电场具有轴对称性时,高斯面取同轴的柱面.电场具有平面对称性时,高斯面取轴垂直于平面的柱面.

③ 求出高斯面所包围的净电荷 q,代入高斯定理的表示式,求出电场强度的大小.由电场强度的对称性确定电场强度的方向.

例题 6-3 半径为 R 的无限长直圆柱体均匀带电,电荷体密度 $\rho>0$,求该带电体的电场强度分布并描绘电场强度随离轴线距离变化的曲线.

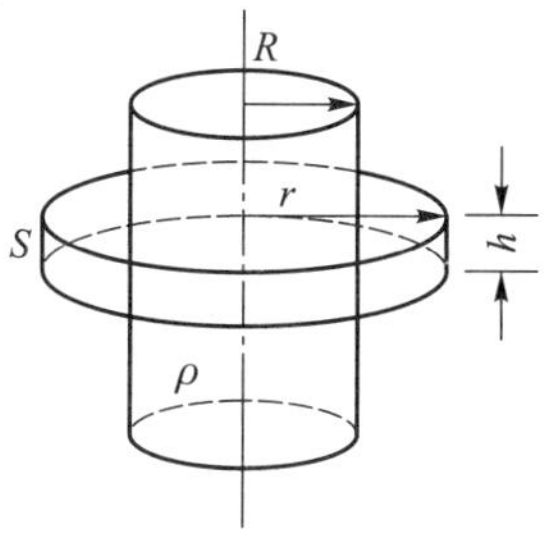

(a)

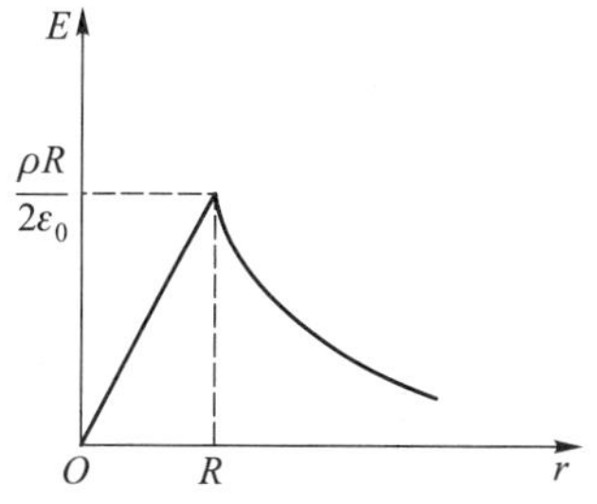

(b)

例题 6-3 图

解题示范:

解:① 电荷分布具有轴对称性,所以其所产生的电场的分布也具有轴对称性,电场强度沿径向垂直于柱体的轴线,在离轴线距离相等的地方,电场强度的大小相等.

② 为了求出距离轴线为 r 处电场强度的大小,作半径为 r、高为 h 的同轴圆柱面和上下底面为高斯面:若要求柱体内部的电场,则高斯面侧面过内部的场点,即 $r<R$;若要求柱体外部的电场,则高斯面侧面通过外部的场点,即 $r>R$,[例题 6-3(a)图].

在该封闭高斯面上,圆柱面上各点的电场强度大小相等,方向沿径向,上下底面上各点电场强度虽然不同,但有个共同点,就是电场强度的方向始终与面法线方向垂直.

③ 对所选择的高斯面应用高斯定理:

$$\oint \boldsymbol{E}\cdot \mathrm{d}\boldsymbol{S}=\frac{1}{\varepsilon_0}\sum q_{内}$$

$$\oint \boldsymbol{E}\cdot \mathrm{d}\boldsymbol{S}=\int_{上底面}\boldsymbol{E}\cdot \mathrm{d}\boldsymbol{S}+\int_{下底面}\boldsymbol{E}\cdot \mathrm{d}\boldsymbol{S}+\int_{侧圆柱面}\boldsymbol{E}\cdot \mathrm{d}\boldsymbol{S}=E\cdot 2\pi rh$$

其中利用了上下底面上电场强度方向与底面法向垂直,所以,前两项积分为零.

在柱体内部($r<R$)时:

解题思路与线索:

仔细考察和分析该带电体产生的电场,可以发现,由于电荷分布具有轴对称性,所以其所产生的电场的分布也具有轴对称性,电场强度沿径向垂直于柱体的轴线,在离轴线距离相等的地方,电场强度的大小相等.

原则上,该题可以有两种求解方法:一种方法是将圆柱体分解为无限多个半径相同的同轴圆盘,采用微元积分方法,另一种方法是采用高斯定理,我们会发现,用高斯定理求解会方便很多.

采用高斯定理方法的第一步:通过对称性分析,判断出电场分布的对称性.

续表

$\frac{1}{\varepsilon_0}\sum q_{内}=\frac{1}{\varepsilon_0}\rho\pi r^2 h$ 所以有 $E=\frac{\rho r}{2\varepsilon_0}\propto r$ 在柱体外部($r>R$)时: $\frac{1}{\varepsilon_0}\sum q_{内}=\frac{1}{\varepsilon_0}\rho\pi R^2 h$ 所以有 $E=\frac{\rho R^2}{2\varepsilon_0 r}\propto\frac{1}{r}$ ④ 电场强度的方向垂直于轴线,沿圆柱体的径向. $\boldsymbol{E}=\begin{cases}\frac{\rho}{2\varepsilon_0}\boldsymbol{r} & 0\leqslant r\leqslant R\\ \frac{\rho R^2}{2\varepsilon_0 r^2}\boldsymbol{r} & r\geqslant R\end{cases}$ 根据上面所求结果可以画出 $E-r$ 曲线,如例题 6-3(b)图所示.	第二步:选择恰当的高斯面. 注意:①高斯面必须是一个封闭面;②高斯面或高斯面的一部分必须通过所求电场的场点;③高斯面上各点的电场强度相等;或一部分高斯面上的电场强度相等,另一部分高斯面上电场强度为零或始终与面法线方向垂直.其目的是利用高斯定理时,电场强度能够提到积分号外面. 第三步:相对所选取的高斯面,写出高斯定理,正确判断高斯面内包围的电荷,并求出整个(或部分)高斯面上的电场强度的大小,当然也就包括所求场点的电场强度大小. 第四步:表达出电场强度的方向. 请读者思考:若电荷分布不均匀,如何计算高斯面内电荷的代数和?

3. 求得电势 U 后,由 $E=-\mathrm{grad}\ U$ 求电场强度.

因为电势是标量,已知电荷分布用积分求电势比用积分求电场强度方便,所以对不能用高斯定理求电场强度的情况,先求电势的函数,再用上述关系求电场强度是比较方便的.

二、求电势的解题思路和方法

1. 用电势的定义式求电势

对有限大小的带电体,通常选"无限远"为电势的零点,所以有

$$U_P=\int_P^{\infty}\boldsymbol{E}\cdot\mathrm{d}\boldsymbol{l}$$

用上式求电势时应注意:

① 选择适当的路径,因为上述积分与路径无关,我们取积分路径时,总是设法选取使积分计算比较方便的路径.

② 对于在积分路径上不同区域内电场强度的函数形式不同的情况,积分必须分段进行.如从 P 点到"无穷远"处,$\boldsymbol{r}$ 从 0 到 R 的范围内电场强度为 $E_1(r)$,从 R 到"无穷远"处电场强度为 $E_2(r)$,则 P 点的电势:

$$U_P=\int_r^R E_1(r)\,\mathrm{d}r+\int_R^{\infty}E_2(r)\,\mathrm{d}r$$

对能用高斯定理求电场强度的问题,用这种方法求电势比较方便.

例题 6-4 无限长均匀带电圆柱体半径为 R,电荷体密度为 ρ,求电势分布,并画出 $U-r$ 曲线(以圆柱轴线上 $r=0$ 处为电势零点).

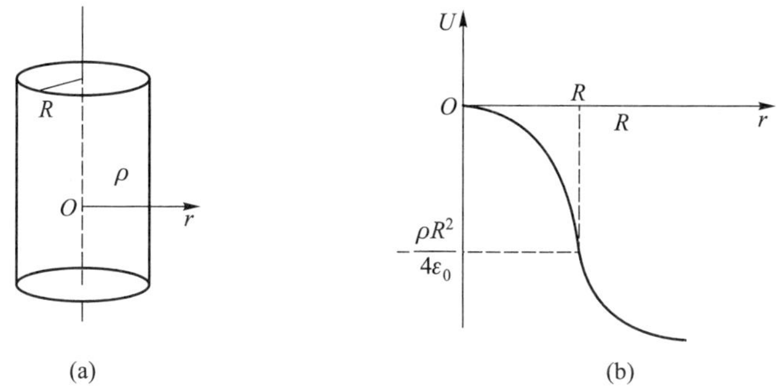

例题 6-4 图

解题示范:

解:建立坐标系如图所示.

由高斯定理可得无限长均匀带电圆柱体产生的电场强度分布为

$$\boldsymbol{E}=\begin{cases}\dfrac{\rho}{2\varepsilon_0}\boldsymbol{r} & (0\leqslant r\leqslant R)\\[2ex] \dfrac{\rho R^2}{2\varepsilon_0 r^2}\boldsymbol{r} & (r\geqslant R)\end{cases}$$

由电势定义,选取圆柱体轴线处($r=0$)为电势零点.

圆柱内距轴线为 r 处电势为

$$U_{内}=\int_r^0 \boldsymbol{E}_{内}\cdot \mathrm{d}\boldsymbol{l}$$

$$U_{内}=-\int_r^0 E_{内}\ \mathrm{d}l=\int_r^0 E_{内}\ \mathrm{d}r$$

将 $E_{内}$ 代入并积分可得

$$U_{内}=\int_r^0 \frac{\rho r}{2\varepsilon_0}\mathrm{d}r=-\frac{\rho r^2}{4\varepsilon_0}$$

圆柱外距轴线为 r 处电势为

$$U_{外}=\int_r^R \boldsymbol{E}_{外}\cdot \mathrm{d}\boldsymbol{l}+\int_R^0 \boldsymbol{E}_{内}\cdot \mathrm{d}\boldsymbol{l}$$

$$=\int_r^R E_{外}\ \mathrm{d}r+\int_R^0 E_{内}\ \mathrm{d}r$$

将对应的电场强度函数代入并积分可得

$$U_{外}=\int_r^R \frac{\rho R^2}{2\varepsilon_0 r}\mathrm{d}r+\int_R^0 \frac{\rho r}{2\varepsilon_0}\mathrm{d}r$$

$$=-\frac{\rho R^2}{2\varepsilon_0}\left(\frac{1}{2}+\ln\frac{r}{R}\right)$$

U-r 曲线如图所示.

解题思路与线索:

该问题中所涉及的带电体的电场强度的空间分布函数在例题 6-3 中已经求出,所以,我们只要选择合适的电势零点,确定好积分路径,即可通过电势的定义来求出电势的空间分布函数.

在电势零点的选择时注意:

对于电荷分布在有限空间的带电体,我们通常选无限远处为电势零点.但若带电体的电荷分布延展在无限大的空间中,我们就不能选择无限远处为电势零点.

在电势的定义式中:

$$U_P=\int_P^{零势点}\boldsymbol{E}\cdot \mathrm{d}\boldsymbol{l}$$

积分时要特别注意:①电场强度和积分路径两个矢量是标量积的关系;②若积分路径上,电场强度不同,则要进行分段积分,不同积分路段要用不同的电场强度函数.

2. 用电势的叠加原理求电势

把带电体视为由无限多个电荷微元组成,带电体在电场中某点产生的电势为各微元电荷在该点产生的电势 dU 的叠加,即

$$U=\int \mathrm{d}U=\int \frac{\mathrm{d}q}{4\pi\varepsilon_0 r}$$

用积分求电势的步骤和用积分求电场强度相同，只是 $U=\int \mathrm{d}U$ 是一个标量积分，不用取分量式.

例题 6-5 如图所示，电量 q 均匀分布在长为 $2L$ 的细棒上，求：细棒中垂面上距细棒中心 r 处 P 点的电势.

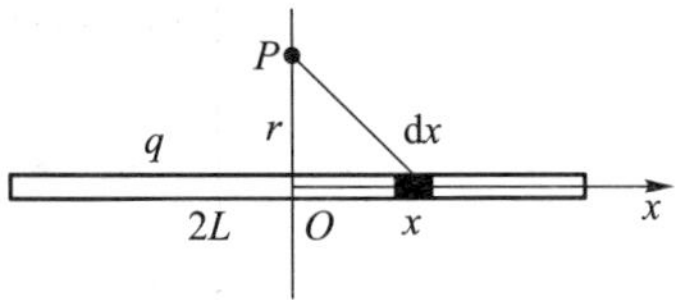

例题 6-5 图

解题示范：

解：① 根据题意画图，建立坐标系如图所示.	**解题思路与线索：**
② 在细棒上坐标为 x 处取线元 $\mathrm{d}x$，其带电量为 $\mathrm{d}q=\frac{q}{2L}\mathrm{d}x$	与用叠加原理求解电荷连续分布的带电体产生的电场强度类似，首先要正确表达出微元电荷 $\mathrm{d}q$.对于电荷分布为直线的带电体，按照图示坐标，微元电荷 $\mathrm{d}q$ 的长度可以用 $\mathrm{d}x$ 表示，$\mathrm{d}q$ 等于电荷线密度乘以线元长度.
③ 以无限远为电势零点，利用点电荷产生的电势表达式，微元电荷 $\mathrm{d}q$ 在 P 点产生的电势为 $\mathrm{d}U=\frac{\mathrm{d}q}{4\pi\varepsilon_0 R}$ 其中，R 为点电荷元到所求场点 P 的距离. $\mathrm{d}U=\frac{\mathrm{d}q}{4\pi\varepsilon_0\sqrt{r^2+x^2}}=\frac{q\mathrm{d}x}{8\pi\varepsilon_0 L\sqrt{r^2+x^2}}$	需要注意的是：仅当电势零点选在无限远处时，点电荷的电势表达式才是 $U=\frac{q}{4\pi\varepsilon_0 R}$ 电势是一个相对量，电势零点选择不同，电势的表达式就会不同.
④ 根据电势叠加原理，整个带电细棒在 P 点产生的电势为 $U=\int \mathrm{d}U=\int_{-L}^{L}\frac{q\mathrm{d}x}{8\pi\varepsilon_0 L\sqrt{r^2+x^2}}$ $=\frac{q}{4\pi\varepsilon_0 L}\ln\frac{L+\sqrt{r^2+L^2}}{r}$	参照本题的电荷分布和坐标选择，积分变量为 x，x 的取值范围就是积分的上下限. 请读者思考：若坐标原点选择不同，计算结果会有不同吗？为什么？

思 维 拓 展

一、物质的又一形态——场的研究方法

物理学的研究对象是客观存在的物质客体，这些客体可以是由分子、原子组成的“看得见、摸得着”的、有静止质量的实物.也可以是另外一种“虚无缥缈”的、无静止质量的客体——场.场是弥漫在一定空间范围内连续分布的客体，场不同于实物，其研究方法也不同.在力学中的物理量，如：质点的质量、速度、加速度等都可用单个标量或矢量来表示.而场不同，它是弥漫在一定空间范围内连续分布的客体.有一类场，如：静电场、恒定磁场等，这些场在空间不同点的电场强度等矢量的大小和方向都不同，要用空间矢量函数来描述它们，是矢量场.另外有一类场，如：静电场的电势在空间形成的场，这种场是空间位置的标量函数，是标量场.无论是标量场还是矢量场，

它们都是空间位置的函数,若要描述和认识场,需要确定场的全部空间分布.一般方法是:根据问题的特点,先确定某个或某些特殊点的值,然后逐渐扩展,最终确定整个场的分布.

场的描述方法有:几何方法和函数方法.

1. **几何方法** 对矢量场,常用场线描绘场的空间分布,场线的切线方向是矢量场的方向,场线的疏密反映了场的大小.对标量场,常用等值面描绘场的空间分布,每隔一定的函数值,绘出某些等值面,可以得到一系列的等值面.这些等值面的疏密程度反映了标量场在空间变化的快慢.几何方法有利于形象直观地从整体上反映场的空间分布和变化情况.

2. **函数方法** 每一个物理量都遵从一定的物理规律,满足一定的数学规律.通过数学的方法可以得到反映场特性的物理量的位置函数.在不同点上,一般来说,物理量有不同的值,而且是连续、有限的.这些物理量除是位置的函数外,也可以是时间的函数,与时间有关的场称为可变场或非稳场,不随时间变化的场称为稳恒场.

对场而言,仅仅知道场的空间分布是不够的,若要进一步认识场整体分布的特征和规律,须从变的观点去研究场的空间变化,研究每一点场量与其邻近各点场量之间的空间变化关系.从微分的角度,研究标量场的梯度变化,矢量场的散度变化(标量空间微商)和旋度变化(矢量空间微商).从积分的角度,研究矢量场的环流(线积分)和通量(面积分).

(1) **梯度** 在标量场中,标量函数 U 在任意一点 P 的梯度等于 U 在该点的空间变化率(方向导数)的最大值,即

$$\mathrm{grad}\ U=\frac{\partial U}{\partial n}\boldsymbol{e}_{\mathrm{n}}$$

式中,$\boldsymbol{e}_{\mathrm{n}}$ 为方向导数最大值方向的单位矢量.标量函数的梯度是矢量,因此标量函数的梯度构成一矢量场.

(2) **散度** 散度是矢量场量 $\boldsymbol{F}$ 的一种空间微分运算,即

$$\mathrm{div}\ \boldsymbol{F}=\frac{\partial F_x}{\partial x}+\frac{\partial F_y}{\partial y}+\frac{\partial F_z}{\partial z}$$

F_x,F_y,F_z 分别是场量 $\boldsymbol{F}$ 在 x,y,z 方向上的分量.散度是矢量沿矢量分量方向的空间变化率.

(3) **旋度** 旋度是矢量场量 $\boldsymbol{F}$ 的另一种空间微分运算,即

$$\mathrm{rot}\ \boldsymbol{F}=\left(\frac{\partial F_z}{\partial y}-\frac{\partial F_y}{\partial z}\right)\boldsymbol{i}+\left(\frac{\partial F_x}{\partial z}-\frac{\partial F_z}{\partial x}\right)\boldsymbol{j}+\left(\frac{\partial F_y}{\partial x}-\frac{\partial F_x}{\partial y}\right)\boldsymbol{k}$$

F_x,F_y,F_z 分别是场量 $\boldsymbol{F}$ 在 x,y,z 方向上的分量.旋度是矢量在垂直于矢量分量方向上的空间变化率.

梯度、散度和旋度从不同的角度反映了场量的空间变化率.

(4) **通量** 反映场量的空间积分关系.矢量场 $\boldsymbol{F}(x,y,z)$ 通过某一面元 $\mathrm{d}\boldsymbol{S}$ 的通量 $\boldsymbol{\Phi}$ 定义为

$$\boldsymbol{\Phi}=\int_S \boldsymbol{F}\cdot\mathrm{d}\boldsymbol{S}=\int_S F\mathrm{d}S\cos\theta$$

式中,θ 是 $\boldsymbol{F}$ 与面元 $\mathrm{d}\boldsymbol{S}$ 的夹角.

通量本身常有明确的物理意义,如在电流场中,电流密度的通量就是单位时间内通过 S 面的电量;同时对于任意闭合曲面 S 的通量有如下关系(高斯定理):

$$\oint_S \boldsymbol{F}\cdot\mathrm{d}\boldsymbol{S}=\int_V \mathrm{div}\boldsymbol{F}\mathrm{d}V$$

高斯定理将场中任何闭合曲面 S 上场矢量的通量(面积分)与此闭合曲面内部场矢量的散度的体积分联系起来.反映了场中任意区域的表里关系——是否有源.

通量是标量,但通量不是点函数.只能谈及某面元或某曲面的通量而不能谈及某点的通量.

通量是一代数量,计算通量前应明确面元的法向(正方向).对于闭合曲面,约定向外为法向.

(5) **环流** 反映场量的空间积分关系.矢量场 $\boldsymbol{F}(x,y,z)$ 通过某一闭合曲线 L 的环流定义为

$$\Omega=\oint_L \boldsymbol{F}\cdot \mathrm{d}\boldsymbol{l}=\oint_L F\mathrm{d}l\cos\theta$$

式中,θ 是 $\boldsymbol{F}$ 与线元 $\mathrm{d}\boldsymbol{l}$ 的夹角.

环流本身常有明确的物理意义,如在静电场中,电场强度的环流就是场力所做的功;而矢量场的环流又满足斯托克斯定理.

$$\oint_L \boldsymbol{F}\cdot \mathrm{d}\boldsymbol{l}=\int_S \mathrm{rot}\,\boldsymbol{F}\cdot \mathrm{d}\boldsymbol{S}$$

斯托克斯定理反映了场中任意曲线 L 上场矢量的环流(线积分)与以此曲线 L 为边缘的任意曲面上场矢量旋度的面积分之间的关系.环流反映了矢量场内另一种表里关系——是否有旋.

二、静电场电势零点的选择

1. 静电场电势零点选择的任意性

静电场电势零点的选择,从原则上讲是任意的.

电势是一个相对量,孤立地谈某点电势的高低和正负是没有意义的.如同高度和势能这类物理量一样,只有相对于确定的参考点(零点),它才有确定的物理意义.参考点不同,电势就会发生相应的变化,根据电势的定义:$U_P=\int_P^{P_0}\boldsymbol{E}\cdot \mathrm{d}\boldsymbol{r}=\int_P^{P'}\boldsymbol{E}\cdot \mathrm{d}\boldsymbol{r}+U_0$,参考点从 P_0 变为 P',各点的电势虽然改变了一个常量 $U_0=\int_{P'}^{P_0}\boldsymbol{E}\cdot \mathrm{d}\boldsymbol{r}$,但不影响电场分布 $\boldsymbol{E}=-\nabla(U+U_0)=-\nabla U$.从几何描述上看,静电场的等势面描绘了电势的空间分布.选取不同的电势零点,只是使电势的等势面所标注的数值有所改变而已.电势的等势面的形状、间隔、等势面法线方向的空间变化率(电势梯度)并不改变,即场的空间分布不改变,它们描述的是同一个静电场.因此可以说静电场电势零点的选择,从原则上讲是任意的.

由于有这种任意性,选择适当的零点,可使电势的表达式具有简单的形式.譬如点电荷的电势,若选无穷远处为零点,电势表示为:$U=\dfrac{q}{4\pi\varepsilon_0 r}$;若选距离点电荷 r_0 处为零点,则 $U=\dfrac{q}{4\pi\varepsilon_0}\left(\dfrac{1}{r}-\dfrac{1}{r_0}\right)$.

2. 电势零点选择的一般原则

电势零点选择有一定的任意性,但不是完全不受限制的.为了能够用电势来描绘场中各点的特性,它应当满足一定的条件,即零点选定以后,必须使场中各点的电势有确定的值.

① 在点电荷的场中,不能选点电荷所在位置为电势零点.若选 $r=0$ 处为电势零点,根据电势的定义,将导致在 $r\neq 0$ 的任意区域电势都为无穷大.电场中各点的电势都为无穷大,用它来描述

电场的性质也就失去了意义.

② 对电荷分布在有限区域的带电体,可以看成有限区域内许多电荷元的集合,每个电荷元可以等效为一个点电荷.由点电荷的电势可以知道:在距点电荷较近的地方,电场比较强,电势变化剧烈,在距点电荷较远的地方,电场比较弱,电势变化缓慢,当场点距离点电荷足够远时,电场趋近零,电势恒定.对电荷分布在有限区域的带电体而言,电场有类似的性质.因此,一般情况下,将无限远点设为电势零点,既普遍适用又可以使电势的表达式简洁.

③ 对电荷分布在无限区域的带电体,一般情况下不能选无限远为电势零点,否则会导致空间各点电势不确定.一般说来,只有当电场强度 E 随场点到坐标原点的距离 r 增大而不断减弱,$E\propto \boldsymbol{r}^{-n}$,并且减弱得比较迅速(满足 $n>1$ 的条件)时,才能选无限远处为电势零点.因为

$$U_r=U_r-U_\infty=\int_r^\infty \boldsymbol{E}\cdot \mathrm{d}\boldsymbol{r}=\int_r^\infty k\frac{\mathrm{d}r}{r^n}=\frac{k}{1-n}\cdot\frac{1}{r^{n-1}}\Bigg|_r^\infty \rightarrow \begin{cases}\text{发散}, & \text{当 } n\leqslant 1 \text{ 时}\\ \text{收敛}, & \text{当 } n>1 \text{ 时}\end{cases}$$

对电荷分布在无限区域的带电体,电势零点通常选在有限远(如对称点上).

3. 零点不同的电势如何叠加

如果同时存在几个静电场,且各个静电场的电势零点选取不同,总的静电场的电势如何表达?总电势的零点如何选择?下面举例说明.

均匀外场 $\boldsymbol{E}_0$ 中放入一个点电荷 q,如图 6.1 所示.以点电荷所在处为坐标原点,建立球坐标系.均匀电场的电势为 U_1,选原点为均匀电场的零电势点,则 $U_1=-E_0r\cos\theta$;点电荷的电势为 U_2,若选无穷远为点电荷的零电势点,则 $U_2=\dfrac{q}{4\pi\varepsilon_0 r}$;合电场的电势,通常表示为

$$U=-E_0r\cos\theta+\frac{q}{4\pi\varepsilon_0 r}+U_0 \qquad (6-1)$$

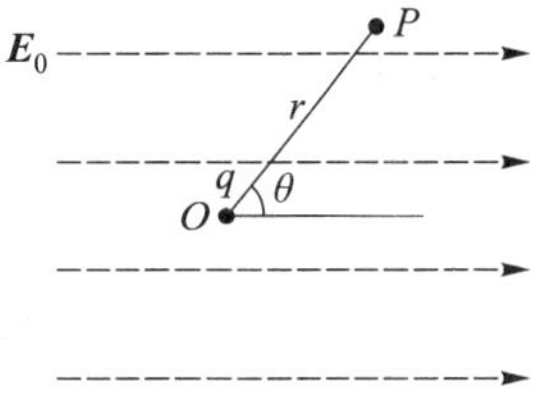

图 6.1

不同的电势可以这样相加吗?其含义是什么?

对于任何静电场,无论电势零点如何,电势表达式中与变量有关的函数项的形式总是一定的.零点不同,电势不同,但它们只相差一个常量.零点的变化,只会影响电势表达式中的常量项.点电荷电场电势随空间变化的规律取决于$\dfrac{q}{4\pi\varepsilon_0 r}$,均匀电场的电势取决于$-E_0r\cos\theta$,合电场的电势变化规律取决于$-E_0r\cos\theta+\dfrac{q}{4\pi\varepsilon_0 r}$,电势零点的变化只改变 U_0 的取值.(6-1)式中,U_1,U_2 的相加是合理的.

对此也可以用电势曲线来说明,如图 6.2 所示.以电势 U 为纵坐标,r 为横坐标.点电荷电场的电势曲线如图 6.2 中曲线①所示,均匀电场的电势曲线如图 6.2 中曲线②(此时取 $\theta=0$)所示.电势零点的变化,只会使电势曲线沿纵轴上下平移,并不改变电势曲线的形状,也不会改变曲线①、②的相对位置.叠加以后,曲线①和曲线②合成曲线③,曲线③表示了合电势的变化规律.电势零点的变化对曲线③而言也只能使其沿纵轴上下平移,而不会改变其形状.这也说明不同电势零点的电势相加的合理性.

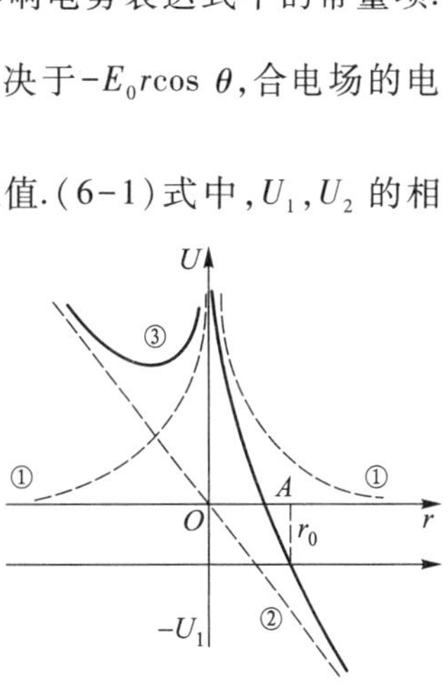

图 6.2

叠加以后，零点应当选在何处？U_0 的取值如何？显然，对合成的电场，零电势点既不能选 $r=0$ 处，也不能选 $r=\infty$ 处，否则电场中任意点的电势都为无穷大.这一点从(6-1)式或图 6.2 中曲线③都可直接看出.除上述限制以外，电场中任意点都可选为零点.而零点一经选定，常量 U_0 的取值也就随之确定，如，若选 $r=r_0,\theta=0$ 的 A 点为零电势点，则 $U_0=E_0r_0=\dfrac{q}{4\pi\varepsilon_0 r_0}$.因此，$U_0$ 的大小为点电荷电场的电势（选无穷远为零点时）和均匀电场的电势（选原点为零点时）在 A 点之和的负值.特别是当 $r_0=\sqrt{\dfrac{q}{4\pi\varepsilon_0 E_0}}$ 时，$U_0=0$，叠加场的电势具有最简洁的表达形式.

从以上的例子可以看到：如果同时存在几个静电场，且各个静电场的电势选取了不同的零点（往往是因为采用不同的理想模型，使电场的零电势点存在不同的限制），则合电场的电势表达式为各分电场电势表达式中包含变量的各函数项之和再加上一项常量项.由常量项可确定合电势的电势零点的位置.

课后练习题

基础练习题

6-2.1 下面的说法正确的是[ ].

（A）根据库仑定律，两个点电荷间的距离 $r\to 0$ 时，它们间的静电力 $F\to\infty$

（B）库仑力满足叠加原理，两个电荷之间的库仑力会因为第三个电荷的出现而改变

（C）如果带电粒子被放置在均匀带电球壳的内部，则球壳作用在粒子上的合静电力不为零

（D）电荷均匀分布的球壳对球外电荷的作用与电量全部集中在球心的点电荷对球外电荷的作用是相同的

6-2.2 在正方形的一对角顶点上各放置一个电量为 Q 的点电荷，在另一对角顶点上各放置一电量为 q 的点电荷，若电荷 Q 受到的合力为零，则 Q 与 q 的大小关系为[ ].

（A）$Q=-\sqrt{2}q$ （B）$Q=-4q$ （C）$Q=-2q$ （D）$Q=-2\sqrt{2}q$

6-2.3 图中所示曲线表示球对称或轴对称静电场的某一物理量随径向距离 r 变化的关系，请指出该曲线可描述下列哪方面内容（E 为电场强度的大小，U 为电势）[ ].

（A）半径为 R 的无限长均匀带电圆柱体电场的 $E-r$ 关系

（B）半径为 R 的无限长均匀带电圆柱面电场的 $E-r$ 关系

（C）半径为 R 的均匀带正电球体电场的 $U-r$ 关系

（D）半径为 R 的均匀带正电球面电场的 $U-r$ 关系

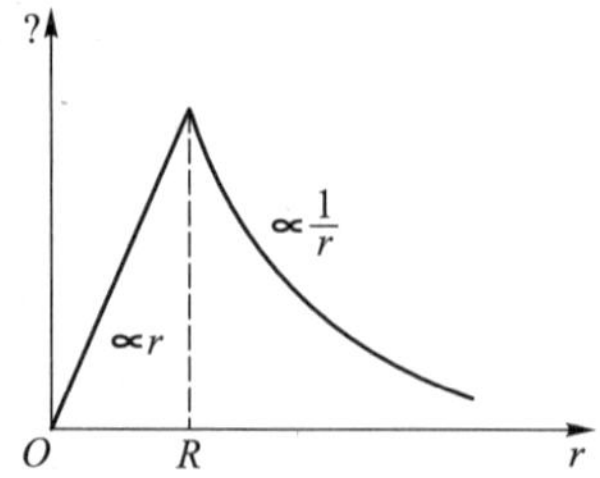

题 6-2.3 图

6-2.4 已知一高斯面所包围的体积内电量代数和 $\sum q_i=0$，则可肯定[ ].

（A）高斯面上各点电场强度均为零

（B）穿过高斯面上每一面元的电场强度通量均为零

（C）穿过整个高斯面的电场强度通量为零

（D）以上说法都不对

6-2.5　一半径为 R 的均匀带电球面，带电量为 Q，若规定该球面上的电势值为零，则无限远处的电势将等于[　　].

（A）0　　（B）$\dfrac{Q}{4\pi\varepsilon_0 R}$　　（C）$\dfrac{-Q}{4\pi\varepsilon_0 R}$　　（D）∞

6-2.6　将一空气平行板电容器接到电源上充电到一定电压后，断开电源，再将一块与极板面积相同的金属板平行地插入两极之间，则由于金属板的插入及其所放位置的不同，对电容器储能的影响为[　　].

（A）储能减少，但与金属板相对极板的位置无关

（B）储能减少，且与金属板相对极板的位置有关

（C）储能增加，但与金属板相对极板的位置无关

（D）储能增加，且与金属板相对极板的位置有关

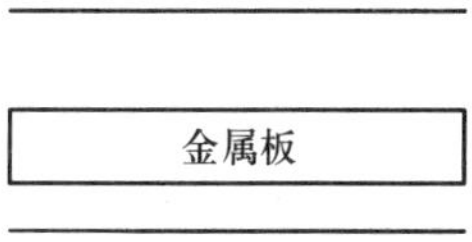

题 6-2.6 图

6-2.7　有一个球形的橡皮膜气球，电荷 q 均匀地分布在表面上，在此气球被吹大的过程中，被气球表面掠过的点（该点与球中心距离为 r），其电场强度的大小将由________变为________.

6-2.8　地球表面附近的电场强度约为 100 N/C，方向垂直地面向下，假设地球上的电荷都均匀分布在地表面上，则地面的电荷面密度________，是________电荷.（$\varepsilon_0 = 8.85\times10^{-12}\ \mathrm{C^2\cdot N^{-1}\cdot m^{-2}}$）

6-2.9　将下列各命题的标号（a、b、c、…）适当地填入题 6-2.9 图的方框中，使之表达出它们之间的正确逻辑关系.

a.在静电平衡条件下，净电荷只能分布在均匀导体外表面上

b.导体内部含有大量自由电子，在电场力作用下，它们会做宏观定向运动

c.处于静电平衡状态的导体是一个等势体

d.处于静电平衡状态的均匀导体内部电场强度处处为零

e.导体内部没有电荷的宏观定向运动的状态，称作静电平衡状态

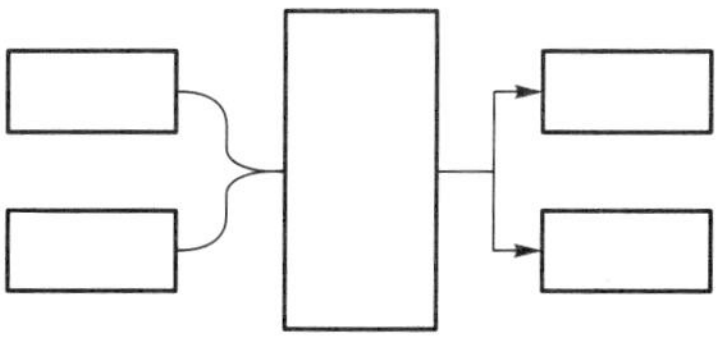

题 6-2.9 图

6-2.10　两个电容器的电容之比 $C_1 : C_2 = 1 : 2$.把它们串联起来接电源充电，它们的电场能量之比 $W_1 : W_2 =$________；如果是并联起来接电源充电，则它们的电场能量之比 $W_1 : W_2 =$________.

6-2.11　三根直径相同的导线依次连接到电势差恒定的两点之间，它们的电阻率和长度分别是 ρ 及 L（导线 A），1.2ρ 及 $1.2L$（导线 B），0.9ρ 及 L（导线 C）.若按照在它们内部将电势能转化为热能的转换率进行排序，则由大到小的顺序为________.

6-2.12　如图所示，电量 Q（$Q>0$）均匀分布在长为 L 的细棒上，在细棒的延长线上距细棒中心 O 距离为 a 的 P 点处放一带电量 q（$q>0$）的点电荷（题 6-2.12 图），求带电细棒对该点电荷的静电力.

6-2.13　如图所示，一细线被弯成半径为 R 的半圆形，其左半部均匀分布电荷 $+q$，右半部均匀分布电荷 $-q$，求圆心处的电场强度.

6-2.14 如图所示，一半径为 R、长度为 L 的均匀带电圆柱面，总电量为 Q，试求端面处轴线上 P 点的电场强度.

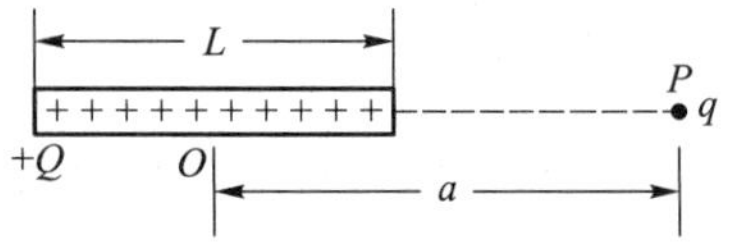

题 6-2.12 图

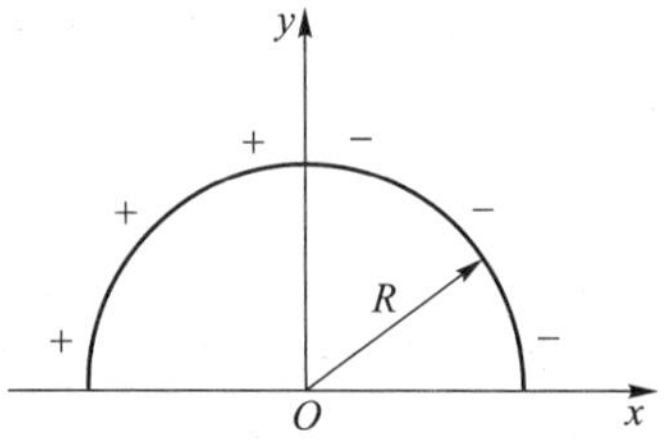

题 6-2.13 图

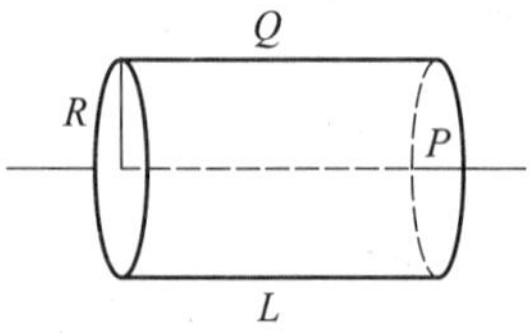

题 6-2.14 图

综合练习题

6-3.1 无限长均匀带电直线电荷线密度为 λ，与另一电荷线密度为 λ' 的长为 L 的带电直线 AB 共面放置.求图中情况下它们之间的相互作用力.

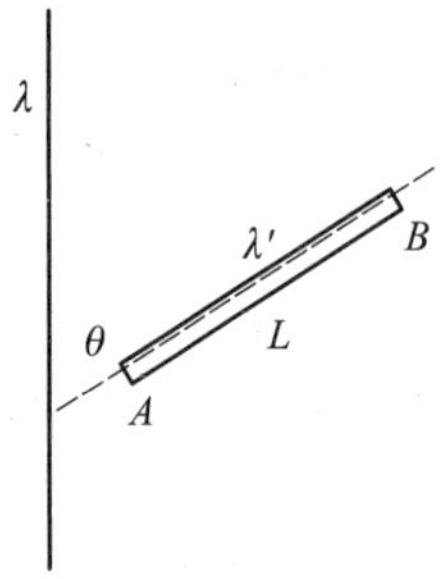

题 6-3.1 图

6-3.2 已知点电荷电量为 q，求下列情况下，通过面 S 的电场强度通量：

(1) 如图(a)所示，S 为边长为 a 的正方形平面，q 在 S 的中垂线上，与 S 中心相距为 $a/2$；

(2) 如图(b)所示，S 为半径为 R 的圆平面，q 在 S 轴线上，与 S 相距为 a.

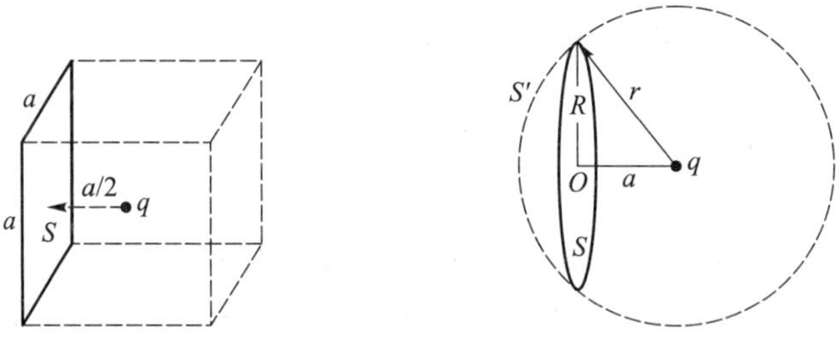

(a) (b)

题 6-3.2 图

6-3.3 如图所示，一长为 L、半径为 R 的圆柱体，置于电场强度为 $\boldsymbol{E}$ 的均匀电场中，圆柱体轴线与电场强度方向平行，求穿过圆柱体下列各面的电场强度通量：

(1) 左端面；(2) 右端面；(3) 侧面；(4) 整个表面.

6-3.4 实验表明，在靠近地面处有相当强的电场，电场强度 $\boldsymbol{E}$ 垂直于地面向下，大小约为 $100\ \mathrm{N \cdot C^{-1}}$；在离地面 1.5 km 高的地方，$\boldsymbol{E}$ 也是垂直于地面向下的，大小约为 $25\ \mathrm{N \cdot C^{-1}}$.试计算从地面到此高度大气中电荷的平均体密度.

(已知：$\varepsilon_0 = 8.85 \times 10^{-12}\ \mathrm{C^2 \cdot N^{-1} \cdot m^{-2}}$.)

6-3.5 如图所示，在半径为 R_1、电荷体密度为 ρ 的均匀带电球体中挖去一个半径为 R_2 的球形空腔，空腔中心 O_2 与带电球体中心 O_1 相距为 $a(R_2+a<R_1)$，求空腔内任一点的电场强度.

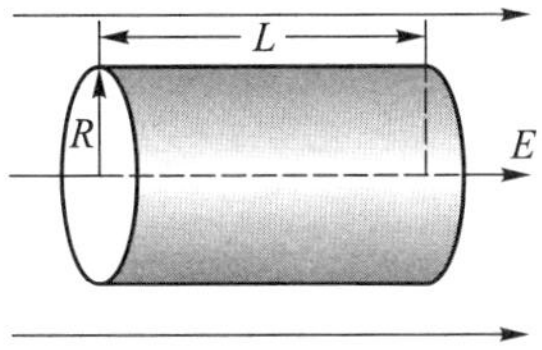

题 6-3.3 图

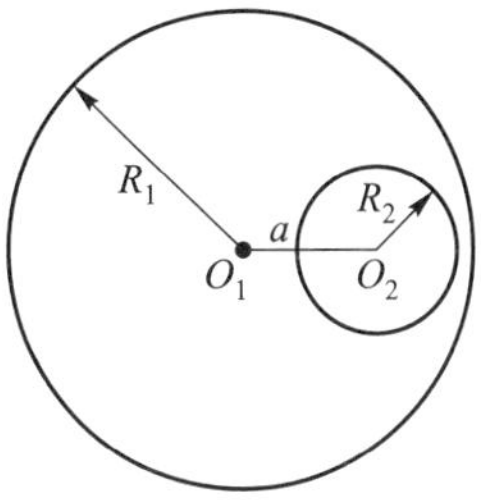

题 6-3.5 图

6-3.6 半径为 R 的带电球体，电荷体密度 $\rho=k/r$（k 为常量，r 为到球心的距离，$r\leqslant R$），求球体内外的电场强度分布.

6-3.7 在半导体的 pn 结附近总是聚集着正、负电荷，在 n 区内有正电荷，在 p 区内有负电荷，两区内电荷代数和为零.设 p 区和 n 区厚度都为 L，若把坐标原点选在两区交界面上（如图所示），两区内电荷体密度为

$$\rho(x)=\begin{cases}0 & (x<-L,x>L)\\ -ax & (-L\leqslant x\leqslant L)\end{cases}$$

式中 a 为常量.pn 结可以视为相互接触的一对厚为 L 的无限大平板（分别带正、负电荷，电荷非均匀分布）.试证明电场强度分布为

$$E=E_x=\frac{a}{2\varepsilon_0}(L^2-x^2)$$

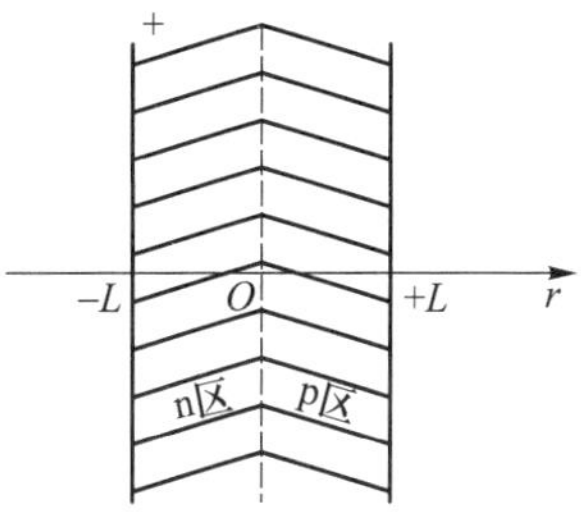

题 6-3.7 图

6-3.8 如图所示，A 处有点电荷 $+q$，B 处有点电荷 $-q$，$|AB|=2L$，$\overset{\frown}{OCD}$是以 B 为中心、L 为半径的半圆.问：

（1）将单位正电荷从 O 点沿$\overset{\frown}{OCD}$移到 D 点，电场力做多少功？

（2）将单位负电荷从 D 点沿 AB 延长线移到无穷远处，电场力做多少功？

6-3.9 如图所示，一半径为 R 的均匀带正电圆环，电荷线密度为 λ，在其轴线上有 A、B 两点，它们与环心的距离分别为 $|OA|=\sqrt{3}R$，$|OB|=\sqrt{8}R$，一质量为 m、带电量为 q 的粒子从 A 点运动到 B 点，求在此过程中电场力所做的功.

6-3.10 如图所示为一个均匀带电的球壳，其电荷体密度为 ρ，球壳内表面半径为 R_1，外表面半径为 R_2.设无穷远处为电势零点，求空腔内任一点的电势.

6-3.11 电荷面密度分别为 $+\sigma$ 和 $-\sigma$ 的两块"无限大"均匀带电平行平面，分别与 x 轴垂直相交于 $x_1=a$，x_2-a 两点（如图所示）.设坐标原点 O 处电势为零，试求空间的电势分布表示式，并画出其 $U-x$ 曲线.

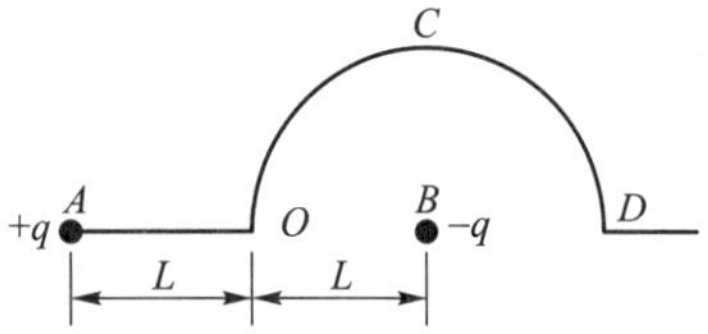

题 6-3.8 图

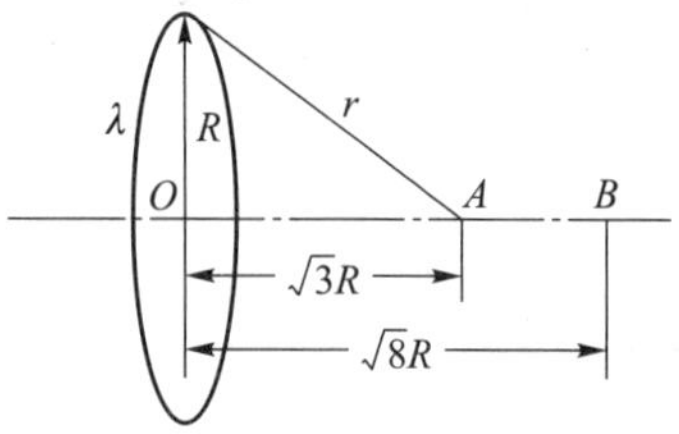

题 6-3.9 图

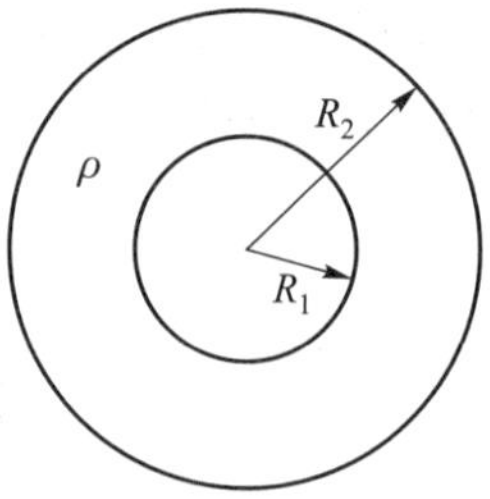

题 6-3.10 图

6-3.12 两同心均匀带电球面,半径 $R_A=5\ \mathrm{cm}$,$R_B=10\ \mathrm{cm}$,电量 $q_A=2\times10^{-9}\ \mathrm{C}$,$q_B=-2\times10^{-9}\ \mathrm{C}$,求离球心 $r_1=15\ \mathrm{cm}$,$r_2=6\ \mathrm{cm}$,$r_3=2\ \mathrm{cm}$ 处的电势.

6-3.13 用静电场的环路定理证明电场线如图分布的电场不可能是静电场.

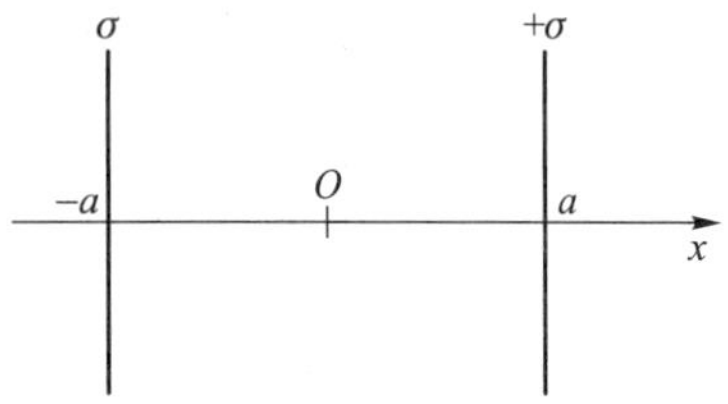

题 6-3.11 图

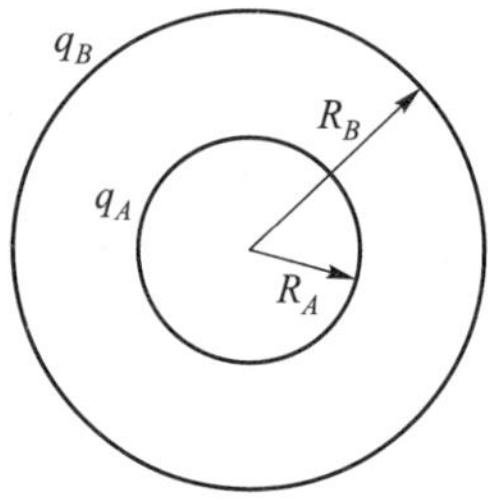

题 6-3.12 图

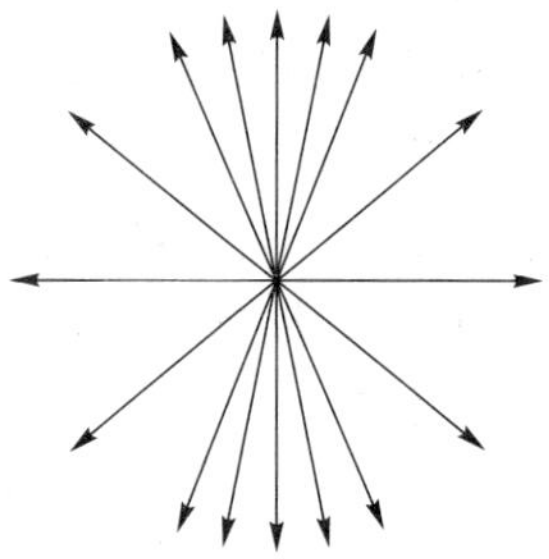

题 6-3.13 图

6-3.14 设电势 U 沿 x 轴变化的规律如图所示,试作出电场强度 x 分量 E_x 随 x 变化的曲线.

6-3.15 如图所示,内半径为 R 的导体球壳原来不带电,在腔内离球心距离为 d 处($d<R$)固定一个电量为 $+q$ 的点电荷,用导线把球壳接地后再把地线撤去,以无穷远处为电势零点,求球心处的电势.

6-3.16 如图所示,带电量 q、半径为 R_1 的导体球 A 外有一内、外半径各为 R_2 和 R_3 的不带电同心导体球壳 B.

(1) 求外球壳的电荷分布及电势;

(2) 将外球壳接地后重新绝缘,再求外球壳的电荷分布及电势;

(3) 然后将内球接地,A、B 上电荷以及外球壳电势将如何变化?

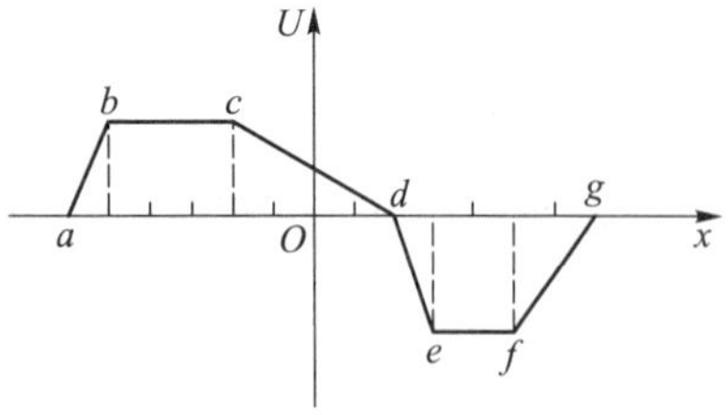

题 6-3.14 图

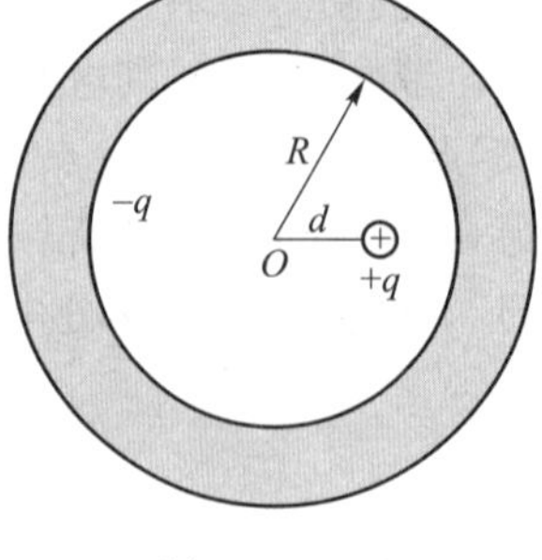

题 6-3.15 图

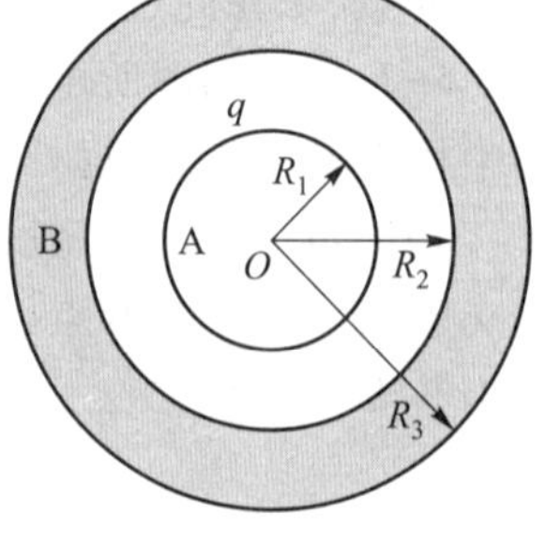

题 6-3.16 图

6-3.17 设上题中内球 A 带电量 q_1,外壳 B 带电量 q_2,求:

(1) 图中 1、2、3、4 各区域的 E、U 分布,画出 $E-r$ 曲线、$U-r$ 曲线;

(2) 若将球与球壳用导线连接,情况将会如何?

(3) 若将外球壳接地,情况将会如何?

6-3.18 如图所示,两块靠近的平行金属板间原为真空.使两板分别带有电荷面密度为 σ_0 的等量异号电荷,这时两板间电压 $V_0=300$ V.保持两板上电量不变,将板间一半空间充以相对电容率为 $\varepsilon_r=5$ 的电介质.

(1) 求金属板间有介质部分和无介质部分的 D、E 和板上自由电荷面密度 σ;

(2) 金属板间电压变为多少?

6-3.19 一电容器由两个很长的同轴薄圆筒组成,内、外筒半径分别为 $R_1=2$ cm,$R_2=5$ cm 其间充满相对电容率为 ε_r 的各向同性、均匀电介质,电容器接在电压 $V=32$ V 的电源上(如图所示),试求距离轴线 $r=3.5$ cm 处的 A 点的电场强度和 A 点与外筒间的电势差.

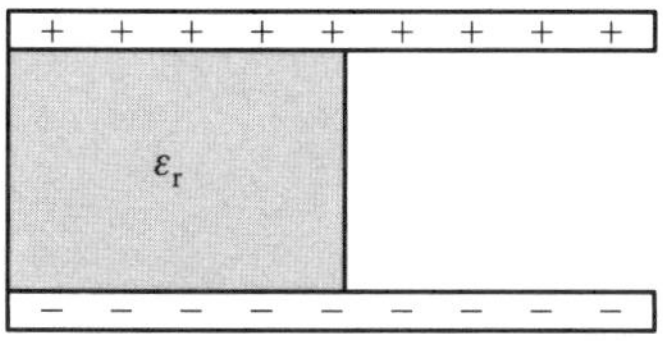

题 6-3.18 图

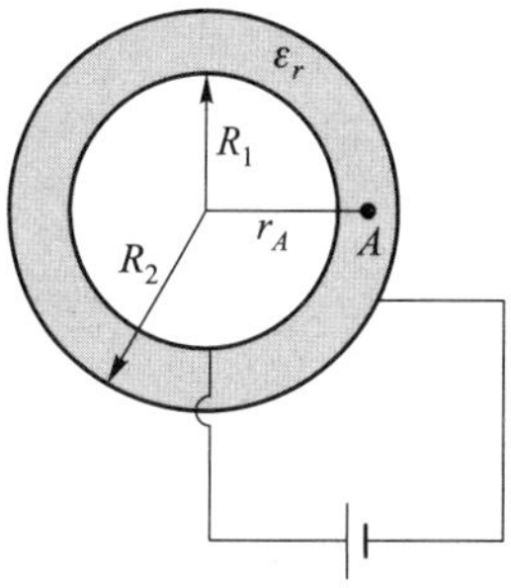

题 6-3.19 图

6-3.20 一个充有各向同性均匀介质的平行板电容器,充电到 1 000 V 后与电源断开,然后把介质从极板间抽出,此时板间电势差升高到 3 000 V.试求该介质的相对电容率.

6-3.21 平行板电容器极板面积为 S,板间距离为 d.相对电容率分别为 ε_{r1} 和 ε_{r2} 的两种电介质各充满板间一半空间,如图所示.

(1) 此电容器带电后,两介质所对极板上自由电荷面密度是否相等?

(2) 两介质中 D、E 是否相等?

(3) 此电容器的电容为多大?

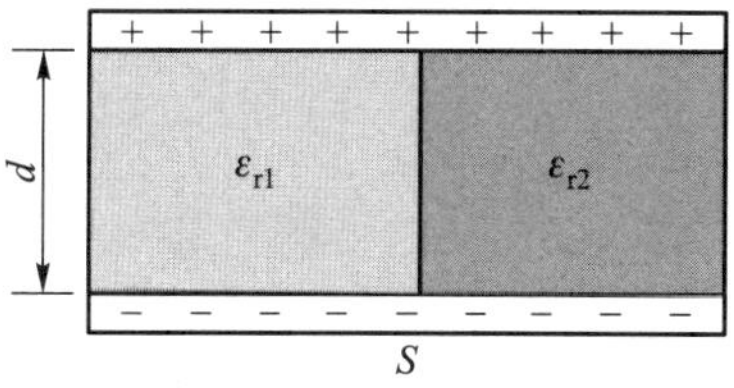

题 6-3.21 图

6-3.22 长为 L、内半径为 a、外半径为 b 的圆柱形电容器间充满相对电容率为 ε_r 的电介质,忽略边缘效应.求:

(1) 电容 C;

(2) 若保持电容与端电压为 V 的电源连接,将介质层从电容器中拉出,外力需要做多少功?

(3) 若断开电源后再将介质层拉出,外力需要做多少功?

6-3.23 把电子看成半径为 r_0 的均匀带电球体,总电量为 $-e$.

(1) 求电子外部空间($r>r_0$)的总电场能量;

(2) 求电子内部空间($r<r_0$)的总电场能量;

(3) 求电场总能量和相应质量；

(4) 若电子质量 m_0 为(3)中求出的质量，求电子的半径(用 e、m_0 及 ε_0 表示).

6-3.24　现有一根单芯电缆，电缆芯的半径为 $r_1 = 15$ mm，铅包皮的内半径为 $r_2 = 50$ mm，其间充以相对电容率 $\varepsilon_r = 2.3$ 的各向同性均匀电介质. 求：当电缆芯与铅包皮间的电压为 $U_{12} = 600$ V 时，长为 $l = 1$ km 的电缆中储存的静电能是多少？($\varepsilon_0 = 8.85\times10^{-12}\ \mathrm{C^2\cdot N^{-1}\cdot m^{-2}}$.)

6-3.25　球形电容器内、外半径分别为 R_1 和 R_2，两极板电势差为 U，分别用电容器能量公式和电场能量公式计算此电容器所储存的电能.

6-3.26　与力学中的弹性力、摩擦力相比，静电力具有哪些新的特征？

6-3.27　静电复印机是怎样工作的？

6-3.28　库仑定律是有关静电力的一条重要定律，它是怎样得出的？提出库仑定律的过程体现了怎样的物理学方法？

习题解答

第七章　运动电荷间的相互作用和恒定磁场

科学家不应是个人的崇拜者，而应当是事物的崇拜者．真理的探求应是他唯一的目标．

——法拉第

课前导引

本章的主要内容是恒定电流在真空中的磁场，从内容上可分为电流的磁场和磁场对电流的作用两部分．在惯性系中，静止的电荷只能激发电场，而运动的电荷既能激发电场又能激发磁场．定向运动的电荷形成电流，所以电流既可激发电场也可激发磁场．恒定电流的电场上一章已经讨论过了，本章只讨论恒定电流的磁场．

电流产生的磁场服从毕奥－萨伐尔定律（简称毕－萨定律），该定律是一个实验定律，它是学习本章内容的基础．磁场与电场都是矢量场，它们的研究方法相同．对磁场的描述与电场类似，可以引入磁感应强度来描述磁场对运动电荷有作用力的性质．同样也可以引入通量和环流来描述场与源的联系．磁场的高斯定理和安培环路定理说明磁场是无源场和非保守力场，这两个定理表征了磁场的基本性质，是恒定磁场的基本定理．安培定律是一个实验定律，它反映了磁场对电流的作用规律．

学习本章时应注意与静电场类比，需注意磁场与电场之间在研究方法和解题思路方面的联系和区别．学习磁介质的内容时要与静电场中的电介质比较．

学习目标

1. 了解运动电荷间的相互作用，理解磁感应强度的定义．
2. 掌握毕奥－萨伐尔定律及其应用．
3. 理解磁场的高斯定理和安培环路定理．掌握安培环路定理的应用．
4. 理解洛伦兹力和安培力及磁矩的概念．能进行安培力和洛伦兹力的计算．
5. 了解介质的磁化现象，了解顺磁质、抗磁质磁化的微观解释．
6. 了解磁场强度 H 的定义，理解有磁介质存在时的安培环路定理．
7. 了解顺磁质、抗磁质和铁磁质的概念，了解铁磁质的特性．
8. 通过静电场与磁场、电介质与磁介质的类比，理解、掌握类比的分析方法．

本章知识框图

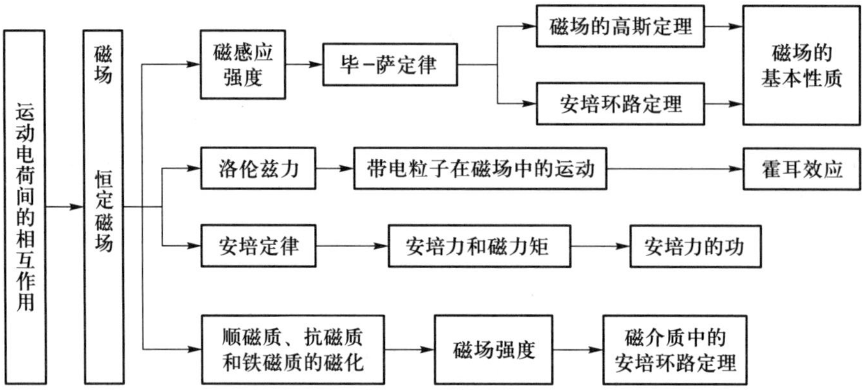

混合教学学习指导

本章课堂教学计划为 4 讲,每讲 2 学时.在每次课前,学生阅读教材相应章节、观看相关教学视频,在问题导学下思考学习,并完成课前测试练习.

阅读教材章节

徐行可,吴平,《大学物理学》(第二版)上册,第十章 运动电荷间的相互作用和恒定磁场:240—279 页.

观看视频——资料推荐

知识点视频

序号	知识点视频	说明
1	磁感应强度	这里提供的是本章知识点学习的相关视频条目,视频的具体内容可以在国家级精品资源课程、国家级线上一流课程等网络资源中选取.
2	毕奥-萨伐尔定律	
3	毕奥-萨伐尔定律的应用	
4	磁通量 磁场的高斯定理	
5	磁场的安培环路定理	
6	安培环路定理的应用	
7	磁场对运动电荷的作用	

续表

序号	知识点视频	说明
8	安培定律　磁场对载流导线的作用	
9	磁介质	
10	磁介质中的安培环路定理 磁场强度	
11	铁磁质	

导学问题

磁感应强度

- 磁场的磁感应强度的定义是什么？磁感应强度矢量的方向如何确定？
- 如何用磁感应线来描述磁场？

毕奥-萨伐尔定律

- 什么是电流元？
- 毕奥-萨伐尔定律的内容是什么？怎样确定电流元产生的磁场的磁感应强度方向？
- 电流方向与磁感应线方向的关系是什么？
- 磁场的叠加原理是什么？
- 载流直导线的磁场、圆形载流导线轴线上的磁场、无限长载流密绕直螺线管内部的磁场的磁感应强度表达式是什么？对应各量的物理内涵是什么？

磁通量　磁场的高斯定理和安培环路定理

- 什么是磁通量？
- 磁场的高斯定理是什么？反映了磁场的什么性质？
- 磁场的安培环路定理的内容是什么？反映了磁场的什么性质？
- 利用安培环路定理求解磁场的磁感应强度的条件是什么？求解的思路是什么？

磁场对运动电荷的作用　安培定律

- 什么是洛伦兹力？如何计算？
- 什么是安培力？安培力如何计算？安培定律的内容是什么？
- 磁矩的定义是什么？如何利用磁矩计算载流线圈受到的力矩？
- 什么是霍尔效应？霍尔效应有哪些应用？

磁介质

- 磁介质如何分类？它们有什么特点？
- 磁介质的物理模型是什么？

- 顺磁质、抗磁质磁化的机理是什么？
- 磁化强度是如何定义的？
- 什么是磁化电流？它与传导电流的区别是什么？

磁介质中的高斯定理和安培环路定理 磁场强度

- 有介质时磁场的高斯定理是什么？它反映了磁场的什么性质？
- 有介质时磁场的安培环路定理是什么？它反映了磁场的什么性质？
- 磁场强度是如何定义的？
- 真空磁导率、相对磁导率、磁导率三个概念之间的关系是怎样的？
- 磁介质中磁场强度、磁感应强度的计算步骤是什么？

铁磁质

- 什么是铁磁质？它的特性是什么？
- 什么是磁滞回线？什么是矫顽力？
- 铁磁材料是怎么分类的？
- 什么是磁畴？你能用磁畴理论解释铁磁质磁化出现磁滞回线特性的微观机理吗？
- 什么是居里点？

课前测试题

7-1.1 磁场中，空间某点磁感应强度的方向，在下列所述定义中错误的是[ ].

(A) 小磁针 N 极在该点的指向

(B) 运动正电荷在该点所受最大的力与其速度的矢积的方向

(C) 电流元在该点受力的方向

(D) 载流线圈稳定时，磁矩在该点的指向

7-1.2 一电荷静止放置在行驶的列车上，相对于地面来说，该电荷产生电场和磁场的情况将是[ ].

(A) 只产生电场

(B) 只产生磁场

(C) 既产生电场，又产生磁场

(D) 既不产生电场，又不产生磁场

7-1.3 如图所示，两根载有相同电流的无限长直导线，分别通过 $x_1=1$ 和 $x_2=3$ 的点，且平行于 y 轴. 由此可知，磁感应强度 B 为零的地方是[ ].

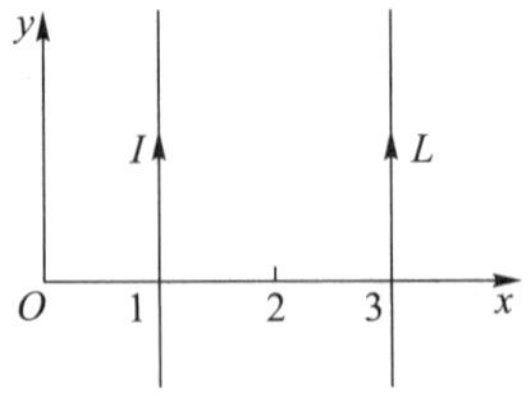

题 7-1.3 图

(A) $x=2$ 的直线上

(B) $x>2$ 的区域

(C) $x<1$ 的区域

(D) 不在 Oxy 平面内

7-1.4 图中六根无限长导线相互绝缘,通过的电流均为 I,区域Ⅰ、Ⅱ、Ⅲ、Ⅳ均为相等的正方形.问哪个区域垂直指向里的磁通量最大?[ ].

(A) Ⅰ区

(B) Ⅱ区

(C) Ⅲ区

(D) Ⅳ区

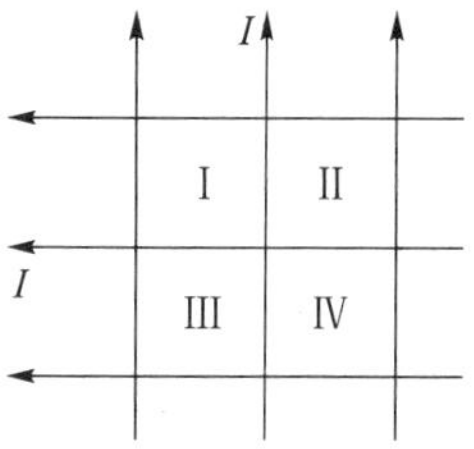

题 7-1.4 图

7-1.5 安培环路定理 $\oint_L \boldsymbol{B}\cdot d\boldsymbol{l}=\mu_0\sum I$,在下面的说法中正确的是[ ].

(A) $\boldsymbol{B}$ 只由穿过闭合环路的电流所激发,与环路外的电流无关

(B) $\sum I$ 是环路内和外电流的代数和

(C) 安培环路定理只在具有高度对称的磁场中成立

(D) 只有磁场分布高度对称时,才能用它直接计算磁感应强度的大小

7-1.6 一电荷量为 q 的带电粒子在均匀磁场中运动,下列说法中正确的是[ ].

(A) 只要速度大小相同,粒子所受的洛伦兹力就相同

(B) 在速度不变的前提下,若电荷 q 变为 $-q$,则粒子受力反向,数值不变

(C) 粒子进入磁场后,其动能和动量都不改变

(D) 洛伦兹力与速度方向垂直,所以其运动轨迹是圆

7-1.7 一个小的平面载流线圈放置在均匀磁场中,在以下哪种情况下,作用在线圈上的力矩能达到最大值?[ ].

(A) 线圈平面平行于磁场方向

(B) 线圈平面垂直于磁场方向

(C) 线圈平面和磁场方向之间的夹角是 0°~90°之间的某个值

(D) 力矩的大小与线圈平面和磁场方向之间的夹角没有关系

7-1.8 物质的磁性来源于[ ].

(A) 物质中的磁单极子　　(B) 物质中质子的磁矩

(C) 物质中与电子运动有关的磁矩　　(D) 物质中原子核的磁矩

7-1.9 关于磁介质,下列叙述中正确的是[ ].

(A) 非铁磁质的相对磁导率 $\mu_r>1$

(B) 铁磁质的相对磁导率 $\mu_r\gg1$,且为常量

(C) 对各种磁介质 $\boldsymbol{H}=\dfrac{\boldsymbol{B}}{\mu}$ 普遍成立

(D) 对各种磁介质,线性关系式 $\boldsymbol{B}=\mu\boldsymbol{H}$ 总是成立的

7-1.10 关于铁磁质,下列说法中不正确的是[ ].

(A) 铁磁质的相对磁导率 μ_r 是远大于 1 的常量

(B) 铁磁质的附加磁场远远大于外磁场

(C) 铁磁质存在磁滞现象

(D) 铁磁质存在磁饱和现象

知识梳理

知识点 1. 真空中静电场和真空中恒定磁场的比较（表 7.1）

表 7.1 真空中静电场和真空中恒定磁场的比较

	静电场	恒定磁场
理论基础	库仑定律 $\boldsymbol{F}_{12}=\dfrac{q_1q_2\boldsymbol{r}_{12}}{4\pi\varepsilon_0 r_{12}^3}$	安培定律 $\mathrm{d}\boldsymbol{F}_{12}=\dfrac{\mu_0}{4\pi}\dfrac{I_1I_2\mathrm{d}\boldsymbol{l}_2\times(\mathrm{d}\boldsymbol{l}_1\times\boldsymbol{r}_{12})}{r_{12}^3}$
场源	静止电荷	恒定电流
场的描述	电场强度 $\boldsymbol{E}$ 定义：$\boldsymbol{E}=\dfrac{\boldsymbol{F}}{q_0}$	磁感应强度 $\boldsymbol{B}$ 定义：$\boldsymbol{B}=\dfrac{\boldsymbol{u}}{c^2}\times\boldsymbol{E}$ $\boldsymbol{F}=I\mathrm{d}\boldsymbol{l}\times\boldsymbol{B}$ $\boldsymbol{M}=\boldsymbol{m}\times\boldsymbol{B}$ $\boldsymbol{F}=q\boldsymbol{v}\times\boldsymbol{B}$
场的性质	高斯定理：$\oint_S\boldsymbol{E}\cdot\mathrm{d}\boldsymbol{S}=\dfrac{q}{\varepsilon_0}$ 环路定理：$\oint_L\boldsymbol{E}\cdot\mathrm{d}\boldsymbol{l}=0$ 电场是有源、无旋场	高斯定理：$\oint_S\boldsymbol{B}\cdot\mathrm{d}\boldsymbol{S}=0$ 安培环路定理：$\oint_L\boldsymbol{B}\cdot\mathrm{d}\boldsymbol{l}=\mu_0I$ 磁场是无源、涡旋场
场的图示	用电场线表示，电场线起于正电荷（或无限远）止于负电荷（或无限远）	用磁感应线表示，磁感应线是一条闭合的曲线，无起始点
场的计算	1. 典型带电体的场分布+叠加原理 2. 高斯定理 3. 已知电势 U 分布，由 $\boldsymbol{E}=-\mathrm{grad}\ U$ 求电场强度	1. 毕奥-萨伐尔定律+叠加原理 2. 安培环路定理
微元的场	点电荷的电场： $\mathrm{d}\boldsymbol{E}=\dfrac{\mathrm{d}q\boldsymbol{r}_{12}}{4\pi\varepsilon_0 r_{12}^3}$	电流元的磁场： $\mathrm{d}\boldsymbol{B}=\dfrac{\mu_0}{4\pi}\dfrac{I\mathrm{d}\boldsymbol{l}\times\boldsymbol{r}}{r^3}$
力	电场力：$\boldsymbol{F}=q\boldsymbol{E}$ 不管电荷是否运动，均受电场力的作用	磁场力： 安培力 $\boldsymbol{F}=I\mathrm{d}\boldsymbol{l}\times\boldsymbol{B}$ 洛伦兹力 $\boldsymbol{F}=q\boldsymbol{v}\times\boldsymbol{B}$ 静止电荷不受磁场力作用

知识点 2. 磁介质与电介质的比较(表 7.2)

表 7.2 磁介质与电介质的比较

	磁介质	电介质
微观模型	分子电流	电偶极子
描述磁(极)化的量	磁化强度 $\boldsymbol{M}$ $\boldsymbol{M}=\dfrac{\sum \boldsymbol{m}+\sum \Delta \boldsymbol{m}}{\Delta V}$	极化强度 $\boldsymbol{P}$ $\boldsymbol{P}=\dfrac{\sum \boldsymbol{p}_i}{\Delta V}$
磁(极)化的宏观效果	出现束缚电流	出现束缚电荷
场量	$\boldsymbol{B}$	$\boldsymbol{E}$
介质对场的影响	束缚电流产生附加磁场 $\boldsymbol{B}'$,总场:$\boldsymbol{B}=\boldsymbol{B}_0+\boldsymbol{B}'$	束缚电荷产生附加电场 $\boldsymbol{E}'$,总场:$\boldsymbol{E}=\boldsymbol{E}_0+\boldsymbol{E}'$
辅助矢量	磁场强度 $\boldsymbol{H}$ $\boldsymbol{H}=\dfrac{\boldsymbol{B}}{\mu_0}-\boldsymbol{M}$	电位移 $\boldsymbol{D}$ $\boldsymbol{D}=\varepsilon_0\boldsymbol{E}+\boldsymbol{P}$
高斯定理	$\oint_S \boldsymbol{B}\cdot \mathrm{d}\boldsymbol{S}=0$	$\oint_S \boldsymbol{D}\cdot \mathrm{d}\boldsymbol{S}=\sum_{i=1}^{n} q_{0i}$
环路定理	$\oint_L \boldsymbol{H}\cdot \mathrm{d}\boldsymbol{l}=\sum I_0$	$\oint_L \boldsymbol{E}\cdot \mathrm{d}\boldsymbol{r}=0$

知识点 3. 容易混淆的概念

① 洛伦兹力和安培力

洛伦兹力一般指带电粒子在磁场中受到的力;安培力一般指载流导线在磁场中受到的力.

② 磁矩和磁力矩

磁矩等于载流线圈的电流与所围面积的乘积,$\boldsymbol{m}=IS\boldsymbol{e}_n$;磁力矩是磁矩和磁感应强度的矢积,即 $\boldsymbol{M}=\boldsymbol{m}\times\boldsymbol{B}$.

③ 顺磁质、抗磁质和铁磁质

顺磁质的相对磁导率略大于 1,磁化后产生的附加磁场与外磁场同向;抗磁质相对磁导率小于 1,磁化后产生的附加磁场与外磁场反向;铁磁质的相对磁导率远大于 1,磁化后能产生很强的附加磁场.

④ 磁感应强度、磁化强度和磁场强度

磁感应强度 $\boldsymbol{B}$、磁化强度 $\boldsymbol{M}$ 和磁场强度 $\boldsymbol{H}$ 三者关系为:$\boldsymbol{H}=\dfrac{\boldsymbol{B}}{\mu_0}-\boldsymbol{M}$.

⑤ 电流元 $I\mathrm{d}\boldsymbol{l}$ 激发磁场 $\mathrm{d}\boldsymbol{B}$ 与电荷元 $\mathrm{d}q$ 激发磁场 $\mathrm{d}\boldsymbol{E}$ 的对比(表 7.3)

表 7.3 电流元激发磁场与电荷元激发磁场的对比

	$I\mathrm{d}\boldsymbol{l}$ 激发磁场 $\mathrm{d}\boldsymbol{B}$	$\mathrm{d}q$ 激发电场 $\mathrm{d}\boldsymbol{E}$
相同点	微元激发的矢量场	
	矢量场大小皆与微元到场点的距离成平方反比关系	
不同点	$\mathrm{d}\boldsymbol{B}$ 的方向由 $I\mathrm{d}\boldsymbol{l}\times\boldsymbol{e}_r$ 确定	$\mathrm{d}\boldsymbol{E}$ 的方向由 $\mathrm{d}q$ 指向场点的位矢 $\boldsymbol{r}$ 及 $\mathrm{d}q$ 的正负确定
	$\mathrm{d}B=\dfrac{\mu_0}{4\pi}\dfrac{I\mathrm{d}l\sin\theta}{r^2}$ 与方向有关	$\mathrm{d}E=\dfrac{\mathrm{d}q}{4\pi\varepsilon_0 r^2}$ 与方向无关
	由不能独立存在的电流元(恒定电流)激发	由能独立存在的电荷元(静止电荷)激发

典型例题及解题方法

一、求恒定电流磁场的磁感应强度的方法

1. 用毕奥-萨伐尔定律求磁感应强度

先将载流导线视为由无限多个微元电流组成,任意微元电流在观测点产生的磁感应强度用 $\mathrm{d}\boldsymbol{B}$ 表示,根据磁场的叠加原理求得整个导线产生的磁感应强度 $\boldsymbol{B}=\int\mathrm{d}\boldsymbol{B}$.

主要步骤如下:

(1) 建立适当的坐标系,选择合适的微元电流,表达出微元电流与空间坐标的关系;

(2) 用毕奥-萨伐尔定律写出微元电流在所求场点产生的微元磁感应强度 $\mathrm{d}\boldsymbol{B}=\dfrac{\mu_0}{4\pi}\dfrac{I\mathrm{d}\boldsymbol{l}\times\boldsymbol{r}}{r^3}$,并确定其方向;

(3) 把微元磁感应强度 $\mathrm{d}\boldsymbol{B}$ 在坐标系中分解为分量,利用磁场的叠加原理对各分量积分,积分时需注意统一变量,确定积分上下限后再积分;

(4) 用矢量表达出总的磁感应强度的大小和方向.

如果电流分布在二维或三维空间中的某些特定载流平面、载流曲面或载流体上,微元电流的选取可以仿照静电场中的电场强度叠加方法,利用已知的一些典型电流的磁感应强度作为微元电流.

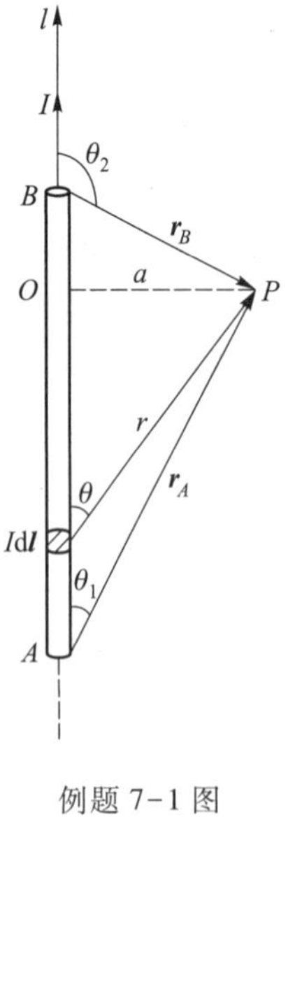

例题 7-1 图

例题 7-1 如图所示,AB 是通有恒定电流 I 的直导线的一段,空间任一场点 P 到 AB 的距离为 a,A、B 两端到 P 点的位矢为 $\boldsymbol{r}_A$,$\boldsymbol{r}_B$,与电流方向的夹角分别为 θ_1 和 θ_2.求载流直导线 AB 在 P 点产生的磁感应强度.

解题示范：

解：

（1）如图所示，以 P 点到直导线的垂足 O 为原点，沿导线中电流方向建立坐标轴 Ol.

（2）在 AB 上任选微元电流 $I\mathrm{d}\boldsymbol{l}$，由毕奥－萨伐尔定律可知，该微元电流在 P 点产生的微元磁感应强度 $\mathrm{d}\boldsymbol{B}$ 的大小为

$$\mathrm{d}B=\frac{\mu_0}{4\pi}\cdot\frac{I\mathrm{d}l\sin\theta}{r^2}$$

$\mathrm{d}\boldsymbol{B}$ 的方向垂直于纸面向里.

（3）由于 AB 上各微元电流在 P 点产生的磁感应强度方向相同，所以可以直接对 $\mathrm{d}B$ 积分：

$$B=\int_A^B \mathrm{d}B=\int_A^B\frac{\mu_0}{4\pi}\frac{I\mathrm{d}l\sin\theta}{r^2}$$

由图中的几何关系可知

$$r=\frac{a}{\sin\theta},\ l=-a\cot\theta$$

所以有

$$\mathrm{d}l=\frac{a\mathrm{d}\theta}{\sin^2\theta}$$

（4）将以上关系式代入积分式并积分得 P 点磁感应强度大小

$$B=\int_{\theta_1}^{\theta_2}\frac{\mu_0}{4\pi}\frac{I}{a}\sin\theta\mathrm{d}\theta=\frac{\mu_0 I}{4\pi a}(\cos\theta_1-\cos\theta_2)$$

方向：垂直于纸面向里.

（5）简单讨论分析所得结果

对靠近直导线的场点，载流直导线可视为无限长，即 $\theta_1=0,\theta_2=\pi$，由（4）的计算结果可得

$$B=\frac{\mu_0 I}{2\pi a}$$

在直导线或其延长线上，$\theta=0$ 或 $\theta=\pi$，则

$$\mathrm{d}\boldsymbol{B}=\boldsymbol{0},\quad \boldsymbol{B}=\boldsymbol{0}$$

解题思路与线索：

由于电流分布、微元电流、磁感应强度方向等都需要有一个空间坐标为参考，因此建立合适的坐标系，是我们求解电流产生的磁感应强度的重要一步.

微元电流的选取原则：我们一般不能将微元电流选在导线段的两端，这会失去一般性或任意性.通常应选在导线段的其他位置，用坐标变量表达出来，以便其能代表导线段上所有空间点的微元电流.

由毕奥－萨伐尔定律 $\mathrm{d}\boldsymbol{B}=\frac{\mu_0}{4\pi}\frac{I\mathrm{d}\boldsymbol{l}\times\boldsymbol{r}}{\boldsymbol{r}^3}$ 求微元磁感应强度的大小和方向时，需注意分子上两个矢量的矢积，要用到右手螺旋定则，矢积的方向即微元磁感应强度的方向；需注意两个矢量之间的夹角，并正确表达出微元磁感应强度的大小.

考察 AB 导线段上其他微元电流产生的微元磁感应强度的方向，不难发现 AB 上各微元电流在 P 点产生的磁感应强度方向相同，所以 P 点的总磁感应强度 $\boldsymbol{B}$ 的方向也只有一个分量——垂直于纸面向里.

由于存在多变量（l、r、θ），为了方便积分，我们需要找到各变量之间的关系，并统一到其中一个变量上.各变量之间的关系及统一到哪个变量更方便求解，只能通过我们选择的坐标系和题目的已知条件作出判断.

由题意，导线两端到场点 P 的位置矢量与导线或坐标轴方向的夹角已知，所以，将变量统一到 θ 上应该是比较方便的.

最后，对所得结果进行简单的分析和讨论.

这里得到了无限长载流直导线的磁感应强度表达式，以及导线延长线上磁感应强度为零，这些结果对于很多问题的分析与判断会很有助益.

例题 7-2 如图所示，有一无限长通电流的扁平铜片，宽度为 a，厚度不计，电流 I 在铜片上均匀分布，求在铜片外与铜片共面的平面上，与铜片右边缘距离为 b 的 P 点处的磁感应强度 $\boldsymbol{B}$ 的大小和方向.

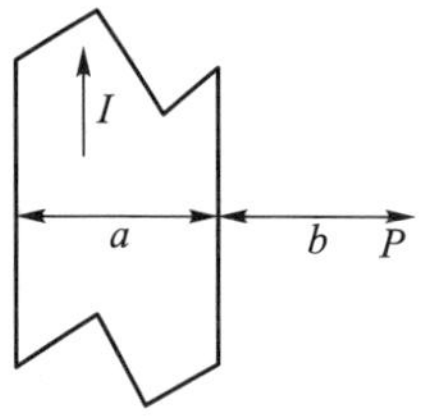

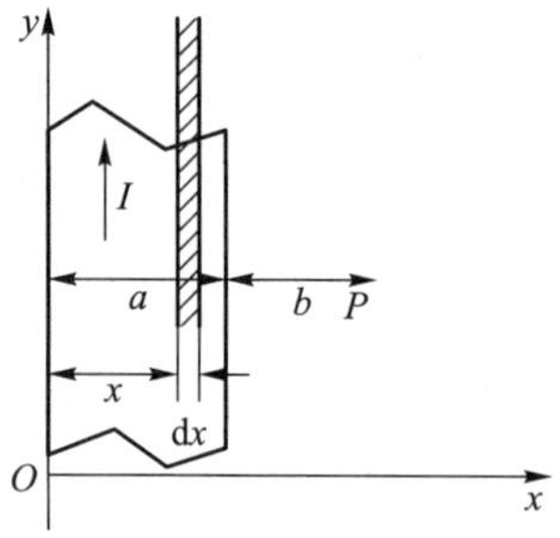

例题 7-2 图

解题示范：

解：将该载流铜片视为无限多个平行放置的无限长载流细线.	解题思路与线索：
(1) 建立如图(b)所示的坐标系，在任意坐标位置 x 处取宽度为 $\mathrm{d}x$ 的窄条电流（视为无限长载流细线）作为微元电流，可表示为 $$\mathrm{d}I=\frac{I}{a}\mathrm{d}x$$ (2) 所选择的微元电流 $\mathrm{d}I$ 在 P 点产生的微元磁感应强度（参考例题 1 步骤(5)）为 $$\mathrm{d}B=\frac{\mu_0\mathrm{d}I}{2\pi(a+b-x)}=\frac{\mu_0 I}{2\pi a}\cdot\frac{\mathrm{d}x}{(a+b-x)}$$ 其中，分母中的 $(a+b-x)$ 表示无限长载流线 $\mathrm{d}I$ 距场点 P 的距离. 方向：垂直于纸面向里.	本问题中，电流连续分布在宽度为 a 的无限长平面上. 原则上，我们仍然可以选择一个微小、面积为 $\mathrm{d}S=\mathrm{d}x\mathrm{d}y$ 的微元电流，然后利用毕奥-萨伐尔定律和磁感应强度的叠加原理来求解. 如此，我们会发现积分运算将会是一个二重积分，相对会麻烦一些. 回顾前面的例题 7-1，我们曾经得到一根无限长载流直线的磁感应强度，若将本题中这个载流平面分解为无限多个平行放置的无限长载流细线，则可利用无限长载流直线的磁感应强度的结果 $B=\frac{\mu_0 I}{2\pi a}$，让问题得到很大的简化.
(3) 由于每个无限长微元电流在 P 点处产生的磁感应强度的方向都垂直于纸面向里，所以，P 点的磁感应强度大小为 $$B=\int\mathrm{d}B=\frac{\mu_0 I}{2\pi a}\int_0^a\frac{\mathrm{d}x}{(a+b-x)}=\frac{\mu_0 I}{2\pi a}\ln\frac{a+b}{b}$$ 方向：垂直于纸面向里.	同样，正确表达出微元电流 $\mathrm{d}I$，并利用已知结果，正确表达出微元磁感应强度的大小 $\mathrm{d}B$ 和方向，是解决问题的关键.

2. 利用安培环路定理求磁感应强度

用安培环路定理求磁场分布时，必须注意：电流必须闭合，这样才能形成恒定磁场. 解题主要步骤如下：

(1) 进行对称性分析，判断出载流体产生的磁感应强度在空间的分布情况.

(2) 根据磁感应强度在空间的分布情况，选择适当的闭合回路 L 为安培环路，所选的闭合回路一般要满足下列条件：

① 安培环路应该通过待求场点；

② 电流要穿过安培环路；

③ 环路上每一点 $\boldsymbol{B}$ 的大小相等，方向与回路上该点的切线方向一致；或者回路的一部分满足上述条件，而其余部分 $\boldsymbol{B}$ 的大小等于零或 $\boldsymbol{B}$ 的方向与回路方向垂直，以便计算时，能将磁感应

强度的大小 B 从积分 $\oint_L \boldsymbol{B}\cdot \mathrm{d}\boldsymbol{l}$ 中提到积分号外.

（3）由安培环路定理 $\oint_L \boldsymbol{B}\cdot \mathrm{d}\boldsymbol{l}=\mu_0\sum I_{内}$，确定环路 L 内穿过的电流的代数和 $\sum I_{内}$，求出 $\boldsymbol{B}$ 的大小，说明其方向.

例题 7-3　如图所示，一无限长圆筒的内半径为 R_1，外半径为 R_2，其上均匀通以电流密度为 j 的电流，试求其在空间产生的磁场分布.

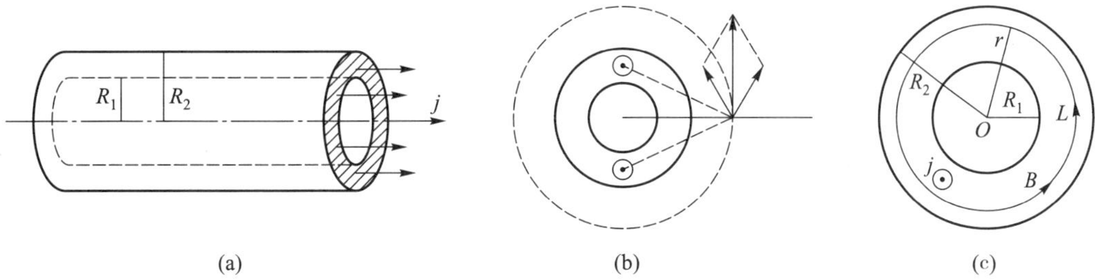

例题 7-3 图

解题示范：

解：

（1）对称性分析表明，磁感应线为与圆筒同轴的圆周线，只有切向分量，没有径向分量，如图（b）所示.

（2）根据磁感应线的分布，选择与圆筒同轴、逆时针方向旋转、半径为 r 的圆周线为安培环路 L，如图（c）圆筒横截面图所示.在这样的环路上，各点的磁感应强度大小相等，方向沿环路切向.

求解不同区域的磁感应强度时，安培环路也要选在不同的区域（过所求场点）.

（3）由安培环路定理可得

$$\oint_L \boldsymbol{B}\cdot \mathrm{d}\boldsymbol{l}=\oint_L B\cos\theta \mathrm{d}l=B\cdot 2\pi r=\mu_0\sum I_{内}$$

$$B=\frac{\mu_0\sum I_{内}}{2\pi r} \qquad (*)$$

当 $r\leqslant R_1$ 时，安培环路选在圆筒中空处，没有电流穿过，$\sum I_{内}=0$，代入（*）式可得 $B=0$.

当 $R_1\leqslant r\leqslant R_2$ 时，安培环路选在圆筒实体部分，穿过环路的电流为 $\sum I_{内}=j\pi(r^2-R_1^2)$，代入（*）式可得

$$B=\frac{\mu_0 j(r^2-R_1^2)}{2r}$$

当 $r>R_2$ 时，安培环路选在圆筒外部环绕圆筒，穿过环路的电流为 $\sum I_{内}=j\pi(R_2^2-R_1^2)$，代入（*）式可得

$$B=\frac{\mu_0 j(R_2^2-R_1^2)}{2r}$$

磁感应强度的方向均逆时针沿环路切向.

解题思路与线索：

原则上这个问题我们仍然可以利用毕奥-萨伐尔定律和磁感应强度的叠加原理来求解，但积分计算过程将会很复杂.

如果能用安培环路定理来求解，计算将会更简单.为此我们首先分析一下这个载流圆筒产生的磁感应强度的对称性.

将无限长圆筒分解为无限多根无限长的载流细线，分析这些细线在 $r\geqslant R_2$ 区域的磁感应强度：如上面的圆筒横截面图（b）所示，在圆筒上任取两个对称的无限长微元电流（电流方向垂直纸面向外），简单分析会发现，在与圆筒同轴的圆周（虚线）上，磁感应强度的大小相等，方向沿圆周的切向.

这样的结果当然是因为电流分布具有轴对称性.与此类似，在 $r\leqslant R_1$ 和 $R_1\leqslant r\leqslant R_2$ 两个区域也有同样的结论.即电流分布的对称性将导致在空间各处，磁感应强度只有切向分量，没有径向分量，磁感应线为与圆筒同轴的圆周线.

结果表明，在圆筒中空部分，磁感应强度为零；在圆筒载流部分，磁感应强度随圆筒横截面半径 r 非线性变化；在圆筒外部，和无限长载流直导线类似，磁感应强度与 r 成反比.

3. 求运动电荷在空间产生的磁场分布

电荷的定向运动形成电流.这类题的关键是根据电荷的运动情况求得它形成的等效电流，然后按照已知电流分布求磁场分布.

等效电流可根据电流的定义 $I=\dfrac{\mathrm{d}Q}{\mathrm{d}t}$求得，即电流是单位时间内通过某一平面的电荷量.

例题 7-4 如图所示，一扇形薄片，半径为 R，张角为 θ，其上均匀分布正电荷，电荷面密度为 σ.薄片绕过角顶点 O 且垂直于薄片的轴转动，角速度为 ω.求 O 点处的磁感应强度.

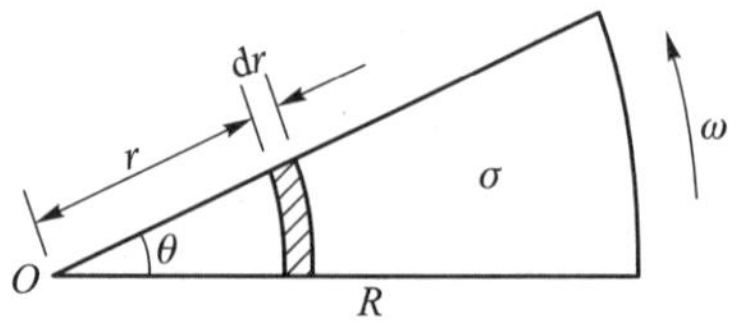

例题 7-4 图

解题示范：

解	解题思路与线索
解：(1) 根据题意画出示意图如图所示. (2) 如图所示，在扇形薄片上选择半径为 r，宽度为 $\mathrm{d}r$ 的微元电荷： $\mathrm{d}q=\sigma\mathrm{d}S=\sigma r\theta\mathrm{d}r$ 所以微元圆电流为 $\mathrm{d}I=\dfrac{\mathrm{d}q}{\mathrm{d}t}=\nu\mathrm{d}q=\dfrac{\omega}{2\pi}\sigma r\theta\mathrm{d}r$ 其中，ν 为旋转频率(单位时间内转动的次数). (3) 利用已知的圆电流在圆心处产生的磁感应强度公式，微元圆电流 $\mathrm{d}I$ 在 O 点产生的微元磁感应强度大小为 $\mathrm{d}B=\dfrac{\mu_0\mathrm{d}I}{2r}=\dfrac{\mu_0\omega\sigma\theta}{4\pi}\mathrm{d}r$ 磁感应强度的方向：垂直纸面向外. (4) 由于每一个微元圆电流 $\mathrm{d}I$ 产生的磁场方向都垂直于纸面向外，所以，由磁场叠加原理直接对微元磁感应强度的大小 $\mathrm{d}B$ 积分，可得 O 点的磁感应强度的大小： $B_O=\int\mathrm{d}B=\dfrac{\mu_0\omega\sigma\theta}{4\pi}\int_0^R\mathrm{d}r=\dfrac{\mu_0\sigma\theta R\omega}{4\pi}$ 方向：垂直于纸面向外，与 $\boldsymbol{\omega}$ 方向相同.写成矢量式： $\boldsymbol{B}_O=\dfrac{\mu_0\sigma\theta R}{4\pi}\boldsymbol{\omega}$	**解题思路与线索：** 我们首先要思考的问题是：为什么带电的扇形薄片绕 O 点旋转时会在 O 点产生磁场？ 答案是电荷的定向运动会形成电流(电荷的机械运动产生的电流称为运流电流)，电流会在周围空间产生磁场.显然，带电的扇形薄片绕 O 点旋转时，形成的运流电流为半径从 0 到 R 连续变化的无限多个连续分布的圆电流. 如果我们能确定每一个微元圆电流，就可以利用已知的圆电流在圆心处产生的磁感应强度公式 $B_0=\dfrac{\mu_0 I}{2R}$和磁场的叠加原理求出 O 点处的总磁感应强度. 如图所示，可以在扇形薄片上选择半径为 r，宽度为 $\mathrm{d}r$ 的微元电荷 $\mathrm{d}q$ 旋转所形成的运流电流为微元圆电流 $\mathrm{d}I$.由电流的定义可知，当微元电荷以频率 $\nu=\dfrac{\omega}{2\pi}$转动时，等效微元圆电流 $\mathrm{d}I$ 应该等于旋转频率 ν(单位时间内转动的次数)乘以微元电荷量 $\mathrm{d}q$.

二、求磁场对电流的作用

1. 利用安培定律求磁场对载流导线的作用

解题主要步骤如下：

(1) 先用安培定律计算导线上任一电流元所受的作用力：$\mathrm{d}\boldsymbol{F}=I\mathrm{d}\boldsymbol{l}\times\boldsymbol{B}$.

(2) 根据力的叠加原理 $\boldsymbol{F}=\int\mathrm{d}\boldsymbol{F}$，求得整个导线所受之力.

注意：导线上各电流元所受的力 d$\boldsymbol{F}$ 的方向不同时，应选取适当的坐标系把矢量积分 $\boldsymbol{F}=\int \mathrm{d}\boldsymbol{F}$ 化为分量式 $F_x=\int \mathrm{d}F_x, F_y=\int \mathrm{d}F_y, F_z=\int \mathrm{d}F_z$ 进行计算.

2. 求均匀磁场中载流平面线圈所受力矩的方法

方法有两种：

(1) 先求出各电流元受力 d$\boldsymbol{F}$，由力矩的定义得电流元所受力矩 $\mathrm{d}\boldsymbol{M}=\boldsymbol{r}\times\mathrm{d}\boldsymbol{F}$，再用积分求得整个线圈所受的力矩：

$$\boldsymbol{M}=\int \mathrm{d}\boldsymbol{M}$$

(2) 利用公式 $\boldsymbol{M}=\boldsymbol{m}\times\boldsymbol{B}$，求力矩.

注意：只有在均匀磁场中的平面线圈，才能用此公式求线圈所受的力矩.

思 维 拓 展

问题 1　为什么不把运动电荷受的磁力方向定义为磁感应强度的方向?

对于给定的电流分布来说，它所激发的磁场分布是一定的，场中任一点的 $\boldsymbol{B}$ 有确定的方向和确定的大小，与该点有无运动电荷通过无关. 而运动电荷在给定的磁场中某点 P 所受的磁力 $\boldsymbol{F}$，无论就大小还是方向而言，都与运动电荷有关. 当电荷以速度 $\boldsymbol{v}$ 沿不同方向通过 P 点时，$\boldsymbol{v}$ 的大小一般不等，方向一般也要改变. 可见，如果用 $\boldsymbol{v}$ 的方向来定义 $\boldsymbol{B}$ 的方向，则 $\boldsymbol{B}$ 的方向不确定，所以我们不能把作用于运动电荷的磁力方向定义为磁感应强度 $\boldsymbol{B}$ 的方向.

问题 2　关于磁感应强度 $\boldsymbol{B}$ 的定义

(1) 由场源电荷产生的电场 $\boldsymbol{E}$ 和场源电荷的运动速度 $\boldsymbol{u}$ 来定义：

$$\boldsymbol{B}=\frac{1}{c^2}\boldsymbol{u}\times\boldsymbol{E}$$

(2) 由试探电流元在磁场中所受的力 $\boldsymbol{F}=I\mathrm{d}\boldsymbol{l}\times\boldsymbol{B}$ 来定义. $\boldsymbol{B}$ 的大小为 $B=\dfrac{F_{\max}}{I\mathrm{d}l}$，式中 $F_{\max}$ 为试探电流元 $I\mathrm{d}\boldsymbol{l}$ 与 $\boldsymbol{B}$ 的夹角为 $\dfrac{\pi}{2}$ 时，电流元所受的力；$\boldsymbol{B}$ 的方向沿电流元不受力时的取向，且由 $\boldsymbol{F}=I\mathrm{d}\boldsymbol{l}\times\boldsymbol{B}$ 按右手定则确定.

(3) 由试探线圈在磁场中所受的力矩 $\boldsymbol{M}=\boldsymbol{m}\times\boldsymbol{B}$ 来定义. $\boldsymbol{B}$ 的大小为 $B=\dfrac{M_{\max}}{m}$，式中 $M_{\max}$ 为线圈(磁矩为 $\boldsymbol{m}$)的法线与磁场方向垂直时，线圈所受的力矩，$\boldsymbol{B}$ 的方向沿线圈所受力矩为零时，线圈正法线的方向，由 $\boldsymbol{M}=\boldsymbol{m}\times\boldsymbol{B}$ 确定.

(4) 由试探运动正电荷在磁场中所受的洛伦兹力 $\boldsymbol{F}=q\boldsymbol{v}\times\boldsymbol{B}$ 来定义. $\boldsymbol{B}$ 的大小为 $B=\dfrac{F_{\max}}{qv}$. $F_{\max}$ 为运动电荷的速度 $\boldsymbol{v}$ 垂直于磁场方向时运动电荷所受的力，$\boldsymbol{B}$ 的方向沿运动电荷不受力的方向，由 $\boldsymbol{F}=q\boldsymbol{v}\times\boldsymbol{B}$ 确定.

上面四个定义式是等效的，$\boldsymbol{B}$ 的方向都与磁北极在磁场中所受力的方向一致.这样就可以将 $\boldsymbol{B}$ 的定义与已经认识的关于磁极之间相互作用的知识统一起来.

问题 3 洛伦兹力与牛顿第三定律

在经典力学中，物体间的相互作用遵循牛顿第三定律，可表述为 $\boldsymbol{F}_{12}=-\boldsymbol{F}_{21}$.在电磁学中，情况却并非如此.两个运动点电荷间或两个恒定电流元间的作用力不遵守牛顿第三定律.但对环形的闭合电流回路，两回路间的相互作用力却遵守牛顿第三定律.

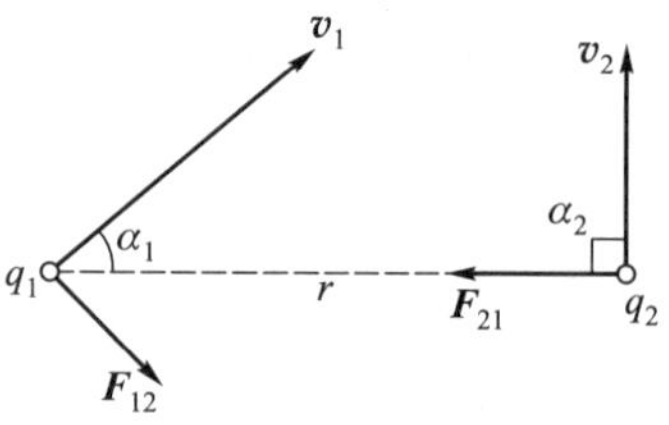

图 7.1

设真空中有两个运动电荷 q_1 和 q_2，它们分别以 $\boldsymbol{v}_1$ 和 $\boldsymbol{v}_2$ 的速度运动，如图 7.1 所示.由运动电荷的磁感应强度公式 $\boldsymbol{B}=\dfrac{\mu_0 q\boldsymbol{v}\times\boldsymbol{r}}{4\pi r^3}$ 和洛伦兹力公式 $\boldsymbol{F}=q\boldsymbol{v}\times\boldsymbol{B}$ 可以计算出点电荷 q_1 和 q_2 受到的力为

$$F_{21}=q_2v_2B_1\sin\frac{\pi}{2}=\frac{\mu_0q_1q_2v_1v_2\sin\alpha_1}{4\pi r^2}$$

$$F_{12}=q_1v_1B_2\sin\frac{\pi}{2}=\frac{\mu_0q_1q_2v_1v_2\sin\alpha_2}{4\pi r^2}$$

一般情况下 $\alpha_1\neq\alpha_2$，因而有 $\boldsymbol{F}_{12}\neq-\boldsymbol{F}_{21}$.两个运动点电荷间的相互作用力不满足牛顿第三定律.

造成这种情况的原因是洛伦兹力比较复杂，它是不同于静电力和万有引力的一种场力.作用在某一运动电荷上的洛伦兹力的反作用力就是指该运动电荷自己的磁场对原磁场场源的力（原磁场场源可以是电流、运动电荷和磁铁等）.从近距作用理论看，这个力是通过场传递的.从运动电荷传递到原磁场场源需要一定的时间，而电荷又在运动，这种复杂情况会造成这一对力不一定同时出现、同时变化，故牛顿第三定律就不可能成立.这里实际存在的不是电荷与电荷之间的直接相互作用，而是电荷与电磁场之间的相互作用，所以这种实物与场之间的相互作用规律是无法用作用力的概念来描述的.如果将力看成动量的时间变化率，用动量的时间变化率来描述实物与场相互作用是可行的.

所谓物体间的相互作用，实质上是一种动量的传递和交换过程，它总是满足动量守恒定律.物体间的相互作用所遵循的普遍规律是动量守恒定律，而牛顿第三定律只是动量守恒定律的一种特殊形式.这里所说的动量不仅包含实物运动所具有的机械动量，而且还包括电磁场所具有的电磁动量.研究实物和场的相互作用时，如果把运动带电体和电磁场看成一个封闭系统，那么系统内机械动量和电磁动量可以相互转化，并且两者之和始终保持不变，满足动量守恒定律.在分析电磁场和运动电荷的相互作用时，既要看到运动电荷所受洛伦兹力产生的机械动量变化，同时还要考虑电磁场电磁动量的变化.

当电荷 q 以 $\boldsymbol{v}$ 运动而受到洛伦兹力作用，产生机械动量变化时，它所产生的磁场要影响原来的磁场，使磁场发生变化，从而引起磁场的电磁动量发生变化.这样两个运动点电荷间的作用力不再遵守牛顿第三定律.

环形的闭合电流回路间的相互作用满足牛顿第三定律，其关键因素是恒定条件.恒定电流的磁场是恒定场，场的动量不随时间变化，于是两个闭合回路所受的力就等值反号了.当然这时并不是电磁场不参与动量交换，没有电磁场是不行的，它是两个回路进行动量交换的介质，但它本身动量不发生变化.

课后练习题

基础练习题

7-2.1　在电流元 $i\mathrm{d}\boldsymbol{l}$ 激发的磁场中，若在距离电流元为 $\boldsymbol{r}$ 处的磁感应强度为 $\mathrm{d}\boldsymbol{B}$. 则下列叙述中正确的是[　].

(A) $\mathrm{d}\boldsymbol{B}$ 的方向与 $\boldsymbol{r}$ 的方向相同

(B) $\mathrm{d}\boldsymbol{B}$ 的方向与 $i\mathrm{d}\boldsymbol{l}$ 的方向相同

(C) $\mathrm{d}\boldsymbol{B}$ 的方向垂直于 $i\mathrm{d}\boldsymbol{l}$ 与 $\boldsymbol{r}$ 组成的平面

(D) $\mathrm{d}\boldsymbol{B}$ 的方向为 $-\boldsymbol{r}$ 方向

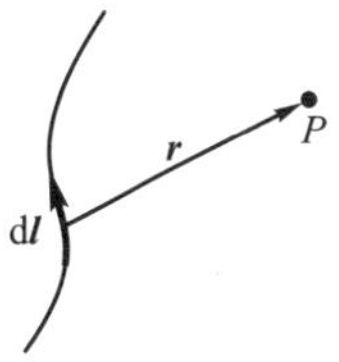

题 7-2.1 图

7-2.2　可以证明，无限接近长直电流处($r\to0$)的磁感应强度 $\boldsymbol{B}$ 为一有限值，但从毕奥-萨伐尔定律得到的长直电流的公式可得：当 $r\to0$ 时，$\boldsymbol{B}\to\infty$. 出现这个矛盾的原因是[　].

(A) 公式推导的过程不够严密

(B) 不可能存在真正的无限长直导线

(C) 当 $r\to0$ 时，毕奥-萨伐尔定律不成立

7-2.3　无限长载流空心圆柱导体的内外半径分别为 a、b，电流在导体截面上均匀分布，则空间各处的 $\boldsymbol{B}$ 的大小与场点到圆柱中心轴线的距离 r 的关系定性地如图所示. 正确的图是[　].

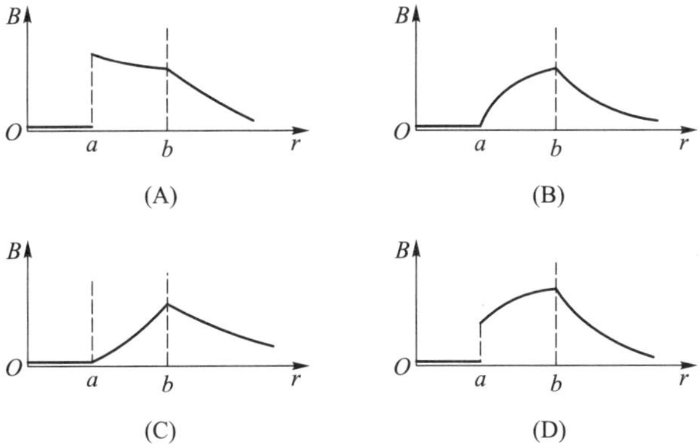

题 7-2.3 图

7-2.4　图为四个带电粒子在 O 点沿相同方向垂直于磁感应线射入均匀磁场后的偏转轨迹的照片，磁场方向垂直纸面向外，轨迹所对应的四个粒子的质量相等，电荷量大小也相等，则其中动能最大的带负电的粒子的轨迹是[　].

(A) Oa　　(B) Ob　　(C) Oc　　(D) Od

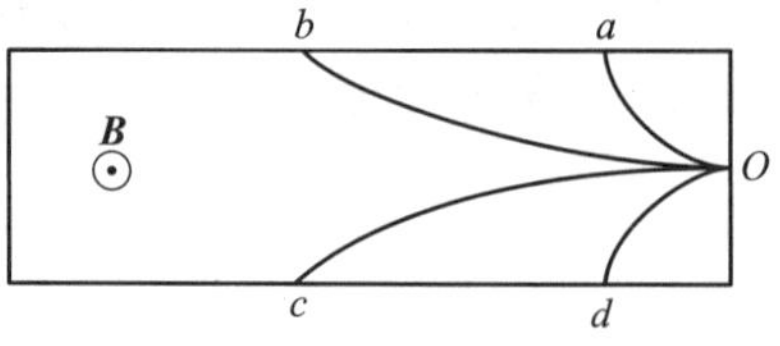

题 7-2.4 图

7-2.5　真空中电流元 $I_1\mathrm{d}\boldsymbol{l}_1$ 与电流元 $I_2\mathrm{d}\boldsymbol{l}_2$ 之间的相互作用是这样进行的：[　　].

(A) $I_1\mathrm{d}\boldsymbol{l}_1$ 与 $I_2\mathrm{d}\boldsymbol{l}_2$ 直接进行作用，且服从牛顿第三定律

(B) 由 $I_1\mathrm{d}\boldsymbol{l}_1$ 产生的磁场与 $I_2\mathrm{d}\boldsymbol{l}_2$ 产生的磁场之间相互作用，且服从牛顿第三定律

(C) 由 $I_1\mathrm{d}\boldsymbol{l}_1$ 产生的磁场与 $I_2\mathrm{d}\boldsymbol{l}_2$ 产生的磁场之间相互作用，但不服从牛顿第三定律

(D) 由 $I_1\mathrm{d}\boldsymbol{l}_1$ 产生的磁场与 $I_2\mathrm{d}\boldsymbol{l}_2$ 进行作用，或由 $I_2\mathrm{d}\boldsymbol{l}_2$ 产生的磁场与 $I_1\mathrm{d}\boldsymbol{l}_1$ 进行作用，且不服从牛顿第三定律

7-2.6　在一圆形电流 I 所在的平面内，选取一个同心圆形闭合回路 L，则由安培环路定理可知[　　].

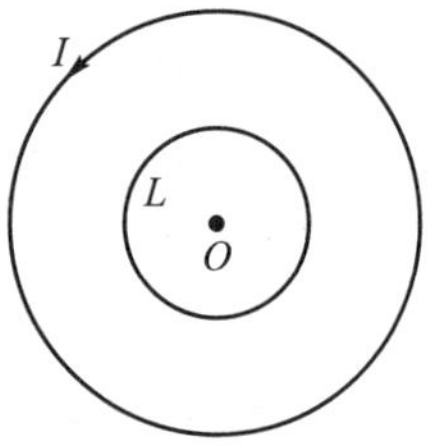

题 7-2.6 图

(A) $\oint_L \boldsymbol{B}\cdot\mathrm{d}\boldsymbol{l}=0$，且环路上任意一点 $B=0$

(B) $\oint_L \boldsymbol{B}\cdot\mathrm{d}\boldsymbol{l}=0$，且环路上任意一点 $B\neq0$

(C) $\oint_L \boldsymbol{B}\cdot\mathrm{d}\boldsymbol{l}\neq0$，且环路上任意一点 $B\neq0$

(D) $\oint_L \boldsymbol{B}\cdot\mathrm{d}\boldsymbol{l}\neq0$，且环路上任意一点 $B=$常量

7-2.7　磁介质有三种，用相对磁导率 μ_r 表征它们各自的特性时，[　　].

(A) 顺磁质 $\mu_r>0$，抗磁质 $\mu_r<0$，铁磁质 $\mu_r\gg1$

(B) 顺磁质 $\mu_r>1$，抗磁质 $\mu_r=1$，铁磁质 $\mu_r\gg1$

(C) 顺磁质 $\mu_r>1$，抗磁质 $\mu_r<1$，铁磁质 $\mu_r\gg1$

(D) 顺磁质 $\mu_r>0$，抗磁质 $\mu_r<0$，铁磁质 $\mu_r>1$

7-2.8　如图所示，一电流元 $I\mathrm{d}\boldsymbol{l}$ 在磁场中某处沿正东方向放置时不受力，把此电流元转到沿正北方向放置时受到的安培力竖直向上，则该电流元所在处 $\boldsymbol{B}$ 的方向为________.

7-2.9　两根长直导线通有电流 I，图示有三种环路；在每种情况下，$\oint\boldsymbol{B}\cdot\mathrm{d}\boldsymbol{l}$ 等于：

________（对环路 a）

________（对环路 b）

________（对环路 c）

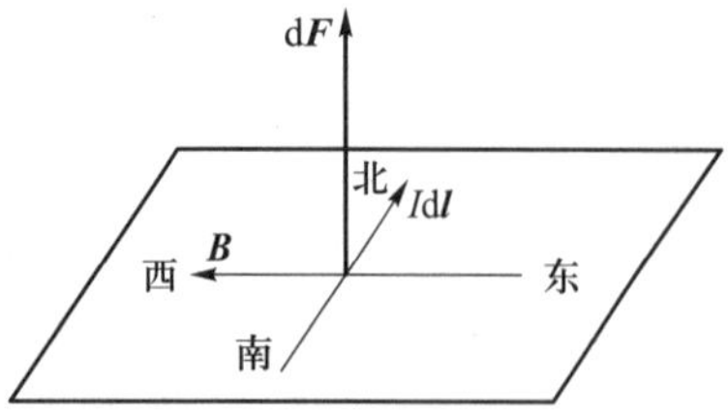

题 7-2.8 图

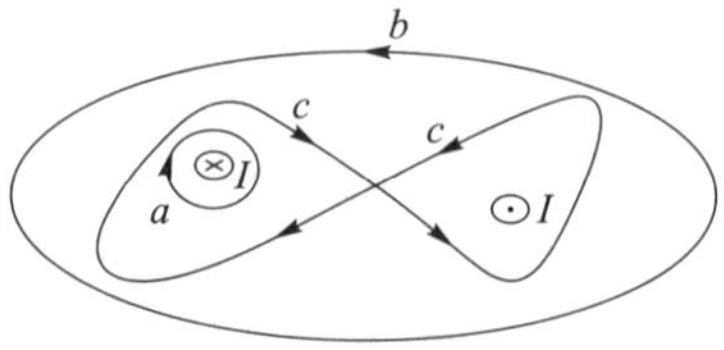

题 7-2.9 图

7-2.10 有半导体通以电流 I，放在均匀磁场 $\boldsymbol{B}$ 中，其上下表面积累电荷如图所示．试判断它们各是什么类型的半导体．

7-2.11 图中所示的一无限长直圆筒，沿圆筒方向上的面电流密度（单位长度上流过的电流）为 i，则圆筒内部的磁感应强度的大小为________，方向________．

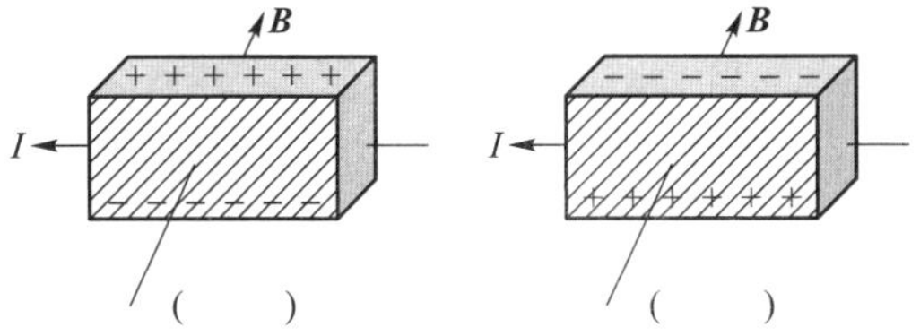

题 7-2.10 图

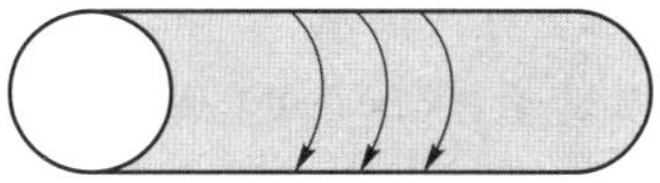

题 7-2.11 图

7-2.12 图中所示为实验室中用来产生均匀磁场的亥姆霍兹圈．它由两个完全相同的匝数为 N 的共轴密绕短线圈组成．两线圈中心 O_1、O_2 间的距离等于线圈半径 R，载有同向平行电流 I．以 O_1、O_2 间连线中点 O 为坐标原点，求轴线上 O_1 和 O_2 之间、坐标为 x 的任一点 P 处的磁感应强度 $\boldsymbol{B}$ 的大小，并算出 B_O、B_{O1}、B_{O2} 进行比较，说明两线圈间的磁场基本上是均匀的．

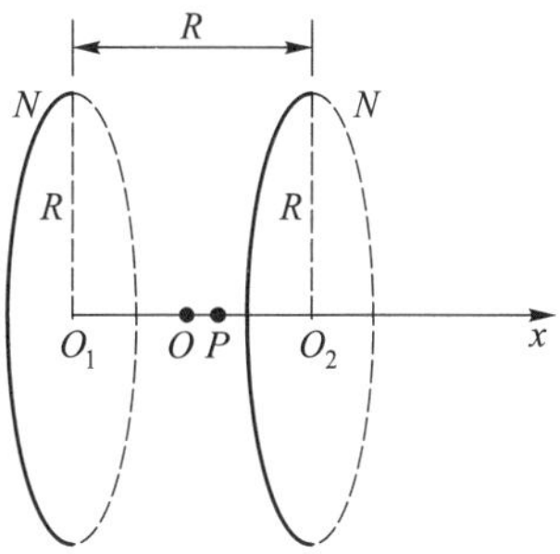

题 7-2.12 图

7-2.13 如图所示，一无限长载流直导线载有电流 I，在一处弯成半径为 R 的半圆弧．求此半圆弧中心 O 点的磁感应强度 $\boldsymbol{B}$．

7-2.14 一线圈由半径为 0.2 m 的 1/4 圆弧和相互垂直的两直线组成，通以电流 2 A，把它放在磁感应强度为 0.5 T 的均匀磁场中（磁感应强度 $\boldsymbol{B}$ 的方向如图所示）．求：

（1）线圈平面与磁场垂直时，圆弧 $\overset{\frown}{CD}$ 所受的磁力；

（2）线圈平面与磁场成 60°角时，线圈所受的磁力矩．

7-2.15 均匀磁场的磁感应强度 $B=2\ \mathrm{Wb\cdot m^{-2}}$，沿 $-x$ 方向．图中 $R=40$ cm，$l=30$ cm．求通过下列各面的磁通量：

（1）平面 $abOe$；

（2）平面 $bcdO$；

（3）1/4 圆柱面 $acde$．

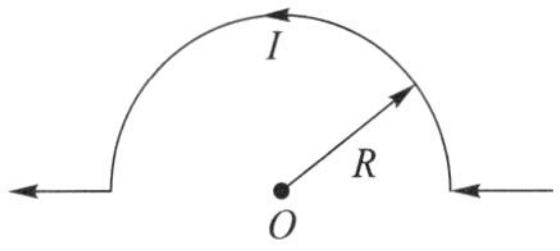

题 7-2.13 图

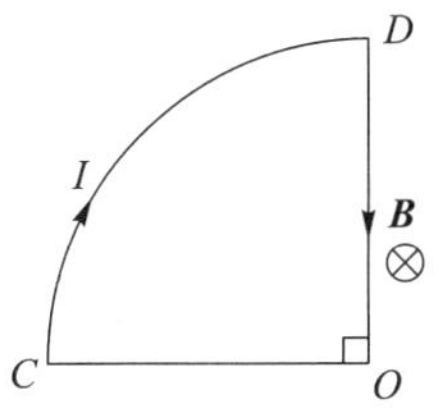

题 7-2.14 图

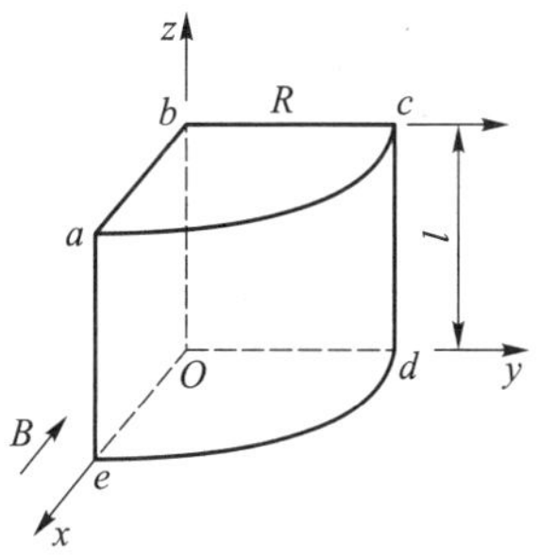

题 7-2.15 图

综合练习题

7-3.1 如图所示,长 $l=0.1$ m、带电量 $q=1\times10^{-10}$ C 的均匀带电细棒,以速率 $v=1$ m·s^{-1}沿 x 轴正方向运动,当细棒运动到与 y 轴重合的位置时,细棒下端与坐标原点 O 的距离为 $a=0.1$ m,求此时坐标原点 O 处的磁感应强度.

7-3.2 如图所示,半径为 R 的均匀带电球面的电势为 U(电势零点在无限远),绕其直径以角速度 ω 转动,求球心处的磁感应强度.

7-3.3 均匀带电刚性细杆 AB,电荷线密度为 λ,绕垂直于纸面的轴 O 以角速度 ω 匀速转动(O 点在细杆 AB 的延长线上).

(1) 求 O 点的磁感应强度 $\boldsymbol{B}_O$;

(2) 求磁矩 $\boldsymbol{m}$.

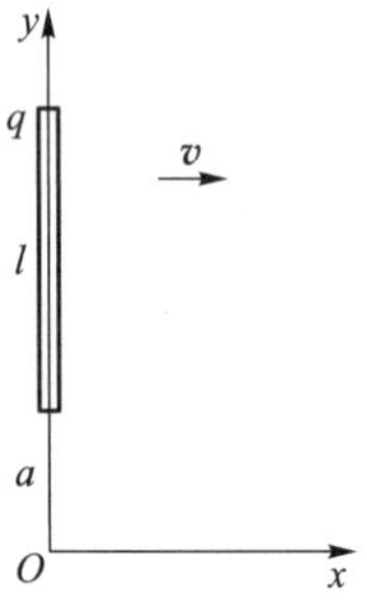

题 7-3.1 图

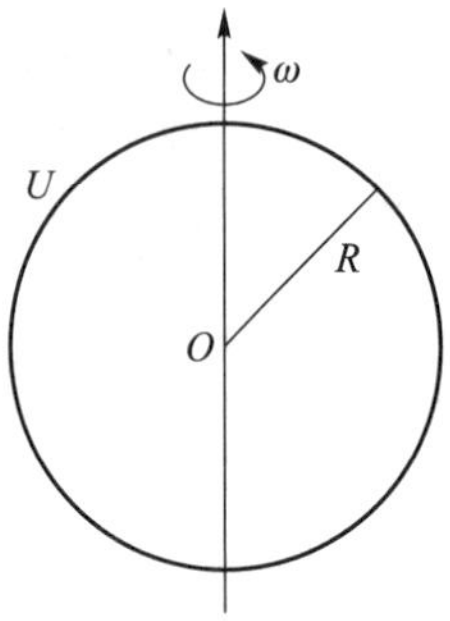

题 7-3.2 图

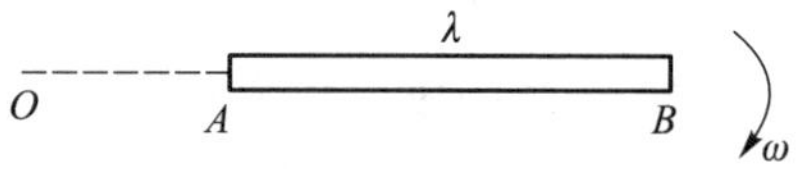

题 7-3.3 图

7-3.4 如图所示,半径为 R 的木球上密绕着 N 匝细导线,单层覆盖半个球面.设导线中通有电流 I,求球心处的磁感应强度 $\boldsymbol{B}$.

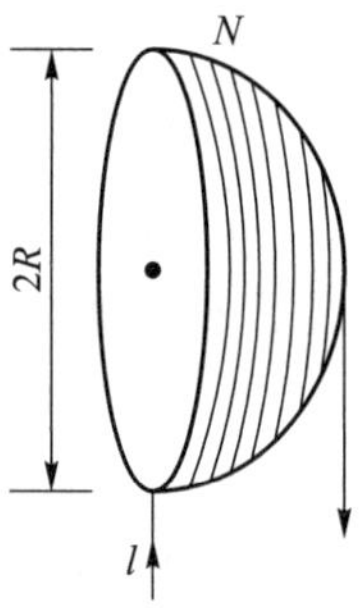

题 7-3.4 图

7-3.5 设无限大导体平板在 Oxy 平面内,电流均匀地沿 $+y$ 方向流动,x 方向上单位长度内通过的电流为 j,分别用叠加法和安培环路定理来求空间磁场分布,哪种方法更简便?

7-3.6 如图所示,在半径为 R 的长直圆柱形导体内与轴线平行地挖去一个半径为 r 的圆柱形空腔.两圆柱形轴线之间的距离为 d($d<R-r$).电流 I 在截面内均匀分布,方向平行于轴线.求:

(1) 圆柱轴线上磁感应强度的大小;

(2) 空心部分中任一点的磁感应强度.

7-3.7 横截面为矩形的螺绕环的尺寸如图所示,环上绕有 N 匝导线并通过电流 I,求螺绕环内的磁场分布和通过螺绕环横截面的磁通量.

7-3.8 一无限长圆柱形铜导体(磁导率为 μ_0),半径为 R,通有均匀分布的电流 I.今取一矩形平面 S(长为 1 m,宽为 $2R$),如图中画斜纹部分所示,求通过该矩形平面的磁通量.

7-3.9 如图所示,一宽 $a=2.0$ cm,厚 $b=1.0$ mm 的银片处于沿 y 轴方向的均匀磁场中,$B=1.5$ T,银片中有沿 x 轴方向的电流 $I=200$ A,若银的自由电子数密度为 $n=7.4\times10^{28}$ m^{-3},求银

片中的霍尔电场和霍尔电势差.

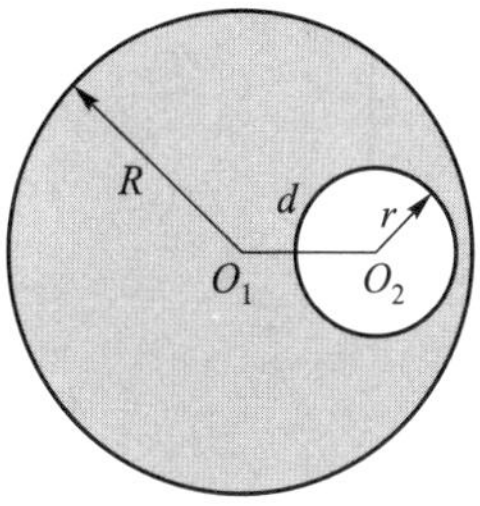

题 7-3.6 图

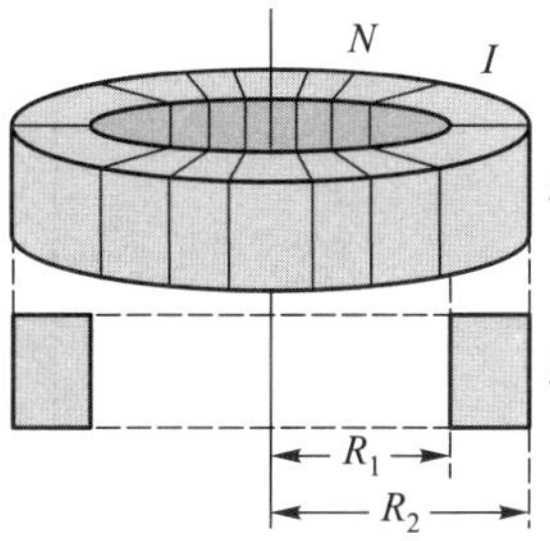

题 7-3.7 图

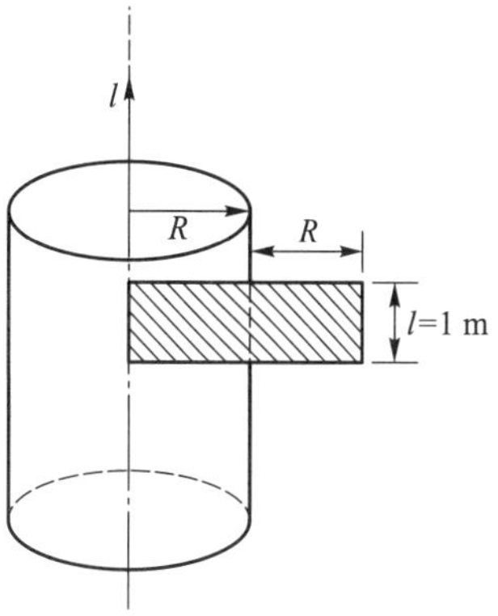

题 7-3.8 图

7-3.10 如图所示,一块高 $a=0.10$ cm,宽 $b=0.35$ cm,长 $c=1.0$ cm 的半导体,置于沿 z 轴方向的均匀磁场中,$B=0.3$ T.半导体中通有 x 轴方向的电流 $I=1.0\times10^{-3}$ A,测得霍尔电势差 $U_{AA'}=6.55\times10^{-3}$ V,这块半导体是 n 型还是 p 型?载流子浓度是多大?

7-3.11 如图所示,将一电流沿 $+y$ 方向的无限大载流平面放入沿 x 方向的均匀磁场中,放入后平面两侧的磁感应强度分别为 $\boldsymbol{B}_1$ 和 $\boldsymbol{B}_2$,都与板面平行并垂直于电流方向.求载流平面上单位面积所受磁场力的大小及方向.

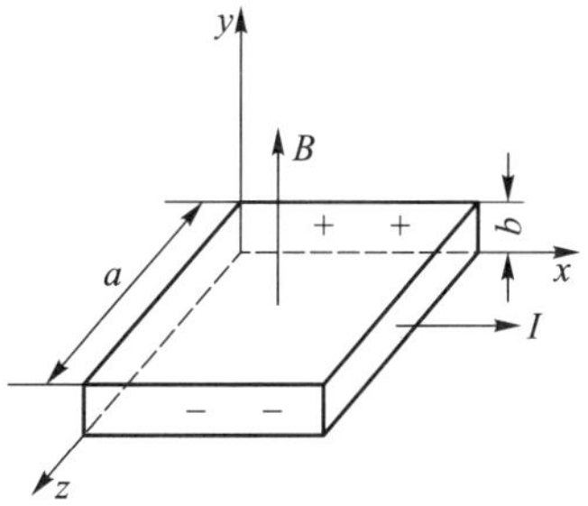

题 7-3.9 图

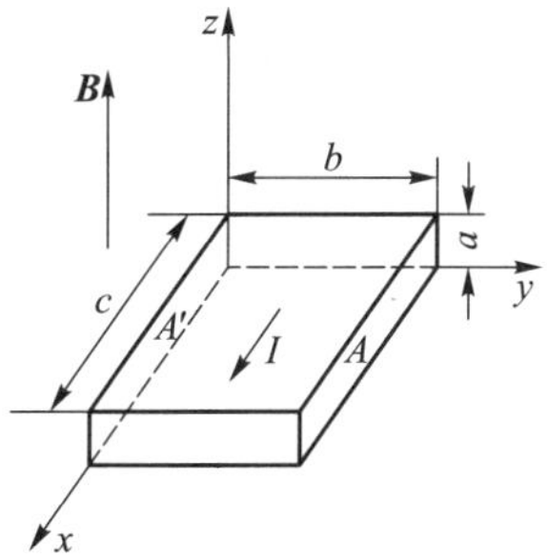

题 7-3.10 图

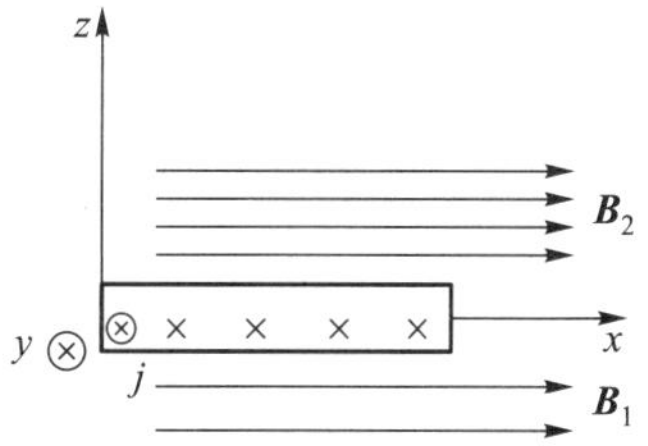

题 7-3.11 图

7-3.12 一半径为 R 的均匀带电量为 q 的细圆环,绕它的一根直径以角速度 ω 旋转,求此旋转带电圆环的磁矩的大小.

7-3.13 一个直径为 8 cm 的圆线圈有 $N=12$ 匝,载有电流 5 A,将它置于 $B=0.6$ T 的均匀磁场中.问:作用于线圈的最大力矩是多少?线圈在什么位置时所受力矩是最大力矩的一半?

7-3.14 如图所示,等腰直角三角形直角边为 a,通有电流 I,置于均匀磁场 $\boldsymbol{B}$ 中.

(1) 若 CD 固定,A 向纸外绕 CD 转 $\pi/2$;

(2) 若 AD 固定,C 向纸内绕 AD 转 $\pi/2$;

求两种情况下磁力各做多少功.

7-3.15 一根同轴电缆由半径为 R_1 的长直导线和套在它外面的内半径为 R_2、外半径为 R_3 的同轴导体圆筒组成,中间充满磁导率为 μ 的各向同性均匀非铁磁质绝缘材料,如图所示.传导电流 I 沿导线向上流去,由圆筒向下流回,在它们的截面上电流都是均匀分布的.求同轴电缆内外的磁感应强度大小 B 的分布.

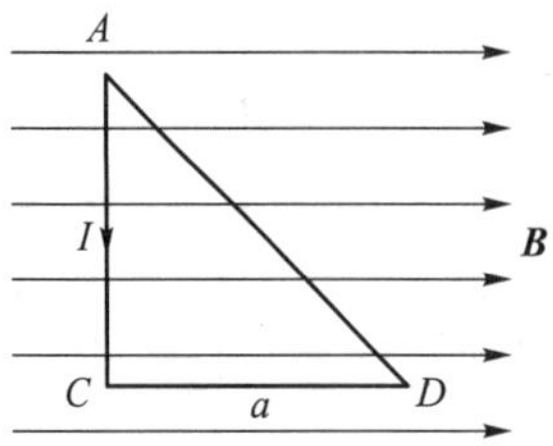

题 7-3.14 图

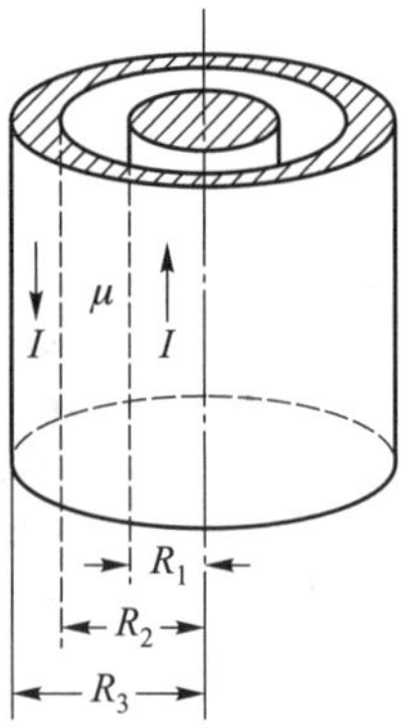

题 7-3.15 图

7-3.16　磁感应线是怎样引入的？法拉第提出磁感应线的意义何在？

7-3.17　到达地球北极和南极的宇宙射线数量为什么比到达地球赤道附近的要多？

习题解答

第八章　变化中的磁场和电场

自从牛顿奠定理论物理学基础以来，物理学的公理基础——换句话说，就是我们关于实在结构的概念——最伟大的变革，是由法拉第和麦克斯韦在电磁学方面的工作所引起的.

——爱因斯坦

课前导引

前两章讨论的静电场、恒定电场和恒定磁场的场源（电荷或电流）分布是与时间无关的，它们产生的场也不随时间变化，电场与磁场两者之间不存在相互作用，因而可以分别加以研究.当场源分布随时间变化时，它产生的场将不仅是空间坐标的函数，也是时间的函数.这时的电场或磁场将不再彼此独立，因此不能像之前静电场、恒定电场和恒定磁场各章中那样分别地讨论，而必须考虑它们之间相互影响、相互制约、互为因果的关系.

静态场可以看成是电磁场的特殊表现形式，变化的电场、磁场才是一般形式的场.因此本章的学习中，应在已经建立的静态场概念的基础上，把握由于场源分布是时间函数而引出的新概念和特定的物理现象：① 变化的电场产生磁场；② 变化的磁场产生电场.

电流可以激发磁场，磁场如何激发电场呢？法拉第电磁感应定律成功地解决了这个问题，为麦克斯韦电磁场统一理论的建立奠定了基础.

这部分内容学生在中学已有所了解.因此在学习时，要注意在中学学习的基础上提高对电磁感应的认识，要关注中学时不熟悉的知识点，如：感生电动势、感生电场等，加深对相关概念的理解，形成电磁感应完整的知识体系.

学习目标

1. 了解电磁感应现象，掌握法拉第电磁感应定律及其应用.
2. 理解动生电动势和感生电动势的概念，掌握动生电动势和感生电动势的计算方法.
3. 了解自感、互感现象，掌握自感和互感的计算.
4. 理解磁场能量的概念和磁能密度的概念，掌握磁场能量的计算.
5. 了解感生电场和位移电流的概念，了解麦克斯韦方程的积分形式及物理意义.
6. 掌握类比的分析方法.

本章知识框图

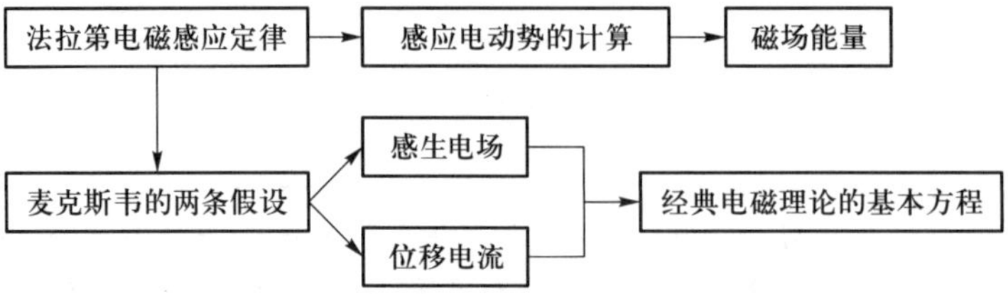

混合教学学习指导

本章课堂教学计划为 3 讲,每讲 2 学时.在每次课前,学生阅读教材相应章节、观看相关教学视频,在问题导学的指引下思考学习,并完成课前测试练习.

阅读教材章节

徐行可,吴平,《大学物理学》(第二版)上册,第十一章　变化中的磁场和电场:284—307 页.

观看视频——资料推荐

知识点视频

序号	知识点视频	说明
1	法拉第电磁感应定律	这里提供的是本章知识点学习的相关视频条目,视频的具体内容可以在国家级精品资源课程、国家级线上一流课程等网络资源中选取.
2	动生电动势	
3	感生电动势	
4	自感和互感	
5	磁场的能量	
6	位移电流	
7	麦克斯韦方程组 电磁波	

导学问题

法拉第电磁感应定律

- 什么是电磁感应现象？什么是感应电动势、感应电流？

- 法拉第电磁感应定律的内容是什么?
- 楞次定律的内容是什么?
- 什么是磁通量?如何计算磁通量?
- 引起磁通量变化的因素有哪些?

动生电动势

- 什么是动生电动势?产生动生电动势的机理是什么?
- 计算动生电动势的方法有哪些?

感生电动势

- 什么是感生电动势?什么是感生电场?感生电场与静电场的区别与联系是怎样的?
- 计算感生电动势的方法有哪些?

自感和互感

- 什么是自感和互感?
- 计算自感和互感的步骤是什么?

磁场的能量

- 什么是磁场的能量密度?磁场的能量如何计算?
- 电磁感应中能量是如何转化的?

位移电流

- 什么是位移电流?什么是全电流?
- 位移电流与传导电流的区别与联系是怎样的?

麦克斯韦方程组　电磁波

- 麦克斯韦方程组的内容和方程对应的物理意义是什么?
- 电磁波是怎样产生的?它的基本性质是什么?如何描述电磁波的能量和能流?

课前测试题

8-1.1 如图所示,将永磁体的北极靠近线圈,则线圈内的磁通量[　].

(A) 增大

(B) 减小

(C) 不变

(D) 无法判断

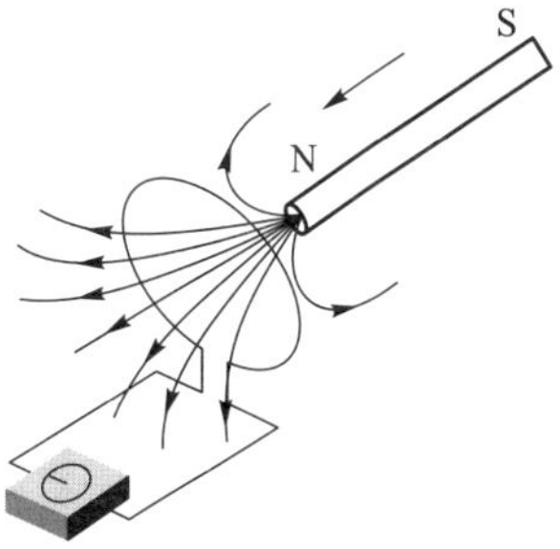

题 8-1.1 图

8-1.2 若用条形磁铁竖直插入木质圆环,则关于环中是否产生感应电流和感应电动势的判断是[ ].

(A) 产生感应电动势,也产生感应电流

(B) 产生感应电动势,不产生感应电流

(C) 不产生感应电动势,也不产生感应电流

(D) 不产生感应电动势,产生感应电流

8-1.3 对于法拉第电磁感应定律 $\mathcal{E}=-\dfrac{\mathrm{d}\Phi}{\mathrm{d}t}$,下列说法中错误的是[ ].

(A) 负号表示 $\mathcal{E}$ 与 Φ 的方向相反

(B) 负号是约定 $\mathcal{E}$ 和 Φ 的正方向符合右手螺旋定则时的结果

(C) 负号是楞次定律的体现

(D) 用上式可以确定感应电动势的大小和方向

8-1.4 一根长度为 L 的铜棒,放在磁感应强度为 $\boldsymbol{B}$ 的均匀磁场中,以速度 $\boldsymbol{v}$ 作平移,如图 8-1.4 所示,则铜棒两端的感应电动势[ ].

(A) $\mathcal{E}=\dfrac{1}{2}BLv$,$O$ 点的电势高

(B) $\mathcal{E}=BLv$,O 点的电势高

(C) $\mathcal{E}=\dfrac{1}{2}BLv$,$O$ 点的电势低

(D) $\mathcal{E}=BLv$,O 点的电势低

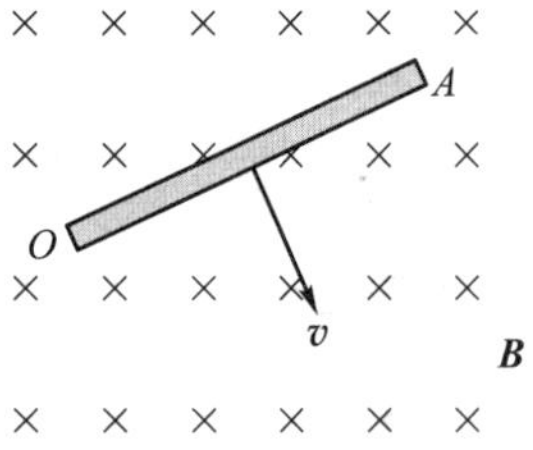

题 8-1.4 图

8-1.5 关于感生电场,以下说法正确的是[ ].

(A) 感生电场的场线是闭合曲线　　(B) 感生电场是保守场

(C) 感生电场是由电荷产生的　　(D) 以上答案都不对

8-1.6 半径为 R 的无限长圆柱内存在均匀磁场 $\boldsymbol{B}$,设 cd 为一导体棒,沿圆柱的半径方向放置,如图所示.当 $\boldsymbol{B}$ 随时间变化时,以下描述正确的是[ ].

(A) 直导线 cd 中不产生电动势

(B) c 点电势高

(C) d 点电势高

(D) 无法判断

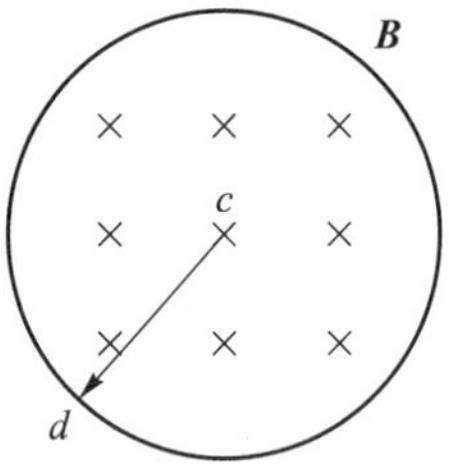

题 8-1.6 图

8-1.7 有两个半径相同的圆形线圈,将它们的平面平行地放置.关于它们互感 M 的值,下列说法中错误的是[ ].

(A) 线圈的匝数越多,M 越大

(B) 两线圈靠得越近,M 越大

(C) 填充的磁介质的磁导率越大,M 越大

(D) 通以的电流值越大,M 越大

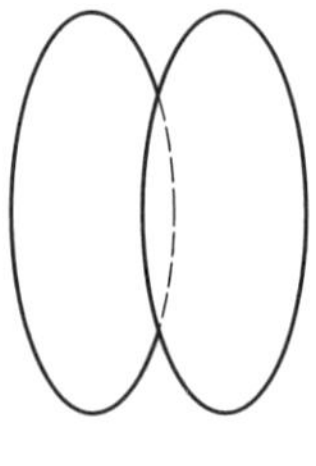
题 8-1.7 图

8-1.8 用线圈的自感 L 来表示载流线圈磁场能量的公式 $W_m=\frac{1}{2}LI^2$[ ].

(A) 只适用于无限长密绕螺线管

(B) 只适用于单匝圆线圈

(C) 只适用于一个匝数很多且密绕的螺绕环

(D) 适用于自感一定的任意线圈

8-1.9 位移电流的本质是变化的电场,其大小取决于[ ].

(A) 电场强度的大小 (B) 电位移的大小

(C) 电通量的大小 (D) 电场随时间的变化率大小

8-1.10 麦克斯韦为完成电、磁场的统一而提出的两个假设是[ ].

(A) 涡旋电场和涡旋磁场 (B) 位移电流和位移电流密度

(C) 位移电流和涡旋磁场 (D) 位移电流和涡旋电场

知识梳理

知识点1. 库仑电场与感生电场

两种电场的比较见表8.1.

表8.1 库仑电场与感生电场的比较

	库仑电场	感生电场
区别	① 由电荷产生. ② 有源场,电场线起于正电荷,止于负电荷. $\oint_S \boldsymbol{E}_{库}\cdot d\boldsymbol{S}=\frac{q}{\varepsilon_0}$ ③ 无旋场,$\oint \boldsymbol{E}_{库}\cdot d\boldsymbol{l}=0$,可以引入电势,电场线不闭合.	① 由变化的磁场产生. ② 无源场,电场线无起点和终点. $\oint_S \boldsymbol{E}_{感}\cdot d\boldsymbol{S}=0$ ③ 有旋场,$\oint \boldsymbol{E}_{感}\cdot d\boldsymbol{l}\neq 0$,不能引入电势,电场线总是闭合的.
联系	① 具有场这种物质的所有特性. ② 对电荷有力的作用,电场强度的定义相同. ③ 在导体中,感生电场可以引起电荷的堆积,从而建立库仑电场.	

知识点2. 自感和互感

自感和互感的比较见表8.2.

表 8.2 自感和互感的比较

	自 感	互 感
区 别	① 研究对象是一个回路，是回路中感应电动势与自身回路中电流变化的比. ② 自感 L 只与本身的大小、匝数和介质性质有关. ③ 自感磁能 $W=\frac{1}{2}LI^2$ 恒为正.	① 研究对象是两个回路组成的系统，是一个回路中感应电动势与另一个回路中电流变化的比. ② 互感 M 与两个回路本身的大小、匝数和介质性质有关，还与两个回路间的相对位置有关. ③ 互感磁能 $W=MI_1I_2$ 可正可负.
联 系	① 都是研究回路在电磁感应中的特性. ② L 和 M 都与外界无关，单位都是亨利. ③ 两个自感线圈回路的互感 $M=K\sqrt{L_1L_2}\,(0\leqslant K\leqslant 1)$.	

知识点 3. 传导电流与位移电流

传导电流与位移电流的比较见表 8.3.

表 8.3 传导电流与位移电流的比较

	传导电流	位移电流
区 别	① 由电荷运动产生，与电荷宏观定向移动有关. ② 存在于导体中，方向始终与电场方向相同，$\boldsymbol{j}=\sigma\boldsymbol{E}$. ③ 有热效应，遵从焦耳-楞次定律.	① 由变化电场产生，与电荷的宏观运动无关. ② 存在于真空、介质和导体中，方向与电场方向可以相同，也可以相反. $\boldsymbol{j}=\frac{\mathrm{d}\boldsymbol{D}}{\mathrm{d}t}$ ③ 在导体、真空中无热效应，在介质中发热，不遵从焦耳-楞次定律.
联 系	① 都可以激发磁场. ② 都遵从安培环路定理. ③ 都具有相同的单位：安培.	

知识点 4. 容易混淆的概念

① 动生电动势和感生电动势

动生电动势由导体切割磁感应线运动引起，受到洛伦兹力即非静电力的作用. 当导体做匀速直线运动时，洛伦兹力和静电力平衡，就得到了非静电场电场强度公式 $\boldsymbol{E}_{\mathrm{k}}=\boldsymbol{v}\times\boldsymbol{B}$，再由电动势定义式就可得动生电动势计算公式 $\mathcal{E}=\int_l(\boldsymbol{v}\times\boldsymbol{B})\cdot\mathrm{d}\boldsymbol{l}$；感生电动势产生的原因是变化的磁场激发感生电场 $\boldsymbol{E}_{感}$，感生电场（涡旋电场）是一种非静电场，于是由电动势定义式得到感生电动势计算公

式 $\mathcal{E}=\oint_L \boldsymbol{E}_{感}\cdot \mathrm{d}\boldsymbol{l}$.

② 自感和互感

自感现象是指当一个线圈中电流发生变化时,其激发的变化磁场引起线圈自身回路的磁通量发生变化,从而在线圈自身产生感应电动势;互感是指空间存在两个相邻线圈,当一个线圈中的电流发生变化时,在周围空间产生变化磁场,从而在另一线圈中产生感应电动势.

③ 感生电场与静电场

相同点:感生电场与静电场都具有电能,对带电粒子都有作用力.

不同点:首先静电场与感生电场产生的原因不同,静电场是由静止电荷激发的,而感生电场是由变化的磁场激发的;其次,感生电场与静电场的场性质也不同,静电场的场性质有 $\oint_S \boldsymbol{D}\cdot \mathrm{d}\boldsymbol{S}=\sum_{S内} q=\int_V \rho \mathrm{d}V$(有源场),$\oint_L \boldsymbol{E}\cdot \mathrm{d}\boldsymbol{l}=0$(无旋场、保守场),感生电场的性质有 $\oint_S \boldsymbol{D}\cdot \mathrm{d}\boldsymbol{S}=0$(无源场),$\oint_L \boldsymbol{E}\cdot \mathrm{d}\boldsymbol{l}=-\int_S \frac{\partial \boldsymbol{B}}{\partial \boldsymbol{t}}\cdot \mathrm{d}\boldsymbol{S}$(有旋场、非保守场).

④ 位移电流与传导电流

通过电磁场中某一截面的位移电流 I_{d} 等于通过该截面电位移通量 Φ_{d} 对时间的变化率,即 $I_{\mathrm{d}}=\frac{\mathrm{d}\Phi_{\mathrm{d}}}{\mathrm{d}t}$. I_{d} 与 I_{c}(传导电流)产生的原因不一样,I_{d} 是变化的电场引起的,I_{c} 是电荷的定向移动引起的;I_{d} 不产生焦耳热,I_{c} 可以产生焦耳热. I_{d} 与 I_{c} 在产生磁场方面是等同的,两者都遵循环路定理 $\oint_L \boldsymbol{H}\cdot \mathrm{d}\boldsymbol{l}=\mu_0(I_{\mathrm{c}}+I_{\mathrm{d}})$.

典型例题及解题方法

一、感应电流流向的确定

1. 首先任意确定一个回路的绕行正方向,当回路中的磁感应线方向与绕行正方向成右手螺旋关系时,磁通量 $\Phi>0$,反之,磁通量 $\Phi<0$.

2. 若 $\Phi>0$,且 $\frac{\mathrm{d}\Phi}{\mathrm{d}t}>0$,则感应电流 I 的流向与选定的回路正方向相反;若 $\Phi>0$,且 $\frac{\mathrm{d}\Phi}{\mathrm{d}t}<0$,则感应电流 I 的流向与选定的回路正方向相同. 若 $\Phi<0$,且 $\frac{\mathrm{d}\Phi}{\mathrm{d}t}>0$,则感应电流 I 的流向与选定的回路正方向相同. 若 $\Phi<0$,且 $\frac{\mathrm{d}\Phi}{\mathrm{d}t}<0$,则感应电流 I 的流向与选定的回路正方向相反.

二、感应电动势的计算

1. 用法拉第电磁感应定律计算感应电动势

由法拉第电磁感应定律：$\mathcal{E}=-N\dfrac{\mathrm{d}\Phi}{\mathrm{d}t}$直接求解.

解题的主要步骤如下：

① 建立适当的坐标系，选择便于磁通量计算的闭合回路，并确定回路的绕行正方向（回路面积的正法向），由磁通量的定义 $\Phi=\int_S \boldsymbol{B}\cdot\mathrm{d}\boldsymbol{S}$ 计算通过该回路的磁通量，利用法拉第电磁感应定律即可得感应电动势 $\mathcal{E}$.若 $\mathcal{E}>0$，电动势的指向与回路绕行正方向一致，若 $\mathcal{E}<0$，电动势的指向与回路绕行正方向相反.

② 对于非闭合回路，可间接运用法拉第电磁感应定律计算感应电动势.为了使 Φ 有意义，要作辅助线构成闭合回路.需要注意的是，对动生电动势和感生电动势这两种情况，作辅助线的原则是不同的.（1）对动生电动势，要求辅助线不随导体运动，以免产生附加的动生电动势，且闭合回路内磁通量便于计算.（2）对感生电动势，要求辅助线最好与感生电场方向垂直，以免产生附加的感生电动势.

2. 用电动势的定义计算感应电动势

电源的电动势定义为非静电力移动单位正电荷所做的功：

$$\mathcal{E}=\int_L \boldsymbol{E}_{\mathrm{k}}\cdot\mathrm{d}\boldsymbol{l}$$

有感应电动势产生，就一定存在某种非静电力 $\boldsymbol{F}_{\mathrm{k}}$ 推动电荷做功.研究表明：磁感应强度 $\boldsymbol{B}$ 一定，导体运动时，非静电力 $\boldsymbol{F}_{\mathrm{k}}$ 就是洛伦兹力，产生的感应电动势叫动生电动势.导体不动，$\boldsymbol{B}$ 变化时，非静电力 $\boldsymbol{F}_{\mathrm{k}}$ 就是感生电场力，产生的电动势叫感生电动势.

（1）动生电动势的计算

利用洛伦兹力公式可以导出动生电动势的表达式：$\mathcal{E}=\int(\boldsymbol{v}\times\boldsymbol{B})\cdot\mathrm{d}\boldsymbol{l}$，利用该公式可计算动生电动势.解题的主要步骤如下：

① 建立适当的坐标系，选定积分路径的正方向，把导线分成无限多的线元 $\mathrm{d}\boldsymbol{l}$，$\mathrm{d}\boldsymbol{l}$ 的方向与积分路径的正方向一致；

② 把线元 $\mathrm{d}\boldsymbol{l}$ 所在处的磁感应强度 $\boldsymbol{B}$ 及 $\mathrm{d}\boldsymbol{l}$ 的运动速度 $\boldsymbol{v}$ 代入公式 $\mathcal{E}=\int(\boldsymbol{v}\times\boldsymbol{B})\cdot\mathrm{d}\boldsymbol{l}$，统一变量，确定积分限，然后进行积分；

③ 确定电动势的方向，若计算结果 $\mathcal{E}>0$，则动生电动势的方向与积分回路的方向一致，若 $\mathcal{E}<0$，则动生电动势的方向与积分回路方向相反.

（2）感生电动势的计算

根据电动势的定义，可得感生电动势的计算公式：$\mathcal{E}_{感}=\int_L \boldsymbol{E}_{感}\cdot\mathrm{d}\boldsymbol{l}$.这里 $\boldsymbol{E}_{感}$ 是感生电场强度.计算时应注意：只有当感生电场的空间分布已知时，才能用该定义式求解出对应的感生电动势.

例题 8-1　如图（a）所示，一段长为 l 的直导线 ab，在均匀磁场 $\boldsymbol{B}$ 中以速度 $\boldsymbol{v}$ 运动，试求在直导线上产生的动生电动势.

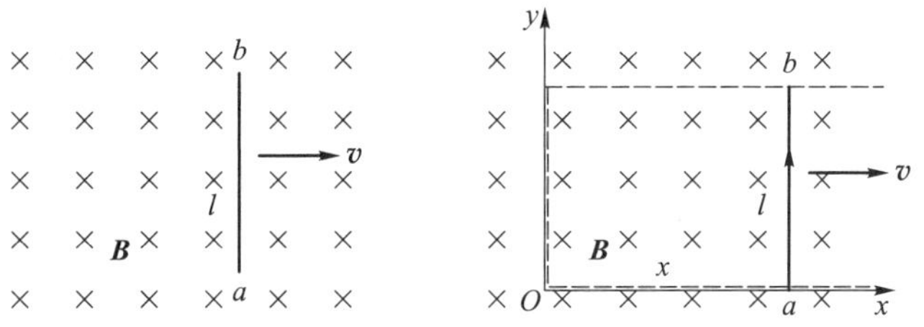

(a) (b)

例题 8-1 图

解题示范:

解:(1) 用动生电动势定义求解

动生电动势的定义为

$$\mathcal{E}=\int_L(\boldsymbol{v}\times\boldsymbol{B})\cdot \mathrm{d}\boldsymbol{l}$$

建立如图(b)所示坐标系,由图可知,磁感应强度与导线速度方向垂直,选择积分路径从 $a\to b$,则有 $\mathrm{d}\boldsymbol{l}=\mathrm{d}y\boldsymbol{j}$,所以

$$\mathcal{E}=\int_0^l vB\mathrm{d}y=Blv$$

电动势指向为 $a\to b$.

(2) 用法拉第电磁感应定律求解

添加如图(b)中 U 形虚线所示的静止线框,线框与 ab 导线构成一个假想的闭合矩形回路.选定逆时针方向为回路的绕行正方向,则通过该回路的磁通量为

$$\boldsymbol{\Phi}=\boldsymbol{B}\cdot\boldsymbol{S}=-Blx$$

根据法拉第电磁感应定律,可得

$$\mathcal{E}=-\frac{\mathrm{d}\Phi}{\mathrm{d}t}=Bl\frac{\mathrm{d}x}{\mathrm{d}t}=Blv$$

因为虚线线框静止,故其上没有动生电动势.所以运动导线 ab 上产生的动生电动势为 $\mathcal{E}=Blv$,电动势指向为 $a\to b$.

解题思路与线索:

由题意知,导致直导线上产生感应电动势的直接原因是导体在磁场中做切割磁感应线的运动,所以可以用动生电动势的定义计算导线上的感应电动势.

此外,感应电动势遵从法拉第电磁感应定律,所以,只要构建出适当的假想闭合回路,本题也可以利用法拉第电磁感应定律求解.因为是求动生电动势,所以选择静止线框作为辅助线.

用法拉第电磁感应定律求解回路中的感应电动势时,首先要选择回路的绕行正方向,因为该方向确定了回路所围面积的正法向(右手螺旋定则),这个方向是判断磁通量的正负的参考,$\boldsymbol{\Phi}=\boldsymbol{B}\cdot\boldsymbol{S}$.

由这个方法可见,正是导体的运动,使得回路所围面积变化,从而引起回路中的磁通量发生了变化,并在导体上产生了感应电动势.显然,移动导体需要外力做功,正是通过这样的方式,机械能转化成了电能,因此,产生电动势的本质是能量的转化.

结果表明,两种方法所得结果完全相同.

例题 8-2 如图(a)所示,在均匀磁场 $\boldsymbol{B}$ 中,有一半径为 R 的半圆弧导线 $\widehat{ab}$,它以角速度 $\boldsymbol{\omega}$ 绕 a 点在图示平面内转动,试求在半圆弧上产生的动生电动势.

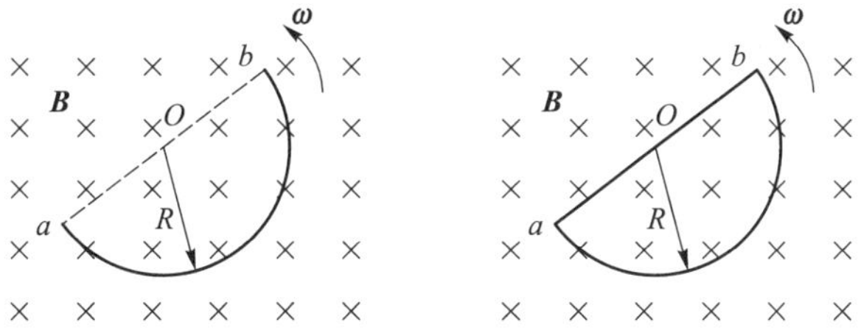

(a) (b)

例题 8-2 图

解题示范：

解： 添加一辅助线 ab，构成如图(b)所示的闭合回路.

闭合回路在绕 a 点转动时，通过回路的磁通量不变，所以整个回路产生的感应电动势：

$$\mathcal{E}=0$$

而对于整个回路，有

$$\mathcal{E}=\mathcal{E}_{\widehat{ab}}+\mathcal{E}_{bOa}=0$$

所以

$$\mathcal{E}_{\widehat{ab}}=-\mathcal{E}_{bOa}$$

选择逆时针方向为回路的绕行正方向，对直线 bOa 用动生电动势定义积分，积分路径为 $b\to O\to a$，可得 bOa 转动产生的动生电动势为

$$\mathcal{E}_{bOa}=\int_b^a(\boldsymbol{v}\times\boldsymbol{B})\cdot\mathrm{d}\boldsymbol{l}=\int_0^{2R}l\omega B\mathrm{d}l=2\omega R^2B$$

所以

$$\mathcal{E}_{\widehat{ab}}=-\mathcal{E}_{bOa}=-2\omega R^2B<0$$

说明电动势指向与回路绕行正方向相反，即 $\mathcal{E}_{\widehat{ab}}$ 的指向为 $b\to a$.

解题思路与线索：

半圆弧导线 $\widehat{ab}$ 绕 a 点在图示平面内转动，半圆弧上各点的 $\boldsymbol{v}$ 不同，各点的 $\boldsymbol{v}\times\boldsymbol{B}$ 方向也不同，直接对半圆弧计算 $\mathcal{E}=\int_a^b(\boldsymbol{v}\times\boldsymbol{B})\cdot\mathrm{d}\boldsymbol{l}$ 很困难.

对于不方便计算的问题，可以转换思路，寻找其他解决问题的方法.例如：

可以考虑添加一随半圆弧一起运动的辅助直线 bOa，使辅助直线与半圆弧线构成一个闭合回路，若辅助直线上的动生电动势易于求解，则可将计算半圆弧的动生电动势转换为计算直线上的动生电动势，使计算得到简化.

计算结果 $\mathcal{E}_{\widehat{ab}}<0$，说明 a 端的电势比 b 端的高.

例题 8-3　一均匀磁场 $\boldsymbol{B}$ 局限在半径为 R 的无限长圆柱形空间里，其磁感应强度的方向与圆柱形轴线平行，大小随时间变化，$B=kt$，其中 k 为常量；一长度为 $2R$ 的直导体细棒按如图(a)所示的方式放置，其中 ab 段在圆柱体的横截面内，bc 段在圆柱体外.求这段导体两端的电势差 U_{ac}.

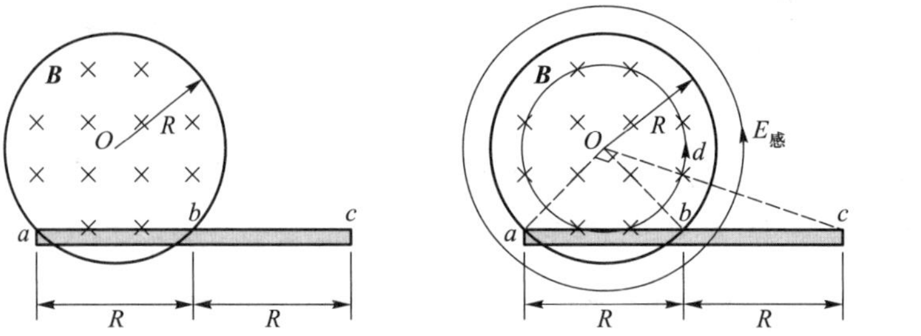

(a)　　　(b)

例题 8-3 图

解题示范：

解：(1) 分析感生电场产生的原因与感生电场的分布情况，可得如图(b)所示感生电场线，与圆柱截面同轴的圆环线.

(2) 计算感生电动势

添加虚线 Oa 和 Oc，形成闭合回路 Oac.规定回路绕行正方向为顺时针方向，

解题思路与线索：

由于磁通量 $\Phi=\int_S\boldsymbol{B}\cdot\mathrm{d}\boldsymbol{S}$，所以有三个原因可以引起磁通量的变化——面积 S 的变化、磁感应强度 B 的变化、磁感应强度与回路面法向之间夹角的变化，所以，当导体不动时，也会由于磁感应强度 B 的变化而产生感应电动势——感生电动势.

续表

则磁场通过该回路的磁通量为 $\boldsymbol{\Phi}=B\cdot\left(\frac{1}{2}R\cdot\frac{\sqrt{3}}{2}R+\frac{\pi R^2}{12}\right)=\frac{3\sqrt{3}+\pi}{12}R^2B$ 由法拉第电磁感应定律，可得 $\mathcal{E}=-\frac{\mathrm{d}\Phi}{\mathrm{d}t}=-\frac{3\sqrt{3}+\pi}{12}R^2k$ 由于 Oa 和 Oc 上感生电场与积分路径垂直，所以有 $\mathcal{E}_{Oa}=\int\boldsymbol{E}_{感}\cdot\mathrm{d}\boldsymbol{l}=0,\mathcal{E}_{Oc}=\int\boldsymbol{E}_{感}\cdot\mathrm{d}\boldsymbol{l}=0$ 所以，只在 ac 上产生感生电动势： $\mathcal{E}_{ac}=\mathcal{E}=-\frac{3\sqrt{3}+\pi}{12}R^2k$ 回路正方向为顺时针方向，$\mathcal{E}_{ac}<0$，说明电动势的指向为 $a\to c$. a、c 两端的电势差为 $U_{ac}=U_a-U_c=\mathcal{E}_{ac}=-\frac{3\sqrt{3}+\pi}{12}kR^2$	本问题中，虽然没有导体的运动，但由于圆柱形空间中的磁感应强度 B 随时间变化，变化的磁场产生感生电场（涡旋电场），涡旋电场（非静电性场）做功，从而产生感生电动势.所以感生电动势为 $\mathcal{E}=\oint_L\boldsymbol{E}_{感}\cdot\mathrm{d}\boldsymbol{l}$ 涡旋电场的电场线是怎样的呢？根据对称性原理，对称的原因产生对称的结果.由于磁场具有相对圆柱轴线的旋转对称性，所以，感生电场也必然具有同样的对称性，即变化的磁场产生的感生电场线为与圆柱横截面的圆周同心的一系列圆周线.感生电场的方向与磁感应强度的时间变化率的方向服从左手螺旋定则（源于楞次定律）. 添加辅助线以便形成闭合回路也是有技巧的.本问题中之所以选择添加沿圆周半径方向的 Oa 和 Oc 两根辅助线，其原因是这两根辅助线上各处的感生电场与辅助线垂直，根据感生电动势的定义，在两根辅助线上产生的电动势为零.整个闭合回路的感生电动势即导体 ac 上的电动势. 计算回路中的磁通量时，要注意到：有磁场通过的面积为三角形 Oab 和扇形 Obd，而不是三角形 Oac. 请读者尝试：若能求出空心圆柱内外由变化的磁场而产生的感生电场 $\boldsymbol{E}_{感}$，直接利用感生电动势的定义 $\mathcal{E}_{感}=\int_L\boldsymbol{E}_{感}\cdot\mathrm{d}\boldsymbol{l}$，积分计算导体 ac 上的电动势.

三、自感的计算

1. 对形状不规则的导体回路可先由实验测出自感电动势 $\mathcal{E}$，当电流随时间变化的规律已知时，可由自感的定义：$L=\frac{\mathcal{E}}{\frac{\mathrm{d}I}{\mathrm{d}t}}$，求得自感 L.

2. 对形状规则的导体回路，自感求解的主要步骤如下：

（1）假设在回路中通以电流 I，根据毕奥-萨伐尔定律或安培环路定理计算出该回路在空间产生的磁场的磁感应强度 $\boldsymbol{B}$；

（2）计算通过回路的磁通量 Φ；

（3）根据公式 $L=\Phi/I$，求得自感 L.

例题 8-4　求螺绕环的自感,螺绕环的参量如图(a)所示.

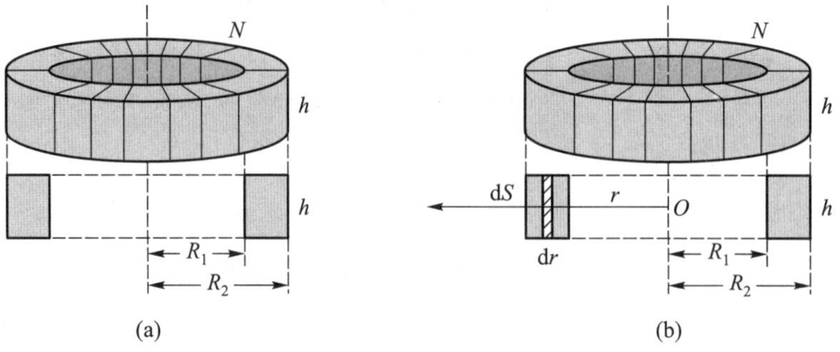

例题 8-4 图

解题示范:

解:按照自感求解步骤:

(1) 假设螺绕环中通有电流 I,计算螺绕环产生的磁感应强度.

作与螺绕环同心的、半径为 r 的安培环路,绕行方向与磁感应强度方向一致,利用安培环路定理

$$\oint \boldsymbol{B}\cdot \mathrm{d}\boldsymbol{l}=\mu_0 \sum I_{内}$$

可得

在 $R_1<r<R_2$ 区域,$\sum I_{内}=NI$,所以有

$$B=\frac{\mu_0 IN}{2\pi r}$$

在 $r<R_1$ 和 $r>R_2$ 区域,$\sum I_{内}=0$,所以有

$$B=0$$

(2) 计算穿过回路的磁通量

由于磁场以与螺绕环半径成反比的规律非均匀分布,所以,如图(b)所示,在螺绕环矩形截面上距 O 点 r 处取微元面积 $\mathrm{d}S$:

$$\mathrm{d}S=h\mathrm{d}r$$

通过 $\mathrm{d}S$ 的磁通量为

$$\mathrm{d}\Phi=B\mathrm{d}S$$

通过整个螺绕环矩形面积的总的磁通量为

$$\Phi=N\int \mathrm{d}\Phi=\int_{R_1}^{R_2}\frac{\mu_0 N^2 I}{2\pi r}h\mathrm{d}r=\frac{\mu_0 N^2 Ih}{2\pi}\ln\frac{R_2}{R_1}$$

根据公式　　$L=\Phi/I$

可得自感

$$L=\frac{\Phi}{I}=\frac{\mu_0 N^2 h}{2\pi}\ln\frac{R_2}{R_1}$$

解题思路与线索:

由于螺绕环中电流分布具有轴对称性,同时相对于过轴的平面具有镜像对称性,所以,根据磁感应强度的轴矢量特性可以判定,磁感应强度只有垂直于轴线平面的分量,且磁感应线一定是与螺绕环同心的一系列圆周线.

假设螺绕环中通有电流 I,可以利用安培环路定理,计算螺绕环在空间产生磁场的磁感应强度.

根据磁场分布的对称性,在螺绕环所在平面内,分别选择 $r<R_1$、$R_1<r<R_2$ 和 $r>R_2$ 三个与螺绕环同心的圆周作为计算三个对应区域的磁感应强度的安培环路,绕行正向与磁感应强度方向一致.我们会发现,由于只有 $R_1<r<R_2$ 对应的环路中有电流穿过,所以磁场只存在于该区间.

螺绕环上共绕有 N 匝导线线圈,每一匝线圈所围绕的面积就是螺绕环的矩形横截面积,所以,计算磁通量时,我们可以先求出一匝线圈上的磁通量,再乘以 N,则可得总的磁通量或磁链.

由于螺绕环内部磁感应强度分布不均匀,而是随半径 r 变化,所以需要利用微元分析法,通过积分计算.

结果表明,自感只与线圈尺寸、匝数和线圈内的介质有关.

四、互感的计算

1. 对形状不规则的回路 1 和回路 2,可先用实验测出回路 2 的电流随时间变化(dI_2/dt)时,在回路 1 中引起的互感电动势 $\mathcal{E}_1$,然后根据公式:$M=\dfrac{\mathcal{E}_1}{dI_2/dt}$,求得互感 M.

2. 对形状规则的回路 1 和回路 2,互感的求解主要步骤如下:

(1) 先假定回路 2 通以电流 I_2,由毕奥-萨伐尔定律求出回路 2 在空间产生的磁感应强度 $\boldsymbol{B}_2$;

(2) 计算磁场 $\boldsymbol{B}_2$ 通过回路 1 的磁通量 Φ_{12},再根据公式:$M=\Phi_{12}/I_2$,求得互感 M.

例题 8-5 一无限长直导线通以电流 $I=I_0\sin\omega t$,有一矩形线框与直导线在同一平面内,其短边与直导线平行,线框的尺寸及位置如图(a)所示,且 $b/c=3$.求:直导线和线框的互感.

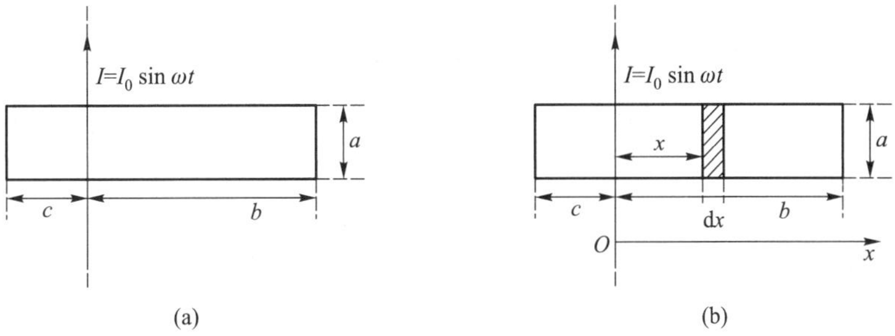

例题 8-5 图

解题示范:

解:建立如图(b)所示坐标系,由题意可知,直导线中通有电流 I,由安培环路定理可得它在空间产生的磁感应强度的大小为

$$B_2=\frac{\mu_0 I}{2\pi x}=\frac{\mu_0 I_0\sin\omega t}{2\pi x}$$

在 $x>0$ 区域,磁感应强度的方向:垂直于纸面向里.在 $x<0$ 的区域,磁感应强度的方向为垂直纸面向外.根据磁场分布特征,选择平行于直导线、距直导线为 x、宽度为 dx 的矩形微元面积,计算可得磁场 $\boldsymbol{B}_2$ 通过矩形线框的磁通量($x<0$ 和 $x>0$ 两个区域的总磁通量)为

$$\Phi_{12}=\int \boldsymbol{B}_2\cdot d\boldsymbol{S}=\int_0^b\frac{\mu_0 I}{2\pi x}a\,dx-\int_{-c}^0\frac{\mu_0 I}{2\pi x}a\,dx$$

$$=\int_c^b\frac{\mu_0 I}{2\pi x}a\,dx=\frac{\mu_0 Ia}{2\pi}\ln\frac{b}{c}=\frac{\mu_0 Ia}{2\pi}\ln 3$$

根据互感的定义,可得互感:

$$M=\frac{\Phi_{12}}{I}=\frac{\mu_0 a}{2\pi}\ln 3$$

解题思路与线索:

选矩形线框为回路 1,长直导线所在回路为回路 2,由题意知,回路 2 通有电流 I,可求出它在空间产生的磁场的磁感应强度 $\boldsymbol{B}_2$.

载流直导线在空间产生的磁场 $\boldsymbol{B}_2$ 可以根据安培环路定理求解,或直接利用载流直导线磁场分布的结果.结果表明该磁场在空间非均匀分布,与场点到载流直导线的距离成反比.

由于电流随时间变化,所以磁场也随时间变化,必然引起通过回路 1(矩形线框)中磁通量的变化,从而产生互感.

由于磁感应强度在空间非均匀分布,计算 $\boldsymbol{B}_2$ 通过矩形线框的磁通量 Φ_{12} 时,需要在矩形线框中选取合适的微元面积,选取原则是,在微元面积上,磁场可以认为是均匀的,因此,我们只能选平行于导线的细窄条形微元面积 $dS=a\,dx$,并用 $\boldsymbol{B}_2\cdot d\boldsymbol{S}$ 表示出微元磁通量 $d\Phi$.如果顺时针方向为回路绕行正向,则在 $x<0$ 区域,磁通量为负;在 $x>0$ 区域,磁通量为正.

思 维 拓 展

一、楞次定律与能量守恒定律

法拉第电磁感应定律 $\mathcal{E}=-\frac{\mathrm{d}\Phi}{\mathrm{d}t}$中的负号表示了感应电动势的方向，它是楞次定律的数学表示.楞次定律是从大量实验中总结出来的，它是确定感应电流方向的普适规律.

楞次定律的表述为：感应电动势的方向总是使它在回路中产生的感应电流所激发的磁场来反抗回路中引起感应电动势的原磁通量的变化.

楞次定律的本质是能量守恒定律在电磁感应现象中的反映.感应电流的磁场阻碍原磁通量的变化，其结果就是回路必须克服这个阻碍做功，而做功就需要消耗能量，这个能量就是感应电流能量的来源.

下面通过一个例子说明楞次定律与能量守恒定律的关系.

空间一导体圆环中有外磁场 $\boldsymbol{B}$，如图 8.1 所示.当圆环内的磁感应强度 $\boldsymbol{B}$ 增加时，变化的磁场在空间产生一个涡旋电场 $\boldsymbol{E}$，$\nabla\times\boldsymbol{E}=-\frac{\partial\boldsymbol{B}}{\partial t}$，在圆环导体中形成感生电动势，从而产生感生电流.上式中的负号体现了楞次定律.环中的电流将沿图中所示方向流动.

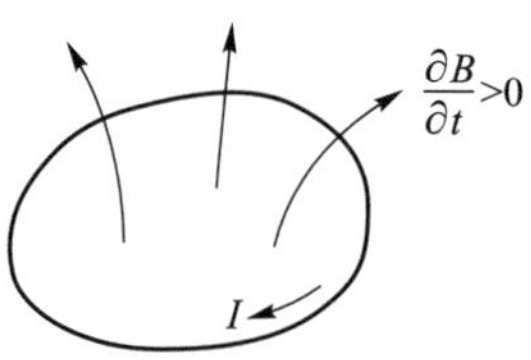

图 8.1

假如圆环中的电流方向与楞次定律所规定的方向相反，即该电流在环内产生的磁场与原磁场同方向，则环内磁场进一步增长，它又引起电流的增长.如此不断地反复下去，环内的磁场会越来越强，即磁能会不断增加，环中电流不断增大.这意味着，只要开始使环内通有一个很微小的电流，就可以使环内的磁场和电流持续不断地增加下去，这是一种永动机，显然这是违背能量守恒定律的.

由此可见，楞次定律符合能量守恒定律，而能量守恒定律要求感应电动势的方向必须服从楞次定律.

二、感应电动势与回路是否闭合、导体是否存在无关

在讨论感应电流和法拉第电磁感应定律时，经常涉及对磁通量的分析，而磁通量的概念又只有对一个闭合回路才有意义.因此，有人错误地认为，感应电动势也离不开闭合回路，更离不开导体.根据电动势定义：$\mathcal{E}=\int_L \boldsymbol{E}_{\mathrm{k}}\cdot\mathrm{d}\boldsymbol{l}$，电动势反映了非静电力移动电荷做功的本领，只要有非静电力存在，就有相应的电动势.沿不同路径，非静电力做功不同，电动势也不同.在感生电场 $\boldsymbol{E}_{感}$ 分布

一定的情况下，只要积分路径一定，相应的感生电动势 $\mathcal{E}_{感}=\int_L \boldsymbol{E}_{感}\cdot \mathrm{d}\boldsymbol{l}$ 也就唯一地确定了.导体的存在与闭合，只是使电动势表现出一定的宏观效果：闭合导体回路中出现感生电流，非闭合导体中电荷重新分布形成电势差等.但这段路径上，感生电场移动电荷的本领，是不依赖于回路是否闭合或导体是否存在的.没有导体或回路，相当于有一条电阻为无穷大的电路，而电阻的大小只影响电流，不影响电动势.

课后练习题

基础练习题

8-2.1 一个半径为 r 的圆线圈置于均匀磁场中，线圈平面与磁场方向垂直，线圈电阻为 R. 当线圈绕直径转过 30°时，以下各量中，与线圈转动快慢无关的量是[ ].

(A) 线圈中的感应电动势

(B) 线圈中的感应电流

(C) 通过线圈的感应电荷量

(D) 线圈回路上的感应电场

8-2.2 一块铜板放在磁感应强度正在增大的磁场中时，铜板中出现涡流(感应电流)，则涡流将[ ].

(A) 加速铜板中磁场的增加　　(B) 减缓铜板中磁场的增加

(C) 对磁场不起作用　　(D) 使铜板中磁场反向

8-2.3 面积为 S 和 $2S$ 的两圆线圈 1、2 如图放置，通有相同的电流 I.线圈 1 的电流所产生的通过线圈 2 的磁通量用 Φ_{21}表示，线圈 2 的电流所产生的通过线圈 1 的磁通量用 Φ_{12}表示，则 Φ_{21}和 Φ_{12}的大小关系为[ ].

(A) $\Phi_{21}=2\Phi_{12}$

(B) $\Phi_{21}=\dfrac{1}{2}\Phi_{12}$

(C) $\Phi_{21}=\Phi_{12}$

(D) $\Phi_{21}>2\Phi_{12}$

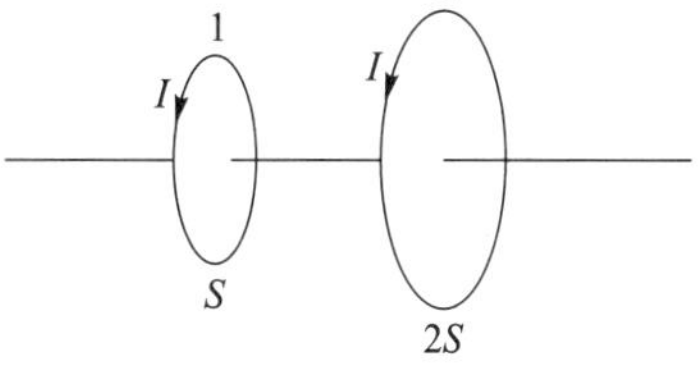

题 8-2.3 图

8-2.4 有两个长直密绕螺线管，长度及线圈匝数均相同，半径分别为 r_1 和 r_2.管内充满均匀介质，其磁导率分别为 μ_1 和 μ_2.设 $r_1:r_2=1:2$，$\mu_1:\mu_2=2:1$，当将两个螺线管串联在电路中通电稳定后，其自感之比 $L_1:L_2$ 与磁能之比 $W_1:W_2$ 分别为[ ].

(A) $L_1:L_2=1:1$，$W_1:W_2=1:1$

(B) $L_1:L_2=1:2$，$W_1:W_2=1:1$

(C) $L_1:L_2=1:2$，$W_1:W_2=1:2$

(D) $L_1 : L_2 = 2 : 1, W_1 : W_2 = 2 : 1$

8-2.5　对位移电流,有下述四种说法,说法正确的是[　　].

(A) 位移电流是由变化电场产生的

(B) 位移电流是由线性变化的磁场产生的

(C) 位移电流的热效应服从焦耳-楞次定律

(D) 位移电流的磁效应不服从安培环路定理

8-2.6　在圆柱形空间内有一磁感应强度为 $\boldsymbol{B}$ 的均匀磁场,如图所示,$\boldsymbol{B}$ 的大小以速率 $\mathrm{d}B/\mathrm{d}t$ 变化,在磁场中有 a、b 两点,其间可放直导线 ab 和弯曲的导线 $\widehat{ab}$,则[　　].

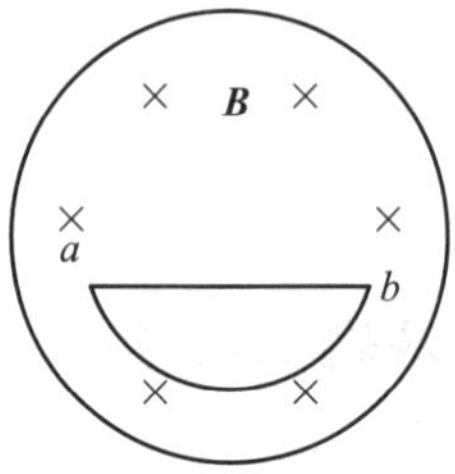

题 8-2.6 图

(A) 电动势只在 ab 直导线中产生

(B) 电动势只在 $\widehat{ab}$ 导线中产生

(C) 电动势在 ab 和 $\widehat{ab}$ 中都产生,且两者大小相等

(D) ab 直导线中的电动势小于 $\widehat{ab}$ 导线中的电动势

8-2.7　如图所示,一磁铁竖直地自由落入一螺线管中,当开关 S 断开时,磁铁在通过螺线管的整个过程中,下落的平均加速度________重力加速度;当开关 S 闭合时,磁铁在通过螺线管的整个过程中,下落的平均加速度________重力加速度.(空气阻力不计.填入大于、小于或等于.)

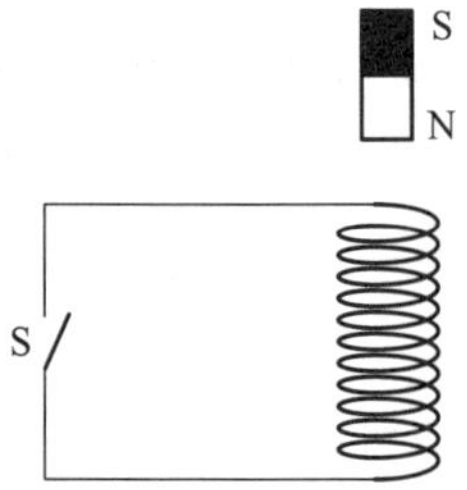

题 8-2.7 图

8-2.8　长为 l 的金属直导线在垂直于均匀磁场的平面内以角速度 ω 转动.如果转轴在导线上的位置是在________,整个导线上的电动势为最大,其值为________;如果转轴位置是在________,整个导线上的电动势为最小,其值为________.

8-2.9　无铁芯的长直螺线管的自感表达式为 $L=\mu_0 n^2 V$,其中 n 为单位长度上的匝数,V 为螺线管的体积,若考虑端缘效应时实际的自感应________(填入大于、小于或等于)此式给出的值.若在管内装上铁芯,则 L 与通过长直螺线管的电流________(填入有关、无关).

8-2.10　反映电磁场基本性质和规律的积分形式的麦克斯韦方程组为

① $\oint_S \boldsymbol{D} \cdot \mathrm{d}\boldsymbol{S} = \sum_{i=1}^{n} q_i$

② $\oint_L \boldsymbol{E} \cdot \mathrm{d}\boldsymbol{l} = -\mathrm{d}\Phi/\mathrm{d}t$

③ $\oint_L \boldsymbol{B} \cdot \mathrm{d}\boldsymbol{S} = 0$

④ $\oint_L \boldsymbol{H} \cdot \mathrm{d}\boldsymbol{l} = \sum_{i=1}^{n} I_i + \mathrm{d}\Phi_e/\mathrm{d}t$

试判断下列结论是包含于或等效于哪一个麦克斯韦方程式的.将你确定的方程式用代号填在相应结论后的空白处.

(1) 变化的磁场一定伴随着电场.________________

（2）磁感应线是无头无尾的. ________

（3）电荷总伴随着电场. ________

8-2.11 圆形平行板电容器从 $q=0$ 开始充电，试画出充电过程中，极板间某点 P 处电场强度的方向和磁感应强度的方向.

8-2.12 如图所示，一导体细棒被折成 N 形，其中平行的两段长为 l. 当这导体细棒在磁感应强度为 $\boldsymbol{B}$（方向垂直向外）的均匀磁场中沿图示方向匀速运动时，求导体细棒两端 a、d 间的电势差 U_{ad}.

8-2.13 如图所示，一长圆柱状磁场，磁场方向沿轴线并垂直于图面向里，磁场大小既与到轴线的距离 r 成正比，又随时间 t 作正弦变化，即 $B=B_0 r\sin\omega t$，B_0、ω 均为常量. 若在磁场内放一半径为 a 的金属圆环，环心在圆柱状磁场轴线上，求金属环中的感生电动势.

8-2.14 一导线弯成如图所示的形状，放在均匀磁场 $\boldsymbol{B}$ 中，$\boldsymbol{B}$ 的方向垂直于图面向里，$\angle bcd=60°$，$|bc|=|cd|=a$，使导线绕轴 OO' 旋转，转速为 n r · min^{-1}，计算 $\mathcal{E}_{OO'}$.

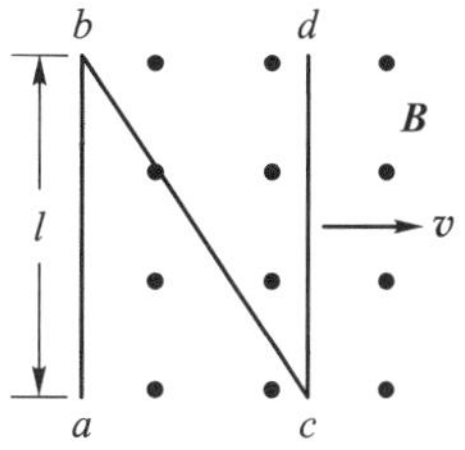

题 8-2.12 图

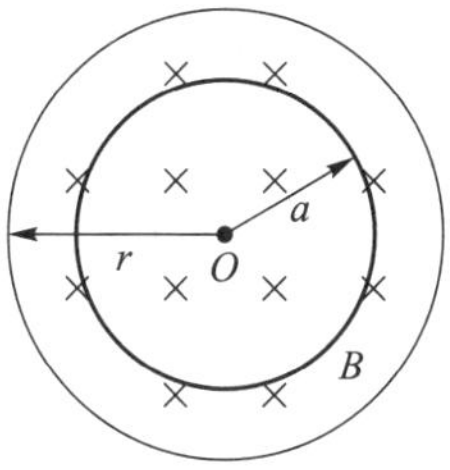

题 8-2.13 图

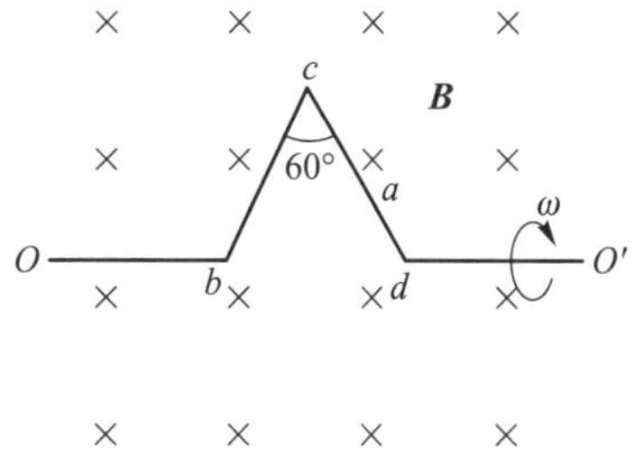

题 8-2.14 图

综合练习题

8-3.1 一长直导线载有电流 I，在它的旁边有一段直导线 AB（$|AB|=L$），长直载流导线与直导线在同一平面内，夹角为 θ，直导线 AB 以速度 $\boldsymbol{v}$（$\boldsymbol{v}$ 的方向垂直于载流导线）运动. 已知：$I=100$ A，$v=5.0$ m · s^{-1}，$\theta=30°$，$a=2$ cm，$|AB|=16$ cm.

（1）求在图示位置 AB 导线中的感应电动势 $\mathcal{E}$；

（2）问：A 和 B 哪端电势高？

8-3.2 如图所示，载有电流 I 的长直导线附近，放一导体半圆环 MeN 与长直导线共面且端点 M、N 的连线与长直导线垂直. 半圆环的半径为 b，环心 O 与导线相距 a，设半圆环以速度 $\boldsymbol{v}$ 平行于导线平移，求半圆环内感应电动势的大小和指向以及 M、N 两端的电压 U_M-U_N.

8-3.3 如图所示，矩形线圈 $ABCD$ 与通有电流 I 的长直导线共面并以速度 $\boldsymbol{v}$ 沿垂直于电流的方向运动.

（1）写出线圈中感应电动势的表达式（作为 AB 边到长直导线距离 x 的函数）；

（2）若 $I=5$ A，$v=3$ m · s^{-1}，$l=20$ cm，$a=10$ cm，求当 $x=10$ cm 时线圈中感应电动势的大小和指向.

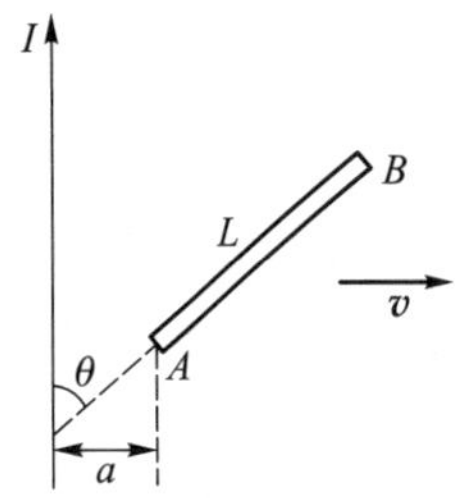

题 8-3.1 图

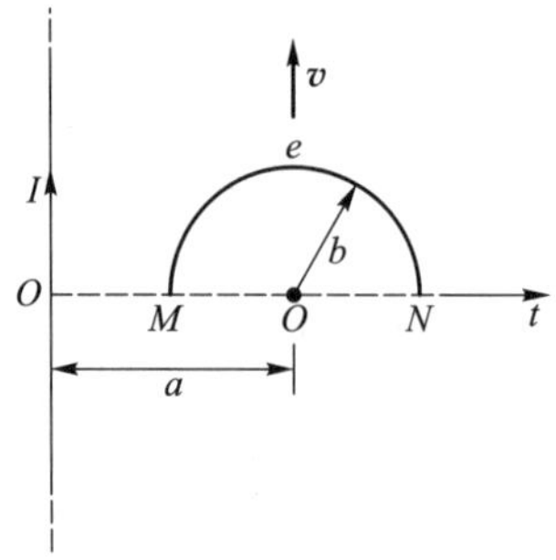

题 8-3.2 图

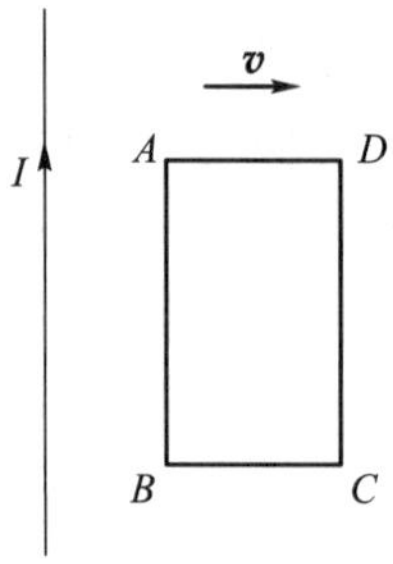

题 8-3.3 图

8-3.4 设电子加速器的磁场是局限在半径为 R 的圆柱体区域内的均匀磁场，一电子沿半径为 $r=1.0$ m 的同心轨道做圆周运动（$r<R$），若它每转一周动能增加 700 eV，试计算该轨道内的磁通量变化率及该轨道上各点的感生电场的电场强度.

8-3.5 半径为 a 的细长螺线管内有 $\mathrm{d}B/\mathrm{d}t>0$ 的均匀磁场，将一直导线弯成等腰梯形闭合回路如图放置.已知梯形上底长为 a，下底长为 $2a$，求各边产生的感应电动势和回路中的总电动势.

8-3.6 如图所示，边长分别为 a、b 的矩形回路与无限长直导线共面，且矩形的一边与直导线平行.直导线中通有电流 $I=I_0\cos\omega t$.当矩形回路以速度$\boldsymbol{v}$垂直离开导线时，求任意时刻回路中的感应电动势.

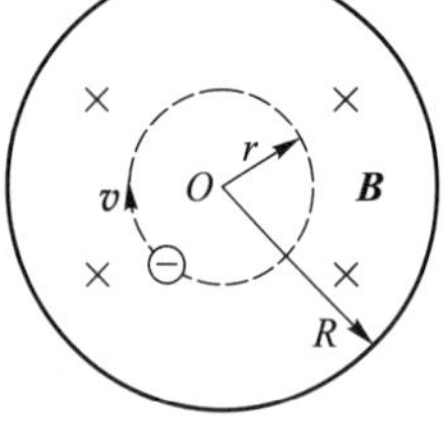

题 8-3.4 图

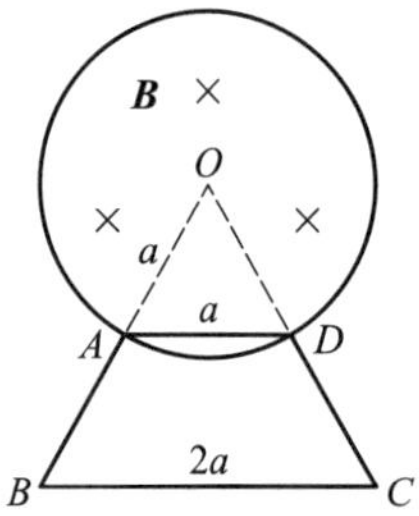

题 8-3.5 图

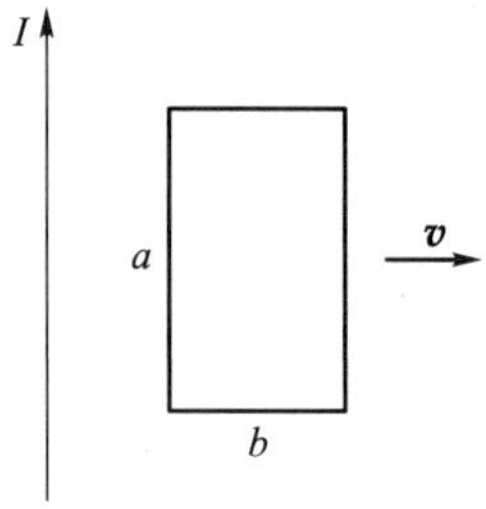

题 8-3.6 图

8-3.7 在长为 $l=20$ cm、直径为 $d=1.5$ cm 的圆纸筒上用绝缘铜导线绕制成自感 $L=1.0\times10^{-4}$ H 的长直螺线管.

（1）求该螺线管的匝数；

（2）问：实际上绕制的匝数应比理论值多还是少？为什么？

8-3.8 一圆环，环管横截面半径为 a，中心线的半径为 R，$R\gg a$，有两个彼此绝缘的导线圈都均匀地密绕在环上，一个 N_1 匝，另一个 N_2 匝，求：

（1）两线圈的自感 L_1 和 L_2；

（2）两线圈的互感 M；

（3）M 与 L_1 和 L_2 的关系.

8-3.9 如图所示，一根长直导线与一等边三角形线圈 ABC 共面放置，三角形高为 h，AB 边平行于直导线，且与直导线的距离为 b.三角形线圈中通有电流 $I=I_0\sin\omega t$，电流 I 的正方向如箭头所示，求直导线中的感生电动势.

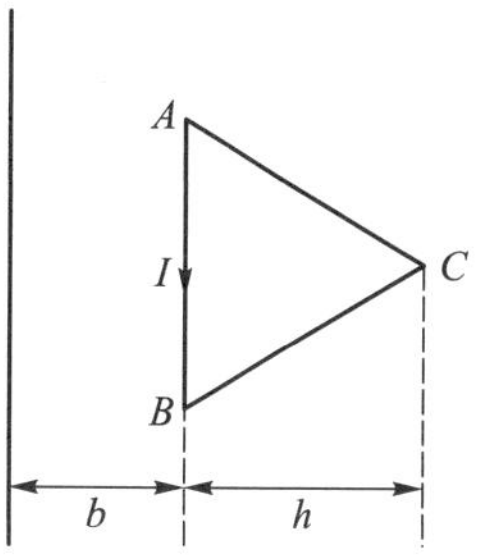

题 8-3.9 图

8-3.10　一同轴电缆，芯线是半径为 R_1 的空心导线，外面套以同轴的半径为 R_2 的圆筒形金属网，芯线与网之间的绝缘材料的相对磁导率为 μ_r. 试求单位长度电缆上的自感 L_0.

8-3.11　测量两线圈互感的一种实验方法是：先将两线圈顺向串联［见图(a)，此时两线圈磁通量互相加强］，测量它们顺向串联时的等效自感 L'，然后将它们反向串联［见图(b)，此时它们的磁通量相互削弱］，再测量它们反向串联时的等效自感 L''，于是两线圈的互感 $M=\frac{1}{4}(L'-L'')$. 试加以证明.

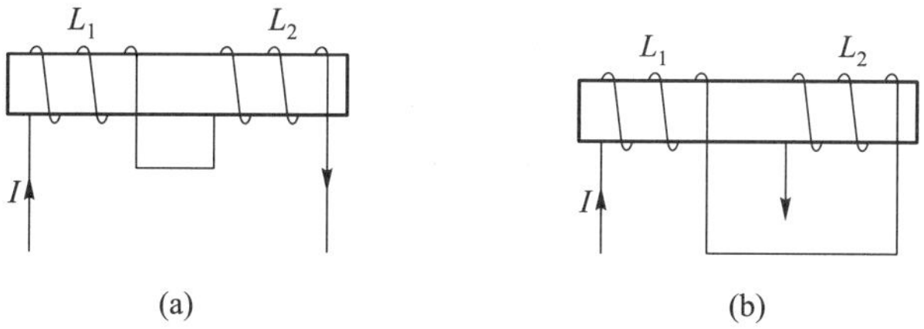

题 8-3.11 图

8-3.12　一矩形截面螺绕环尺寸如图所示，密绕 N 匝导线并通以电流 $I=I_0\cos(2\pi ft)$，在其轴上放一长直导线.

（1）求二者间的互感；

（2）当 $t=\frac{1}{4f}$（s）时，求长直导线上的互感电动势；

（3）若将长直导线抽走，螺绕环内通以恒定电流 I_0，且环内介质磁导率 $\mu=\mu_0$，求磁场能量.

8-3.13　一根电缆由半径为 R_1 和 R_2 的两个薄筒形导体组成，在两圆筒中间填充磁导率为 μ 的均匀磁介质. 电缆内层导体通有电流 I，外层导体作为电流返回路径，如图所示. 求长度为 l 的一段电缆内的磁场储存的能量.

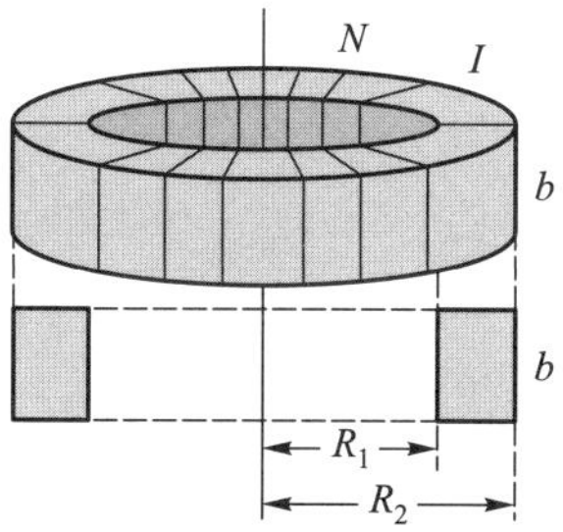

题 8-3.12 图

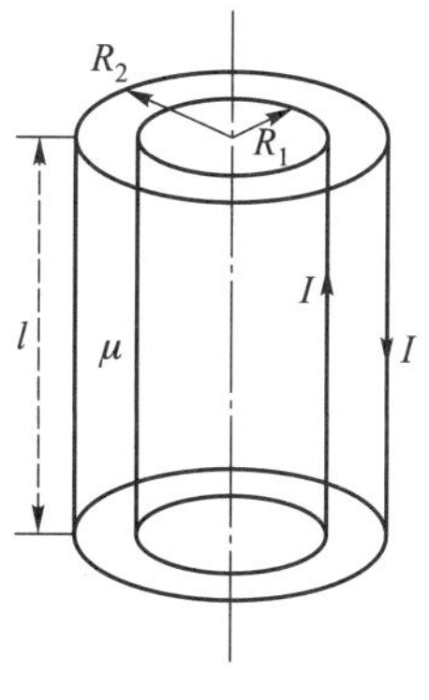

题 8-3.13 图

8-3.14　给电容为 C 的平行板电容器充电，电流为 $i=0.2e^{-t}$（SI 单位），$t=0$ 时电容器极板上无电荷，求：

（1）极板间电压 U 随时间 t 变化的关系；

（2）t 时刻极板间总的位移电流 I_d（忽略边缘效应）.

8-3.15　试证明平行板电容器中位移电流可写为

$$I_d = C\frac{dU}{dt}$$

式中，C 是电容器的电容，U 为两板的电势差.不计边缘效应.

8-3.16　麦克斯韦方程组是怎样形成的？它在物理学发展史上有什么重要意义？

8-3.17　谈谈电磁污染对人类和环境的危害，如何正确使用手机等电子产品能减小危害？

习题解答

第三篇

振动与波动

第九章　振动

在科学上没有平坦的大道，只有不畏劳苦沿着陡峭山路攀登的人，才有希望达到光辉的顶点.

——马克思

课前导引

物体周期性的往复运动称为振动.如：弹簧振子的运动、挂钟的摆动、心脏的跳动等.振动是自然界和物理世界中广泛存在、十分重要的一种运动形式.这些不同形态的周期性运动，在描述方式和处理方法乃至某些结果的数学形式上，均具有极大的相似性和可比性.对较为直观的机械振动的研究，无疑为我们深入研究更广泛的振动类运动提供了坚实的基础.

机械振动是以简谐振动为基础的.本章的学习重点是如何描述周期性运动.从动力学角度分析，质点振动实际上仍然服从牛顿运动定律，由牛顿第二定律可以得到质点的运动微分方程；从运动学的角度分析，质点振动的位置、速度和加速度都具有周期性，运动方程就是动力学微分方程的解.学习中应重点理解和掌握确定质点振动方程的几个特征量及其决定条件或因素，熟练掌握和运用旋转矢量与简谐振动的一一对应关系，以便方便、有效地解决相关的问题.请特别注意理解相位的概念，以及怎样用相位概念描述质点的不同运动状态.此外，认真学习并掌握同方向、同频率的简谐振动的合成会对波动光学章节的学习大有帮助.

学习目标

1. 掌握谐振子理想模型研究法，了解周期性思想在物理学中的重要意义.

2. 理解简谐振动的概念及其三个特征量的意义和决定因素，掌握用旋转矢量法表示简谐振动及其在求解初相、振动合成等方面的应用.

3. 理解简谐振动的动力学特征、理解准弹性力的意义.掌握简谐振动的判据，能根据已知条件写出简谐振动运动方程.

4. 理解简谐振动的能量特征，了解从能量关系角度分析振动问题的方法.

5. 掌握同方向同频率简谐振动的合成规律.

6. 理解同方向不同频率简谐振动的合成规律,了解拍现象.

7. 理解相互垂直同频率、相互垂直不同频率简谐振动的合成规律,了解李萨如图的形成及应用.

8. 了解阻尼振动、受迫振动和共振的特征与应用.

9. 了解非线性振动与混沌现象.

本章知识框图

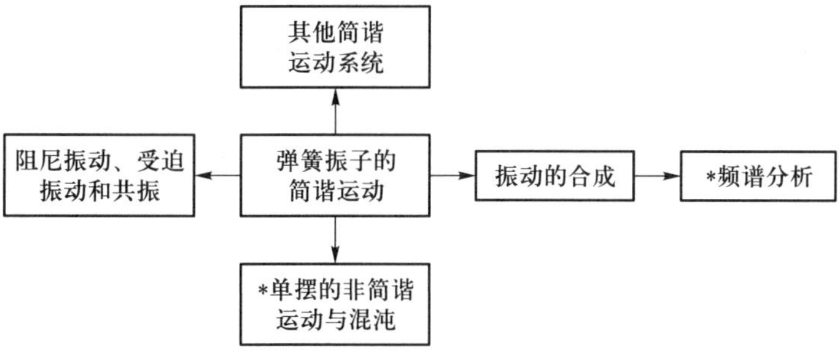

混合教学学习指导

本章课堂教学计划为 3 讲,每讲 2 学时.在每次课前,学生阅读教材相应章节、观看相关教学视频,在问题导学的指引下思考学习,并完成课前测试练习.

阅读教材章节

张晓,王莉,《大学物理学》(第二版)下册,第十二章:振动 2—31 页.

观看视频——资料推荐

知识点视频

序号	知识点视频	说明
1	简谐振动	这里提供的是本章知识点学习的相关视频条目,视频的具体内容可以在国家级精品资源课程、国家级线上一流课程等网络资源中选取.
2	旋转矢量	
3	振动的合成	
4	阻尼振动　受迫振动　共振	

导学问题

简谐振动

- 什么是谐振子理想模型？它的物理意义及应用是什么？
- 什么是振动？什么是简谐振动？
- 简谐振动的特征量是什么？它们的决定因素和物理意义是什么？如何求解？
- 简谐振动的运动学特征（运动方程）是什么？它的动力学特征是什么？（简谐振动的判据.）
- 如何分析一个物体的运动是不是简谐振动？如何求解物体运动的周期？
- 简谐振动的能量如何计算？能量特征是什么？如何从能量特征分析振动问题？

旋转矢量法

- 什么是旋转矢量法？这种方法是如何将质点的圆周运动与质点的简谐振动联系起来的？质点的这两种运动的运动量之间有怎样的对应关系？

振动的合成

- 一个简谐振动如何用矢量表示？矢量合成的方法是什么？
- 怎样画同方向、同频率两个简谐振动的矢量合成图？
- 拍的物理意义是什么？
- 什么是李萨如图形？如何利用李萨如图形进行未知信号源信号频率的测量？

阻尼振动 受迫振动 共振

- 与简谐振动相比，阻尼振动、受迫振动、共振的运动特点是什么？共振现象在生活中的应用有哪些？
- 通过简谐振动、阻尼振动以及受迫振动三者运动特点的对比，体会在物理理想模型的构建中，主要矛盾与次要矛盾之间的辩证关系.

课前测试题

选择题

9-1.1 下列作用在质点上的力 F 与质点位移 x 的关系中，哪个关系代表着质点做简谐振动？[ ].

(A) $F=-400x^2$(SI 单位)　　(B) $F=3x^2$(SI 单位)

(C) $F=-5x$(SI 单位)　　(D) $F=10x$(SI 单位)

9-1.2 在简谐振动的运动方程中，振动相位$(\omega t+\varphi)$的物理意义是[ ].

(A) 表征了简谐振子 t 时刻所在的位置

(B) 表征了简谐振子 t 时刻的振动状态

(C) 给出了简谐振子 t 时刻加速度的方向

(D) 给出了简谐振子 t 时刻所受回复力的方向

9-1.3 对做简谐振动的物体,以下哪种说法是正确的? [ ].

(A) 物体处在运动正方向的端点时,速度和加速度都达到最大值

(B) 物体处于平衡位置且向负方向运动时,速度和加速度都为零

(C) 物体处于平衡位置且向正方向运动时,速度最大,加速度为零

(D) 物体处在负方向的端点时,速度最大,加速度为零

9-1.4 如图所示是物体做简谐振动的振动曲线,从图中可知,该简谐振动的初相位满足的关系式是[ ].

(A) $-\pi<\varphi<-\dfrac{\pi}{2}$ (B) $0<\varphi<\dfrac{\pi}{2}$

(C) $-\dfrac{3}{2}\pi<\varphi<-\pi$ (D) $-\dfrac{1}{2}\pi<\varphi<0$

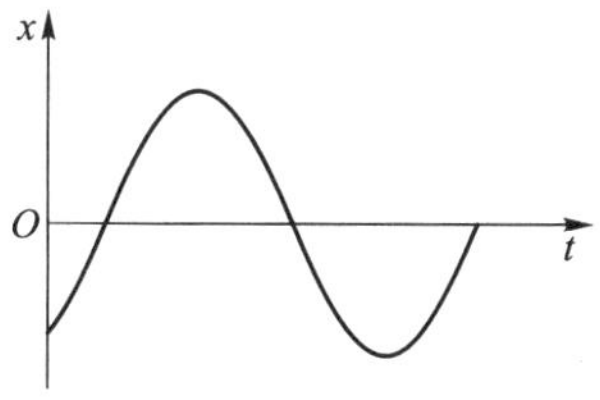

题 9-1.4 图

9-1.5 一质点做简谐振动,周期为 T.质点由平衡位置向 x 轴正方向运动时,由平衡位置到二分之一最大位移这段路程所需要的最短时间为[ ].

(A) $T/4$ (B) $T/12$ (C) $T/6$ (D) $T/8$

9-1.6 一弹簧振子做简谐振动,当其偏离平衡位置的位移大小为振幅的 1/4 时,其动能为振动总能量的[ ].

(A) 7/16 (B) 15/16 (C) 9/16 (D) 13/16

9-1.7 两个沿同一直线且具有相同振幅 A 和周期 T 的简谐振动合成,若这两个振动反相,则合成后的振动振幅为[ ].

(A) $2A$ (B) A (C) 0 (D) 以上都不对

判断题

9-1.8 一个做简谐振动的质点,其速度-时间曲线如图所示,在图中的 A 点,质点向 x 正方向运动.[ ]

9-1.9 一竖直放置的弹簧振子不能做简谐振动.[ ]

9-1.10 在简谐振动中,可发生共振现象.[ ]

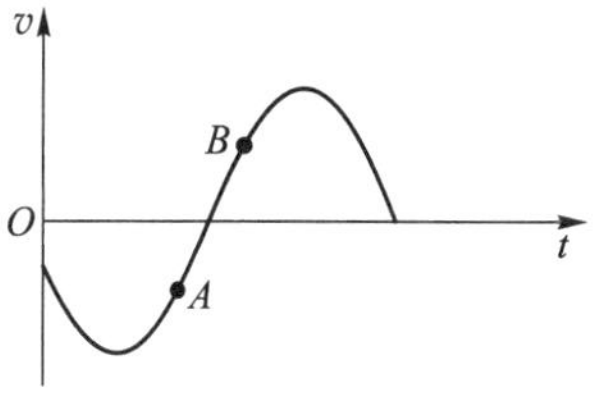

题 9-1.8 图

知识梳理

知识点 1. 弹簧振子、简谐振动

1. 弹簧振子

弹簧振子是由弹性系数为 k 的轻弹簧和系于弹簧一端、质量为 m 的质点所组成的系统.它是把系统质量集中于质点 m 上,而把系统的弹性集中于轻弹簧 k 上的一种理想模型.

2. 简谐振动

任何物理量只要满足形式为$\frac{d^2x}{dt^2}+\omega^2x=0$的微分方程,该物理量就将随时间按照余弦或正弦的规律变化,即 $x=A\cos(\omega t+\varphi)$,我们称这种运动为简谐振动.

说明 弹簧振子是理想模型,它是简谐振动研究中最基本和重要的研究对象.

描述简谐振动的特征量见表 9.1。

表 9.1 描述简谐振动的特征量

特征量	角频率 ω 周期 T 频率 ν	振幅 A	相位 $\omega t+\varphi$ 初相 φ
物理意义	ω 描述质点振动的快慢;$\omega=2\pi/T$ 表示单位时间内振动相位的变化. $T=2\pi/\omega,\nu=1/T$	描述振动的强弱	描述振动的状态
决定因素	系统本身性质	初始条件或能量	初相由初始条件决定

3. 如何判定一个运动为简谐振动?

简谐振动有三个判据,但三个判据的应用条件和适用范围是不同的.最一般的判据应该是运动微分方程,只要物理量 x 随时间变化的微分方程具有形式:

$$\frac{d^2x}{dt^2}+\omega^2x=0$$

该物理量就将随时间做简谐振动(变化).这个 x 可以是任何物理量,比如:质点的位移、角位移、速度、加速度等;也可以是电荷量、电流、电压、电场、磁场等.凡是满足该微分方程的物理量,其随时间变化的运动方程都具有形式

$$x(t)=A\cos(\omega t+\varphi)$$

合力与位移正比反向这个判据,只对动力学系统适用,也是我们讨论机械振动的基础和出发点.这个判据的应用通常是一个综合性问题,需要综合运用关于质点运动的运动学知识、牛顿运动定律和刚体定轴转动定律.

4. 简谐振动的速度、位移和加速度

由胡克定律和牛顿第二定律可得弹簧振子的微分方程:

$$\frac{d^2x}{dt^2}+\omega^2x=0 \tag{9-1}$$

求解方程(9-1)可得弹簧振子的位移:

$$x=A\cos(\omega t+\varphi) \tag{9-2}$$

对(9-2)式分别求时间 t 的一次和二次导数,可得弹簧振子的速度和加速度:

$$v=\frac{dx}{dt}=-A\omega\sin(\omega t+\varphi) \tag{9-3}$$

$$a=\frac{d^2x}{dt^2}=-A\omega^2\cos(\omega t+\varphi) \tag{9-4}$$

可见,简谐振动的位移、速度和加速度都随时间做简谐变化,它们的时间变化曲线如图 9.1 所示.

说明 简谐振动是研究机械振动问题时涉及的典型且重要的运动形式,它的显著特点是质

点运动时，位移与时间遵从余（正）弦函数规律，位移随时间的变化呈现出周期性．类似地，简谐振动的速度和加速度也随时间进行简谐变化，呈现出周期性变化的特点．

说明 相位$(\omega t+\varphi)$是反映质点在不同时刻做简谐振动状态的物理量，相位的概念对理解简谐振动及其合成具有重要的作用．相位也是波动光学和近代物理中的重要基本概念．

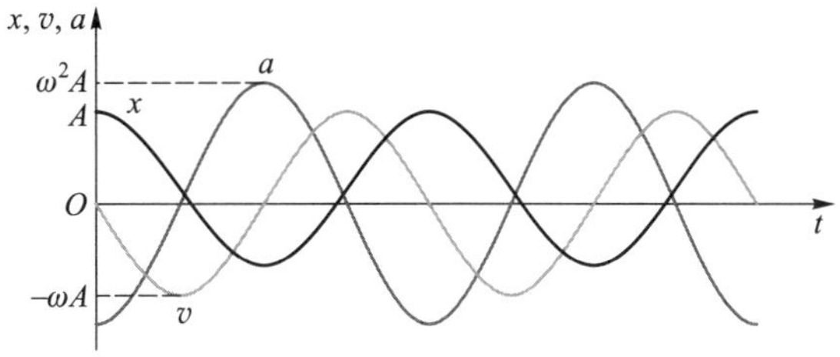

图 9.1

5. **简谐振动的能量**

可以证明，一个孤立谐振动系统的机械能是守恒的．

动能：

$$E_k=\frac{1}{2}mv^2=\frac{1}{2}m\omega^2A^2\sin^2(\omega t+\varphi) \tag{9-5}$$

势能：

$$E_p=\frac{1}{2}kx^2=\frac{1}{2}kA^2\cos^2(\omega t+\varphi) \tag{9-6}$$

所以，简谐振动的机械能为

$$E=E_k+E_p=\frac{1}{2}kA^2=\text{常量} \tag{9-7}$$

知识点 2. 角谐振动、单摆、复摆

角谐振动：摆动是一种常见的振动现象，可划分为单摆（数学摆）、复摆（物理摆）、扭摆等类型，当摆角很小时，可归结为谐振动，称为角谐振动．

单摆：若一个摆动系统可以简化为一根不能伸长的轻绳下悬挂一个质点，则该系统就是一个单摆，显然，单摆是一个理想模型．

复摆：绕不通过质心的固定光滑水平轴摆动的刚体构成一个复摆．

说明 单摆和复摆是角谐振动的典型物理模型．

辨析 几种典型的简谐振动的比较列于表 9.2 中．

表 9.2 几种典型的简谐振动的比较

系统	振动机制	振动物理量	运动微分方程	角频率
弹簧振子	弹性力	位移 x	$\frac{d^2x}{dt^2}+\frac{k}{m}x=0$	$\omega=\sqrt{k/m}$
单摆	重力	摆角 θ	$\frac{d^2\theta}{dt^2}+\frac{g}{l}\theta=0$	$\omega=\sqrt{g/l}$
复摆	重力矩	摆角 θ	$\frac{d^2\theta}{dt^2}+\frac{mgh}{J}\theta=0$	$\omega=\sqrt{mgh/J}$

续表

系统	振动机制	振动物理量	运动微分方程	角频率
扭摆	扭力矩	转角 θ	$\frac{d^2\theta}{dt^2}+\frac{\kappa}{J}\theta=0$	$\omega=\sqrt{\kappa/J}$
LC 电路	自感电动势	极板上电荷 q	$\frac{d^2q}{dt^2}+\frac{1}{LC}q=0$	$\omega=\sqrt{1/LC}$

由表 9.2 可见,各种简谐振动产生的机制虽然不同,随时间振动变化的物理量各异,但它们所遵从的数学规律是完全相同的.各种振动的角频率都只由系统本身的性质决定.因此,研究弹簧振子的简谐振动有着重要的实际意义.

知识点 3. 旋转矢量、旋转矢量与简谐振动的关系

旋转矢量:由原点 O 作一矢量 $\boldsymbol{A}$,使其以角速度 ω 绕 O 沿逆时针方向匀速转动,并使 $\boldsymbol{A}$ 的长度等于简谐振动的振幅 A,$\boldsymbol{A}$ 的转动角速度等于简谐振动的角频率 ω,$t=0$ 时刻 $\boldsymbol{A}$ 与 x 轴正方向的夹角等于简谐振动的初相 φ,则称 $\boldsymbol{A}$ 为旋转矢量.

说明 旋转矢量法是由于简谐振动具有周期性这一特征而产生的描述质点简谐振动的特殊方法.旋转矢量 $\boldsymbol{A}$、矢量端点的速度 $\boldsymbol{v}_t$ 和加速度 $\boldsymbol{a}_n$ 在 x 轴上的投影可以直观地表示出简谐振动质点的位置、速度和加速度,旋转矢量 $\boldsymbol{A}$ 在 $t=0$ 时刻与 x 轴的夹角和它的旋转角速率直观地表示出了简谐振动的初相和角频率.旋转矢量法为解题和研究简谐振动的合成等问题带来了极大的方便.

表 9.3 旋转矢量与简谐振动的对应关系:

表 9.3 旋转矢量与简谐振动的对应关系

旋转矢量 $\boldsymbol{A}$	谐振动	符号或表达式	图示
模或大小	振幅	A	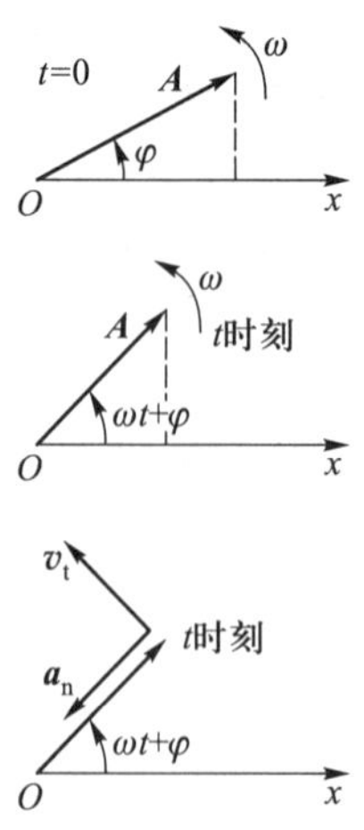
角速度	角频率	ω	
$t=0$ 时,$\boldsymbol{A}$ 与 x 轴夹角	初相	φ	
旋转周期	振动周期	T	
t 时刻,$\boldsymbol{A}$ 与 x 轴夹角	相位	$\omega t+\varphi$	
$\boldsymbol{A}$ 在 x 轴上的投影	位移	$x=A\cos(\omega t+\varphi)$	
$\boldsymbol{A}$ 端点的速度 $\boldsymbol{v}_t$ 在 x 轴上的投影	速度	$v=-\omega A\sin(\omega t+\varphi)$	
$\boldsymbol{A}$ 端点的加速度 $\boldsymbol{a}_n$ 在 x 轴上的投影	加速度	$a=-\omega^2A\cos(\omega t+\varphi)$	

说明 运用旋转矢量分析问题时,应注意下列几个问题:

(1) 简谐振动指的是匀速转动旋转矢量 $\boldsymbol{A}$ 在旋转圆周的任一直径(例如:x 轴)上的**投影点**的运动;

(2) 振动速度和加速度等于匀速转动的旋转矢量 $\boldsymbol{A}$ 端点的切向速度和法向加速度在一个直径(例如:x 轴)上的**投影点**的振动速度和加速度;

(3) 投影点的往复振动的频率则由旋转矢量的旋转角速率直观地表达出来,同时,初相和相位这两个抽象概念也由旋转矢量与 x 轴的夹角直观地表达了出来.

知识点 4. 简谐振动的合成

在实际问题中,常常会遇到几个简谐振动的合成(或叠加).例如,当两列声波同时传到空间某一点时,该点空气质点的运动就是两个声波的合成.又如,当两束光波在空间某点处相遇时,该点的光强将由两束光在该点振动的叠加决定.

实际振动的合成是一个很复杂的问题,我们研究其中最简单的几种情形.表 9.4 所列,是几种简单的不同条件下的简谐振动的合成.

表 9.4 几种简谐振动的合成

合成条件	分振动方程	合成结果	物理意义
同频率、同振动方向	$x_1=A_1\cos(\omega t+\varphi_1)$ $x_2=A_2\cos(\omega t+\varphi_2)$	$x=x_1+x_2=A\cos(\omega t+\varphi)$ 振幅:$A=\sqrt{A_1^2+A_2^2+2A_1A_2\cos(\varphi_2-\varphi_1)}$ 初相:$\varphi=\arctan\dfrac{A_1\sin\varphi_1+A_2\sin\varphi_2}{A_1\cos\varphi_1+A_2\cos\varphi_2}$	合振动仍为一简谐振动.其合振幅与初相由两个分振动的振幅和初相决定.
振幅、初相、振动方向相同、振动频率不同且较大,且有 $\omega_1\approx\omega_2$	$x_1=A\cos(\omega_1 t+\varphi)$ $x_2=A\cos(\omega_2 t+\varphi)$	$x=x_1+x_2$ $=2A\cos\left(\dfrac{\omega_2-\omega_1}{2}t\right)\cos\left(\dfrac{\omega_2+\omega_1}{2}t+\varphi\right)$ 振幅:$2A\cos[(\omega_2-\omega_1)t/2]$ 载频:$(\omega_1+\omega_2)/2$ 调制频率:$(\omega_2-\omega_1)/2$ 拍频:$\nu=(\omega_2-\omega_1)/2\pi=\nu_2-\nu_1$	合振动为非简谐振动,是一个振幅随时间周期性变化、振动频率为两个分振动频率平均值的周期振动,振幅周期性加强减弱的现象称为拍现象.
同频率、振动方向相互垂直	$x=A_1\cos(\omega t+\varphi_1)$ $y=A_2\cos(\omega t+\varphi_2)$	质点合振动的轨迹: $\dfrac{x^2}{A_1^2}+\dfrac{y^2}{A_2^2}-\dfrac{2xy}{A_1A_2}\cos\Delta\varphi=\sin^2\Delta\varphi$ $\Delta\varphi=\varphi_2-\varphi_1$	质点合振动的轨迹与 $\Delta\varphi$ 的取值有关.$\Delta\varphi$ 为 π 的整数倍时,合成振动轨迹为直线;$\Delta\varphi$ 为 $\pi/2$ 的奇数倍时,合成振动轨迹为正椭圆;$\Delta\varphi$ 为其他值时,合成振动轨迹为椭圆.

续表

合成条件	分振动方程	合成结果	物理意义
同一直线上 n 个频率相同,相位依次相差一个常量 δ 的简谐振动的合成	$x_1=A_1\cos\omega t$ $x_2=A_1\cos(\omega t+\delta)$ ………… $x_n=A_1\cos[\omega t+(n-1)\delta]$	$x=A\cos(\omega t+\varphi)$ $=A_1\dfrac{\sin(n\delta/2)}{\sin(\delta/2)}\cos\left(\omega t+\dfrac{n-1}{2}\delta\right)$ 振幅:$x=A_1\dfrac{\sin(n\delta/2)}{\sin(\delta/2)}$ 初相:$\varphi=\dfrac{n-1}{2}\delta$	合振动仍为一同频率的简谐振动.其合振幅和初相由分振动的相位差 δ 决定.

说明 表 9-4 中几种简谐振动的合运动的振幅和运动轨迹取决于两个分振动的相位差.掌握相位差的概念对后续学习波的干涉有很大帮助.

知识点 5. 阻尼自由振动 受迫振动 共振

阻尼自由振动:在机械振动或电磁振荡过程中,若摩擦阻力或电阻热耗散存在,或能量不断向外界辐射,又没有外来能量的补充,则系统振动的振幅随时间减小,最后逐渐停下来的振动称为阻尼自由振动.

受迫振动:在周期性做功的能源激励下的振动叫做受迫振动.

共振:稳定受迫振动的振幅最大的现象叫做位移共振;速度振幅最大的现象叫做速度共振.

典型例题及解题方法

1. 简谐振动的动力学判据

解题思路和方法:

我们可以从动力学角度判定力学系统是否做简谐振动.动力学角度判定简谐振动的基本步骤如下:

① 确定研究系统或研究对象;

② 分析受力情况,并画出受力图;

③ 写出牛顿运动方程或定轴转动刚体的转动方程;

④ 合力与位移正比反号,则运动将是简谐的;或由牛顿第二定律可知,加速度与位移的关系具有形式 $a=-\omega^2x$,即可断定运动是简谐的.

例题 9-1 如图(a)所示,定滑轮半径为 R,转动惯量为 J,轻弹簧弹性系数为 k,物体质量为 m,现将物体从平衡位置拉下一微小距离后放手,不计一切摩擦和空气阻力,试证明系统做简谐振动并求其做微小振动的周期.

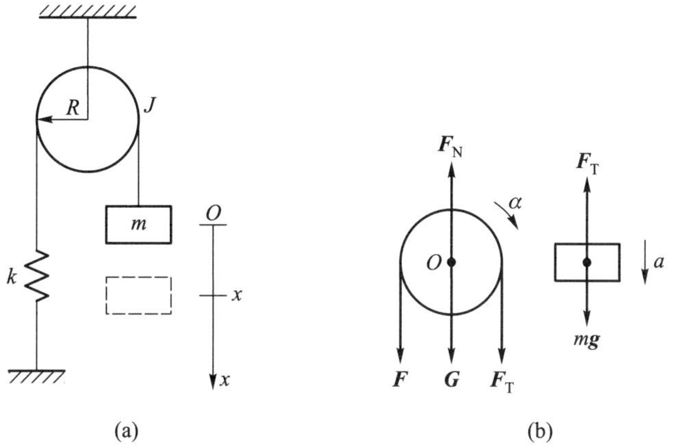

例题 9-1 图

解题示范：

证：滑轮和物体的受力情况如图(b)所示.

对物体应用牛顿第二定律，对滑轮用转动定律列方程：

$$mg-F_T=ma \tag{1}$$

$$F_TR-FR=J\alpha \tag{2}$$

式中：

$$\alpha=\frac{a}{R} \tag{3}$$

以 m 的平衡位置为坐标原点，以向下为 x 轴正方向，在平衡位置（设弹簧伸长 Δl）有

$$k\Delta l=mg \tag{4}$$

在任意位置弹簧弹力的大小为

$$F=k(\Delta l+x)=mg+kx \tag{5}$$

联立(1)、(2)、(3)、(4)和(5)，可得

$$a=-\frac{kR^2}{J+mR^2}x$$

令

$$\omega^2=\frac{kR^2}{J+mR^2}$$

则

$$a=-\omega^2x$$

满足简谐振动的动力学条件，所以物体做简谐振动. 振动周期为

$$T=\frac{2\pi}{\omega}=\frac{2\pi}{R}\sqrt{\frac{J+mR^2}{k}}$$

解题思路与线索：

该问题显然不是一个简单的弹簧振子的振动问题，物体的运动不是因为弹簧的弹力引起的，而是由弹簧弹力、重力、绳子的张力的合力（也就是准弹性力）引起的. 同时，由于滑轮也不是轻滑轮，绳子的张力还与滑轮的转动力矩相关，因此，该问题是一个涉及了质点牛顿力学、刚体定轴转动和简谐振动的综合性问题.

分析动力学问题首先要隔离物体，确定研究对象，分析受力情况，并画出受力图.

在受力分析的基础上，利用牛顿第二定律和刚体定轴转动定律分别列出平动物体和转动物体滑轮的方程，找出角量和线量之间的关系，并判定物体的运动是不是简谐振动.

为了定量描述物体的位移，必须建立合适的坐标系.

利用胡克定律计算弹簧的弹性力，需注意坐标原点和平衡位置的选取.

与简谐振动的动力学判据对比，可以得出物体做简谐振动的结论.

根据振动周期与角频率的关系，得到系统的振动周期.

2. 简谐振动的初相

解题思路和方法：

求解初相的常用方法有解析法和旋转矢量法.

① **解析法：**由已知初始条件（初位置和初速度）列出方程

$$\begin{cases} x_0 = A\cos\varphi & (1) \\ v_0 = -A\omega\sin\varphi & (2) \end{cases}$$

先由方程(1)求得 φ，由于 φ 的多值性，根据方程(2)中初始速度的正负即可确定 φ 所在的象限.

② **旋转矢量法：**由已知初始条件（初位置和初速度）在旋转矢量图上画出对应的旋转矢量，旋转矢量与参考方向的夹角便是所要求的初相.

若已知质点振动曲线，则可先由振动曲线确定 $t=0$ 时刻的位移，再根据 $t=0$ 时刻振动曲线的斜率（即质点振动速度）的正负确定质点运动的方向.或通过比较 $t=0$ 时刻与后一时刻的质点位移，即可判定质点向参考轴正方向还是负方向运动.利用上述两种方法可以确定振动初相.

例题 9-2 如图(a)所示，一简谐振动，$A=24$ cm，$T=3$ s，以振子位移 $x=12$ cm、并向负方向运动时为计时起点，作出其位移时间曲线，并求其运动到 $x=-12$ cm 处所需的最短时间.

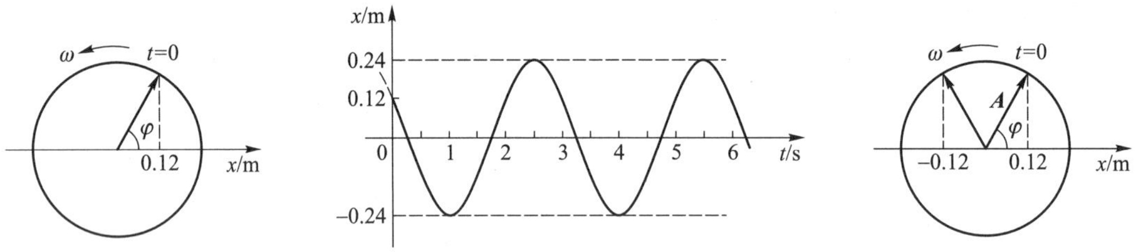

(a) (b) (c)

例题 9-2 图

解题示范：

解：(1) 解析法：

由题设条件可得谐振动角频率：

$$\omega = \frac{2\pi}{T} = \frac{2\pi}{3} \quad \text{rad} \cdot \text{s}^{-1}$$

该振动的振动方程：

$$x = 0.24\cos\left(\frac{2\pi}{3}t + \varphi\right) \quad (\text{SI 单位})$$

由题意，将 $t=0$ 和 $x=0.12$ m 代入上式，可得

$$0.24\cos\varphi = 0.12 \quad (\text{SI 单位})$$

可以解得

$$\cos\varphi = \frac{1}{2} \Rightarrow \varphi = \pm\frac{\pi}{3}$$

对振动方程求一阶时间导数，得振子的振动速率：

$$v = -0.24 \times \frac{2\pi}{3}\sin\left(\frac{2\pi}{3}t + \varphi\right) \quad (\text{SI 单位})$$

由题意，将 $t=0$ 和 $v_0<0$ 代入可得

解题思路与线索：

我们先采用大家熟悉的解析法求解该问题.由题意已知振动周期，可以首先确定该振动的角频率 ω，进而写出该振动的振动方程.

再利用已知的初始条件，可以确定初相位 φ.

数学上，我们根据振子的初始位置，得出初相位有两个取值，物理上如何取舍呢？由于初始状态还包括振子的初始运动速度，所以初相位的正负还与振子初始时刻的运动速度方向有关.

续表

$\sin\varphi>0$ 所以取初相 $\varphi=\frac{\pi}{3}$ 因此,该振动方程为 $x=0.24\cos\left(\frac{2\pi}{3}t+\frac{\pi}{3}\right)$ (SI 单位) 由此,可画出该振动的位移-时间曲线如图(b)所示.再由题意,将 $x=-0.12$ m 代入方程,可以解得 $t=0.5$ s	下面我们再应用旋转矢量法求解该问题,大家可以比较一下二者的优缺点.
(2) 旋转矢量法: 由 $t=0$ 时 $x=A/2$, $v_0<0$,由旋转矢量图(c)可知初相: $\varphi=\frac{\pi}{3}$ 所以,振动方程为 $x=0.24\cos\left(\frac{2\pi}{3}t+\frac{\pi}{3}\right)$ (SI 单位) 根据振动方程,可画出 $x-t$ 曲线,如图(b)所示.	根据题意,判断初始时刻振子的振动状态,在旋转矢量图中画出与振动状态对应的旋转矢量,可以非常直观地判断出该振动的初相,并写出振动方程.
由于矢量旋转周期 $T=3$ s,从旋转矢量图(c)可知,由 $t=0$ 到 $x=-0.12$ m 所需的最短时间为 $t_{\min}=\frac{T}{6}=\frac{3\text{ s}}{6}=0.5$ s	再根据题意,可以画出矢量逆时针匀速旋转到矢量投影点(振子位置) $x=-0.12$ m 时,旋转矢量转过的角度为 $\pi/3$ (圆周的 1/6),如图(c)所示,即可计算出运动到该位置处所需的最短时间.

3. 简谐振动的合成

解题思路和方法:

通常振动合成求合振动的振幅和初相,可采取解析法或旋转矢量法进行求解:

① **解析法:**给定分振动的振动方程,则可用表 9.4 所述解析法求得合振动的振幅和初相;

② **旋转矢量法:**画出各分振动的旋转矢量,根据矢量运算得到合振动的振幅和初相.

例题 9-3 一质点同时参与两个在同一直线上的简谐振动,其表达式分别为

$$x_1=4\cos\left(2t+\frac{\pi}{6}\right)\ (\text{cm}),\ x_2=3\cos\left(2t-\frac{5}{6}\pi\right)\ (\text{cm})$$

求合振动的振幅和初相.

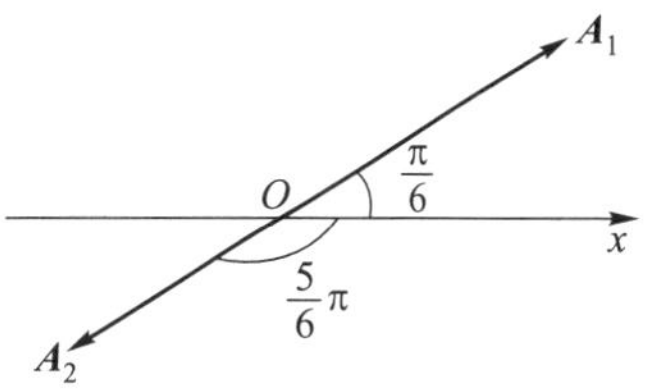

例题 9-3 图

解题示范:

解:(1) 用解析法解.合振动的振幅: $A=\sqrt{A_1^2+A_2^2+2A_1A_2\cos(\varphi_2-\varphi_1)}$ $=\sqrt{4^2+3^2+2\times4\times3\times\cos\left(-\frac{5}{6}\pi-\frac{1}{6}\pi\right)}$ $=1$ cm	**说明:** 本题我们分别选用解析法和旋转矢量法求合振动的振幅和初相. 解析法:由题意可知,振动为同方向同频率但振幅不同的两个简谐振动,所以

续表

初相： $\varphi=\arctan\dfrac{A_1\sin\varphi_1+A_2\sin\varphi_2}{A_1\cos\varphi_1+A_2\cos\varphi_2}$ $=\mathrm{atctan}\dfrac{4\sin\dfrac{\pi}{6}+3\sin\left(-\dfrac{5}{6}\pi\right)}{4\cos\dfrac{\pi}{6}+3\cos\left(-\dfrac{5}{6}\pi\right)}$ $=\arctan\left(\dfrac{\sqrt{3}}{3}\right)=\dfrac{\pi}{6}$	可以直接利用表 9.4 所列出的合振动的振幅和初相公式计算.
（2）用旋转矢量法解，如图所示.由旋转矢量可见，x_1 和 x_2 反相，所以，合振动振幅： $A=A_1-A_2=1\ \mathrm{cm}$ 初相： $\varphi=\varphi_1=\dfrac{\pi}{6}$	旋转矢量法：画出各分振动的旋转矢量，根据矢量运算规则得到合振动的振幅和初相. 显然，应用旋转矢量法求解谐振动的初相问题，比用解析法求解更直观、方便.

思 维 拓 展

一、势能曲线与运动有什么关系？

一维势能曲线是研究质点在保守力场中运动特征的有效工具.在质点动力学中我们曾经由保守力做功的特点引入了势能概念，势能是位置的函数.在一维情况下，势能可表示为位置 x 的函数 $E_p=E_p(x)$.一任意的具有代表性的势能函数曲线如图 9.2 所示.

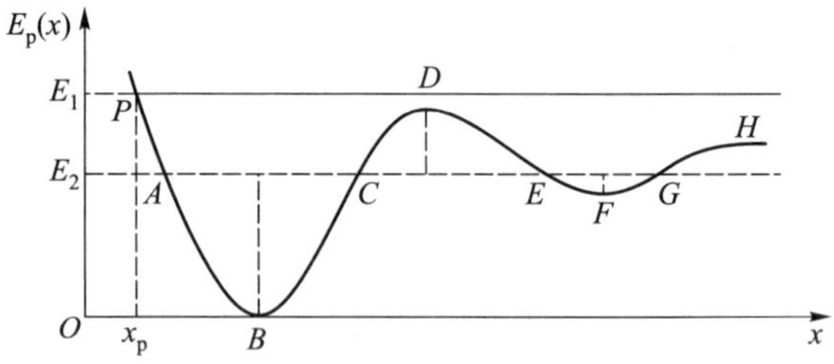

图 9.2

势能曲线可以为我们提供质点运动的许多信息.由保守力与势能的关系可知

$$F=-\frac{\mathrm{d}E_p(x)}{\mathrm{d}x} \tag{9-8}$$

也就是说力的方向总是指向势能下降的方向，大小正比于势能曲线的斜率.图 9.2 中，A 点的斜率小于零，因此该点处质点所受保守力指向 x 轴正向，而 C 点的斜率大于零，于是该点处质点所受保守力指向 x 轴负向.B、D 和 F 点曲线斜率为零，所以，质点在该点不受力.

还可以根据质点的总能量，由势能曲线判定质点的运动范围或区域.做总能量为 E 的水平线，该水平线与势能曲线可能有多个交点，由于总能量

$$E=E_k+E_p=\frac{1}{2}mv^2+E_p$$

质点运动速度为

$$v=\sqrt{\frac{2(E-E_p)}{m}} \tag{9-9}$$

为使速度有物理意义,即 $v\geqslant 0$,要求 $E\geqslant E_p$,该条件表明,总能量曲线上方势能大于总能量的运动状态是不可能存在的.图 9.2 所示的系统中,若总能量为 E_1,则质点运动范围为 $x>x_p$ 的区域;若总能量为 E_2,则质点运动范围只可能为 x_A 和 x_C 区间,x_E 和 x_G 区间,通常将 x_A,x_C,x_E 和 x_G 点称为转折点.

利用势能曲线可以研究质点运动的局部稳定性.空间不同位置处势能曲线的形状不同,将导致结果不同.图 9.2 中,B 和 F 是势能曲线的极小点,由数学知识可知该两点附近有 $\mathrm{d}^2E_p/\mathrm{d}x^2>0$,即

$$-\frac{\mathrm{d}^2E_p}{\mathrm{d}x^2}=\frac{\mathrm{d}}{\mathrm{d}x}\left(-\frac{\mathrm{d}E_p}{\mathrm{d}x}\right)=\frac{\mathrm{d}F}{\mathrm{d}x}<0 \tag{9-10}$$

该结果说明,该两点附近质点受力与位移正比反向,为回复力.通常将这种位置称为稳定平衡位置.这是因为回复力的存在总是将质点拉回到平衡位置.而 D 点的情况则有所不同,该点附近质点受力总是指向远离 D 点的方向,因此质点的运动将远离该点而去,这样的位置称为不稳定平衡位置.在势能曲线为常量的 H 点,平衡被称为随遇平衡.

经典力学中,总能量为 E_2 时,C 和 E 两点之间的区域是质点不可能到达的区域,常称此区域为势垒.而在量子力学中我们将看到,由于微观粒子的波动性,粒子有一定的概率穿透势垒.

利用势能曲线,可以方便地讨论平衡位置附近质点的运动特征.在稳定平衡位置 B 处必有 $\mathrm{d}E_p/\mathrm{d}x=0$,$\mathrm{d}^2E_p/\mathrm{d}x^2>0$,在 $\Delta x=x-x_B$ 附近,我们可以把势函数展开成泰勒级数:

$$\begin{aligned}E_p(x)&=E_p(x_B)+\frac{\mathrm{d}E_p(x_B)}{\mathrm{d}x}\Delta x+\frac{1}{2}\frac{\mathrm{d}^2E_p(x_B)}{\mathrm{d}x^2}(\Delta x)^2+\cdots\\&=E_p(x_B)+\frac{1}{2}\frac{\mathrm{d}^2E_p(x_B)}{\mathrm{d}x^2}(\Delta x)^2+\cdots\end{aligned} \tag{9-11}$$

对于微小振动,我们忽略 $(\Delta x)^3$ 以上的各项.由于势能零点和坐标原点都可以任意选择,不失一般性,可令 $x_B=0$,$\Delta x=x$,$E_p(x_B)=0$,于是有

$$E_p(x)=\frac{1}{2}\frac{\mathrm{d}^2E_p(x_B)}{\mathrm{d}x^2}x^2 \tag{9-12}$$

该式代表一条关于坐标位置 x 的抛物线.由

$$v=\sqrt{\frac{2(E-E_p)}{m}}$$

得

$$\frac{\mathrm{d}x}{\mathrm{d}t}=v=\sqrt{\frac{2E}{m}\left(1-\frac{1}{2E}\frac{\mathrm{d}^2E_p}{\mathrm{d}x^2}x^2\right)}$$

或

$$\frac{\mathrm{d}x}{\sqrt{1-\frac{1}{2E}\frac{\mathrm{d}^2E_p}{\mathrm{d}x^2}x^2}}=\sqrt{\frac{2E}{m}}\mathrm{d}t \tag{9-13}$$

为积分方便，令 $\sqrt{\frac{1}{2E}\frac{\mathrm{d}^2E_\mathrm{p}}{\mathrm{d}x^2}}x=\sin\varphi$，于是

$$\mathrm{d}x=\sqrt{2E\Big/\frac{\mathrm{d}^2E_\mathrm{p}}{\mathrm{d}x^2}}\cos\varphi\mathrm{d}\varphi$$

$$\sqrt{1-\left(\frac{1}{2E}\frac{\mathrm{d}^2E_\mathrm{p}}{\mathrm{d}x^2}\right)x^2}=\sqrt{1-\sin^2\varphi}=\cos\varphi$$

式(9-13)化为

$$\mathrm{d}\varphi=\sqrt{\frac{\mathrm{d}^2E_\mathrm{p}}{\mathrm{d}x^2}\Big/m}\,\mathrm{d}t \tag{9-14}$$

两边积分：

$$\int_{\varphi_0}^{\varphi}\mathrm{d}\varphi=\sqrt{\frac{\mathrm{d}^2E_\mathrm{p}}{\mathrm{d}x^2}\Big/m}\int_0^t\mathrm{d}t$$

得

$$\varphi=\left[\sqrt{\frac{\mathrm{d}^2E_\mathrm{p}}{\mathrm{d}x^2}\Big/m}\right]t+\varphi_0 \tag{9-15}$$

还原到 x，有

$$x=\sqrt{2E\Big/\frac{\mathrm{d}^2E_\mathrm{p}}{\mathrm{d}x^2}}\sin\varphi=\sqrt{2E\Big/\frac{\mathrm{d}^2E_\mathrm{p}}{\mathrm{d}x^2}}\sin\left[\left(\sqrt{\frac{\mathrm{d}^2E_\mathrm{p}}{\mathrm{d}x^2}\Big/m}\right)t+\varphi_0\right] \tag{9-16}$$

这是一个典型的简谐振动.可见，保守力作用下的质点在稳定平衡位置附近的微振动是简谐的，具有这种特征的势能区域称为势阱.弹簧振子中的物体 m，就是在弹性势阱中运动的物体.面上的凹坑就是一个直观的重力势阱.许多宏观和微观的物理现象都与势阱有关.

如图 9.3 所示为一倒摆装置，螺旋弹簧将它支撑在 $\theta=0$ 的平衡位置处.摆锤在重力和弹性力作用下运动.设弹簧服从胡克定律，力矩为 $M=-\kappa\theta$，则其弹性势能为

$$E_{\mathrm{p}弹}=\int_0^\theta\kappa\theta\mathrm{d}\theta=\frac{1}{2}\kappa\theta^2 \tag{9-17}$$

倒摆的重力势能为

$$E_{\mathrm{p}重}=mgl(\cos\theta-1) \tag{9-18}$$

总能量为

$$E_\mathrm{p}=E_{\mathrm{p}弹}+E_{\mathrm{p}重}=\frac{1}{2}\kappa\theta^2+mgl(\cos\theta-1) \tag{9-19}$$

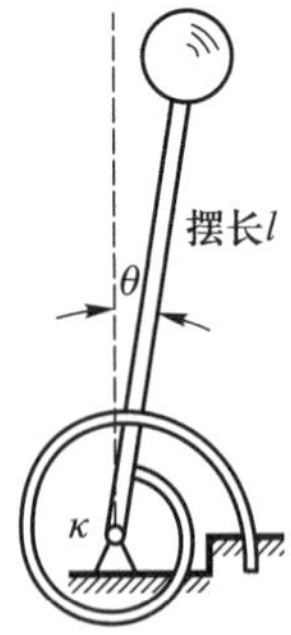

图 9.3

势能极小值处有

$$\frac{\mathrm{d}E_\mathrm{p}}{\mathrm{d}\theta}=\kappa\theta-mgl\sin\theta=0 \tag{9-20}$$

为了分析平衡位置的稳定性问题，我们求势能函数的二阶导数：

$$\frac{d^2E_p}{d\theta^2}=\kappa-mgl\cos\theta \tag{9-21}$$

在中央平衡位置 $\theta=0$ 处，当 $\kappa/mgl>1$ 时二阶导数为正，这表明势能在该处有极小值，因此平衡是稳定的，如图 9.4(a)所示. 当 $\kappa/mgl<1$ 时二阶导数为负，$\theta=0$ 处势能具有极大值，是不稳定平衡点，如图 9.4(b)所示. 可以证明，在 $\theta=\pm\theta_0$ 的另外两个平衡位置处二阶导数为负，平衡是稳定的.

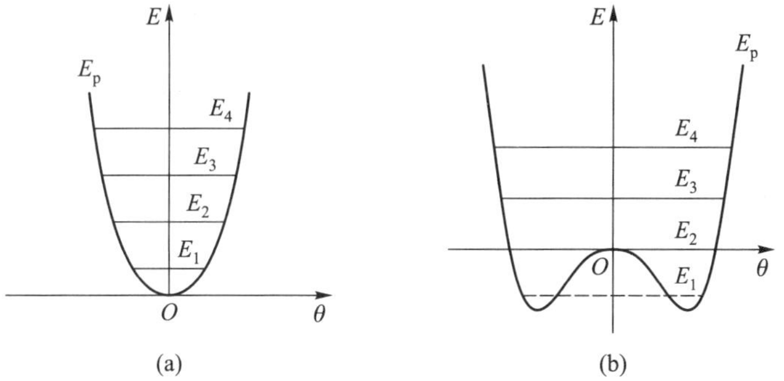

图 9.4

实验发现，双原子分子中，两原子的距离小于一定值 r_0 时，二者之间有斥力；两原子之间距离大于 r_0 时，二者之间有吸引力. 可以证明在两个原子连线方向，势能曲线如图 9.5 所示. 显然 r_0 处为分子系统平衡位置，当分子运动动能较小时，系统总能量 $E=E_1<0$，分子的运动范围为一典型的势阱，即分子将在其平衡位置附近做简谐振动. 这种分子系统为稳定分子. 若分子受到外部作用，例如与其他分子发生碰撞，使得两原子的动能增大，以致总能量 $E=E_2>0$，则两原子的相对运动，可使它们之间的距离增至无限大（微观无限大），分子就解体成为两个独立的原子.

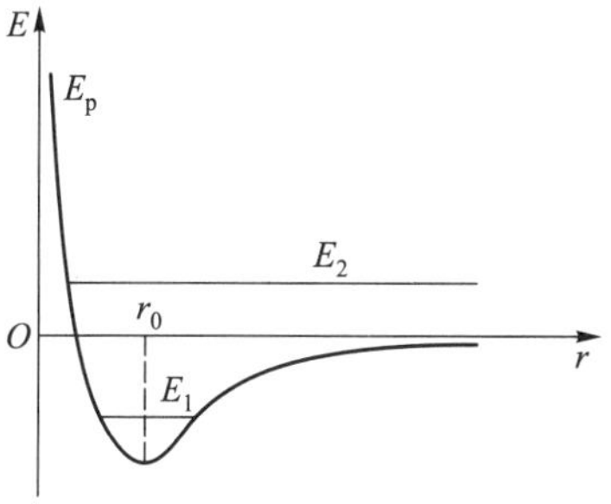

图 9.5

如上所述，处于势阱中的物体（或系统），只能在势阱内运动，可以看成被"囚禁"在势阱中. 仅当物体机械能足够大时，物体才能逃脱束缚，从势阱中逸出. 发射火箭就是把燃料的内能转化为机械能，使火箭挣脱地球引力场的束缚，飞向太空.

二、什么是非线性振动？ 为什么要研究非线性振动？

振动系统回复力与位移不成正比或阻尼力不与速度成正比的振动称为非线性振动. 尽管线性振动理论早已相当完善，在工程上也已取得广泛和卓有成效的应用，但在实际问题中，总有一些用线性理论无法解释的现象. 一般来说，线性模型只适用于微小运动范围，若超出这一范围，按线性问题处理不仅在量上会引起较大误差，而且有时还会出现本质上的差异，这就促使人们更加深入地研究非线性振动.

例如，在许多实际问题中，回复力可能形如

$$F=-(1+Bx^2)kx \quad (B>0) \tag{9-22}$$

对压缩和扩张运动而言,其中的立方项是最低的对称幂次.由于这种回复力大于线性力,较大的回复力对应较强的弹簧劲度,因此称为“硬弹簧”情形,对应的运动方程为

$$\frac{d^2x}{dt^2}+\alpha x+\beta x^3=0 \tag{9-23}$$

弹性势能满足:

$$\frac{E_p}{m}=-\int\frac{F}{m}dx=-\int\frac{d^2x}{dt^2}=\int(\alpha x+\beta x^3)dx=\frac{1}{2}\alpha x^2+\frac{1}{4}\beta x^4 \tag{9-24}$$

对应的势能曲线如图 9.6 所示.图中给出了线性力弹簧的势能曲线作为对照.若系数 $\alpha<0$,则势能满足:

$$\frac{E_p}{m}=-\int\frac{F}{m}dx=-\int\frac{d^2x}{dt^2}=\int(-\alpha' x+\beta x^3)dx=-\frac{1}{2}\alpha' x^2+\frac{1}{4}\beta x^4 \tag{9-25}$$

对应的势能曲线如图 9.7 所示.显然这是一个典型的双势阱系统,存在三个平衡点,两个“稳定”,一个“不稳定”.氨分子系统中的氮所受的就是这种势能作用.

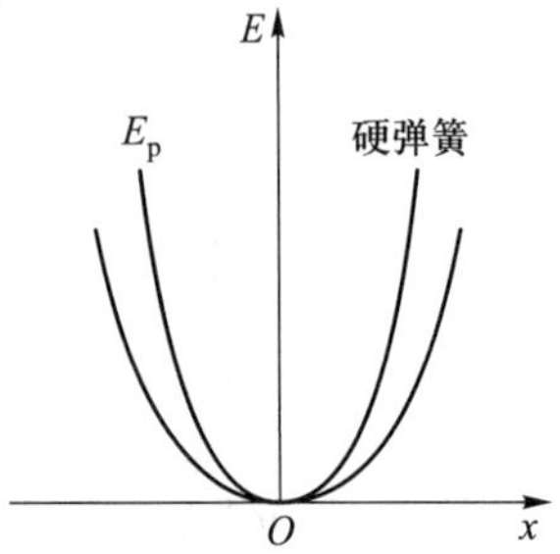

图 9.6

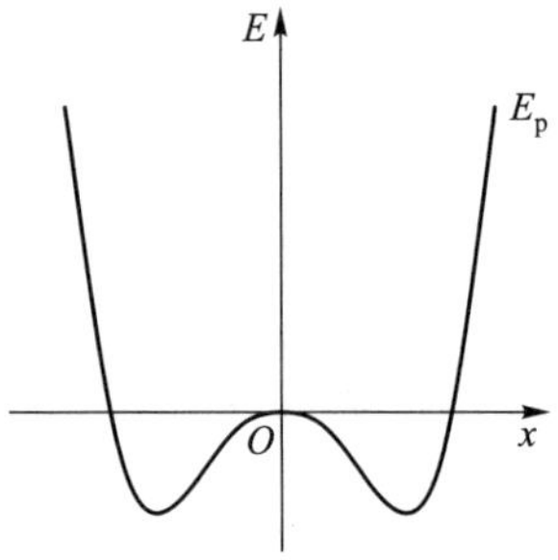

图 9.7

若回复力小于线性力,则称为“软弹簧”情形,此时回复力可表示为

$$F=-(1-Bx^2)kx \quad (B>0) \tag{9-26}$$

弹性势能满足:

$$\frac{E_p}{m}=-\int\frac{F}{m}dx=-\int\frac{d^2x}{dt^2}=\int(\alpha x-\beta x^3)dx=\frac{1}{2}\alpha x^2-\frac{1}{4}\beta x^4 \tag{9-27}$$

单摆运动方程中,回复力为

$$\begin{aligned}-mg\sin\theta &\approx -mg\left(\theta-\frac{1}{3}\theta^3+\cdots\right)\\ &=-mg\theta\left(1-\frac{1}{3}\theta^2+\cdots\right)\end{aligned} \tag{9-28}$$

这是典型的软弹簧情形,其运动方程为

$$-mg\sin\theta=ml\frac{d^2\theta}{dt^2} \quad 或 \quad \frac{d^2\theta}{dt^2}+\frac{g}{l}\sin\theta=0 \tag{9-29}$$

由于非线性力使得系统运动方程呈现非线性形态,如硬弹簧和单摆运动方程.一般来说,非线性方程在数学上没有解析解,即无法通过直接解方程得到形如 $x=x(t)$ 或 $\theta=\theta(t)$ 的函数.而长期以来人们相信这种方式提供了运动的所有信息,因此总是想办法将问题简化(如小角度摆动

近似等),将非线性方程化为线性方程求解.可是,我们现在知道,情形未必如此.特别是借助计算机的强大计算功能,我们可以从另一个角度来分析非线性问题.我们不直接讨论位移与时间的关系,而是讨论位移与速度的关系.研究发现,我们虽然失去了位移随时间变化的信息,但位移与速度的关系也将为我们提供新的更丰富的运动状态演化的信息.位移与速度关系曲线即相图,完整的运动学应该包括相图在内.

如果考虑单摆运动的阻尼损耗,则其相轨迹曲线如图 9.8 所示,该曲线表明,单摆的运动最终将停止,常将该点称为定点吸引子.

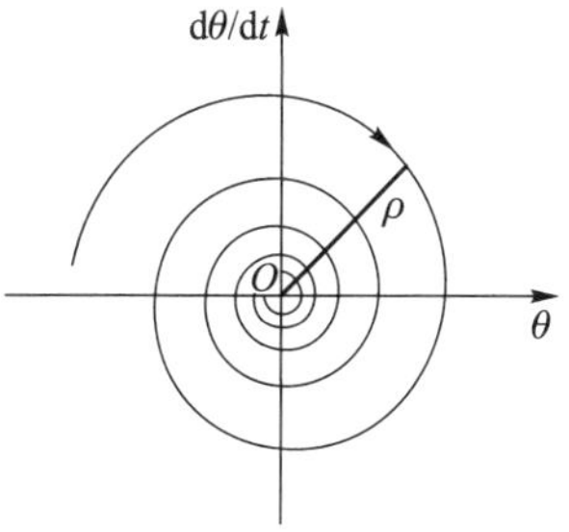

图 9.8

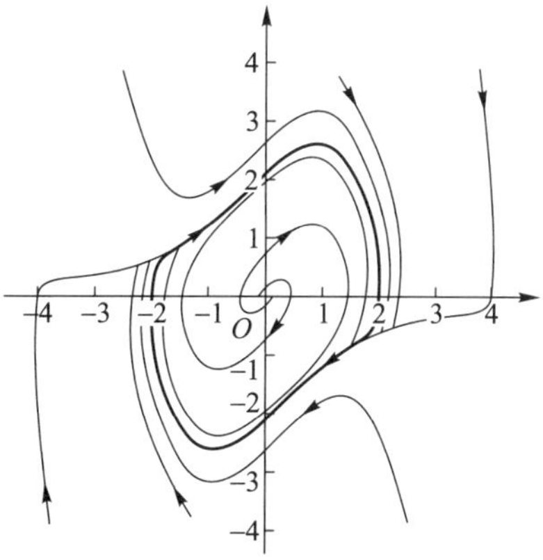

图 9.9

有阻尼损耗的系统不能做等幅振动.但在某些复杂系统中,有损耗振子也能做持续不断的等幅振动,如老式钟表中的机械摆、秋千等.通常称这类振动为自激振动.由摩擦引起的自激振动的运动方程为

$$m\frac{\mathrm{d}^2x}{\mathrm{d}t^2}+\gamma\frac{\mathrm{d}x}{\mathrm{d}t}+kx=f\left(\frac{\mathrm{d}x}{\mathrm{d}t}-v_0\right) \tag{9-30}$$

此方程为非线性方程,其相轨迹如图 9.9 所示.相图的原点 O 是平衡点,失稳后,所有附近的相点都背离它.计算机数值计算结果表明,螺旋式扩展的相轨迹渐近地趋于同一个闭合曲线.如果初始状态不在该闭合曲线之内,而是在它之外,则相轨迹将向内螺旋卷缩,最终趋于它.这条闭合曲线称为极限环,由于周围的相轨迹总是趋向该曲线,因此又称其为极限环吸引子.具有该种相轨迹的系统运动一定是周期性的往复运动.

课后练习题

基础练习题

9-2.1 一弹性系数为 k 的轻弹簧,下端挂一质量为 m 的物体,系统的振动周期为 T_1.若将此弹簧截去一半的长度,下端挂一质量为 $m/2$ 的物体,则系统振动周期 T_2 等于[ ].

(A) $2T_1$ (B) T_1 (C) $\frac{1}{2}T_1$ (D) $T_1/\sqrt{2}$ (E) $T_1/4$

9-2.2 已知某简谐振动的振动曲线如图所示，位移的单位为 cm，时间单位为 s，则此简谐振动的振动方程为[　].

(A) $x=2\cos(2\pi t/3+2\pi/3)$　　(B) $x=2\cos(2\pi t/3-2\pi/3)$

(C) $x=2\cos(4\pi t/3+2\pi/3)$　　(D) $x=2\cos(4\pi t/3-2\pi/3)$

(E) $x=2\cos(4\pi t/3-\pi/4)$

9-2.3 一质点做简谐振动，其运动速度与时间的关系曲线如图所示.若质点的振动规律用余弦函数描述，则其初相应为[　].

(A) $\dfrac{\pi}{6}$　(B) $\dfrac{5\pi}{6}$　(C) $-\dfrac{5\pi}{6}$　(D) $-\dfrac{\pi}{6}$　(E) $-\dfrac{2\pi}{3}$

9-2.4 一长为 l 的均匀细棒悬于通过其一端的光滑水平轴上，作成一复摆，如图所示.已知细棒绕通过其一端的轴的转动惯量 $J=\dfrac{1}{3}ml^2$，此摆做微小振动的周期为[　].

(A) $2\pi\sqrt{\dfrac{l}{g}}$　(B) $2\pi\sqrt{\dfrac{l}{2g}}$　(C) $2\pi\sqrt{\dfrac{2l}{3g}}$　(D) $\pi\sqrt{\dfrac{l}{3g}}$

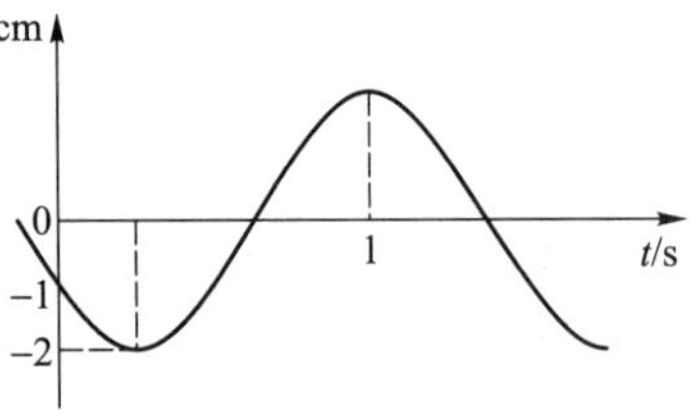

题 9-2.2 图

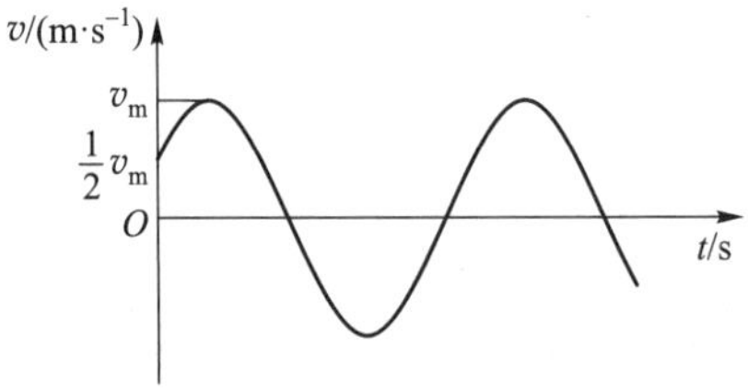

题 9-2.3 图

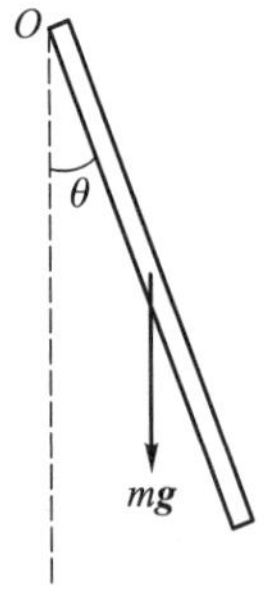

题 9-2.4 图

9-2.5 两个同方向、同频率、等振幅的谐振动合成，如果其合成振动的振幅仍不变，则此二分振动的相位差为[　].

(A) $\pi/2$　(B) $\pi/4$　(C) $2\pi/3$　(D) π

9-2.6 用 40 N 的力拉一轻弹簧，可使其伸长 20 cm.此弹簧下应挂________ kg 的物体，才能使弹簧振子做简谐振动的周期 $T=0.2\pi$ s.

9-2.7 一简谐振动用余弦函数表示，其振动曲线如图所示，则此简谐振动的三个特征量为 $A=$________；$\omega=$________；$\varphi=$________.

9-2.8 试在图中画出谐振子的动能、振动势能和机械能随时间 t 而变的三条曲线（设 $t=0$ 时物体经过平衡位置）.

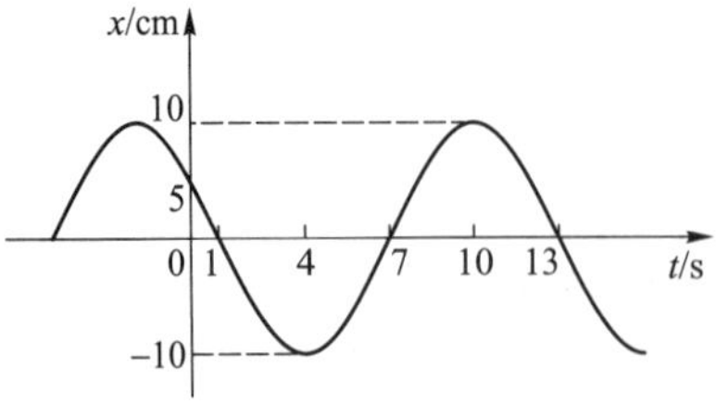

题 9-2.7 图

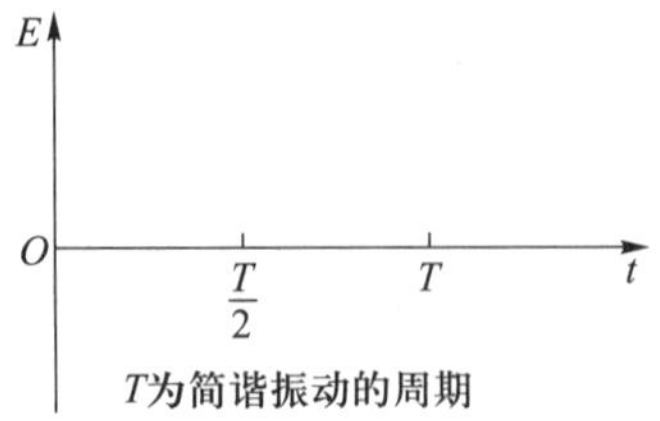

题 9-2.8 图

9-2.9 图中所示为两个简谐振动的振动曲线.若以余弦函数表示这两个振动的合成结果,则合振动的方程为 $x=x_1+x_2=$_________(SI 单位).

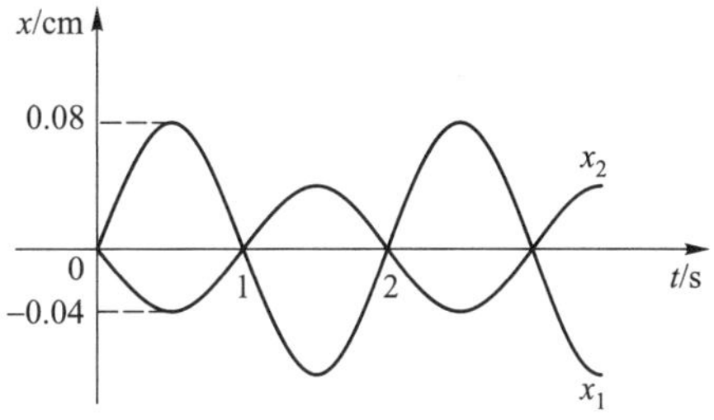

题 9-2.9 图

9-2.10 一个弹簧振子 $m=0.5\ \mathrm{kg}$, $k=50\ \mathrm{N\cdot m^{-1}}$,振幅 $A=0.04\ \mathrm{m}$.

(1) 求振动的角频率、最大速度和最大加速度;

(2) 当振子对平衡位置的位移为 $x=0.02\ \mathrm{m}$ 时,求振子的瞬时速度、加速度和回复力;

(3) 以速度具有正的最大值的时刻为计时起点,写出振动的表达式.

9-2.11 弹簧振子的运动方程为

$$x=0.40\cos(0.70t-0.30)\quad(\text{SI 单位})$$

写出此简谐振动的振幅、角频率、频率、周期和初相.

9-2.12 两个互相平行、同频率的简谐振动,其合成振动的振幅为 10 cm,合振动与第一振动的相位差为 $\pi/6$,若第一个振动的振幅 $A_1=8.0\ \mathrm{cm}$,求第二个振动的振幅 A_2 及第一、第二振动的相位差.

9-2.13 已知两分振动表达式分别为

$$x=2\cos\ \pi t(\mathrm{cm})\qquad y=2\cos\left(\pi t-\frac{\pi}{2}\right)(\mathrm{cm})$$

求合振动的轨迹.

9-2.14 一弹簧振子,弹簧的弹性系数 $k=25\ \mathrm{N\cdot m^{-1}}$,当物体以初动能 0.2 J 和初势能 0.6 J 振动时:

(1) 求振幅;

(2) 位移是多大时,势能和动能相等?

(3) 位移是振幅的一半时,势能为多大?

综合练习题

9-3.1 在一平板上放一重 9.8 N 的物体,平板在竖直方向上做简谐振动,周期 $T=0.50\ \mathrm{s}$,振幅 $A=0.020\ \mathrm{m}$.

(1) 试求重物对平板的压力 F;

(2) 平板以多大振幅运动时,重物将脱离平板?

9-3.2 一木块在水平面上做简谐振动,振幅为 5.0 cm,频率为 ν,一块质量为 m 的较小木块叠在其上,两木块间最大静摩擦力 F_{fm} 为 $0.4mg$.问:振动频率至少为多大时,上面的木块将相对于下面的木块滑动?

9-3.3 如图(a)所示,一轻弹簧下端挂着两个质量都为 $m=1.0\ \mathrm{kg}$ 的物体 B 和 C,此时弹簧伸长 2.0 cm

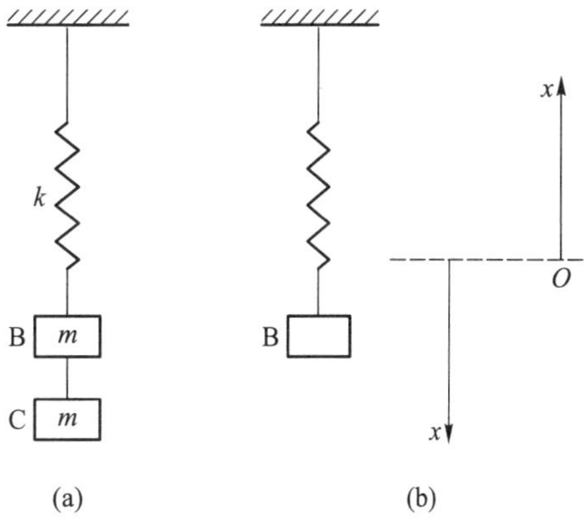

题 9-3.3 图

并保持静止.用剪刀剪断连接 B 和 C 的细线,使 C 自由下落,则 B 就振动起来.选 B 开始运动时为计时起点,B 的平衡位置为坐标原点,在下列情况下,求 B 的振动方程:

(1) 竖直向上为 x 轴正向;

(2) 竖直向下为 x 轴正向.

9-3.4 两质点平行于同一直线并排做同频率、同振幅的简谐振动.在每次振动过程中,它们在经过振幅的一半的地方时相遇,而运动方向相反.求它们的相位差,并用旋转矢量图表示出来.

9-3.5 电感为 $L=0.4$ mH 的线圈与电容器 C 构成 LC 振荡电路.若要使其振荡频率在 $5.0\times10^5\sim2.0\times10^6$ Hz 范围内变化,则 C 应当是一可变电容器.试确定该电容器的变化范围.

习题解答

第十章　波动

发展独立思考和独立判断的一般能力，应当始终被放在首位，而不应当把获得专业知识放在首位.如果一个人掌握了他的学科的基础理论，并且学会了独立地思考和工作，他必定会找到他自己的道路，而且比起那种主要以获得细节知识为其培训内容的人来说，他一定会更好地适应进步和变化.

——爱因斯坦

课前导引

学习本章时应首先明确波动是振动状态和能量随时间在空间中的传播，其本质仍然是振动.振动讨论一个质点的运动，波动讨论空间许多点的运动.波动的传播过程是一个与时间和空间坐标都有关的运动过程，因此描述波动状态的相位因子中既有时间变量又有空间变量.理解波动方程（波函数）建立的基本步骤和波动方程的物理意义是理解本章内容的基础.

在波的干涉学习中应首先明确波的相干条件，掌握波的叠加本质上仍然是振动的叠加，只不过讨论的是分布于空间不同位置的许多点的叠加.通常我们讨论的干涉现象为空间域的干涉，即波动振幅或强度随空间位置的分布不随时间变化的情况.因此，应特别注意决定波动状态的相位中与位置相关的项在波的叠加中的作用，实际上决定合成波振幅或强度的是两个波的波程差.学好这部分内容对理解下一章波动光学中光的干涉和衍射现象至关重要.

学习目标

1. 理解波动的分类，掌握描述波动的基本物理量.
2. 能根据已知质点的简谐振动方程建立平面简谐波的波函数，掌握波函数的物理意义.
3. 掌握波动能量的传播特征及能流、能流密度概念.
4. 了解电磁波的产生及传播.
5. 理解多普勒效应的产生机制及应用.
6. 掌握波的相干条件，能运用相位差和波程差的概念确定相干波叠加后振幅的大小或波的强弱.
7. 理解驻波现象及形成驻波的条件.

本章知识框图

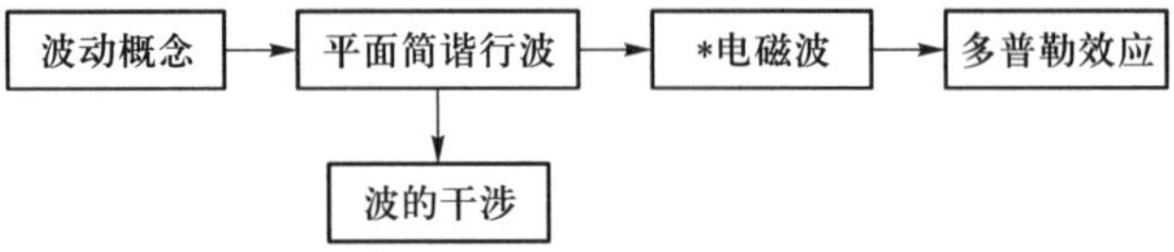

混合教学学习指导

本章课堂教学计划为 5 讲,每讲 2 学时.在每次课前,学生阅读教材相应章节、观看相关教学视频,在问题导学的引导下思考学习,并完成课前测试练习.

阅读教材章节

张晓,王莉,《大学物理学》(第二版)下册,第十三章　波动:34—69 页.

观看视频——资料推荐

知识点视频

序号	知识点视频	说明
1	波动概念	这里提供的是本章知识点学习的相关视频条目,视频的具体内容可以在国家级精品资源课程、国家级线上一流课程等网络资源中选取.
2	平面简谐行波及其波函数	
3	平面简谐行波的能量	
4	多普勒效应	
5	波的干涉	
6	驻波 半波损失	

导学问题

波动概念

- 机械波与电磁波的区别是什么？它们的传播条件有什么不同？
- 什么是波线、波面和波前？
- 描述波的特征量有哪些？它们之间有何关系？

- 波的波长、波速、频率的物理意义是什么？比较它们与波源振动的振幅、振动速度、频率的异同.
- 波从波源传播到接收器,传播的是什么？
- 怎样区分横波和纵波？横波和纵波波长的物理意义有何不同？
- 什么是波形曲线？如何通过某时刻的波形曲线判断某处质点的运动方向？

平面简谐行波

- 如何根据波源的振动方程得到波的传播方程(波函数)？如何根据波的传播方程得到波线上各点的振动方程？
- 平面简谐行波的标准波方程有哪些？
- 如何计算波的能量？什么是能流和能流密度？

多普勒效应

- 什么是多普勒效应？机械波与光波的多普勒效应的区别是什么？多普勒效应有什么应用？
- 什么是冲击波？它是怎样形成的？

波的干涉

- 惠更斯原理的内容是什么？怎样解释波的衍射？
- 为什么多个人在一起聊天,我们能听清每个人说的话？
- 什么是波的干涉？要产生干涉,波需要满足什么条件？
- 波的相长干涉和相消干涉的条件是什么？
- 驻波是波吗？驻波形成的条件是什么？驻波有什么特点？
- 驻波和行波的区别是什么？
- 什么是半波损失？波传播到反射面反射,什么情况下会产生半波损失？什么情况下不产生半波损失？

课前测试题

选择题

10-1.1 关于振动和波,下面叙述中正确的是[ ].

(A) 有机械振动就一定有机械波　(B) 机械波的频率与波源的振动频率相同

(C) 机械波的波速与波源的振动速度相同　(D) 机械波的波速取决于波源振动的速度

10-1.2 人耳能分辨同时传来的不同声音,这是因为[ ].

(A) 波的反射和折射　(B) 波的干涉

(C) 波的独立传播特性　(D) 波的强度不同

10-1.3 机械波的表达式为 $\psi=0.06\cos(2\pi t+0.02\pi x)$(SI 单位),则[ ].

(A) 波长为 6 m (B) 波沿 x 轴正方向传播

(C) 波速为 10 m/s (D) 周期为 1 s

10-1.4 已知一波源位于 $x=3$ m 处,其振动方程为 $y=A\cos(\omega t+\varphi)$.当该波源产生的平面简谐波以波速 u 沿 x 轴正方向传播时,其波动方程为[ ].

(A) $\psi=A\cos\omega\left(t-\dfrac{x}{u}\right)$ (B) $\psi=A\cos\left[\omega\left(t-\dfrac{x}{u}\right)+\varphi\right]$

(C) $\psi=A\cos\left[\omega\left(t-\dfrac{x+3}{u}\right)+\varphi\right]$ (D) $\psi=A\cos\left[\omega\left(t-\dfrac{x-3}{u}\right)+\varphi\right]$

10-1.5 两列波在空间 P 点相遇,若在某一时刻观察到 P 点合振动的振幅等于两波的振幅之和,则这两列波[ ].

(A) 一定是相干波 (B) 不一定是相干波

(C) 一定不是相干波 (D) 无法判断

10-1.6 当一平面简谐机械波在弹性介质中传播时,下列各结论正确的是[ ].

(A) 介质质元的振动动能减小时,其弹性势能增加,总机械能守恒

(B) 介质质元的振动动能和弹性势能都作周期性变化,但二者的相位不相同

(C) 介质质元的振动动能和弹性势能的相位在任一时刻都相同,但二者的数值不相等

(D) 介质质元在其平衡位置处弹性势能最大

10-1.7 在驻波中,两个相邻波节间各质点的振动是[ ].

(A) 振幅相同,相位相同 (B) 振幅不同,相位相同

(C) 振幅相同,相位不同 (D) 振幅不同,相位不同

10-1.8 下列叙述中,不是驻波特性的是[ ].

(A) 叠加后,有些质点始终静止不动 (B) 叠加后,波既不左行也不右行

(C) 一波节两侧的质点的相位反相 (D) 振动质点的动能与势能之和不守恒

10-1.9 关于多普勒效应,下列说法正确的是[ ].

(A) 多普勒效应是波源与观测者之间存在相对运动产生的

(B) 多普勒效应是波的干涉引起的

(C) 多普勒效应说明波源的频率发生了改变

(D) 只有声波才可以产生多普勒效应

判断题

10-1.10 在波传播方向上的任一质点的振动相位总是比波源的相位滞后.[ ]

10-1.11 如图所示,一列波在有张力作用的线上沿 x 轴正方向传播.在线上有四个线元,用标有字母的点表示.可以断定线元 b 在拍照的瞬间是向下运动的.[ ]

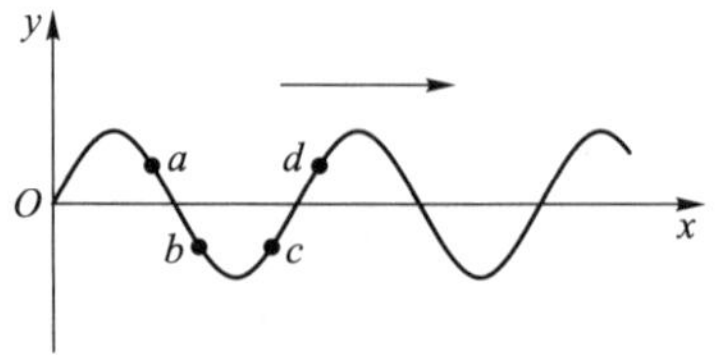

题 10-1.11 图

知识梳理

知识点 1. 波动的一般概念及描述

产生机械波的条件:

首先要有做机械振动的质点作为波源;其次要有能够传播机械波动的弹性介质.

机械波和电磁波:

由机械振动沿介质传播形成的波动称为机械波,由带电粒子的运动引起周围空间电磁场的交替变化而形成的波动称为电磁波.二者的产生机制和传播机制都不同,但数学描述方法是相同的.

横波:

波的传播方向与质点振动方向垂直的波叫做横波.只有固体能传播横波.

纵波:

波的传播方向与质点振动方向平行的波叫做纵波,固体、液体、气体都能传播纵波.

波线和波面:

从波源出发,沿着波的传播方向的射线称为波线;某一时刻,介质中振动相位相同的点组成的面叫做同相面或波面.传在最前面的那个波面叫做波前.

描述波动的特征量:

描述波动的特征量及其物理意义见表 10.1.

表 10.1　描述波动的特征量

特征量	周期 T,频率 ν	波长 λ,波数 k	波速 u
物理意义	T 描述波动的时间周期性,介质中各质点振动频率 ν 与波源振动频率 ν 相同: $T=1/\nu$	λ 描述波动的空间周期性,它等于一个周期内振动状态所传播的距离;定义波数 $k=1/\lambda$,表示单位距离内所包含的波长个数.	描述振动状态(相位)在介质中传播的快慢($u=\lambda/T$).
决定因素	由波源性质决定,并与波源相对于观察者的运动状态有关.	同一波线上相位相差 2π 的两点间的距离.	取决于介质的性质,即介质的弹性模量和密度. 横波:$u=\sqrt{G/\rho}$ 拉紧的绳或弦:$u=\sqrt{F_T/\eta}$ 纵波:$u=\sqrt{E/\rho}$ 液体或气体内纵波:$u=\sqrt{K/\rho}$

说明　特别注意:波的传播速度与质点的振动速度是两个完全不同的概念,波速代表相位传播速度,而不是质点的真实运动速度.

波形曲线：

某一时刻，波线上各质点的位移 Ψ 随与波源的距离 x 变化的曲线叫做该时刻的波形曲线.

辨析　振动曲线与波动曲线的比较

振动方程是**时间的余弦函数**，对应的曲线称为**振动曲线**；但某一时刻的波动方程是**位置的余弦函数**，对应的曲线称为**波形曲线**.虽然二者的曲线都为余弦曲线，但二者的物理意义是完全不同的.表 10.2 列出了振动曲线与波动曲线的比较.

表 10.2　波动曲线与振动曲线的比较

比较内容	振动曲线	波形曲线
图像	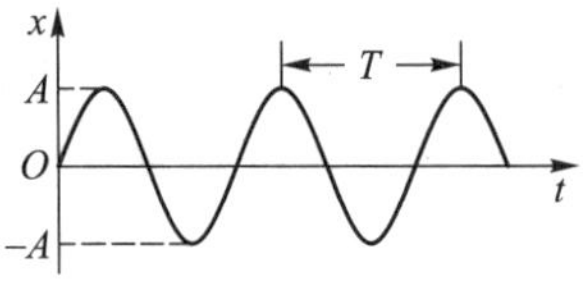	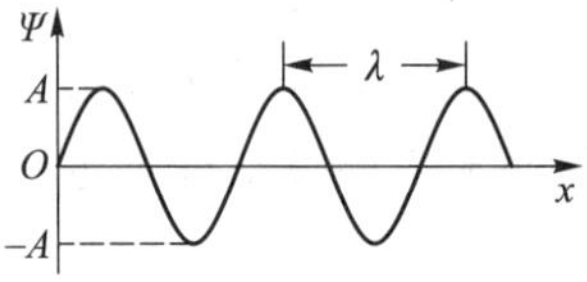
研究对象	某质点位移随时间变化的规律.	某时刻，波线上各质点位移随位置的变化规律.
物理意义	由振动曲线可以确定振幅 A、周期 T、初相 φ 和某确定时刻的速度方向，其方向参考下一时刻.	由波形曲线可以确定各质点位移 Ψ、波长 λ、振幅 A.$t=0$ 时刻的波形可确定某质点的初相 φ，质点振动方向参考前一质点.
特征	对确定质点，曲线形状一定.	曲线随时间 t 向传播方向平移.

说明　在波动问题中，两种曲线之间有着密切的关系，如果已知某一时刻的波形曲线和波的传播方向，可以求出波线上特定点的振动方程，并根据振动方程确定该波的波动方程.

波函数：

描述以波的形式传播的任一物理量 Ψ 随时间和空间坐标变化规律的函数称为波函数，即

$$\Psi=\Psi(x,y,z;t)$$

辨析　振动与波动的比较

振动方程与波动方程都是余弦或正弦函数，在学习过程中，同学们很容易将两者混淆.理解两种运动形式的差异和相互关系，是学习的重点和难点之一.振动是研究在某一固定空间平衡点附近质元**位移随时间的变化规律**；而波动是研究同一时刻，弹性介质沿波的传播方向上（波线上）**各个质元的位移随空间的分布规律**.表 10.3 列出了波动与振动的比较.

表 10.3　振动与波动的比较

	振　动	波　动
研究对象	单个质点（谐振子）.	弹性介质整体.
数学描述与物理意义	对简谐振动： $x(t)=A\cos(\omega t+\varphi)$ 描述 t 时刻谐振子的位移.	对平面简谐波：$\Psi(t)=A\cos\left[\omega\left(t-\dfrac{x}{u}\right)+\varphi\right]$ 描述 t 时刻波线上各个位置处质元的位移.
相位特征	振动相位 $\omega t+\varphi$ 由频率、时间和初相确定，初相仅由初始位置和速率决定.振动相位随时间 t 增加而增加.	波的相位 $\omega t-2\pi kx+\varphi$ 由频率、时间、波数（波长）、空间坐标和初相决定.同一时刻波的相位随空间传播距离 x 的增加而减小.特定位置处的振动初相与该位置坐标和波速有关.

续表

	振　动	波　动
研究域	振动在时域中研究,研究物理量随时间的变化规律.	波动在时域和空域中研究,研究物理量随空间的分布及整个空间分布随时间的变化.
二者的联系	振动是波产生的条件之一,是振动相位的传播,一系列有相位传播关系的振动便形成了波.对波线上确定位置 x_0 处的质元,波动方程退化为振动方程.	

知识点 2. 平面简谐行波

简谐波:

当波源的振动是简谐振动时,它在介质中激起的波动称为简谐波.波面为平面的简谐波称为平面简谐波,它是最简单、最基本的一种波动.

平面简谐行波的波动方程的积分形式(波函数):

设一平面简谐行波以速度 u 向前传播,已知波线上任一点 O 的振动方程为

$$\Psi_O = A\cos(\omega t+\varphi) \tag{10-1}$$

以 O 为坐标原点,波动传播方向为 x 轴的正方向,建立如图 10.1 所示的坐标系.可以证明波线上坐标为 x 的任意一点 P 在任意时刻的位移为

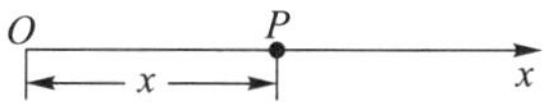

图 10.1

$$\begin{aligned}\Psi(x,t) &= A\cos\left[\omega t+\varphi \mp \frac{x}{\lambda}2\pi\right]\\ &= A\cos\left[\omega\left(t\mp\frac{x}{u}\right)+\varphi\right]\\ &= A\cos\left[2\pi\left(\frac{t}{T}\mp\frac{x}{\lambda}\right)+\varphi\right]\\ &= A\cos[2\pi(\nu t\mp kx)+\varphi]\\ &= A\cos\left[\frac{2\pi}{\lambda}(ut\mp x)+\varphi\right]\\ &= \cdots\end{aligned} \tag{10-2}$$

其中,负号代表波向 x 轴正方向传播,正号代表波向 x 轴负方向传播,$u=\lambda/T,\omega=2\pi/T,\nu=1/T$,$k=1/\lambda$.波函数的物理意义由表 10.4 给出.

表 10.4　波函数的物理意义

各种情况	方程形式	物理意义
给定坐标 $x=x_0$	$\Psi_{x_0}(t)=A\cos\left[\omega\left(t-\frac{x_0}{u}\right)+\varphi\right]$	Ψ 仅是时间的函数,它表示平衡位置在 $x=x_0$ 处的质点的位移随时间变化的规律,实际上它就是该质点的振动方程.
给定时刻 $t=t_0$	$\Psi_{t_0}(x)=A\cos\left[\omega\left(t_0-\frac{x}{u}\right)+\varphi\right]$	Ψ 仅是位置的函数,它表示该时刻波线上各个质点的位移随 x 变化的规律,即该时刻波形曲线的方程.

续表

各种情况	方程形式	物理意义
x,t 均为变量	$\Psi(x,t)=A\cos\left[\omega\left(t-\frac{x}{u}\right)+\varphi\right]$	波函数 Ψ 是时间 t 和位置 x 的函数.它表示任意位置 x 处质点在任意时刻 t 的位移是如何随 x,t 周期性变化的.

波动方程的微分形式：

对平面简谐行波分别求时间 t 和坐标 x 的两次偏导数可得平面简谐行波的微分方程：

$$\frac{\partial^2\Psi}{\partial x^2}=\frac{1}{u^2}\frac{\partial^2\Psi}{\partial t^2} \tag{10-3}$$

这个方程适用于各种平面波，平面简谐行波只是它的一个特解.一般情况下，波动方程是三维的，由下式给出：

$$\frac{\partial^2\Psi}{\partial x^2}+\frac{\partial^2\Psi}{\partial y^2}+\frac{\partial^2\Psi}{\partial z^2}=\frac{1}{u^2}\frac{\partial^2\Psi}{\partial t^2} \tag{10-4}$$

任一物理量只要满足上述形式的微分方程，该物理量将以波动的形式在空间传播，物理量 Ψ 对时间 t 的两次偏导数系数的倒数的平方根即波传播的速率.

波的能量：

在波的传播过程中，随波的状态传播出去的不是介质，而是能量.可以证明，任一时刻，介质中任意一个体积为 $\mathrm{d}V$ 的质量元的动能、势能和总机械能分别为

$$\left.\begin{aligned}\mathrm{d}E_{\mathrm{k}}&=\frac{1}{2}\rho\omega^2A^2\sin^2\left[\omega\left(t-\frac{x}{u}\right)\right]\cdot\mathrm{d}V\\ \mathrm{d}E_{\mathrm{p}}&=\frac{1}{2}\rho\omega^2A^2\sin^2\left[\omega\left(t-\frac{x}{u}\right)\right]\cdot\mathrm{d}V\end{aligned}\right. \tag{10-5}$$

$$\mathrm{d}E=\mathrm{d}E_{\mathrm{k}}+\mathrm{d}E_{\mathrm{p}}=\rho\omega^2A^2\sin^2\left[\omega\left(t-\frac{x}{u}\right)\right]\cdot\mathrm{d}V \tag{10-6}$$

显然，介质元的动能和势能同步变化，总机械能随时间和空间周期性变化.

辨析 振动系统能量与波动系统能量的比较

孤立的弹簧振子的能量是守恒的，但由(10-6)式可知，波动系统能量随时间周期性变化，说明能量不守恒，这与孤立的弹簧振子系统是不同的，表 10.5 给出了两者的比较.

表 10.5 波动介质中质量元的能量与孤立谐振动质点能量的比较

研究对象	系统特点	能量特征
孤立谐振子	与外界没有相互作用，是一个孤立系统.	动能 $E_{\mathrm{k}}=\frac{1}{2}kA^2\cos^2(\omega t+\varphi)$ 与势能 $E_{\mathrm{p}}=\frac{1}{2}kA^2\sin^2(\omega t+\varphi)$ 的变化步调相反，机械能守恒.

续表

研究对象	系统特点	能量特征
波动介质元	与介质中其他介质元有相互作用,是一个非孤立系统.	动能 $dE_k=\frac{1}{2}\rho\omega^2A^2\sin^2\left[\omega\left(t-\frac{x}{u}\right)\right]\cdot dV$ 与势能 $dE_p=\frac{1}{2}\rho\omega^2A^2\sin^2\left[\omega\left(t-\frac{x}{u}\right)\right]\cdot dV$ 的变化步调相同,机械能不守恒.

能量密度与平均能量密度:

波动过程中,介质单位体积中的能量叫做波的能量密度.能量密度在一个周期内的平均值叫做波的平均能量密度.

能流与平均能流:

波动过程中,介质中的能量处于不断的"流动"之中,我们形象地称之为能流.单位时间内通过介质中某个截面的平均能量叫做通过该截面的平均能流.

能流密度或波的强度:

波动过程中,单位时间通过垂直于传播方向上单位面积的能量叫做波的能流密度或波的强度.

辨析 平均能量密度、平均能流和能流密度概念的区别与联系

平均能量密度、平均能流和能流密度这几个概念名称相近,但定义和物理意义不同,概念的区别与联系如表 10.6 所示.

表 10.6 平均能量密度、平均能流和能流密度概念的区别与联系

概念	物理意义与数学表述	特点
平均能量密度	能量密度表示单位体积中的能量: $w=\frac{dE}{dV}=\rho A^2\omega^2\sin^2\left[\omega\left(t-\frac{x}{u}\right)\right]$ 一个周期内的平均能量密度为 $\overline{w}=\frac{1}{T}\int_0^T\rho A^2\omega^2\sin^2\left[\omega\left(t-\frac{x}{u}\right)\right]dt=\frac{1}{2}\rho A^2\omega^2$	平均能量密度由波的振幅、角频率和介质密度决定,是一个与时间无关的常量.
平均能流	单位时间内通过介质中某个截面的平均能量: $\overline{P}=\overline{w}u\Delta S_{\perp}=\frac{1}{2}\rho A^2\omega^2u\Delta S_{\perp}$	平均能流取决于波的振幅、角频率、介质密度和波速,正比于所选的截面积.
能流密度	单位时间通过垂直于传播方向上单位面积的能量. $I=\frac{\overline{P}}{\Delta S_{\perp}}=\overline{w}u=\frac{1}{2}\rho A^2\omega^2u$	能流密度取决于波的振幅、角频率、介质密度和波速,能流的方向即波的传播方向.

辐射压或光压:

电磁波具有能量和动量,对被照射的物体产生的压力称为辐射压或光压.

电磁波的波动方程:

由自由空间的麦克斯韦方程可以直接得出电磁波的波动方程:

$$\frac{\partial^2 \boldsymbol{E}}{\partial x^2}+\frac{\partial^2 \boldsymbol{E}}{\partial y^2}+\frac{\partial^2 \boldsymbol{E}}{\partial z^2}=\varepsilon\mu\frac{\partial^2 \boldsymbol{E}}{\partial t^2}$$
$$\frac{\partial^2 \boldsymbol{H}}{\partial x^2}+\frac{\partial^2 \boldsymbol{H}}{\partial y^2}+\frac{\partial^2 \boldsymbol{H}}{\partial z^2}=\varepsilon\mu\frac{\partial^2 \boldsymbol{H}}{\partial t^2} \quad (10-7)$$

与一般的波动方程比较,可知电场 $\boldsymbol{E}$ 和磁场 $\boldsymbol{H}$ 均以波动形式随时间和空间位置变化,电磁波的传播速度为

$$u=\frac{1}{\sqrt{\varepsilon\mu}}=\frac{1}{\sqrt{\varepsilon_0\varepsilon_r\mu_0\mu_r}} \quad (10-8)$$

真空中电磁波的传播速度为

$$u=c=\frac{1}{\sqrt{\varepsilon_0\mu_0}}\approx 2.9979\times10^8\ \text{m}\cdot\text{s}^{-1}$$

在远离波源的小区域中,电磁波可以视为平面波,其波动方程为

$$\frac{\partial^2 E}{\partial x^2}=\varepsilon\mu\frac{\partial^2 E}{\partial t^2}=\frac{1}{u^2}\frac{\partial^2 E}{\partial t^2}$$
$$\frac{\partial^2 H}{\partial x^2}=\varepsilon\mu\frac{\partial^2 H}{\partial t^2}=\frac{1}{u^2}\frac{\partial^2 H}{\partial t^2} \quad (10-9)$$

它们的解为

$$E=E_0\cos\omega\left(t-\frac{x}{u}\right)$$
$$H=H_0\cos\omega\left(t-\frac{x}{u}\right) \quad (10-10)$$

(10-10)式即平面电磁波的波函数.

知识点 3. 多普勒效应

多普勒效应:

波源或观察者的运动会使接收到的波动频率发生变化,与波源的振动频率不相等,这种现象称为多普勒效应.

各种不同情况下的多普勒效应由表 10.7 给出.

表 10.7 各种不同情况下的多普勒效应

讨论情况	观察者接收的频率	频率变化的原因
相对介质:波源静止,观察者以 v_r 运动,$\nu_w=\nu_s$,$\lambda=u/\nu_s$.	$\nu_r=\frac{u+v_r}{\lambda}=\left(\frac{u+v_r}{u}\right)\nu_s$	观察者的运动使单位时间内接收到的完整波数变化.相向运动 $v_r>0$,频率增加;相背运动 $v_r<0$,频率减小.
相对介质:观察者静止,波源以 v_s 运动,$\nu_w=\nu_r$,$\lambda=(u-\nu_s)/\nu_s$.	$\nu_r=\frac{u}{\lambda}=\left(\frac{u}{u-v_s}\right)\nu_s$	波源的运动使波源在单位时间内发出的 v_s 个完整波数分布在 $u-v_s$ 距离内,

续表

讨论情况	观察者接收的频率	频率变化的原因
		于是波前方的波长变化.相向运动 $v_s>0$，频率增加；相背运动 $v_s<0$，频率减小.
相对介质：观察者和波源同时运动.	$\nu_r=\left(\frac{u+v_r}{u-v_s}\right)\nu_s$	前述两种情况的综合.
电磁波：不存在波源或观察者相对介质的速度问题，只考虑观察者与波源的相对速度.	一般情况下，$\nu_r=\sqrt{\frac{c+v}{c-v}}\nu_s$ $v\ll c$ 时，$\nu_r\approx\left(1+\frac{v}{c}\right)\nu_s$	光源与观察者相向运动时，接收频率大于光源频率，称为紫移；光源与观察者相背运动时，接收频率小于光源频率，称为红移.

冲击波：

当波源运动速度超过波速，波源比波前前进得更远，波源前方不能形成波动，在各时刻波源发出的波到达的前沿形成一个以波源为顶点的圆锥面，这种波称为冲击波.

知识点 4. 波的干涉

波的叠加原理：

当几列波相遇时，相遇区域内每一点的振动等于各列波独立传播时在该点引起的振动的叠加.波的叠加是以质点振动的叠加为基础的，讨论的对象是几列波相遇区域内的各个质点.

波的独立传播原理：

在传播过程中，每列波的频率、振幅、振动方向和传播方向等特性不因其他波的存在而改变.

相干条件与相干波：

对于相同性质的波而言，满足频率相同、振动方向相同、相位差恒定条件的简谐波称为相干波.

波的干涉：

当满足相干条件的两列波在空间相遇时，在波相遇的区域内，合成波在空间各点的强度不等于两分波强度之和，波的能量（振幅）在空间重新分布，形成强弱相间、周期排列的稳定分布，这种现象称为波的干涉.

波的干涉及其结果

如图 10.2 所示，O_1 和 O_2 为空间两个相干波源，其发出的两个相干波在空间叠加形成振幅和波强的空间分布，结果列于表 10.8 中.

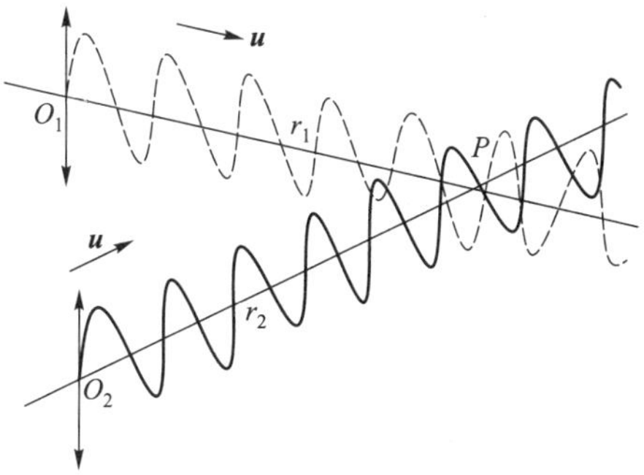

图 10.2

表 10.8 波的干涉及其结果

	振动方程	波强
合成前	波源处：$\begin{cases}\Psi_1=A_1\cos(\omega t+\varphi_1)\\ \Psi_2=A_2\cos(\omega t+\varphi_2)\end{cases}$ 相遇点：$\begin{cases}\Psi_1=A_1\cos\left(\omega t+\varphi_1-\dfrac{2\pi}{\lambda}r_1\right)\\ \Psi_2=A_2\cos\left(\omega t+\varphi_2-\dfrac{2\pi}{\lambda}r_2\right)\end{cases}$	波源处：$\begin{cases}I_1\propto A_1^2\\ I_2\propto A_2^2\end{cases}$ 相遇点：$\begin{cases}I_1\propto A_1^2\\ I_2\propto A_2^2\end{cases}$
合成后	$\Psi=\Psi_1+\Psi_2=A\cos(\omega t+\varphi)$ $A=\sqrt{A_1^2+A_2^2+2A_1A_2\cos[\varphi_2-\varphi_1-2\pi(r_2-r_1)/\lambda]}$ $\varphi=\arctan\dfrac{A_1\sin(\varphi_1-2\pi r_1/\lambda)+A_2\sin(\varphi_2-2\pi r_2/\lambda)}{A_1\cos(\varphi_1-2\pi r_1/\lambda)+A_2\cos(\varphi_2-2\pi r_2/\lambda)}$	$I\propto A^2$ $I=I_1+I_2+2\sqrt{I_1I_2}\cos\Delta\varphi$ $\Delta\varphi=\varphi_2-\varphi_1-2\pi(r_2-r_1)/\lambda$
合成振幅与波强相长、相消条件	$\Delta\varphi=\varphi_2-\varphi_1-2\pi(r_2-r_1)/\lambda=\begin{cases}\pm 2k\pi & (相长)\\ \pm(2k+1)\pi & (相消)\end{cases}\quad k=0,1,2,\cdots$ 若两波初相相同，则 $\Delta\varphi=2\pi(r_2-r_1)/\lambda=\begin{cases}\pm 2k\pi & (相长)\\ \pm(2k+1)\pi & (相消)\end{cases}\quad k=0,1,2,\cdots$ 或 $\delta=r_2-r_1=\begin{cases}\pm k\lambda & (相长)\\ \pm(2k+1)\lambda/2 & (相消)\end{cases}\quad k=0,1,2,\cdots$	

驻波：

如果两列相干波振幅相同，在同一直线上沿相反方向传播，会形成一种振幅、相位和能量在空间的特殊分布，这种现象称为驻波.

半波损失：

当波由波疏介质垂直射到波密介质界面发生反射时，反射波产生一个 π 的相位突变，由于相位突变 π 相当于波程差半个波长，因而称这个现象为半波损失.

驻波及其特征列于表 10.9 中.

表 10.9 驻波及其特征

产生驻波的条件	两列波相干波振幅相同，在同一直线上沿相反方向传播. 右行波：$\Psi_1=A_1\cos\left(\omega t-\dfrac{2\pi}{\lambda}x+\varphi_1\right)$ 左行波：$\Psi_2=A_2\cos\left(\omega t+\dfrac{2\pi}{\lambda}x+\varphi_2\right)$
驻波方程	$\Psi=\Psi_1+\Psi_2=2A\cos\left(\dfrac{2\pi}{\lambda}x+\dfrac{\varphi_2-\varphi_1}{2}\right)\cos\left(\omega t+\dfrac{\varphi_2+\varphi_1}{2}\right)$

续表

特征	振幅的空间分布	对每一给定点 x 有恒定的振幅，其大小随 x 作周期变化：$2A\cos\left(\frac{2\pi}{\lambda}x+\frac{\varphi_2-\varphi_1}{2}\right)$ 波腹位置：$x=\pm k\frac{\lambda}{2}-\frac{\lambda}{4\pi}(\varphi_2-\varphi_1)\quad(k=0,1,2,\cdots)$ 波节位置：$x=\pm(2k+1)\frac{\lambda}{4}-\frac{\lambda}{4\pi}(\varphi_2-\varphi_1)\quad(k=0,1,2,\cdots)$ 相邻波节或波腹间距：$\Delta x=\frac{\lambda}{2}$
	相位的空间分布	相邻波节之间各质点振动相位相同，波节两侧各质点振动相位相反.
	能量空间分布	单位时间穿过任意一点的能量密度（选择 $\varphi_1=\varphi_2$）： $I_{驻}=\lvert I_{右}\rvert-\lvert I_{左}\rvert$ $\propto\sin^2(\omega t-kx)-\sin^2(\omega t+kx)$ $=2\sin(2\omega t)\cdot\sin kx\cdot\cos kx$ 可见，不论在波节点 $\cos kx=0$ 还是波腹点 $\cos kx=1,\sin kx=0$，都有 $I_{驻}=0$，能量在波节和波腹之间来回流动，但始终不能通过这些节点和腹点.

典型例题及解题方法

1. 求平面简谐行波波函数（波动方程积分形式）的基本步骤

解题思路和方法：

（1）根据已知条件，选择参考点，建立坐标系；

（2）确定参考点的振动方程（振幅、角频率和初相），参考点不一定是坐标原点；

（3）在波线上任选一个坐标为 x 的点，根据波的传播方向，比较该点与参考点的振动相位，若超前，则超前相位为 $\omega(x/u)$，若滞后，则滞后相位为 $-\omega(x/u)$；

（4）在参考点振动方程中的相位加上超前或滞后的相位即得 x 处质元的振动方程，由于 x 点为波线上任意一点，因此该振动方程即波函数或积分形式的波动方程. 常见情况：

（a）已知波线上某点的振动曲线和波速，求波函数；

这类问题通常首先根据振动曲线上的信息，求得振幅、周期或角频率、初相，写出振动方程，再根据波的传播方向，以该点为参考点，即可求出波函数.

（b）已知 $t=0$ 或 $t=t_0$ 时刻的波形曲线，求波函数.

这类问题通常要根据波形曲线上的信息，求得振幅、波长、某确定点（比如：坐标原点）的振动相位等，确定该点的振动方程，再进一步求出波函数.

例题 10-1　有一沿 x 轴正方向传播的平面简谐横波，波速 $u=1.0\ \mathrm{m\cdot s^{-1}}$，波长 $\lambda=0.04\ \mathrm{m}$，振幅 $A=0.03\ \mathrm{m}$，若坐标原点 O 处的质点恰在平衡位置并向负方向运动时开始计时，试求：

（1）此平面波的波函数；

（2）与原点相距 $x_1=0.05\ \mathrm{m}$ 处质点的振动方程及该点的初相位.

解题示范：

解：(1) 由题目已知条件，可知振幅 $A=0.03\ \text{m}$.

根据波动的特征量之间的关系，由题目中的波速和波长可以求得波的角频率(也就是波线上各个质点的振动角频率)ω.

$$\omega=2\pi\nu=2\pi\frac{u}{\lambda}=50\pi\ \text{rad}\cdot\text{s}^{-1}$$

由计时开始时，O 点的运动状态可求得初相位 $\varphi=\pi/2$.

所以原点 O 的振动方程为

$$y_0=A\cos(\omega t+\varphi)$$

$$=0.03\cos\left(50\pi t+\frac{\pi}{2}\right)\quad(\text{SI 单位})$$

波函数为

$$\Psi=0.03\cos\left[50\pi\left(t-\frac{x}{u}\right)+\frac{\pi}{2}\right]$$

$$=0.03\cos\left[50\pi(t-x)+\frac{\pi}{2}\right]\quad(\text{SI 单位})$$

(2) $x=x_1=0.05\ \text{m}$ 处，质点的振动方程为

$$y_1=0.03\cos\left[50\pi(t-0.05)+\frac{\pi}{2}\right]$$

$$=0.03\cos(50\pi t-2\pi)\quad(\text{SI 单位})$$

该点初相为 $\varphi=-2\pi$.

解题思路与线索：

(1) 为求波函数，首先要求得参考点(例如坐标原点 O)的振动方程，也就是要首先求出振动的各个特征量(振幅、角频率、初相位).

建议使用旋转矢量法，根据原点 O 处的振动状态判断初相位.

由于波的传播方向沿 x 轴正方向，所以，x 正半轴上各质点的振动相位相对于 O 点依次落后 $-\omega\dfrac{x}{u}$. 据此可以写出该波函数.

(2) 将某处质点的位置坐标带入波函数即得到该点的振动方程及其初相位.

例题 10-2 图(a)所示为 $t=0$ 时刻的波形，求：

(1) 原点的振动方程；

(2) 波函数；

(3) P 点的振动方程；

(4) a、b 两点的运动方向.

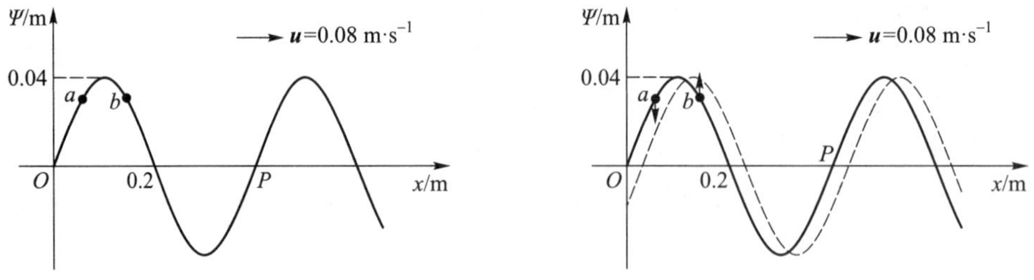

(a) (b)

例题 10-2 图

解题示范：

解：(1) 由波形图可知：

$$A=0.04\ \text{m},\quad \lambda=0.4\ \text{m},$$

解题思路与线索：

(1) 同上例，为求振动方程，首先要求得振动的特

续表

$\omega=2\pi\dfrac{u}{\lambda}=0.4\pi\ \text{rad}\cdot\text{s}^{-1}$ O 点初相 $\varphi_0=\pi/2$,所以,原点的振动方程为 $y_0=0.04\cos\left(0.4\pi t+\dfrac{\pi}{2}\right)$ (SI 单位) (2) 波沿$+x$方向传播,波函数为 $\psi=0.04\cos\left[0.4\pi\left(t-\dfrac{x}{0.08}\right)+\dfrac{\pi}{2}\right]$ (SI 单位) (3) P 点坐标 $x=0.4$ m,代入波函数,得 P 点的振动方程为 $y_P=0.04\cos\left[0.4\pi\left(t-\dfrac{0.4}{0.08}\right)+\dfrac{\pi}{2}\right]$ $=0.04\cos\left[0.4\pi t-\dfrac{3}{2}\pi\right]$ (SI 单位) (4) 由于波形向右传播,所以如图(b)所示,a 将向下运动,b 将向上运动.	征量.振幅和角频率可以根据图中的已知数据求出. 要求得原点 O 的振动初相,首先要知道原点在初始时刻的运动状态.可以根据波动传播方向画出下一时刻的波形曲线,如图(b)所示,即可知 O 点运动方向向 Ψ 轴的负方向运动,由旋转矢量法即可得到初相位为$\dfrac{\pi}{2}$,进而可以写出 O 点的振动方程. (2) 以坐标原点 O 为参考点,根据波的传播方向,x 正半轴上各质点的振动相位相对于 O 点依次落后$-\omega\dfrac{x}{u}$,据此可以写出波函数. (3) 将质点的位置坐标带入波函数即得到该点的振动方程. (4) 根据波的传播方向,画出的下一时刻的波形曲线如图(b)所示,即可判断波线上各处质点的运动方向.

2. 两波干涉的极大(相长)和极小(相消)位置的计算

解题思路和方法:

该类计算的关键是确定两个相干波的相位差 $\Delta\varphi$ 以及相位差与位置的关系,再根据干涉相长相消条件即可计算出极大或极小位置.

例题 10-3 位于 A、B 的两波源振幅相同(如图所示),频率均为 100 Hz,相位差为 π,若 A、B 相距 30 m,波速为 400 m·s^{-1},求 A、B 连线上二者之间因干涉而静止的各点的位置.

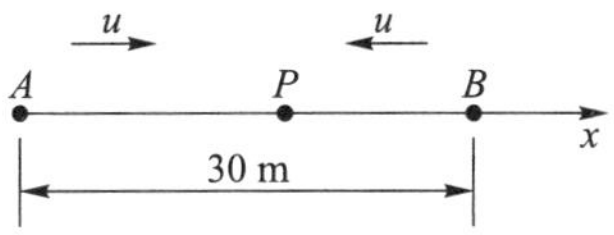

例题 10-3 图

解题示范:

解:由题意可知 $\varphi_2-\varphi_1=\varphi_B-\varphi_A=\pi$. 以 A 为坐标原点,从 A 到 B 为 x 轴正方向.在 A、B 之间任一点 P,距 A、B 分别为 $r_1=x$ 和 $r_2=(30\ \text{m}-x)$. 所以,两列波传到 P 点时,相位差 $\Delta\varphi=\pi-2\pi\dfrac{(30\ \text{m}-x)-x}{\lambda}=\pi-\dfrac{2\pi\nu}{u}(30\ \text{m}-2x)$ $=(x-14\ \text{m})\pi$ 由干涉相消的条件 $\Delta\varphi=(x-14\ \text{m})\pi=(2k+1)\pi\quad(k=0,\pm1,\pm2,\cdots)$ 得因干涉而静止的各点坐标: $x=2k+15\quad(0\leqslant x\leqslant 30\ \text{m})$ 将 $k=0,\pm1,\pm2,\pm3,\pm4,\pm5,\pm6,\pm7$ 代入上式,得 $x=1$ m,3 m,5 m,7 m,…,29 m	**解题思路与线索:** 由题意可知,两个波传播到 AB 之间的任意一个相遇点 P 时,P 点参与了分别由 A 和 B 两个波源的波在该点引起的振动.利用前面表 10.8 所列合成波相位差公式可得两个振动在该点的相位差为 $\Delta\varphi=\varphi_2-\varphi_1-2\pi\dfrac{r_2-r_1}{\lambda}$ 根据干涉相消条件即可计算出极小位置,需注意 x 的取值范围.

3. 与驻波相关的计算

解题思路和方法：

常见的情况为：

(1) 已知入射波方程，求反射波方程.

该类问题首先要明确反射点位置，根据入射波方程求出反射点的振动方程，同时不要忘记考虑反射半波损失(相位突变)问题，再利用波函数建立的方法，即可写出反射波方程.

(2) 两波叠加形成驻波后的波节或波腹位置.

这类问题实质上又回到干涉叠加的相位相长相消条件问题，即波节要满足两波干涉相消条件，波腹满足两波干涉相长条件.

例题 10-4 一平面简谐波沿 x 正方向传播，如图所示.振幅为 A，频率为 ν，波速为 u.

(1) $t=0$ 时，原点 O 处质元由平衡位置向位移的正方向运动，写出此波的波函数；

(2) 若经分界面反射的波与入射波振幅相等，写出反射波的波函数，并求 x 轴上因入射波和反射波干涉而静止的点的位置.

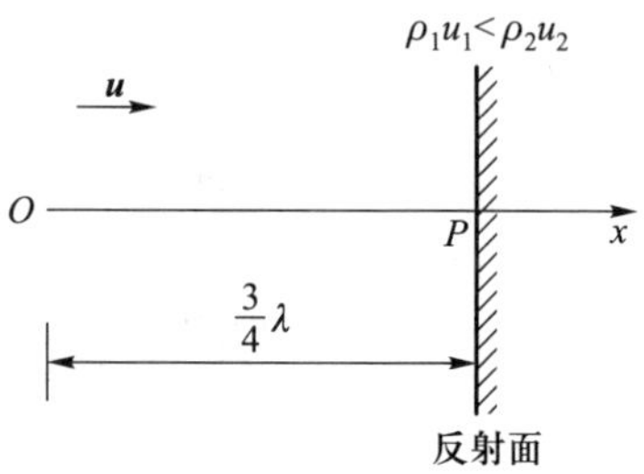

例题 10-4 图

解题示范：

解：(1) 由题意，坐标原点振动的初相为 $3\pi/2$(或 $-\pi/2$)，则向右传播的波函数为

$$\Psi_1=A\cos\left[2\pi\nu\left(t-\frac{x}{u}\right)+\frac{3}{2}\pi\right]$$

或

$$\Psi_1=A\cos\left[2\pi\nu\left(t-\frac{x}{u}\right)-\frac{\pi}{2}\right]$$

(2) 入射波在反射处 P 点引起的振动方程为

$$(\Psi_1)_P=A\cos\left[2\pi\nu\left(t-\frac{3\lambda/4}{u}\right)-\frac{1}{2}\pi\right]$$
$$=A\cos(2\pi\nu t)$$

考虑半波损失，反射波在 P 点的振动方程为

$$(\Psi_2)_P=A\cos(2\pi\nu t+\pi)$$

所以，反射波的波函数(OP 之间任意一点 x 处的振动方程)为

$$\Psi_2=A\cos\left[2\pi\nu\left(t-\frac{3\lambda/4-x}{u}\right)+\pi\right]$$
$$=A\cos\left[2\pi\nu\left(t+\frac{x}{u}\right)-\frac{\pi}{2}\right]\quad\left(x\leqslant\frac{3}{4}\lambda\right)$$

若要入射波和反射波干涉相消，两个波的相位差应满足条件

$$\Delta\varphi=\left[2\pi\nu\left(t+\frac{x}{u}\right)-\frac{\pi}{2}\right]-\left[2\pi\nu\left(t-\frac{x}{u}\right)+\frac{3}{2}\pi\right]$$
$$=4\pi\nu\frac{x}{u}-2\pi$$
$$=(2k+1)\pi$$

解题思路与线索：

(1) 已知参考点(坐标原点)初始时刻的振动状态，可以求得原点的振动初相，再根据题目已知条件：振幅为 A，频率为 ν，波速为 u，即可写出入射波波函数.

(2) 将反射点坐标代入波函数，可以写出入射波在反射点处引起的振动方程 $(\Psi_1)_P$；再考虑半波损失引起的相位突变 π，最终得到反射波在反射点的振动方程 $(\Psi_2)_P$.

再利用已知参考点振动方程，根据沿传播方向，质点振动相位依次滞后，即可写出反射波方程.

续表

可得因干涉而静止的点的位置应满足的条件： $$x=(2k'+1)\frac{\lambda}{4}\quad 其中\quad k'=k+1$$ $$x\leqslant\frac{3}{4}\lambda$$ 即 $k'=1,0,-1,-2,-3,\cdots$	两个相向传播的相干波在 P 点的左侧区间将会引起驻波．根据相干波干涉相长和相消的条件，可以求得干涉静止点的位置，需注意 x 的取值范围．

思维拓展

一、问题讨论——我们为什么要研究一维平面波？

机械波是由介质受力后的弹性形变引起的，因此可从动力学角度分析介质运动所应满足的方程．

介质的弹性是用弹性模量来描述的，介质材料内部的相互作用力不是集中力，而是分布力．材料内单位面积所受力称为应力，在应力作用下材料产生的形变称为应变，实验表明，在弹性限度内，应力与应变成正比，比例系数称为材料的弹性模量．

一维弹性杆中的纵波波动方程（推导见《大学物理学》下册 47 页例 5）：

$$\frac{\partial^2 y}{\partial x^2}=\frac{\rho}{E}\frac{\partial^2 y}{\partial t^2}\quad 或\quad \frac{\partial^2 y}{\partial x^2}=\frac{1}{u^2}\frac{\partial^2 y}{\partial t^2}\tag{10-11}$$

其中 ρ 为杆的质量密度，E 为杆的杨氏模量．

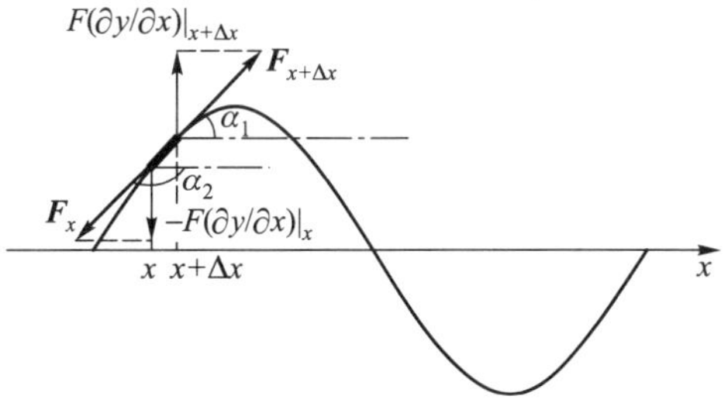

图 10.3

一维弦上的横波波动方程：

如图 10.3 所示，取弦上一微元段 Δx，其所受张力 $\boldsymbol{F}$ 沿弦的切线方向，由于横波不需考虑弦在 x 方向的运动，微元段质量为 $\lambda\Delta x$，λ 为弦的质量线密度，由牛顿第二定律可得

$$\begin{aligned}F_{x+\Delta x}\sin\alpha_1-F_x\sin\alpha_2&\approx F_{x+\Delta x}\tan\alpha_1-F_x\tan\alpha_2\\&=F\cdot\left(\frac{\partial y}{\partial x}\right)\bigg|_{x+\Delta x}-F\cdot\left(\frac{\partial y}{\partial x}\right)\bigg|_x\\&=\lambda\Delta x\frac{\partial^2 y}{\partial t^2}\end{aligned}\tag{10-12}$$

由于

$$\frac{\partial(\partial y/\partial x)}{\partial x}=\lim_{\Delta x\to 0}\frac{(\partial y/\partial x)|_{x+\Delta x}-(\partial y/\partial x)|_x}{\Delta x}$$

所以有

$$\frac{F}{\lambda}\frac{\partial^2 y}{\partial x^2}=\frac{\partial^2 y}{\partial t^2} \quad 或 \quad \frac{\partial^2 y}{\partial x^2}=\frac{1}{u^2}\frac{\partial^2 y}{\partial t^2} \tag{10-13}$$

电磁波波动方程：

电磁波是变化的电场和磁场在空间相互激发引起的，其变化的规律由麦克斯韦方程描述.在远离波源的小区域内，电磁波可视为平面波，波动方程为

$$\frac{\partial^2 E}{\partial x^2}=\varepsilon\mu\frac{\partial^2 E}{\partial t^2} \quad 或 \quad \frac{\partial^2 E}{\partial x^2}=\frac{1}{u^2}\frac{\partial^2 E}{\partial t^2}$$

$$\frac{\partial^2 H}{\partial x^2}=\varepsilon\mu\frac{\partial^2 H}{\partial t^2} \quad 或 \quad \frac{\partial^2 H}{\partial x^2}=\frac{1}{u^2}\frac{\partial^2 H}{\partial t^2}$$

机械波与电磁波的比较：

机械波与电磁波的比较见表 10.10.

表 10.10 机械波与电磁波的比较

	机械波	电磁波
产生原因与传播机制	弹性介质受力发生弹性形变，介质的运动服从牛顿运动定律.机械波的传播必须有介质存在.	电磁场随时间变化在周围空间激发变化的电磁场，变化遵从麦克斯韦电磁理论.电磁波的传播不需要介质，真空中也可以传播电磁波.
微分方程	杆(纵波)：$\frac{\partial^2 y}{\partial x^2}=\frac{\rho}{E}\frac{\partial^2 y}{\partial t^2}$ 或 $\frac{\partial^2 y}{\partial x^2}=\frac{1}{u^2}\frac{\partial^2 y}{\partial t^2}$ 弦(横波)：$\frac{F}{\lambda}\frac{\partial^2 y}{\partial x^2}=\frac{\partial^2 y}{\partial t^2}$ 或 $\frac{\partial^2 y}{\partial x^2}=\frac{1}{u^2}\frac{\partial^2 y}{\partial t^2}$	电场： $\frac{\partial^2 E}{\partial x^2}=\varepsilon\mu\frac{\partial^2 E}{\partial t^2}$ 或 $\frac{\partial^2 E}{\partial x^2}=\frac{1}{u^2}\frac{\partial^2 E}{\partial t^2}$ 磁场： $\frac{\partial^2 H}{\partial x^2}=\varepsilon\mu\frac{\partial^2 H}{\partial t^2}$ 或 $\frac{\partial^2 H}{\partial x^2}=\frac{1}{u^2}\frac{\partial^2 H}{\partial t^2}$
性质	可以有横波、纵波两种形式，传播速度由介质本身性质决定.	通常情况下为横波，传播速度由介质性质决定.
常见情况	水波、声波、地震波等.	可见光、紫外线、红外线、无线电、微波、X 射线、雷达等.

由上述讨论和比较可见，虽然各种波的产生和传播机制不同、性质不同，但它们服从的数学方程完全类似，自然界中这类运动具有普遍性，因而人们对平面波才如此有兴趣.进一步的研究发现，许多更复杂的波都是由各种不同频率的简谐波叠加而成的，因此研究一维平面波是很有实际意义和实用价值的.

二、知识拓展——多普勒效应的应用

（一）微波雷达测速器

为了交通安全，公路常常需要限速.公路上用于监测车辆速度的测速器就是利用电磁波的多普勒效应制成的.测速器由微波雷达发射器、探测器及数据处理系统组成.当微波雷达发射器发射的频率为 ν_s 的微波被一速度为 v 向其运动的车辆接收后，微波频率变化为 ν_r：

$$\nu_r=\sqrt{\frac{c+v}{c-v}}\nu_s \tag{10-14}$$

当微波从运动的汽车上被反射回去时，可将汽车作为运动的波源.这时从探测器处所测得的反射波的频率为 ν：

$$\nu=\sqrt{\frac{c+v}{c-v}}\nu_r=\frac{c+v}{c-v}\nu_s \tag{10-15}$$

探测器所接收到的频率与发射器发射的频率之差为

$$\Delta\nu=\nu-\nu_s=\frac{2v}{c-v}\nu_s\approx\frac{2v}{c}\nu_s \tag{10-16}$$

由于车辆运动速度 $v\ll c$，因此$\frac{\Delta\nu}{\nu_s}\ll 1$，将两个频率相差甚小的微波叠加会产生拍现象，$\Delta\nu$ 即拍频.在数据处理系统中测量出拍频，即可由（10-16）式算出车辆的运动速度：

$$v=\frac{\Delta\nu}{2\nu_s}c \tag{10-17}$$

例如，某高速公路限速为 100 km · h^{-1}，若微波雷达发射器发射频率为 5.0×10^{10} Hz 的微波，从某运动汽车上反射回来后，产生的拍频为 1.1×10^4 Hz，该汽车是否超速行驶？由（10-17）式可得

$$v=\frac{\Delta\nu}{2\nu_s}c=\frac{1.1\times10^4}{2\times5.0\times10^{10}}\times3\times10^8\ \text{m}\cdot\text{s}^{-1}=33\ \text{m}\cdot\text{s}^{-1}=119\ \text{km}\cdot\text{h}^{-1}>100\ \text{km}\cdot\text{h}^{-1}$$

可见，该汽车正在超速行驶.

（二）多普勒血流计

随着人们生活水平的提高，患心血管疾病的人也越来越多.心脏和血管的病变会影响血液的正常流动，因此，可以通过血液流动速度和流量的测量来判断心脏与血管的病变，为治疗提供依据.下面介绍一种常用的超声波多普勒血流计.

由于超声波具有较强的穿透本领，可以透过人的皮肤进入血管.当波束遇到血管中流动的血细胞（红细胞占多数）时会发生散射，其中沿发射方向返回的散射波可以再被探头接收.如果探头发射的超声波频率为 ν_s，血流速度为 v，血流速度与声速间的夹角为 θ，超声波在人体中的传播速度为 u，血流速度在声速方向的投影为 $v_1=v\cos\theta$，如图 10.4 所示.

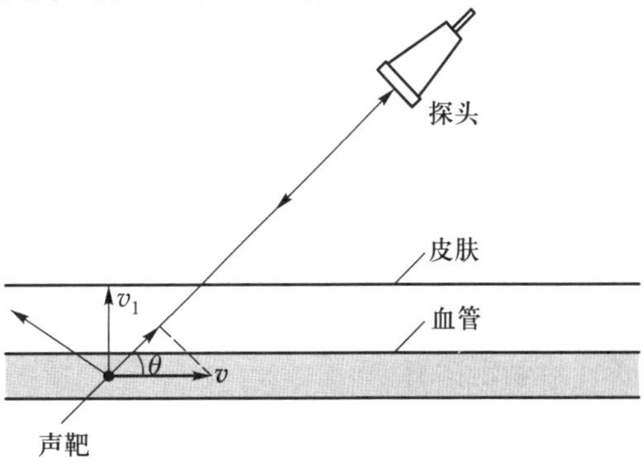

图 10.4

则由多普勒效应可知，接收器接收到的频率为

$$\nu=\frac{u+v_1}{u-v_1}\nu_s=\frac{1+v_1/u}{1-v_1/u}\nu_s=\frac{(1+v_1/u)^2}{1-(v_1/u)^2}\nu_s=\frac{1+2v_1/u+(v_1/u)^2}{1-(v_1/u)^2}\nu_s \tag{10-18}$$

由于血流速度比声波速度小很多，$v\ll u$，所以，$1-(v_1/u)^2\approx 1$，于是

$$\nu=\nu_s+2\nu_s v_1/u \tag{10-19}$$

多普勒频移为

$$\Delta\nu=\nu-\nu_s=2\nu_s v_1/u=2\nu_s v\cos\theta/u \tag{10-20}$$

由上式可见，为获得最大频移量，应尽可能使声速与血流方向平行，从而使 $\cos\theta\approx 1$. 在 ν_s 和 u 为已知的条件下，只要测得频移值 $\Delta\nu$，就可得到血流速度 v.

（三）多普勒频移与宇宙膨胀

对遥远星系发来的光所做的光谱分析表明，有一些在实验室中已经确认的谱线显著地移向了长波端，这种现象称为谱线红移. 谱线红移可以解释为由光源的退行速度所引起的多普勒频移.

1929 年，哈勃对河外星系的视向速度与距离的关系进行了研究. 利用当时很有限的 46 个河外星系的视向速度和 24 个推算出来的距离，哈勃得出了视向速度与距离之间的线性关系，如图 10.5 所示. 该结果表明遥远星系逐渐离开我们银河系而后退，其退行速度 v 与它离我们的距离 r 成正比，即

$$v=Hr \tag{10-21}$$

这就是著名的哈勃定律. 式中 H 为哈勃常量，其倒数具有时间的量纲. 哈勃定律表明，离我们越远的星系，退行速度越大，这意味着我们的宇宙正在膨胀.

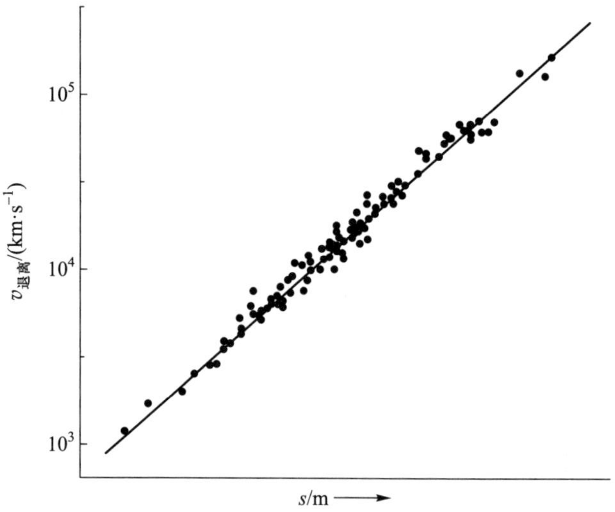

图 10.5

利用电磁波的多普勒效应公式（退行时将 v 取为 $-v$）：

$$\nu_r=\sqrt{\frac{c-v}{c+v}}\nu_s \tag{10-22}$$

可得星体退行速度为

$$v=\frac{\nu_s^2-\nu_r^2}{\nu_s^2+\nu_r^2}c \tag{10-23}$$

联合哈勃定律有

$$v=\frac{\nu_s^2-\nu_r^2}{\nu_s^2+\nu_r^2}c=Hr \tag{10-24}$$

因此,通过观测星体所发射光谱的红移可以确定星体的距离.例如,一种被称为类星体的天体所发射的光谱线中,曾观测到红移高达本征频率的 1/3,即 $\nu_r=\frac{2}{3}\nu_s$.根据哈勃常量的现在值

$$1/H=1.86\times10^{10}\ \mathrm{a}=1.86\times10^{10}\times3.15\times10^{7}\ \mathrm{s}=5.86\times10^{17}\ \mathrm{s}$$

可得该类星体与我们的距离为

$$r=\frac{\nu_s^2-\nu_r^2}{\nu_s^2+\nu_r^2}\frac{c}{H}=\frac{5}{13}\times3\times10^{8}\times5.86\times10^{17}\ \mathrm{m}=6.76\times10^{25}\ \mathrm{m} \qquad (10-25)$$

课后练习题

基础练习题

10-2.1 一平面简谐波表达式为 $y=-0.05\sin\pi(t-2x)$ (SI 单位),则该波的频率 ν(Hz),波速 u(m/s)及波线上各点振动的振幅 A(m)依次为[ ].

(A) $\frac{1}{2},\frac{1}{2},-0.05$ (B) $\frac{1}{2},1,-0.05$

(C) $\frac{1}{2},\frac{1}{2},0.05$ (D) 2,2,0.05

10-2.2 一平面简谐波沿 Ox 正方向传播,波动方程为

$$y=0.10\cos\left[2\pi\left(\frac{t}{2}-\frac{x}{4}\right)+\frac{\pi}{2}\right] \quad (\text{SI 单位})$$

该波在 $t=0.5$ s 时刻的波形曲线图是[ ].

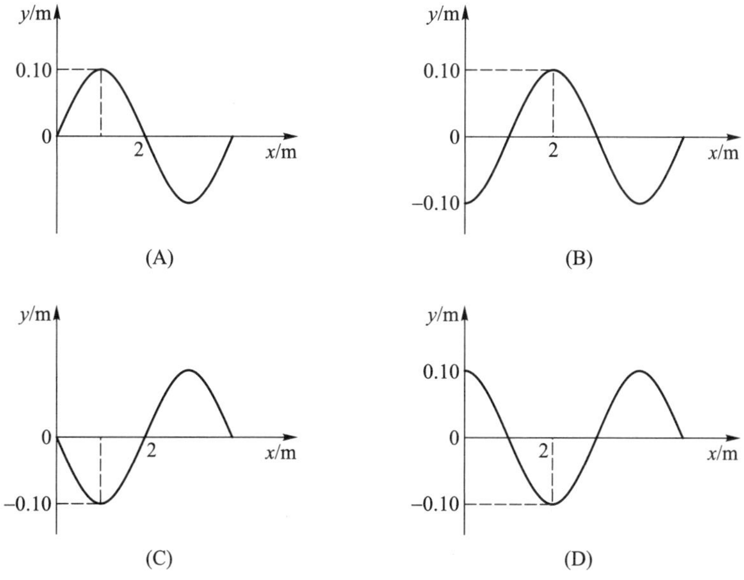

题 10-2.2 图

10-2.3 一平面简谐波,沿 x 轴负方向传播,其振幅为 A,角频率为 ω,波速为 u.设 $t=T/4$ 时刻的波形如图所示,则该波的表达式为[ ].

(A) $y=A\cos \omega(t-x/u)$ (B) $y=A\cos\left[\omega(t-x/u)+\frac{1}{2}\pi\right]$

(C) $y=A\cos[\omega(t+x/u)]$ (D) $y=A\cos[\omega(t+x/u)+\pi]$

10-2.4 某时刻驻波波形曲线如图所示,则 a、b 两点的相位差是[ ].

(A) π (B) $\frac{1}{2}\pi$ (C) $5\pi/4$ (D) 0

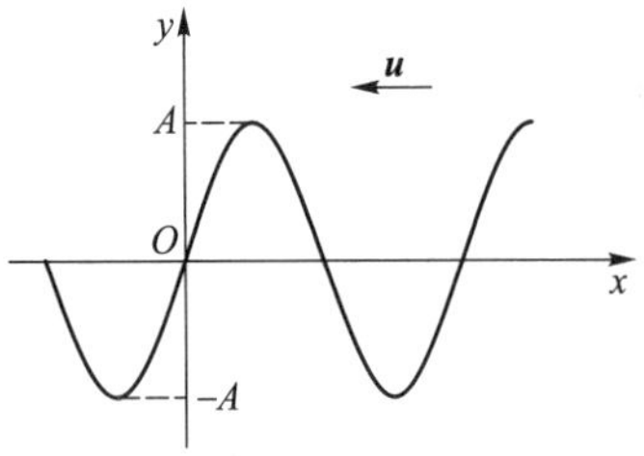

题 10-2.3 图

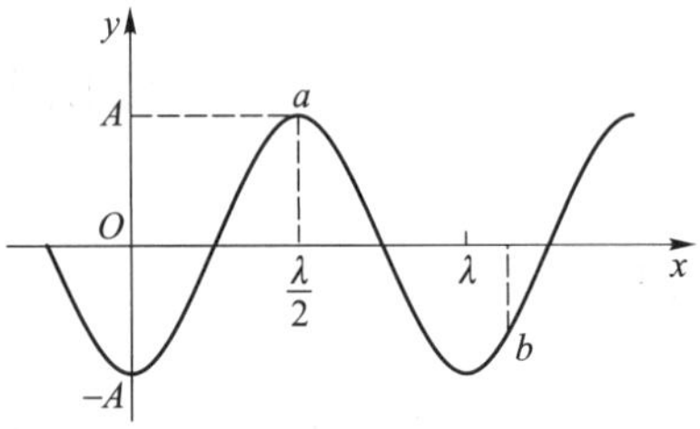

题 10-2.4 图

10-2.5 在弦线上有一简谐波,其表达式为

$$y_1=2.0\times10^{-2}\cos\left[100\pi\left(t+\frac{x}{20}\right)-\frac{4\pi}{3}\right] \quad (\text{SI 单位})$$

为了在此弦线上形成驻波,并且在 $x=0$ 处为一波腹,此弦线上还应有另一简谐波,其表达式为[ ].

(A) $y_2=2.0\times10^{-2}\cos\left[100\pi\left(t-\frac{x}{20}\right)+\frac{\pi}{3}\right]$ (SI 单位)

(B) $y_2=2.0\times10^{-2}\cos\left[100\pi\left(t-\frac{x}{20}\right)+\frac{4}{3}\pi\right]$ (SI 单位)

(C) $y_2=2.0\times10^{-2}\cos\left[100\pi\left(t-\frac{x}{20}\right)-\frac{\pi}{3}\right]$ (SI 单位)

(D) $y_2=2.0\times10^{-2}\cos\left[100\pi\left(t-\frac{x}{20}\right)-\frac{4}{3}\pi\right]$ (SI 单位)

10-2.6 已知 4℃时的空气中声速为 340 m/s,人可以听到频率为 20 Hz 至 20 000 Hz 范围内的声波,可以引起听觉的声波在空气中波长的范围约为________.

10-2.7 在简谐波的一条传播路径上,相距 0.2 m 的两点的振动相位差为 $\pi/6$.又知振动周期为 0.4 s,则波长为________;波速为________.

10-2.8 一平面简谐波沿 Ox 方向传播,波动方程为 $y=A\cos[2\pi(\nu t-x/\lambda)+\varphi]$,则 $x_1=L$ 处介质质点振动的初相位是________;与 x_1 处质点振动状态相同的其他质点的位置是________;与 x_1 处质点速度大小相同,但方向相反的其他各质点的位置是________.

10-2.9 一球面波在各向同性均匀介质中传播,已知波源的功率为 100 W,若介质不吸收能量,则距波源 10 m 处的波的平均能流密度为________.

10-2.10 已知空气中的声速为 344 $m\cdot s^{-1}$,一声波在空气中波长是 0.671 m,当它传入水中时，波长变为 2.83 m，求声波在水中的传播速度.

10-2.11 一沿 x 轴正方向传播的波，波速为 $2\ \mathrm{m\cdot s^{-1}}$，原点振动方程为 $y=0.6\cos \pi t$（SI 单位），求：

（1）此波的波长；

（2）波函数；

（3）同一质点在 1 s 末和 2 s 末这两个时刻的相位差；

（4）同一时刻，$x_A=1.0\ \mathrm{m}$，$x_B=1.5\ \mathrm{m}$ 处两质点的相位差.

10-2.12 频率为 500 Hz 的平面简谐波，其波速为 $350\ \mathrm{m\cdot s^{-1}}$，问：相位差为 $\pi/3$ 的两点相距多远？

10-2.13 一列波沿 x 正方向传播，波源的振动曲线如图所示，波速为 u.

（1）画出 $t=T$ 时刻的波形曲线，写出波函数；

（2）画出 $x=\lambda/4$ 处的振动曲线.

10-2.14 一线状波源发射柱面波.设介质是不吸收能量的各向同性均匀介质，求波的强度和振幅与离波源距离的关系.

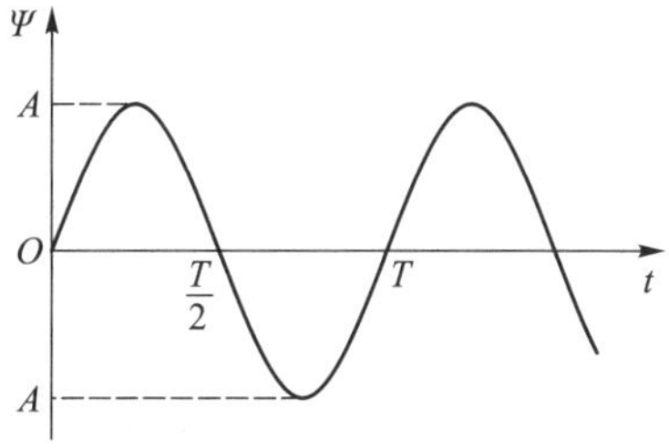

题 10-2.13 图

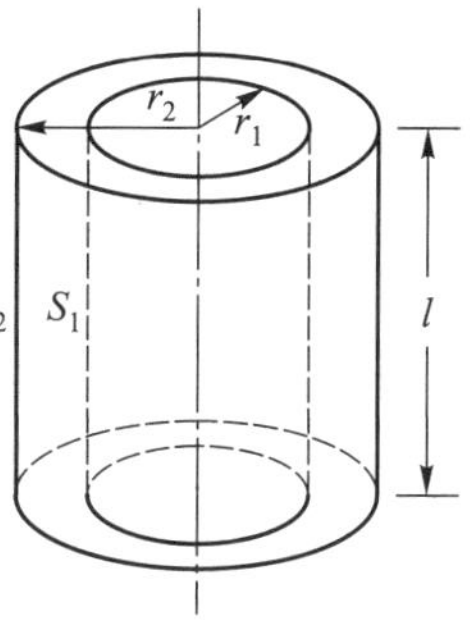

题 10-2.14 图

10-2.15 速度 $v_s=20\ \mathrm{m\cdot s^{-1}}$ 的火车 A 和速度 $v_r=15\ \mathrm{m\cdot s^{-1}}$ 的火车 B 相向行驶，火车 A 以频率 $\nu=500$ Hz 鸣汽笛，试就下列两种情况求火车 B 中乘客听到的声音的频率（设声速为 $340\ \mathrm{m\cdot s^{-1}}$）.

（1）A、B 相遇之前；

（2）A、B 相遇之后.

10-2.16 S_1 和 S_2 为两个相干波源，相距 $\lambda/4$，S_1 比 S_2 的相位超前 $\pi/2$. 若两波在 S_1、S_2 连线方向上强度相同，都是 I_0，且不随距离变化.问：在 S_1、S_2 连线上 S_1 外侧各点的合成波的强度如何？又在 S_2 外侧的各点强度如何？

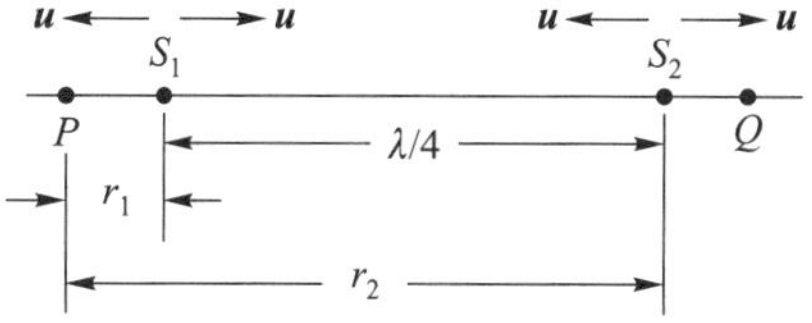

题 10-2.16 图

10-2.17 弦上驻波相邻两节点相距 65 cm，弦的振动频率为 $\nu=2.3\times10^2$ Hz，求波速和波长.

10-2.18 设入射波方程为 $y_1=A\sin\left(\omega t+\dfrac{2\pi x}{\lambda}\right)$，在 $x=0$ 处反射，求下述两种情况下合成驻波的方程，以及波腹和波节的位置：

（1）反射端为自由端；

（2）反射端为固定端.

综合练习题

10-3.1　一简谐波以 0.8 $\mathrm{m\cdot s^{-1}}$的速度沿一长弦线向正 x 方向传播，在 $x=0.1$ m 处质点位移随时间变化的关系为 $\Psi=0.05\sin(1.0-4.0t)$（SI 单位）.试写出波函数.

10-3.2　一列沿 x 正方向传播的简谐波在 $t_1=0$ 和 $t_2=0.25$ s 时的波形如图所示，试取最小波速.

（1）求 P 点的振动方程；

（2）求波函数；

（3）画出原点 O 的振动曲线.

10-3.3　已知一左行波 $t=0$ 和 $t=1$ s 时的波形如图所示，求此波的波速可能取哪些值，取其最小值写出波函数.

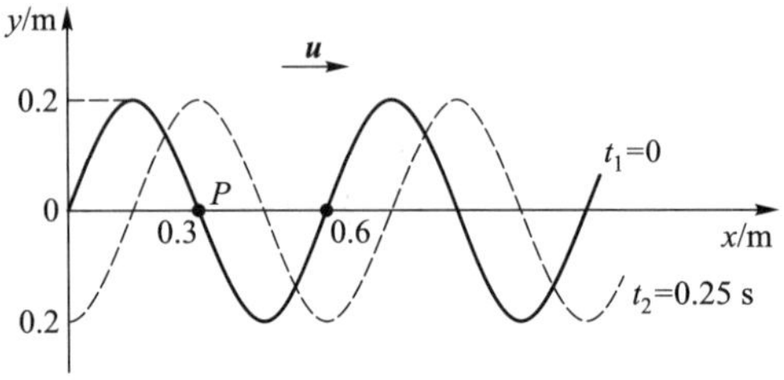

题 10-3.2 图

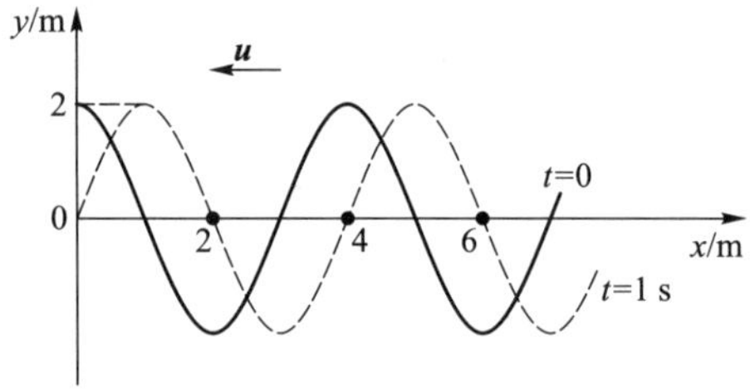

题 10-3.3 图

10-3.4　已知一横波的波函数 $y=A\cos\pi(4t+2x)$　（SI 单位）.

（1）写出 $t=4.2$ s 时各波峰位置的坐标表示式，计算此时离原点最近的一个波峰的位置，该波峰何时通过坐标原点？

（2）画出 $t=4.2$ s 时的波形.

10-3.5　设简谐波在直径 $d=0.10$ m 的圆柱形管内的空气介质中传播，波的强度 $I=1.0\times10^{-2}\ \mathrm{W\cdot m^{-2}}$，波速为 250 $\mathrm{m\cdot s^{-1}}$，频率 $\nu=300$ Hz.

（1）求波的平均能量密度和最大能量密度；

（2）问：相距一个波长的两个波面之间平均含有多少能量？

习 题 解 答

第十一章　波动光学

科学的灵感，绝不是坐等可以等来的.如果说，科学上的发现有什么偶然的机遇的话，那么这种“偶然的机遇”只能给那些学有素养的人，给那些善于独立思考的人，给那些具有锲而不舍的精神的人，而不会给懒汉.

——华罗庚

课 前 导 引

干涉现象是波的特征之一.光是电磁波，其波动性质可以从光的干涉现象得到证实.本章通过杨氏双缝干涉、劈尖干涉、牛顿环、迈克耳孙干涉仪实验等来说明光的相干性，研究光的干涉规律.我们的研究方法一般是：了解光干涉的实验装置—计算产生干涉的两束光的光程差—分析干涉条纹的明暗条件、条纹宽度（或间距）、条纹特征以及条纹随实验装置参量的变化等.本章的学习重点是充分理解光的干涉和衍射的区别与联系、明确各种干涉和衍射明暗条纹形成的条件、条纹空间位置分布形态和特征，需注意区别那些相似的公式的物理意义、掌握相关的计算方法.

学习目标

1. 理解光的各种偏振态及偏振光的获得与检验方法.
2. 掌握马吕斯定律和布儒斯特定律及其应用.
3. 了解光的双折射现象及如何用惠更斯原理解释光的双折射现象.
4. 掌握光的相干性、光程、光程差的概念.
5. 掌握获得相干光的分波阵面法和分振幅法及其干涉条纹分布规律与相关计算.
6. 了解迈克耳孙干涉仪的原理及应用.
7. 了解光的空间相干性和时间相干性.
8. 掌握夫琅禾费单缝衍射和光栅衍射的分析方法与条纹分布规律.
9. 理解圆孔衍射与光学仪器的分辨本领.
10. 了解晶体的X射线衍射.

本章知识框图

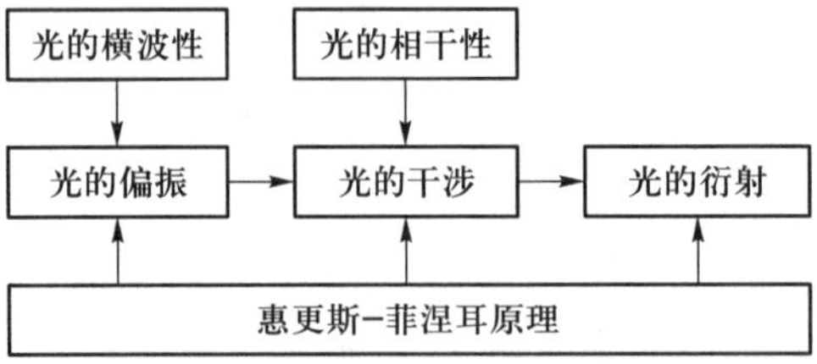

混合教学学习指导

本章课堂教学计划为 7 讲，每讲 2 学时.在每次课前，学生阅读教材相应章节、观看相关教学视频，在问题导学的指引下思考学习，并完成课前测试练习.

阅读教材章节

张晓，王莉，《大学物理学》（第二版）下册，第十四章　波动光学：73—119 页.

观看视频——资料推荐

知识点视频

序号	知识点视频	说明
1	光的偏振	这里提供的是本章知识点学习的相关视频条目，视频的具体内容可以在国家级精品资源课程、国家级线上一流课程等网络资源中选取.
2	光程　杨氏双缝干涉	
3	劈尖干涉　牛顿环干涉 迈克耳孙干涉仪	
4	单缝衍射	
5	光栅衍射	

导学问题

光的偏振

- 什么是光的偏振性？光有哪些偏振态？

- 如何从自然光获得线偏振光？
- 什么是马吕斯定律？什么是布儒斯特定律？
- 什么是双折射现象？
- 如何利用偏振片进行检偏？

光的干涉

- 获得相干光的方法有哪些？
- 如何计算光程、光程差？
- 杨氏双缝干涉实验装置的特点是什么？杨氏双缝干涉的明暗条纹条件及其条纹特点是什么？
- 薄膜干涉的一般特点是什么？典型薄膜干涉：劈尖干涉、牛顿环干涉的装置特点、明暗条纹条件及其条纹特点是什么？
- 迈克耳孙干涉仪的装置特点及工作原理是怎样的？如何利用该装置测定光波波长？
- 什么是光的时间相干性？

光的衍射

- 什么是衍射现象？菲涅耳衍射和夫琅禾费衍射的区别是什么？
- 什么是惠更斯-菲涅耳原理？
- 单缝夫琅禾费衍射的装置特点、明暗条纹条件以及条纹特点是什么？
- 影响光学仪器分辨率的因素有哪些？
- 什么是光栅？光栅常量如何定义？
- 光栅衍射的主极大位置、缺级位置如何确定？光栅衍射光强曲线的分布特点是什么？

课前测试题

11-1.1　自然光以布儒斯特角由空气射到一玻璃表面上，则反射光是[　　].

(A) 在入射面内振动的完全偏振光　　(B) 平行于入射面的振动占优势的部分偏振光

(C) 垂直于入射面振动的完全偏振光　　(D) 垂直于入射面的振动占优势的部分偏振光

11-1.2　自然光以 60°的入射角照射到某两介质交界面时，反射光为完全偏振光，由此可知折射光为[　　].

(A) 完全偏振光且折射角是 30°

(B) 完全偏振光，但须知两种介质折射率才能确定折射角

(C) 部分偏振光且折射角是 30°

(D) 部分偏振光，但须知两种介质折射率才能确定折射角

11-1.3　两偏振片的偏振化方向成 30°夹角时，自然光的透射光强为 I_1，若使两偏振片偏振化方向间的夹角变为 45°时，同一束自然光的透射光强将变为 I_2，则 I_2/I_1 为[　　].

(A) $\dfrac{1}{2}$　　(B) $\dfrac{2}{3}$　　(C) 2　　(D) $\dfrac{3}{2}$

11-1.4　相干光是指[　].

(A) 振动方向相同、频率相同、相位差恒定的两束光

(B) 振动方向相互垂直、频率相同、相位差不变的两束光

(C) 同一发光体上不同部分发出的光

(D) 两个一般的独立光源发出的光

11-1.5　光程的大小取决于[　].

(A) 光传播的几何距离　　(B) 介质的折射率

(C) 光的强度和介质对光的吸收　　(D) 光传播的几何距离和介质折射率

11-1.6　两束强度分别为 I 的平面平行相干光彼此同相地合并在一起,则该合并光的强度将变为[　].

(A) I　　(B) $\sqrt{2}I$　　(C) $2I$　　(D) $4I$

11-1.7　以下说法中正确的是[　].

(A) 颜色相同的两个单色光源发出的光一定是相干的

(B) 同强度的两列相干光波在相长干涉时,光强变为单一光波光强的 4 倍,破坏了能量守恒定律

(C) 光波从空气射到玻璃镜面发生反射时,相位会突变 π

(D) 光路中介质的折射率越大,光程越短

11-1.8　在保持入射光波长和缝屏间距不变的情况下,将杨氏双缝的缝距减小,则[　].

(A) 干涉条纹宽度将变大　　(B) 干涉条纹宽度将变小

(C) 干涉条纹宽度将保持不变　　(D) 无法判断

11-1.9　用波长可以连续改变的单色光垂直照射一劈形膜,如果波长逐渐增大,干涉条纹的变化情况为[　].

(A) 明条纹间距逐渐变大,并向劈棱移动 (B) 明条纹间距逐渐变大,并背离劈棱移动

(C) 明条纹间距逐渐变小,并向劈棱移动 (D) 明条纹间距逐渐变小,并背离劈棱移动

11-1.10　劈尖膜干涉条纹是等间距的,而牛顿环干涉条纹的间距是不相等的.这是因为[　].

(A) 牛顿环的条纹是环形的　　(B) 劈尖条纹是直线形的

(C) 平凸透镜曲面上各点的斜率不等　　(D) 各级条纹对应膜的厚度不等

11-1.11　夫琅禾费单缝衍射图样的特点是[　].

(A) 各级明条纹亮度相同

(B) 各级暗条纹间距不等

(C) 中央亮条纹宽度两倍于其他明条纹宽度

(D) 当用白光照射时,中央明条纹两侧由里到外为由红到紫的彩色条纹

11-1.12　一衍射光栅由宽 300 nm、中心间距为 900 nm 的缝平行排列构成,当波长为 600 nm 的光垂直照射时,屏幕上最多能观察到的明条纹数为[　].

(A) 2 条　　(B) 3 条　　(C) 4 条　　(D) 5 条

知识梳理

知识点 1. 光的偏振

偏振波:

横波的振动方向对于波的传播方向不具有轴对称性时,这种横波称为偏振波(有时也叫做极化波).只有横波才会产生偏振现象.

光的五种偏振态:

在垂直于光传播方向的平面内,光矢量可以有各种不同的振动状态,称为光的偏振态.①光振动在垂直于光传播方向的平面内均匀对称分布,各方向光振动的振幅相同,因而光强度也相同的光称为自然光;②自然光经过某些物质反射、折射、吸收等,可以成为只有某一固定方向的光振动的光称为线偏振光;③在垂直于光传播方向的平面内,各个方向的光振动都不为零,但光强不相等的光称为部分偏振光;④光矢量在垂直于光传播方向的平面内以一定的角速度旋转(左旋或右旋),光矢量的端点轨迹为椭圆时,称其为椭圆偏振光;⑤光矢量端点轨迹为圆时,称其为圆偏振光.

起偏器和检偏器:

从自然光获得线偏振光的器件称为起偏器;用于检验光的偏振情况的器件称为检偏器.

双折射:

当光进入各向异性介质时,介质中出现两束折射光的现象称为双折射.

寻常光与非常光:

晶体中的两束折射光中,遵守折射定律的光称为寻常光,不遵守折射定律的光称为非常光.

光轴、主平面和主截面:

双折射晶体中存在一个或多个不发生双折射现象的方向,这些特殊方向称为晶体的光轴;晶体中某光线与光轴构成的平面叫做该光线的主平面;当光线射到晶体的某一晶面上时,该晶面的法向与光轴构成的平面称为主截面.

马吕斯定律:

光强为 I_0 的自然光射到偏振片上,自然光总可以分解在两个相互垂直的方向上,因此透过偏振片时,只有与偏振片的偏振化方向相同的光振动可以透过偏振片,所以光强必为

$$I=\frac{1}{2}I_0 \tag{11-1}$$

马吕斯首先证明,光强为 I_0 的偏振光射到偏振片上,如果偏振光的振动方向与偏振片的偏振化方向夹角为 α,则只有平行于偏振片的偏振化方向的光振动分量可以通过偏振片,透射光的光强为

$$I=I_0\cos^2\alpha \tag{11-2}$$

布儒斯特定律:

实验证明,自然光在两种折射率分别为 n_1 和 n_2 的各向同性介质的分界面上反射和折射时,

偏振状态(程度)随光的入射角度 i 发生变化.存在一个特殊的入射角度 i_0,当 i_0 满足

$$\tan i_0=\frac{n_2}{n_1} \tag{11-3}$$

时,反射光为振动方向与光入射面垂直的完全线偏振光,可以证明,此时反射线和折射线互相垂直,这个规律称为布儒斯特定律.

获得偏振光的常用方法:

获得偏振光的常用方法列于表 11.1 中.

表 11.1 获得偏振光的常用方法

	偏振片	反射与透射	双折射
原理	利用晶体的二向色性	介质界面对光的反射会改变光的偏振状态,若介质透明,则透射光的偏振态也随之改变.	晶体各向异性.
器件	偏振片	玻璃表面、水面等光滑介质表面.	尼科耳棱镜、渥拉斯顿棱镜、格兰-汤姆孙棱镜.
规律	马吕斯定律: $I=I_0\cos^2\alpha$	布儒斯特定律: $\tan i_0=\frac{n_2}{n_1}$	光束进入晶体后分成两束沿不同方向传播的线偏振的折射光,一束遵守折射定律,一束不遵守折射定律.

惠更斯原理及惠更斯作图法对双折射现象的解释:

介质中任一波阵面上的各点,都可以看作发射子波的波源,其后任一时刻,这些子波的包迹就是新的波阵面.由于晶体中寻常光与非常光沿光轴方向传播速度相同,而沿其他方向传播速度不同,因此两种光在晶体中的波阵面将分离,利用惠更斯原理作图可以解释为什么光在晶体中分成了两束沿不同方向传播的光.

知识点 2. 相干光与光的干涉

光矢量:

在电磁波中能够引起人视觉的狭窄波段对应的光称为可见光.可见光也是交变的电场和磁场在空间的传播.实验证明,引起视觉和感光作用的是其中的电场强度矢量 $\boldsymbol{E}(t)$,所以把 $\boldsymbol{E}(t)$ 称为光矢量.

相干光与光的干涉:

满足波的相干条件的光称为相干光.两束相干光在空间相遇时,相遇区域内会出现光强(明暗)在空间非均匀的稳定分布现象,称为光的干涉.

光程与光程差:

定义光的几何路程与介质折射率的乘积为光程,这个乘积等效于光在真空中的光程,所以也称为等效真空程.两束光的等效真空程之差称为光程差.

如果两束光的光程差为

$$\Delta=n_1r_1-n_2r_2 \tag{11-4}$$

其中,n_1 和 n_2 为两束光所经过的几何路程上介质的折射率,如果光的几何路程上介质折射率有变化,则应分段计算.于是两束光的相位差可表示为

$$\Delta\varphi=\varphi_2-\varphi_1+\frac{2\pi}{\lambda}\Delta \tag{11-5}$$

光的空间相干性:

研究表明,光的干涉现象的发生对光源的空间范围是有一定的限制的,只有当线度为 b 的光源所发出的波阵面上距离 $d<(B/b)\lambda$(B 为波阵面到光源的距离)的两点发出的光才能产生干涉现象,光的这一性质称为光的空间相干性.

时间相干性与相干时间、相干长度:

光源中原子每次发光持续的时间 Δt 称为相干时间;光源的相干性受到相干时间的制约,使得两束光满足相干条件所允许的最大光程差为波列长度 $L=c\Delta t$,L 称为相干长度;光的这种性质称为光的时间相干性.

杨氏双缝干涉:

杨氏双缝干涉是典型的分波阵面法获得相干光的方法.杨氏双缝干涉装置如图 11.1 所示,主要结果列于表 11.2 中.

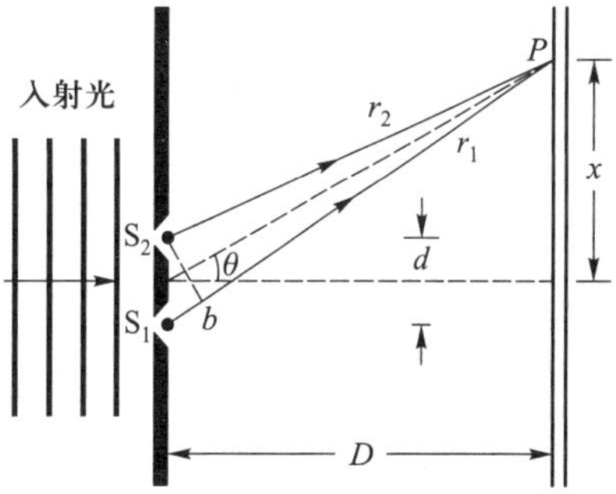

图 11.1

表 11.2 杨氏双缝干涉的主要结果

观察屏上光强分布	$I=2I_0(1+\cos\Delta\varphi)=4I_0\cos^2\frac{\Delta\varphi}{2}=4I_0\cos^2\left(\frac{\pi d}{\lambda D}x\right)$,$x$ 轴与双缝方向垂直.
明暗条纹中心的位置	$x=\begin{cases}\pm\frac{kD}{d}\lambda & (k=0,1,2,\cdots)\quad (I=4I_0,\text{明条纹})\\ \pm(2k+1)\frac{D}{d}\frac{\lambda}{2} & (k=0,1,2,\cdots)\quad (I=0,\text{暗条纹})\end{cases}$
条纹特点	平行于狭缝的等亮度、等间距的明暗相间的条纹.明条纹宽度为 $\Delta x=\frac{D\lambda}{d}$.入射光波波长一定时,两缝之间距 d 越小或屏与双缝间距离 D 越远,条纹越宽;两缝间距 d 和屏与双缝间距离 D 一定时,用白光照射,将产生中央为白条纹,两边为内紫外红的光谱,高级次条纹会发生重叠.

薄膜干涉:

薄膜干涉是典型的分振幅法获得相干光的方法.当波长为 λ 的单色光以入射角 i 射到处于折射率为 n_1 的介质中、厚度为 e 折射率为 n_2 的介质薄膜上时,薄膜上下两个表面的反射光或透射光经透镜会聚后将发生干涉现象,干涉条纹的明暗由两束光的光程差 Δ 决定,有

$$\Delta=2e\sqrt{n_2^2-n_1^2\sin^2 i}\pm\Delta'=\begin{cases}k\lambda & (k=1,2,3,\cdots)\quad\text{明条纹}\\(2k+1)\frac{\lambda}{2} & (k=0,1,2,\cdots)\quad\text{暗条纹}\end{cases}$$

光程差表达式中的附加光程差 $\Delta'=\lambda/2$ 项的存在与否,取决于薄膜折射率与薄膜所处介质

的折射率的相互关系，表 11.3 列出了几种可能的情况，其中，薄膜的折射率为 n_2，薄膜上下方介质折射率分别为 n_1 和 n_3.

表 11.3 薄膜干涉附加光程差的讨论

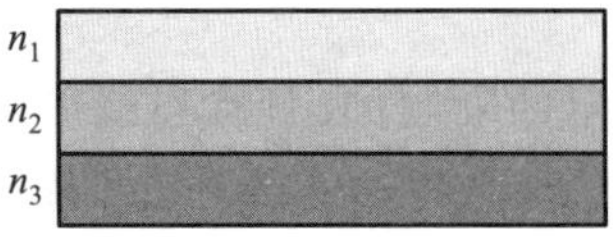	反射光	透射光
$n_2>n_1, n_2>n_3$ 或 $n_2<n_1, n_2<n_3$	有 $\lambda/2$ 项	无 $\lambda/2$ 项
$n_1>n_2>n_3$ 或 $n_1<n_2<n_3$	无 $\lambda/2$ 项	有 $\lambda/2$ 项

假设薄膜折射率为 n，当入射光波长 λ 和薄膜上下方介质折射率 n_1、n_2 一定时，反射光光程差以及相应的干涉条纹形态由薄膜厚度 e 和光相对于薄膜的入射角 i 决定.薄膜干涉的主要结果列于表 11.4 中.

表 11.4 薄膜干涉的主要结果

<table>
<tr><th></th><th>产生条件</th><th>条纹特点</th><th colspan="2">实例</th></tr>
<tr><td rowspan="3">等厚干涉</td><td rowspan="3">入射角 i 一定，光程差随膜的厚度 e 变化.</td><td rowspan="3">条纹形状为薄膜等厚线形状.</td><td>劈尖($i=0$)
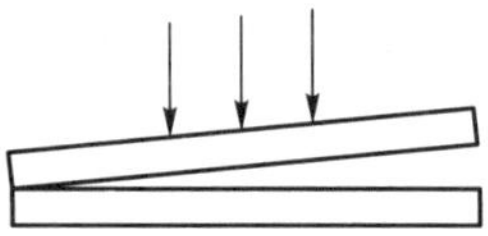</td><td>牛顿环($i=0$)
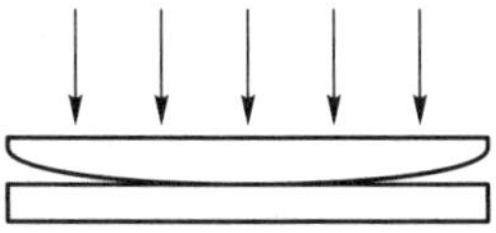</td></tr>
<tr><td colspan="2">$\Delta=2ne+\frac{\lambda}{2}=\begin{cases}k\lambda & (k=1,2,3,\cdots)\ \text{明条纹}\\(2k+1)\frac{\lambda}{2} & (k=0,1,2,\cdots)\ \text{暗条纹}\end{cases}$</td></tr>
<tr><td>两相邻明条纹或暗条纹中心对应的介质膜厚度差 $\Delta e=\lambda/(2n)$；条纹宽度为
$L=\lambda/(2n\sin\theta)$
其中 θ 为劈尖倾角.
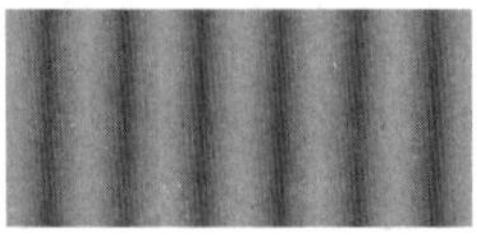</td><td>明暗环半径：
$r=\begin{cases}\sqrt{(2k-1)R\lambda/(2n)} & (\text{明})\\(k=1,2,3,\cdots)\\\sqrt{kR\lambda/n} & (\text{暗})\\(k=0,1,2,3,\cdots)\end{cases}$
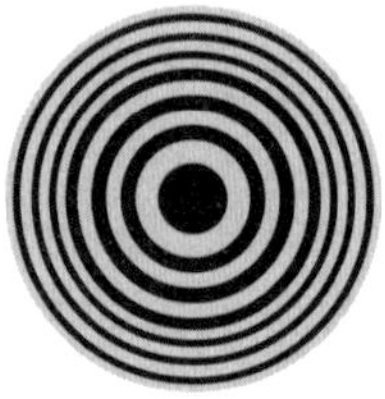</td></tr>
</table>

续表

<table>
<tr><th></th><th>产生条件</th><th>条纹特点</th><th>实例</th></tr>
<tr><td rowspan="2">等倾干涉</td><td rowspan="2">薄膜厚度 e 一定，光程差随入射角 i 变化.</td><td rowspan="2">一组明暗相间的同心环.</td><td>迈克耳孙干涉仪（e 一定）
$$\Delta=2e\sqrt{n^2-n_1^2\sin^2 i}+\frac{\lambda}{2}$$</td></tr>
<tr><td>单色光入射时，视场中条纹移过的数目 N 与反射镜平移的距离 d 之间的关系为
$$d=N\frac{\lambda}{2}$$
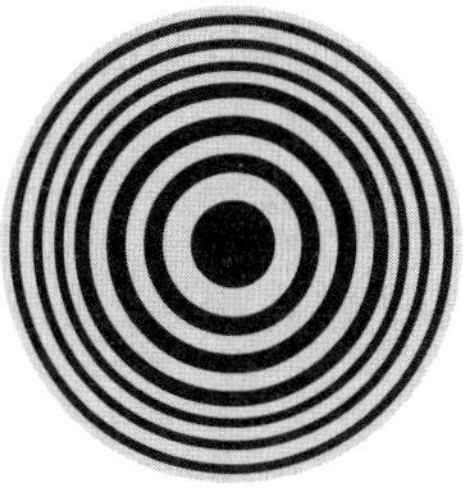</td></tr>
</table>

知识点 **3.** 光的衍射

当光遇到障碍物时能够绕过障碍物进入几何阴影区的现象称为光的衍射.

菲涅耳衍射和夫琅禾费衍射：

光源和接收屏（或二者之一）距离障碍物（又称衍射屏）为有限远的衍射称为菲涅耳衍射；光源和接收屏都距离衍射屏无限远的衍射称为夫琅禾费衍射.

惠更斯-菲涅耳原理：

介质中任一波阵面上的各点，都可以看成发射子波的波源，空间上任一点的振动是所有子波在该点相干叠加的结果.

瑞利判据与光学仪器的分辨本领：

两个相近的物点经过成像系统（衍射障碍物）后，形成两个相近的衍射斑（艾里斑），当第一个像的艾里斑边缘与第二个像的艾里斑中心重合时，这两个像恰能分辨，这就是瑞利判据.光学仪器的最小分辨角的倒数定义为光学仪器的分辨本领.

光栅：

由大量平行的等宽度、等间距的狭窄透光缝构成的光学衍射器件称为光栅.

单缝的夫琅禾费衍射：

可以用半波带法和振幅矢量叠加法分析单缝的夫琅禾费衍射问题.

(1) 半波带法是将单缝处的波阵面分成若干条带，相邻条带对应光线之间的光程差为 $\lambda/2$，入射光波长一定时，半波带数目 N 由缝宽 a 和衍射角 φ 决定：

$$N=\frac{a\sin\varphi}{\lambda/2} \tag{11-6}$$

其中，$a\sin\varphi$ 为单缝衍射光线的最大光程差.分析表明，单缝衍射的明暗条纹条件为

$$\Delta_m = a\sin\varphi = \begin{cases} 0 & （中央明条纹中心） \\ \pm(2k+1)\dfrac{\lambda}{2} & （明条纹中心） \quad (k=1,2,3,\cdots) \\ \pm k\lambda & （暗条纹中心） \end{cases} \tag{11-7}$$

明条纹中心对应的衍射角由下式决定：

$$\sin\varphi = 0, \quad \pm\frac{3\lambda}{2a}, \quad \pm\frac{5\lambda}{2a}, \quad \pm\frac{7\lambda}{2a}, \quad \cdots \tag{11-8}$$

暗条纹中心对应的衍射角由下式决定：

$$\sin\varphi = \pm\lambda, \quad \pm2\lambda, \quad \pm3\lambda, \quad \cdots \tag{11-9}$$

由于我们不能保证在任何衍射角的情况下，将单缝波面分成整数个半波带，因而半波带法只是一个近似方法.

（2）振幅矢量法是将缝宽 a 划分为 n 个等宽度的狭窄波带，各个波带发出的子波频率相同，振幅相同，两相邻子波在相遇点的光程差和相位差分别为

$$\Delta = \frac{a}{n}\sin\varphi, \quad \delta = \frac{2\pi}{\lambda}\frac{a}{n}\sin\varphi \tag{11-10}$$

可得单缝衍射的光强公式：

$$I = I_0\left[\frac{\sin(\pi a\sin\varphi/\lambda)}{\pi a\sin\varphi/\lambda}\right]^2 = I_0\left(\frac{\sin\alpha}{\alpha}\right)^2 \tag{11-11}$$

利用求极值的方法可得明条纹（光强极大值）中心位置.

① 主极大——零级衍射明条纹

由洛必达法则可得 $\alpha=0$ 时，即 $\sin\varphi=0$ 时，光强取得极大值.这是因为，$\sin\varphi=0$ 时，各衍射光线之间光程差 $\Delta=0$，因此被透镜会聚于屏幕中心处产生相长干涉叠加.由于几何光学中透镜的等光程性和物像等光程性，零级衍射中心就是几何光学的像点，因此，当光源的位置沿垂直于光轴方向上下移动时，其零级衍射条纹将沿相反方向移动.

② 次级极大——高级衍射明条纹

对光强 I 求 α 的一阶导数，令 $\dfrac{\mathrm{d}(\sin\alpha/\alpha)}{\mathrm{d}\alpha} = \dfrac{2\sin\alpha(\alpha\cos\alpha-\sin\alpha)}{\alpha^3} = 0$，得 $\alpha\cos\alpha-\sin\alpha=0$，可得超越方程 $\alpha=\tan\alpha$.该方程可用图解法画出 $f_1(\alpha)=\alpha$（直线）和 $f_2(\alpha)=\tan\alpha$（正切曲线），各个交点即各次级极大的位置，如图 11.2 所示.

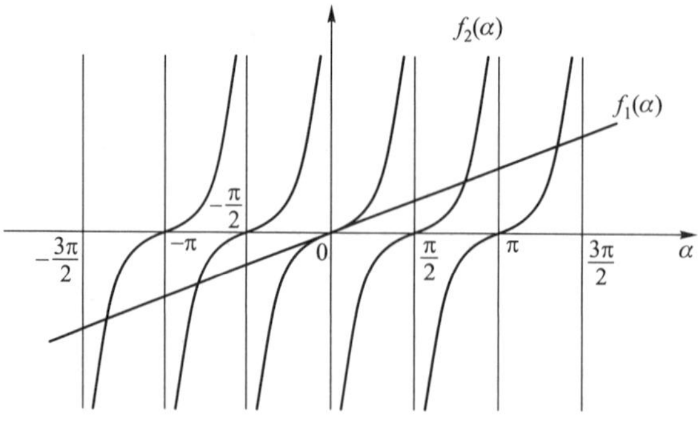

图 11.2

由此可得次极大对应的衍射角为

$$\sin\varphi=\pm\frac{1.43\lambda}{a},\quad \pm\frac{2.46\lambda}{a},\quad \pm\frac{3.47\lambda}{a},\quad \cdots \tag{11-12}$$

与半波带法所得结果比较可知，两个结果非常相近，说明虽然半波带法是一个近似方法，但结果误差不大，因此是一个简洁直观的方法.

将各次极大对应的衍射角代入光强表达式中，可容易地得到各次极大的光强为

$$I_1\approx4.7\%I_0,\quad I_2\approx1.7\%I_0,\quad I_3\approx0.8\%I_0,\quad \cdots$$

可见，高级衍射条纹光强比零级小得多，如果考虑倾斜因子的影响，强度还将进一步减小.这个结果说明，单缝衍射后，绝大部分光能都集中在零级衍射条纹上.

③ 暗条纹位置

由光强表达式可见，在 $\alpha\neq0,\sin\alpha=0$ 的位置上，光强为零，即

$$\alpha=\pi,2\pi,3\pi,\cdots$$

$$\sin\varphi=\pm\frac{\lambda}{a},\pm\frac{2\lambda}{a},\pm\frac{\lambda}{a},\cdots \tag{11-13}$$

④ 各级明条纹的角宽度

在近轴（傍轴）条件下，$\sin\varphi\approx\varphi$，因此两个相邻暗条纹之间的衍射角度之差即明条纹的角宽度.因此，中央明条纹的角宽度为

$$\Delta\varphi_{中央}=+\frac{\lambda}{a}-\left(-\frac{\lambda}{a}\right)=2\frac{\lambda}{a} \tag{11-14}$$

其他明条纹的角宽度为

$$\Delta\varphi_k=(k+1)\frac{\lambda}{a}-k\frac{\lambda}{a}=\frac{\lambda}{a} \tag{11-15}$$

显然，中央明条纹的角宽度是其他明条纹角宽度的 2 倍.

圆孔衍射与光学仪器分辨率：

圆孔衍射图样是一组明暗相间的圆环.中央亮斑称为艾里斑，其角宽度约为其余明条纹角宽度的 2 倍.艾里斑半角宽度为

$$\Delta\varphi=\frac{1.22\lambda}{D} \tag{11-16}$$

光学仪器物镜多为圆孔状，因而点物成像均为亮斑和衍射环.当两个物体靠得太近时两个艾里斑会发生重叠，以致分辨不清.瑞利判据指出，当一个像的艾里斑边缘与另一个像的艾里斑中心重合时，两个像恰好能分辨，最小分辨角为艾里斑的半角宽度.我们定义最小分辨角的倒数为光学仪器的分辨率：

$$\frac{1}{\Delta\varphi}=\frac{D}{1.22\lambda} \tag{11-17}$$

光栅衍射：

不考虑单缝衍射效应时，即认为每一个单缝出射的光强 I_1 为一与衍射角无关的常量，于是光栅衍射光强为

$$I=I_1\left[\frac{\sin(N\pi d\sin\varphi/\lambda)}{\sin(\pi d\sin\varphi/\lambda)}\right]^2=I_1\left(\frac{\sin N\beta}{\sin\beta}\right)^2 \tag{11-18}$$

N 为光栅透光缝数目，d 为光栅常量，φ 为衍射角.光栅衍射主极大条件（光栅方程）：

$$d\sin\varphi=\pm k\lambda \quad (k=0,1,2,3,\cdots) \tag{11-19}$$

光栅衍射极小条件：

$$d\sin\varphi=\pm\frac{k'}{N}\lambda \quad (k'\neq Nk, N\text{ 为整数}) \tag{11-20}$$

比较衍射极大条件与衍射极小条件不难发现，在 $k=1$ 和 $k=2$ 或任何相邻的两个主极大之间将会有 $k'=1,2,\cdots,N-1$，共 $N-1$ 个衍射极小，可以证明，两个相邻的衍射极小之间是光强很弱的衍射次极大，在 $N-1$ 个衍射极小之间有 $N-2$ 个次极大.因此光栅衍射条纹为等宽度、等间距、等亮度分布于宽广暗区上的细窄而明亮的条纹.

若考虑单缝衍射的影响，即应考虑单缝衍射光强 I_1 是一个与衍射角度有关的量.由前述单缝衍射结果可知

$$I_1=I_0\left[\frac{\sin(\pi a\sin\varphi/\lambda)}{(\pi a\sin\varphi/\lambda)}\right]^2=I_0\left(\frac{\sin\alpha}{\alpha}\right)^2 \tag{11-21}$$

因此，光栅衍射实际光强应为

$$I=I_0\left(\frac{\sin\alpha}{\alpha}\right)^2\left(\frac{\sin N\beta}{\sin\beta}\right)^2 \tag{11-22}$$

即单缝衍射光强对光栅衍射光强产生了调制.单缝衍射因子 $\left[\frac{\sin\alpha}{\alpha}\right]^2$ 对光栅衍射光强的调制作用表现在两个方面：①使得衍射极大的光强不再是均匀的，而是随着衍射角出现起伏变化；②使得光栅衍射主极大出现缺级，即当光栅衍射极大与单缝衍射极小的条件同时满足时，有

$$\begin{aligned}d\sin\varphi&=\pm k\lambda \quad (k=0,1,2,3,\cdots)\\ a\sin\varphi&=\pm k'\lambda \quad (k'=1,2,3,\cdots)\end{aligned} \tag{11-23}$$

光栅衍射极大将消失.所缺级次满足条件：

$$k=\pm\frac{d}{a}k' \quad (k'=1,2,3,\cdots) \tag{11-24}$$

辨析 *单缝衍射、双缝干涉和光栅衍射都可用于光波波长及相关的测量，哪种方法的测量精度更高呢？*

一方面如果是单色光入射，衍射或干涉条纹越细，位置的测量越准确；另一方面，如果是非单色光入射，则希望各种光的衍射或干涉极大分得越开越好.这也是实际测量中提高光学测量系统分辨率的重要途径.下面将三种情况的极大位置、条纹线宽度和角宽度列于表 11.5 中进行比较.

表 11.5 单缝衍射、双缝干涉和光栅衍射主要特征比较

	单缝衍射	双缝干涉	光栅衍射
光程差	由单缝波面上发出的光线之间的最大光程差： $\Delta=a\sin\varphi$	两个相距为 d 的几何线缝发出光线的光程差： $\Delta=d\sin\theta$	间距为 d 的相邻透光缝间对应光线的光程差： $\Delta=d\sin\varphi$
	三种情况下光程差的表达式类似，但物理含义不同，不要混淆.		

续表

<table>
<tr><th></th><th>单缝衍射</th><th>双缝干涉</th><th>光栅衍射</th></tr>
<tr><td>明暗条纹位置</td><td>$a\sin\varphi=\begin{cases}0 & (中央明条纹)\\ \pm(2k+1)\dfrac{\lambda}{2} & (明条纹)\\ \pm k\lambda & (暗条纹)\end{cases}$
$(k=1,2,3,\cdots)$</td><td>$d\sin\theta=\begin{cases}\pm k\lambda & (明条纹)\\ \pm(2k+1)\dfrac{\lambda}{2} & (暗条纹)\end{cases}$
$(k=0,1,2,3,\cdots)$</td><td>$d\sin\varphi=\begin{cases}\pm k\lambda & (明条纹)\\ \pm\dfrac{k'}{N}\lambda & (暗条纹)\end{cases}$
$(k=0,1,2,\cdots;k'\neq Nk$,$N$ 为整数)</td></tr>
<tr><td></td><td colspan="3">单缝衍射与双缝干涉的明暗条纹条件似乎是相反的,其原因是光程差 Δ 的物理意义不同.$\Delta=a\sin\varphi$ 是宽度为 a 的单缝上下边缘处两条光线的光程差,是单缝波面上所有衍射光之间的最大光程差;而 $\Delta=d\sin\theta$ 是两个相距为 d 的几何线缝发出光线的光程差.此外,比较光栅衍射与双缝衍射的暗条纹条件可知,$N=2$ 时,光栅衍射即双缝衍射.</td></tr>
<tr><td>明条纹角宽度</td><td>近轴条件下:
$\Delta\varphi_{中央}=+\dfrac{\lambda}{a}-\left(-\dfrac{\lambda}{a}\right)=\dfrac{2\lambda}{a}$
$\Delta\varphi_k=(k+1)\dfrac{\lambda}{a}-k\dfrac{\lambda}{a}=\dfrac{\lambda}{a}$</td><td>近轴条件下:
$\Delta\theta=(k+1)\dfrac{\lambda}{d}-k\dfrac{\lambda}{d}=\dfrac{\lambda}{d}$</td><td>$d\cos\varphi\cdot\Delta\varphi=\dfrac{\Delta k'}{N}\lambda$
近轴条件下:
$\Delta\varphi=\dfrac{2\lambda}{Nd\cos\varphi}\approx\dfrac{2\lambda}{Nd}$</td></tr>
<tr><td>明条纹线宽度</td><td>$\Delta x_{中央}=f\Delta\varphi=f\dfrac{2\lambda}{a}$
$\Delta x_k=f\Delta\varphi=f\dfrac{\lambda}{a}$</td><td>$\Delta x=D\Delta\theta=D\dfrac{\lambda}{d}$</td><td>$\Delta x\approx f\Delta\varphi=f\dfrac{2\lambda}{Nd}$</td></tr>
<tr><td>光强表达式</td><td>$I=I_0\left[\dfrac{\sin(\pi a\sin\varphi/\lambda)}{\pi a\sin\varphi/\lambda}\right]^2$</td><td>$I=4I_0\cos^2\left(\dfrac{\pi d}{\lambda D}x\right)$
$=4I_0\cos^2\left(\dfrac{\pi d\sin\theta}{\lambda}\right)$</td><td>$I=I_0\left[\dfrac{\sin(\pi a\sin\varphi/\lambda)}{\pi a\sin\varphi/\lambda}\right]^2\cdot\left[\dfrac{\sin(N\pi d\sin\varphi/\lambda)}{\sin(\pi d\sin\varphi/\lambda)}\right]^2$</td></tr>
<tr><td></td><td colspan="3">在光栅衍射光强表达式中,若取 $N=1$,则表达式退化为单缝衍射光强表达式;若取 $N=2$,$a=0$,则表达式退化为双缝干涉光强表达式.</td></tr>
<tr><td>条纹特点</td><td>在垂直于单缝方向相对于光轴对称分布的平行条纹,中央明条纹宽度是其他明条纹宽度的两倍,中央明条纹的亮度远远大于其他明条纹.</td><td>在垂直于双缝方向相对于光轴对称分布、等间距、等亮度、平行于双缝.</td><td>在垂直于光栅透光缝方向相对于光轴对称分布、亮度受到调制、分布于宽广暗区上、细窄明亮.</td></tr>
<tr><td>分辨本领</td><td>$R=\dfrac{a}{\lambda}$</td><td>$R=2k$</td><td>$R=\dfrac{\lambda}{\Delta\lambda}=kN$</td></tr>
</table>

由三种测量方法的分辨本领 R 可知,由于光栅分辨本领与透光缝数目 N 有关,通常 N 是一个很大的数值,数量级在 10^3 以上,所以分辨本领最大,各种波长的光谱分得最开;此外,由于光

栅衍射条纹细窄、明亮,条纹位置的测量精度比其他两种方法更高,因此三种方法中,光栅的测量精度是最高的.

典型例题及解题方法

1. 光的偏振

解题思路和方法:

偏振光部分的常见问题:(1)利用马吕斯定律计算不同偏振态的光通过偏振片和偏振片组后的光强;(2)利用布儒斯特定律计算介质折射率、讨论反射光的偏振态等,有时会用到中学学过的光的反射与折射定律等知识.在大学物理的基本要求范围内,只要基本概念清楚,正确理解定理、定律的物理意义,这个部分几乎没有很困难的问题.

2. 双缝干涉

解题思路和方法:

常见情况为:(1)利用双缝干涉光强随位置 x 变化的规律,计算各级明条纹位置、明条纹宽度及改变缝宽、波长、缝间距、缝与屏的间距及光程等因素对干涉条纹的影响;(2)利用双缝干涉的明暗条纹条件、条纹间距公式等,计算各级条纹的位置、入射光波长等.

搞清楚双缝干涉在观察屏上相长、相消的条件,以及缝宽、波长、缝间距、缝与屏的间距及附加光程的影响是解决问题的关键.

例题 11-1 在双缝干涉实验中,用折射率 $n=1.58$ 的玻璃膜覆盖在一条缝上,这时屏上的第七级明条纹移到原来的中央明条纹的位置上,若入射光波长为 $\lambda=550$ nm,求玻璃膜的厚度.

解题示范:

解	解题思路与线索
解:设玻璃膜厚度为 d,根据题意可知因覆盖玻璃膜而产生的光程差为 $(n-1)d=7\lambda$ 因此玻璃膜厚度为 $d=\dfrac{7\lambda}{n-1}=\dfrac{7\times550\times10^{-9}}{1.58-1}\ \mathrm{m}=6.64\times10^{-6}\ \mathrm{m}$	**解题思路与线索:** 玻璃膜覆盖在双缝干涉装置的一条缝上,导致两束光的光程差增加,使得两束光在中央明条纹位置处的光程差不再为零,而由前面图 11.1 和表 11.2 可知,条纹位置(级次)与两束光的光程差有关,从而引起屏上干涉条纹的位置移动. 根据光程差与膜的厚度以及明条纹级次与光程差的关系即可得到玻璃膜的厚度.

例题 11-2 一汞灯发出的光经滤光片后照射双缝干涉装置.已知缝间距离 $d=0.6$ mm,观察屏与双缝相距 $D=2.5$ m,并测得相邻明条纹间距离 $\Delta x=2.27$ mm,试计算入射光波长,并指出它是什么颜色.

解题示范:

解	解题思路与线索
解:由双缝干涉相邻的明条纹间距公式: $\Delta x=\dfrac{D}{d}\lambda$	**解题思路与线索:** 由前面表 11.2 可知,双缝干涉的明条纹间距正比于观察屏与双缝之间的距离 D、正比于波长 λ,反比于双缝之间的间距 d.

续表

得入射光波长： $$\lambda=\frac{d}{D}\Delta x$$ $$=\frac{0.6\times10^{-3}}{2.5}\times2.27\times10^{-3}\ \text{m}$$ $$=5\ 448\times10^{-10}\ \text{m}$$ $$=544.8\ \text{nm}$$ 为绿色光.	与水波不同，可见光的波长在 400~700 nm 的范围，我们用肉眼无法分辨，也没有相应的尺子直接测量. 该题目表明，我们可以利用双缝干涉实验，间接测量入射光波长.

3. **薄膜干涉（劈尖和牛顿环）**

解题思路和方法：

常见问题是根据干涉条纹形态、条纹间距、级次等信息计算对应的薄膜厚度、折射率，检测光学器件几何形态和磨制质量，计算对特定波长所需要的增反与增透膜的厚度等.

掌握薄膜和劈尖干涉的相长、相消条件，需注意光反射时，是否要考虑半波损失问题，是这类问题求解的基本思路.

例题 11-3 用白光垂直照射在位于空气中、折射率 $n=1.58$、厚度 $d=3.8\times10^{-4}$ mm 的薄膜表面，试分析在可见光范围内，什么波长的光在反射时得到增强.

解题示范：

解：由反射光干涉相长公式 $$\Delta=2nd+\frac{\lambda}{2}=k\lambda\quad(k=1,2,3,\cdots)$$ 波长应满足： $$\lambda=\frac{4nd}{2k-1}=\frac{4\times1.58\times3.8\times10^{-7}}{2k-1}\ \text{m}=\frac{24.02}{2k-1}\times10^{-7}\ \text{m}$$ 当 $k=3$ 时 $$\lambda=4.80\times10^{-7}\ \text{m}$$ 在可见光范围内，呈蓝紫色的光.	**解题思路与线索：** 光经由空气在薄膜上、下两表面发生反射，之后在薄膜上表面处发生干涉，干涉结果由两束反射光的光程差决定.计算光程差时需考虑半波损失的影响. 根据薄膜干涉相长条件，得到待求的特定波长.结果表明，满足相长条件的波长有无限多个，但只有一个属于可见光范围. 这个结果可以解释很多常见的物体表面反射光呈现不同色彩的现象.

4. **单缝和光栅的夫琅禾费衍射**

解题思路和方法：

（1）单缝衍射部分的常见问题是：利用单缝衍射明暗条纹条件计算各级明条纹位置、明条纹宽度及改变缝宽、波长、透镜焦距等对衍射条纹的影响；

（2）光栅衍射部分的常见问题是：利用光栅方程计算各衍射主极大位置、主极大间距、单缝衍射中央明条纹区内主极大条数、屏幕上可观测的条纹级数、最大可观测级次等.在这类问题中，要注意衍射角和透镜焦距与观察屏上主极大位置的关系、单缝衍射对光栅衍射的调制作用、缺级条件判断、白光入射时光谱重叠、光的入射方式（是垂直于光栅还是斜入射）等.

例题 11-4 波长为 600 nm 的单色光垂直照射宽 $a=0.30$ mm 的单缝，在缝后透镜的焦平面处的屏幕上，中央明条纹上下两侧第 2 条暗条纹之间相距 2.0 mm，求透镜焦距.

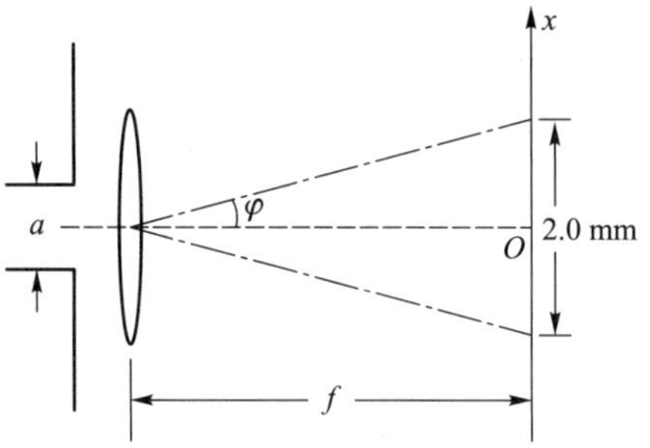

例题 11-4 图

解题示范：

<table>
<tr><td>

解：如图所示，不难得到，中央明条纹上下两侧第 2 条暗条纹之间距离为

$$\Delta x = 2f\tan\varphi \approx 2f\sin\varphi$$

利用单缝衍射暗条纹公式（$k=2$）：

$$a\sin\varphi = 2\lambda$$

将 $\sin\varphi$ 代入上式可得

$$\Delta x \approx 2f\sin\varphi = \frac{4f\lambda}{a}$$

所以，透镜焦距为

$$f=\frac{a\Delta x}{4\lambda}=\frac{0.3\times10^{-3}\times2\times10^{-3}}{4\times600\times10^{-9}}\ \text{m}=0.25\ \text{m}$$

</td><td>

解题思路与线索：

首先，如图所示，单缝衍射的条纹位置 x 与衍射角 φ 有关，还与透镜（单缝）到观察屏之间的距离（透镜焦距）f 有关，$x=f\tan\varphi$.

根据题意，单缝衍射暗条纹级次已知，暗条纹条件也与衍射角 φ 有关，所以可以利用暗条纹条件与级次的关系得到衍射角.

透镜的焦距有多种测量方法，本题所述为其中一种.你还有其他测量透镜焦距的方法吗？

</td></tr>
</table>

例题 11-5 波长为 600 nm 的单色光垂直射在一光栅上.第 2 级明条纹出现在 $\sin\theta=0.20$ 处，首次缺级为第 4 级，试求：

（1）光栅常量；

（2）光栅上狭缝的宽度；

（3）屏上实际呈现的全部级数.

解题示范：

<table>
<tr><td>

解：（1）由光栅公式

$$d\sin\theta=k\lambda\quad(k=0,1,2,3,\cdots)$$

得光栅常量为

$$d=\frac{2\lambda}{\sin\theta}=\frac{2\times600\times10^{-9}}{0.20}\ \text{m}=6\times10^{-6}\ \text{m}$$

</td><td>

解题思路与线索：

（1）光栅主极大公式 $d\sin\theta=k\lambda$，是涉及光栅问题的重要公式，明确其中各个物理量的意义会有助于我们分析相关问题.

</td></tr>
<tr><td>

（2）由单缝衍射第 1 级暗条纹与光栅衍射第 4 级主极大重合，即

$$a\sin\theta=\lambda$$

$$d\sin\theta=4\lambda$$

可得透光狭缝宽度为

$$a=\frac{d}{4}=\frac{6\times10^{-6}}{4}\ \text{m}=1.5\times10^{-6}\ \text{m}$$

</td><td>

（2）光栅衍射主极大为什么会缺级？正确理解和回答这个问题是解决本题第二问的关键.

当各个单缝的子波在某一衍射方向上为相消干涉时，每个缝在该方向对应屏幕位置的光强为零，于是，对应该方向的光栅衍射主极大将不会出现，这就是所谓的缺级.所以，缺级的条件就是衍射角 θ 同时满足单缝衍射极小和光栅衍射极大公式.

</td></tr>
</table>

续表

根据缺级条件(11-24)式可知,第4、第8级等主极大缺级. (3) 令 $\theta=90°$,则最高级数 $k_{max}<\frac{d}{\lambda}=\frac{6\times10^{-6}}{6\times10^{-7}}=10$ $k_{max}=9$ 因第4、第8级缺级,所以屏上出现的全部级数为 $k=0,\pm1,\pm2,\pm3,\pm5,\pm6,\pm7,\pm9$	第一次缺级发生在光栅主极大第4级,就是单缝衍射的第1级暗条纹与光栅主极大第4级重合. (3) 根据 $k_{max}<\frac{d}{\lambda}$ 公式计算出光栅衍射条纹的最高级次,需注意最高级次的取值;同时,去掉缺级的条纹级次,即得到屏上出现的全部条纹级次. 第8级缺级是因为第8级光栅衍射极大与单缝衍射的第2级暗条纹重合.

思 维 拓 展

1. 双缝干涉的理论与实验结果为什么不一致?

(1) 双缝干涉光强的空间分布理论结果与实验结果的比较

如图 11.3(a)所示为双缝干涉条纹的光强随位置变化曲线的理论结果,由图可知干涉条纹为等宽度、等间距、等亮度(光强)的平行条纹.而实验结果如图 11.3(b)所示,干涉条纹的确是等宽度、等间距的,但亮度却并不相等,而是中央条纹最亮,两边条纹亮度依次变暗,理论结果与实验结果为什么不同呢?

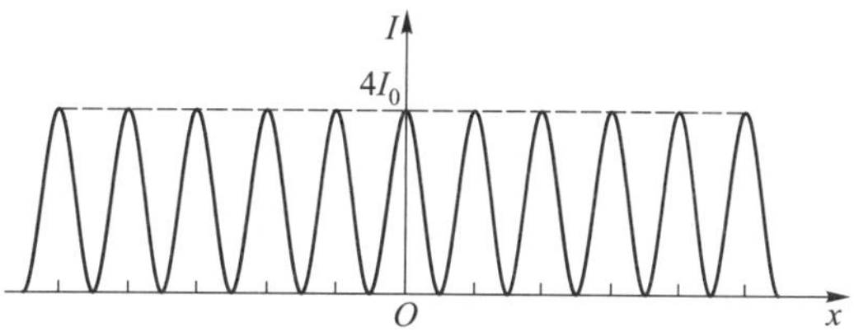

(a)

(b)

图 11.3

(2) 研究双缝干涉的理想模型

要回答上面这个问题,我们回顾一下在讨论双缝干涉问题时,我们采用的狭缝模型:我们把双缝视为没有宽度的线光源,沿各方向发出的两束光看作理想化的两个线状的光线,每条缝发出的光线向各方向传播的光强都相同,所以,才得到了如图 11.3(a)所示的结果.而实际上,由对单缝衍射的讨论,我们已经知道:① 每条缝发出的光线是同一束光中,子波间相互干涉的结果,沿不同方向传播的光到达观察屏时的强度是不同的,随着衍射角度的增大,中央条纹两边的光强依次减弱;② 由于两条缝发出的光在观察屏上重合,并相互干涉,不同方向干涉条纹亮度(光强)当然就不会相同,因此,实际观察到的实验结果如图 11.3(b)所示.

由此可见,理想模型虽然能有效地帮助我们进行理论分析,并得到有价值和意义的理论结果,指导我们理解实验现象.但所有理想模型都是把实际问题进行了不同程度的简化,因此,其结果一定与实际情况有偏差.通过理论与实验结果的比较,我们可以更深入地理解物理现象和物理规律,我们还可以通过实验结果与理论结果的对比,进一步对理论模型进行修正,这是一种重要的科学研究方法.

2. 双缝干涉和双缝衍射有什么不同？

干涉和衍射的本质相同，二者没有严格的界限.二者的作用应该总是同时存在的.只是根据问题的性质，我们会采用不同的模型进行研究.

(1) 研究双缝干涉和双缝衍射的模型不同

双缝干涉的理想模型如前所述，与之不同的是，在研究双缝衍射时，我们考虑了每个单缝的宽度以及衍射效应，所以，双缝干涉的光强受到单缝衍射光强的调制，其结果与实验结果就一致了.

(2) 双缝衍射的光强分布结果与实验结果的比较

令(11-22)式中的 $N=2$，可得双缝衍射光强为

$$I=I_0\left[\frac{\sin\ (\pi a\sin\ \varphi/\lambda)}{\pi a\sin\ \varphi/\lambda}\right]^2\left[\frac{\sin\ (2\pi d\sin\ \varphi/\lambda)}{\sin\ (\pi d\sin\ \varphi/\lambda)}\right]^2$$

$$=I_0\left(\frac{\sin\ \alpha}{\alpha}\right)^2\left(\frac{\sin\ 2\beta}{\sin\ \beta}\right)^2 \tag{11-25}$$

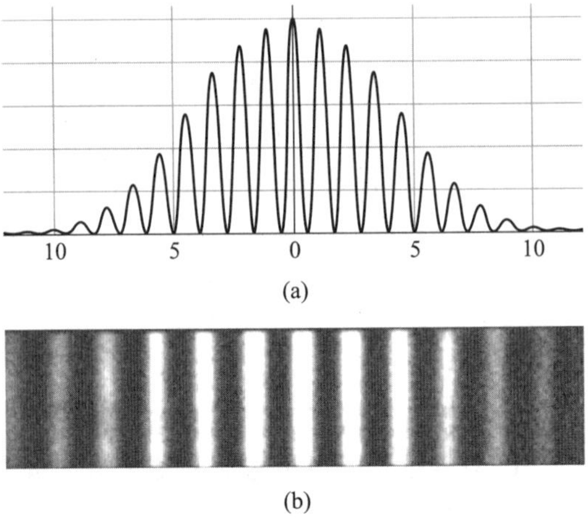

图 11.4

光强随衍射角度 φ(或衍射条纹在衍射屏上分布的空间位置)变化的曲线如图 11.4(a)所示，将光强的理论曲线与观察屏上衍射条纹的实验结果图 11.4(b)相比较，不难发现，光强随位置变化的理论结果与实验结果是一致的.

3. 单缝衍射条纹的明暗条件与双缝干涉条纹的明暗条件为什么是相反的？

双缝干涉条纹的明暗条件为

$$\Delta=d\sin\ \theta=\begin{cases}k\lambda & \\ (2k+1)\dfrac{\lambda}{2} & \end{cases}\quad (k=0,\pm1,\pm2,\cdots)\quad \begin{matrix}\text{明条纹中心}\\ \text{暗条纹中心}\end{matrix} \tag{11-26}$$

其中，Δ 为双缝发出的两条光线的光程差，d 为双缝间距，θ 为光线出射方向与水平(光轴)方向的夹角.而单缝衍射明暗条纹条件为

$$a\sin\ \varphi=\begin{cases}0 & (\text{中央明条纹中心})\\ (2k+1)\dfrac{\lambda}{2} & (\text{其他级明条纹中心})\quad (k=\pm1,\pm2,\pm3,\cdots)\\ k\lambda & (\text{暗条纹中心})\end{cases} \tag{11-27}$$

其中，a 为单缝的宽度，φ 为光线出射方向与水平(光轴)方向的夹角.(11-26)式和(11-27)式在形式上非常相似，但明暗条纹条件看起来的确是相反的，两者是否有矛盾？初学者难免会对此产生疑问.实际上，二者之间没有任何矛盾.因为两个公式虽然形式上相似，但物理意义是完全不同的.

在双缝干涉明暗条纹条件(11-26)式中，$d\sin\ \theta$ 指的是两条缝发出的光线之间的光程差，当光程差为波长的整数倍时，两条光线的相位差为 2π 的整数倍，满足相长干涉条件，所以形成明条纹.

在单缝衍射明暗条件(11-27)式中，$a\sin\ \varphi$ 指的是单缝两个边缘发出的两条光线的光程差，

是所有单缝波面上沿 φ 方向发出的光线之间的最大光程差，或者说它是衍射角为 φ 的无数子波间光程差的最大值，当 $a\sin\varphi$ 等于波长的整数倍时，单缝波面恰好可以分成偶数个半波带，使得相邻的两个半波带对应光线的光程差恰好等于 $\lambda/2$，相位差为 π，满足干涉相消的条件，所以偶数个半波带两两相消，形成暗条纹.而当 $a\sin\varphi$ 等于奇数个半波带时，总会剩下一个不成对的半波带无法干涉相消，所以，会形成更高级次的明条纹.

4. 如何用振幅矢量法解释光栅衍射的暗条纹条件

光栅包含 N 个等宽度、等间距的透光缝，每一个透光缝都会在观察屏上形成强度相同而位置重合的单缝衍射强度分布，但每条透光缝的衍射光到达屏上同一点时，其相位却因各缝在光栅上位置的不同而不同.因此，来自各缝的衍射光之间要发生干涉.(11-18)式表示光栅的衍射光强，光栅上任意两个透光缝发出的光线的相位差为

$$\delta=\frac{2\pi}{\lambda}d\sin\varphi \tag{11-28}$$

若$\frac{\pi}{\lambda}d\sin\varphi=k\pi$，由(11-18)式可知，光强表达式中的分子、分母都等于零，根据洛必达法则可得光栅衍射主极大条件为 $d\sin\varphi=k\lambda$（光栅方程）.

由光强表达式还可知，光栅衍射极小条件为 $d\sin\varphi=\pm\frac{k'}{N}\lambda$（$k'\neq Nk$，$N$ 为整数）.由简谐振动叠加的振幅矢量法，可以帮助我们更好地理解该结果.因为 $d\sin\varphi$ 表示光栅上任意两个相邻的透光缝发出的光线的光程差，对应的相位差为 $\delta=\frac{2\pi}{\lambda}d\sin\varphi$.所以，由振幅矢量叠加法可知，$N$ 个透光缝发出的光线在观察屏上相干叠加的合振幅可表示为 N 个振幅相同、振动相位依次相差 δ 的同方向、同频率的简谐振动的合成，如图 11.5 所示.显然，当 $N\delta=\frac{2\pi}{\lambda}Nd\sin\varphi=2k'\pi$，取 $k'=1$ 时，N 个振动叠加的结果组成了如图 11.6 所示的正多边形；当 $k'=2$ 时，N 个振动叠加的振幅矢量将绕行两圈；依此类推，与 $N\delta=\frac{2\pi}{\lambda}Nd\sin\theta=2k'\pi$ 相对应的各种情况下，分振动都会构成闭合的正多边形，合振动的振幅均为零，由于光强正比于振幅的平方，所以，此时衍射光强为零，对应光栅衍射的暗条纹.

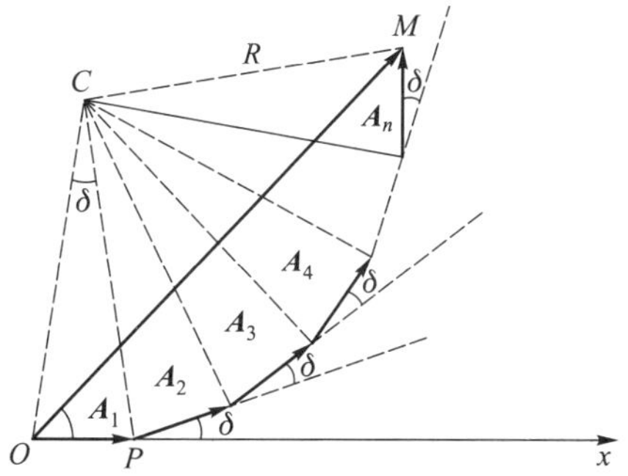

图 11.5

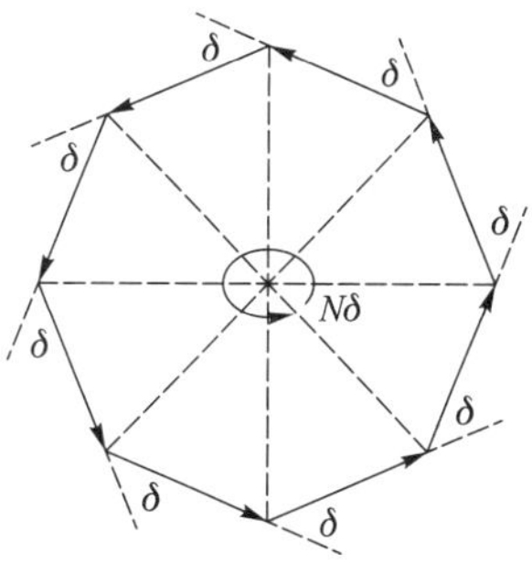

图 11.6

5. 光栅衍射条纹为什么细窄而明亮？

光栅衍射条纹为什么细窄而明亮一直以来都是学生理解光栅衍射光强分布的难点.下面，我

们从定性和定量两个方面来解释:

(1) 定性分析:

由 $d\sin\varphi=\pm\dfrac{k'}{N}\lambda$ $(k'\neq Nk, N$ 为整数$)$可知,在光栅衍射的任意两个主极大之间,有 $N-1$ 个光强为零的暗条纹,那么,在任意两个暗条纹之间,光强是怎样的?假设光栅衍射第一级主极大对应的衍射角为 φ_1,增大衍射角,满足 $d\sin\varphi_1'=\pm\dfrac{1}{N}\lambda$ $(k'=1)$时,$N\delta=\dfrac{2\pi}{\lambda}Nd\sin\varphi_1'=2\pi$,此时,$N$ 个透光缝发出的光矢量叠加结果为图 11.7(a),对应第 1 级暗条纹;继续增大衍射角,对应某个衍射角,N 个透光缝发出的光矢量叠加结果为图 11.7(b),可见,矢量叠加的外接圆在缩小,合矢量的大小以及对应该衍射角的衍射光强也跟着减小;再继续增大衍射角,使得 $N\delta=\dfrac{2\pi}{\lambda}Nd\sin\varphi_1''=4\pi(k'=2)$,$N$ 个透光缝发出的光矢量叠加结果将绕行两圈,形成闭合矢量图.随着衍射角继续增大,矢量叠加的外接圆继续收缩,对应的第 2 级和第 3 级衍射极小之间的次极大光强会更小,依此类推,任何两个衍射极小之间的次级衍射极大光强都远小于主极大光强.

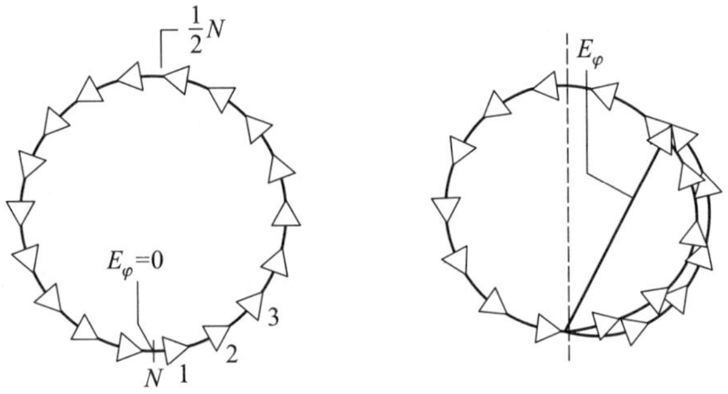

(a) (b)

图 11.7

(2) 定量计算:

对(11-18)式中的多缝干涉因子$\left(\dfrac{\sin N\beta}{\sin\beta}\right)^2$求导,得次极大应满足条件$\dfrac{\mathrm{d}}{\mathrm{d}\beta}\left(\dfrac{\sin N\beta}{\sin\beta}\right)^2=0$,即

$$\tan N\beta=N\tan\beta \tag{11-29}$$

该超越方程的解近似为

$$\beta\approx\pm(2k+1)\frac{\pi}{2N}\quad[k=1,2,\cdots,(N-1),(N+1),\cdots] \tag{11-30}$$

将(11-30)式代入(11-25)式可得,该方向的相对光强度为$\dfrac{I}{I_1}=\dfrac{1+\tan^2\beta}{1+N^2\tan^2\beta}$,其中 I_1 为该方向的单缝衍射光强,相对强度与透光缝数、衍射角、缝间距有关.当透光缝数 N 很大时,相对光强趋近于一个极限值:

$$I=\lim_{N\to\infty}I_1\frac{1+\tan^2\beta}{1+N^2\tan^2\beta}\approx N^2I_0\frac{1}{1+(N^2-1)(3\pi/2N)^2}\approx\frac{1}{23}I_{主极大} \tag{11-31}$$

可见,次极大光强仅为主极大光强的 4.3%.

由上述定性和定量分析可知,一方面,光栅衍射的两个主极大之间次极大的光强很小,几乎不可见,绝大部分光能都集中于各衍射主极大条纹上,所以,主极大条纹很明亮;另一方面,由于主极大之间被 $N-1$ 个暗条纹和 $N-2$ 个光强极弱的次极大占据,N 越大,暗条纹和次极大形成的暗区越宽,主极大明条纹的宽度将越窄.所以,光栅衍射主极大细窄而明亮.

课后练习题

基础练习题

11-2.1 一束光是自然光和线偏振光的混合光,让它垂直通过一偏振片,若以此入射光束为轴旋转偏振片,测得透射光强度最大值是最小值的 5 倍,那么入射光束中自然光与线偏振光的光强比值为[ ].

(A) 1/2 (B) 1/5 (C) 1/3 (D) 2/3

11-2.2 在相同时间内,一束波长为 λ 的单色光在空气中和在玻璃中[ ].

(A) 传播的路程相等,走过的光程相等 (B) 传播的路程相等,走过的光程不相等

(C) 传播的路程不相等,走过的光程相等 (D) 传播的路程不相等,走过的光程不相等

11-2.3 在双缝干涉实验中,用单色自然光,在屏上形成干涉条纹,若在两缝后放一个偏振片,则[ ].

(A) 干涉条纹的间距不变,但明条纹的亮度加强

(B) 干涉条纹的间距不变,但明条纹的亮度减弱

(C) 干涉条纹的间距变窄,且明条纹的亮度减弱

(D) 无干涉条纹

11-2.4 把一平凸透镜放在平玻璃上,构成牛顿环装置,当平凸透镜慢慢地向上平移时,由反射光形成的牛顿环[ ].

(A) 向中心收缩,条纹间隔变小

(B) 向中心收缩,环心呈明暗交替变化

(C) 向外扩张,环心呈明暗交替变化

(D) 向外扩张,条纹间隔变大

11-2.5 某一块火石玻璃的折射率是 1.65,现将这块玻璃浸没在水中($n=1.33$).欲使从这块玻璃表面反射到水中的光是完全偏振的,则光由水射向玻璃的入射角应为________.

11-2.6 一束自然光从空气投射到玻璃表面上(设空气折射率为 1),当折射角为 30°时,反射光是完全偏振光,则此玻璃板的折射率等于________.

11-2.7 波长为 λ 的平行单色光垂直地照射到劈尖薄膜上,劈尖薄膜的折射率为 n,第 2 条明条纹与第 5 条明条纹所对应的薄膜厚度之差是________.

11-2.8 在迈克耳孙干涉仪的一支光路上,垂直于光路放入折射率为 n、厚度为 h 的透明介质薄膜,与未放入此薄膜时相比较,两光束光程差的改变量为________.

11-2.9 在单缝的夫琅禾费衍射实验中,屏上第 3 级暗条纹对应的单缝处波面可划分为

________个半波带,若将缝宽缩小一半,原来第3级暗条纹处将是________纹.

11-2.10 一束自然光从空气射到平面玻璃上,入射角为58°,此时反射光恰好是线偏振光,求玻璃的折射率及光线的折射角.

11-2.11 自然光通过两个偏振化方向成60°角的偏振片,透射光强为I_1. 今在这两个偏振片之间再插入另一偏振片,它的偏振化方向与前两个偏振片均成30°角,问:透射光强为多少?

11-2.12 根据布儒斯特定律可以测不透明介质的折射率,今测得釉质的起偏振角为58°,求它的折射率.

11-2.13 两块平面玻璃叠在一起,在一端夹入一薄纸片,形成一个空气劈尖.用$\lambda=5.9\times10^{-7}$ m的钠光束垂直入射,每厘米上形成10条干涉条纹,求此劈尖的倾角.

11-2.14 一曲率半径为10 m的平凸透镜放在一块平玻璃表面上时,可观察到牛顿环.

(1) 当用波长480 nm的光垂直入射时,求各级暗条纹的半径;

(2) 如果透镜直径为4×10^{-2} m,能看见多少个环?

11-2.15 当牛顿环装置中的透镜与玻璃片间充以某种液体时,观测到第10级暗环的直径由1.40 cm变成1.27 cm,试求该液体的折射率.

11-2.16 太阳以入射角$i=52°$射在折射率为$n_2=1.4$的薄膜上,若透射光呈现红色,$\lambda=670$ nm,求该薄膜的最小厚度.

11-2.17 单缝宽0.10 mm,缝后透镜的焦距为50 cm,用波长$\lambda=546.1$ nm的平行光垂直照射单缝,求透镜焦平面处屏幕上中央明条纹的宽度.

11-2.18 已知天空中两颗星相对于一望远镜的角距离为4.84×10^{-6} rad,它们发出的光波长为550 nm,问:望远镜物镜的口径至少多大,才能分辨出这两颗星?

11-2.19 月球距地面约3.86×10^{8} m,月光波长按550 nm计算,试问:月球表面距离为多远的两点方能被直径5 m的天文望远镜分辨?

11-2.20 当伦琴射线投射在岩盐(晶格常量$d=2.814\times10^{-10}$ m)晶体上发生反射加强时,测得射线与晶体表面的最小掠射角为10°50′.求该伦琴射线的波长.

综合练习题

11-3.1 用波长$\lambda=589.3$ nm的钠黄光观察牛顿环,测得某一明环直径为2.00 mm,而其外第4个明环直径为6.00 mm,求凸透镜的曲率半径.

11-3.2 推导图中情况下空气膜形成的干涉条纹的明、暗环半径公式.

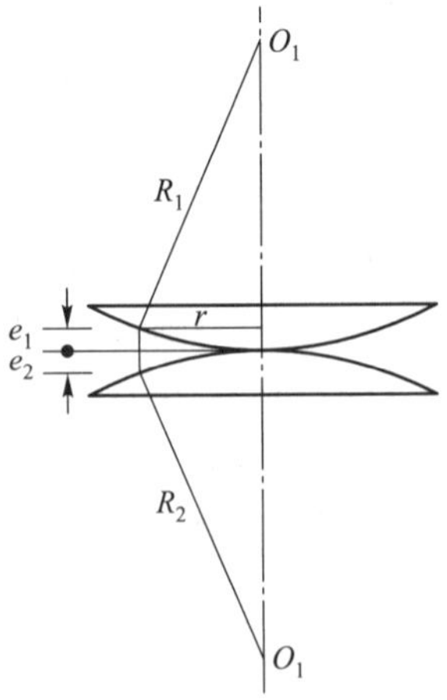

题11-3.2图

11-3.3 在一个焦距为1 m的凸透镜焦平面上,观察单缝夫琅禾费衍射图样.单缝宽$a=4\times10^{-4}$ m,入射光中有波长为λ_1和λ_2的光,λ_1的第4个极小和λ_2的第5个极小出现在同一点,离中央极大值的距离为5×10^{-3} m,求λ_1和λ_2的值.

11-3.4 一双缝间距$d=0.10$ mm,缝宽$a=0.02$ mm,用波长$\lambda=480$ nm的平行单色光垂直入射该双缝,双缝后透镜焦距为50 cm.

（1）求透镜焦平面处屏幕上干涉条纹的间距；

（2）求单缝衍射中央明条纹宽度；

（3）试问：单缝衍射中央明条纹区中有多少条干涉的主极大？

11-3.5 一光源发射的红双线在波长 $\lambda=656.3\ \text{nm}$ 处，两条谱线的波长差 $\Delta\lambda=0.18\ \text{nm}$，欲用一光栅在第 1 级中把这两条谱线分辨出来，试求该光栅所需最少刻线总数.

11-3.6 用 $\lambda=589.3\ \text{nm}$ 的钠黄光以 30°角斜入射每厘米有 3 000 条的光栅，问：在屏的中心位置是光栅光谱的第几级？

11-3.7 图中维敏干涉仪常用于测量气体在各种温度和压强下的折射率.实验时先将 T_1 管和 T_2 管抽成真空，再将待测气体徐徐通入 T_2 管中.设光波波长 $\lambda=589.3\ \text{nm}$，$l=20\ \text{cm}$，在 E 处共看到 98 条干涉条纹移动，求该气体的折射率.

11-3.8 图中所示为一台射电干涉仪原理图，它的工作波长为 0.11 m，两个望远镜的天线横向可调，但始终保持平行.天线所接收到的信号传输到接收机内混合，求当这两个望远镜间距调到最大值 $a=2.7\times10^3\ \text{m}$ 时，所得的中央强度极大（相当于中央明条纹）的半角宽度.

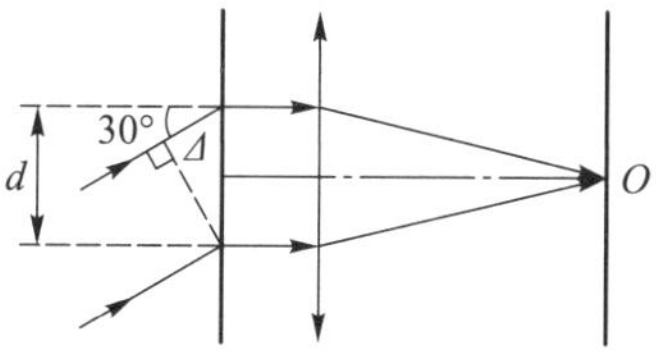

题 11-3.6 图

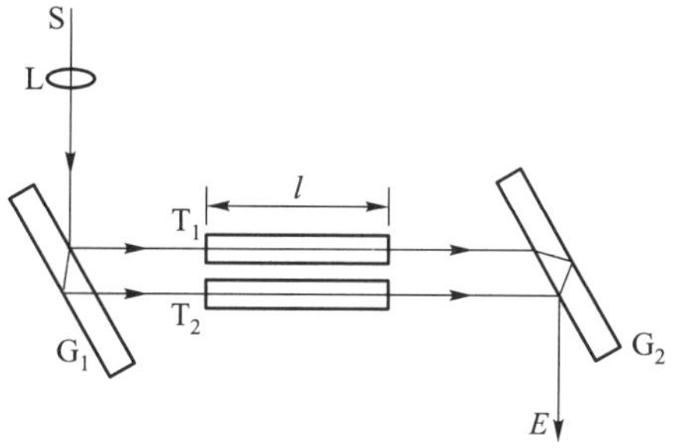

题 11-3.7 图

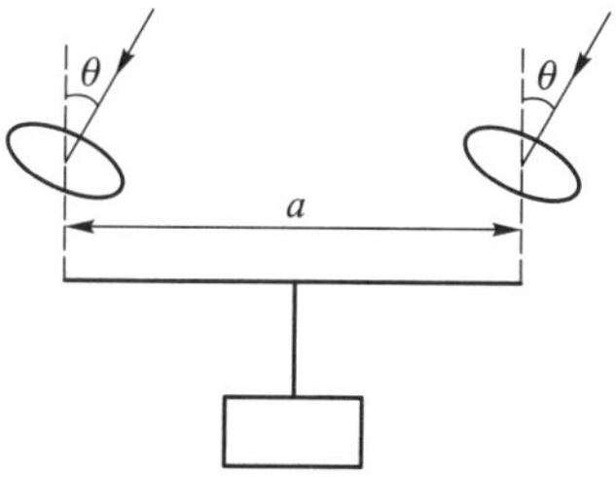

题 11-3.8 图

11-3.9 块规是一种长度标准器.它是一块钢质长方体，两端面磨平抛光，很精确地相互平行，两端面间距即长度标准.图中 G_1 是一合格块规，G_2 是与 G_1 同规号待校准的块规.校准装置如图所示.块规布置于平台上，上面盖以平玻璃，平玻璃与块规端面间形成空气劈尖.用波长为 589.3 nm 的光垂直照射时，观察到两端面上方各有一组干涉条纹.

（1）两组条纹的间距都是 $L=0.50\ \text{mm}$，试求 G_1 和 G_2 的长度差.

（2）如何判断 G_2 比 G_1 长还是短？

（3）如果两组条纹间距分别为 $L_1=0.50\ \text{mm}$，$L_2=0.30\ \text{mm}$，这表示 G_2 加工有什么不合格？如果 G_2 加工完全合格，应观察到什么现象？

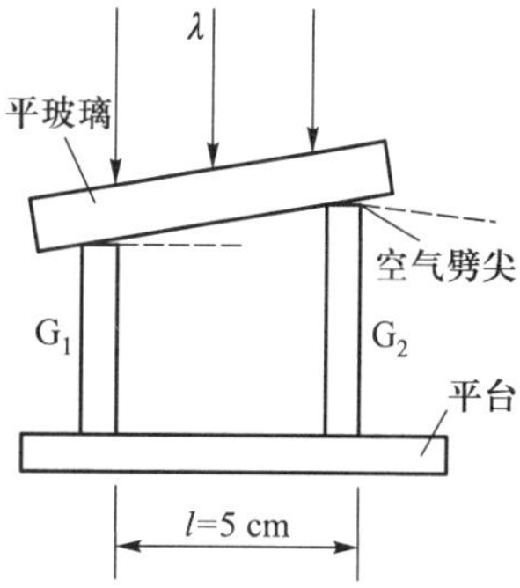

题 11-3.9 图

11-3.10 一衍射光栅每厘米有 4 000 条刻痕，试计算氢原子光谱的 H_α 和 H_β 线在二级光谱中分开的角度（$\lambda_\alpha=656\ \text{nm}$，$\lambda_\beta=410\ \text{nm}$）.

习题解答

第四篇

量子现象和量子规律

第十二章　光的量子性

在 1900 年德国物理学会上，普朗克宣读了他的论文《论正常光谱的能量分布定律的理论》.这篇起初并没有引起人们多大注意的论文却是物理学中一次革命的开端；它的提出之日后来被称为“量子论的诞生日”.现代的量子力学理论，是在四分之一世纪之后才发展出来的.

——《相对论和早期量子论中的基本概念》

课前导引

量子力学是现代物理学的理论基础之一，是研究微观粒子运动规律的科学，它使人们对物质世界的认识从宏观层次跨进了微观层次.自 1900 年普朗克提出量子假设以来，量子力学便以前所未有的速度发展起来；1905 年爱因斯坦提出光量子假说，直接推动了量子力学的产生与发展；1913 年玻尔运用量子理论和核式结构模型解决了氢原子光谱之谜；德布罗意于 1923 年提出了物质波这一概念，认为一切微观粒子都具有波动性，这就是德布罗意波；海森伯的矩阵力学、“不确定关系”和薛定谔的波动力学成了量子力学的基础，而狄拉克在此基础上进一步实现了量子力学的统一，建立了著名的“狄拉克方程”，泡利的“不相容原理”又给量子力学添上了灿烂的一笔.人们对微观世界运动规律的认识的逐步深入，大大推动了激光技术、材料科学、信息技术，能源新技术、医学、生命科学以及宇宙学研究的新的重大发展，还引发了人们对哲学中对立统一辩证思想的思考.

本章光的量子性，内容反映的是物理学从宏观理论到微观理论的过渡.这些概念，包括普朗克能量子假设、爱因斯坦光量子学说、玻尔的氢原子理论等，属于旧量子论的部分.量子力学是在旧量子论的基础上发展起来的.

学习目标

1. 了解黑体辐射实验规律及普朗克能量子假设.
2. 理解爱因斯坦光子论的基本思想、光与物质相互作用的方式.
3. 掌握关于光电效应、康普顿效应的计算.
4. 理解氢原子光谱的实验规律及玻尔氢原子理论.
5. 了解激光的工作原理.

6. 通过了解近代物理学的发展历程,领悟理论、实验相结合的科学研究方法;领悟例如“光的波粒二象性”等科学知识中蕴含的对立统一的辩证思维方法.

7. 通过对中国物理学家吴有训对康普顿效应的贡献的学习,增强文化自信.

本章知识框图

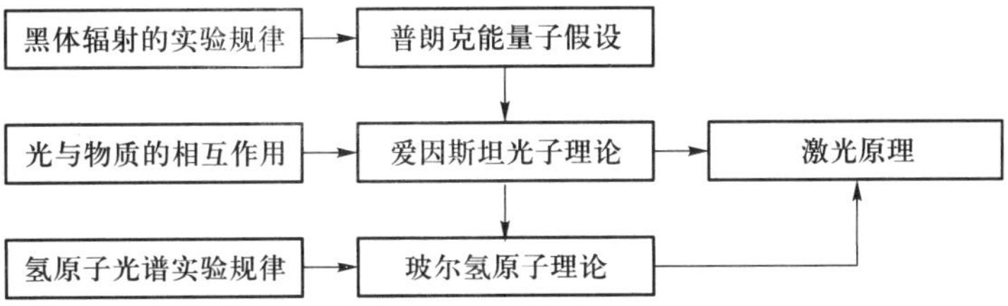

混合教学学习指导

本章课堂教学计划为 3 讲,每讲 2 学时.在每次课前,学生阅读教材相应章节、观看相关教学视频,在问题导学下思考学习,并完成课前测试练习.

阅读教材章节

张晓,王莉,《大学物理学》(第二版)下册,第十五章　光的量子性:124—151 页.

观看视频——资料推荐

知识点视频

序号	知识点视频	说明
1	黑体辐射	这里提供的是本章知识点学习的相关视频条目,视频的具体内容可以在国家级精品资源课程、国家级线上一流课程等网络资源中选取.
2	普朗克能量子假设	
3	爱因斯坦光子理论	
4	康普顿散射	
5	光的波粒二象性	
6	氢原子光谱	
7	玻尔的氢原子理论	
8	激光原理	

导学问题

黑体辐射

- 什么是热辐射？什么是平衡热辐射？
- 什么是黑体？如何定义黑体的单色辐射本领和总辐射本领？二者的关系如何？
- 为什么从远处看山洞口总是黑的？
- 炼钢炉中的铁水随温度的升高,颜色会发生暗红色→红色→橘黄色的变化,请解释这是为什么.
- 黑体辐射的两条重要实验定律的内容分别是什么？
- 经典物理在解释黑体辐射规律时遇到了什么困难？

普朗克能量子假设

- 普朗克能量子假设的内容是什么？
- 普朗克能量子假设在物理学发展史中有什么重要意义？
- 普朗克提出了能量量子化的概念,那么,在经典物理学范围内,有没有量子化的物理量？请举出例子.

光电效应

- 什么是光电效应现象？光电效应的实验规律是什么？
- 什么是截止电压？什么是截止频率？
- 什么是光电效应方程？

爱因斯坦光子理论

- 光子理论的主要内容是什么？
- 光子理论是怎么解释光电效应实验规律的？

康普顿散射

- 康普顿散射的实验规律是什么？
- 光子理论是怎么解释康普顿散射实验规律的？
- 电子的康普顿波长是多少？

光的波粒二象性

- 光与物质相互作用时会发生哪三种效应？请对其产生条件和现象进行比较.
- 光子理论的直接实验验证有哪些？
- 什么是光的波粒二象性？
- 如何理解光波是一种概率波？

氢原子光谱

- 氢原子光谱的主要实验规律是什么?
- 经典理论在解释氢原子光谱的实验规律时遇到了什么困难?

玻尔的氢原子理论

- 玻尔氢原子理论的基本假设有哪些?请说明其成功与不足之处.
- 弗兰克-赫兹实验如何证实了原子能级的存在?
- 对应原理的主要内容是什么?应如何理解?

激光

- 根据爱因斯坦辐射理论,原子的能级跃迁有哪些基本方式?
- 什么是粒子数反转分布?为什么说它是产生激光的必要条件?
- 激光器有哪些基本结构?各部分的作用是什么?
- 激光有什么主要特点?请举例说明其应用.
- 我国的激光技术有哪些卓越成就?

课前测试题

选择题

12-1.1 实验表明,任何物体在任何温度下都在不停地向周围发射电磁波,其波谱是连续的.下列几种情况哪个不是热辐射?[ ].

(A) 霓虹灯发出的光　　(B) 熔炉中铁水发出的光

(C) 人体发出的远红外光

12-1.2 下列哪个物体是绝对黑体?[ ].

(A) 黑色的物体　　(B) 不吸收任何光线的物体

(C) 不反射可见光的物体　　(D) 不反射任何光线的物体

(E) 不辐射能量的物体

12-1.3 黑体的单色辐射本领取决于[ ].

(A) 构成黑体的材料　　(B) 黑体表面的特性

(C) 黑体的温度　　(D) 以上都是

12-1.4 就散热而言,最好用什么颜色来涂刷一个散热器?[ ].

(A) 白色　　(B) 黑色　　(C) 金属色　　(D) 其他颜色

12-1.5 是否能从金属表面逸出光电子取决于[ ].

(A) 入射光的频率　　(B) 金属的逸出功

(C) 以上两个都是　　(D) 以上两个都不是

12-1.6 (多选题)以下关于光子的概念哪些是正确的?[ ].

(A) 它的静止质量为零　　(B) 它的动量为 $h\nu/c^2$

(C) 它的总能量就是它的动能　　(D) 它有动量和能量,但质量为零

12-1.7 康普顿效应的主要特点是[ ].

(A) 散射光的波长均比入射光的波长短,且随散射角增大而减小,但与散射体的性质无关

(B) 散射光的波长均与入射光的波长相同,与散射角、散射体性质无关

(C) 散射光中既有与入射光波长相同的,也有比入射光波长长的和比入射光波长短的,这与散射体性质有关

(D) 散射光中有些波长比入射光的波长长,且随散射角增大而增大,有些散射光波长与入射光波长相同,但这些都与散射体的性质无关

12-1.8 (多选题)玻尔的氢原子模型中以下哪些量是量子化的? [ ].

(A) 电子的轨道　　(B) 电子的角动量

(C) 电子的能量　　(D) 电子的质量

(E) 电子的电量　　(F) 辐射的频率

12-1.9 在激光器中利用光学谐振腔[ ].

(A) 可提高激光束的方向性,而不能提高激光束的单色性

(B) 可提高激光束的单色性,而不能提高激光束的方向性

(C) 可同时提高激光束的方向性和单色性

(D) 既不能提高激光束的方向性,也不能提高其单色性

判断题

12-1.10 光电效应中,光子与电子的相互作用形式是完全非弹性碰撞;而在康普顿效应中,光子与电子的相互作用形式是弹性碰撞.[ ]

12-1.11 在光电效应实验中,电子得到能量的多少应与入射光的光强有关,与入射光的照射时间有关,而与入射光的频率无关.[ ]

12-1.12 光电效应中饱和光电流大小与入射光的频率成正比.[ ]

12-1.13 康普顿散射的散射光中只有比入射光波长更长的波长出现.[ ]

12-1.14 光具有波粒二象性,意味着光是由电磁波构成的实物粒子.[ ]

12-1.15 氢原子光谱线的巴耳末系是氢原子所有激发态向基态跃迁而形成的.[ ]

知识梳理

知识点 1. 热辐射、黑体、辐射本领

热辐射:热辐射是指物体辐射能的电磁波波谱中只与物体温度有关的辐射.它不同于荧光、磷光等其他性质的辐射.

黑体:一个物体如果能吸收到达它表面的全部电磁辐射,这样的物体就叫黑体.由于自然界中并不存在绝对黑体,因此黑体(或绝对黑体)的理想模型就是用不透明绝热材料制成一个封闭

空腔,并在腔壁上开一个小孔.**通过小孔进入空腔的电磁辐射几乎被完全吸收,这样的小孔就成为上述物理意义上的黑体了**.

实验发现,物体对电磁辐射的吸收能力与它的辐射能力是一致的.因此**黑体不仅具有最大的吸收能力,也具有最大的辐射能力**.

在平衡条件下,黑体的辐射只依赖于温度,与黑体的材料、形状等其他因素无关.

总辐射出射度 $M_0(T)$ 和单色辐射出射度 $M_0(\lambda,T)$:这是为定量描述黑体辐射而引入的物理量.将**单色辐射出射度 $M_0(\lambda,T)$** 定义为,当温度为 T 时,单位时间内从黑体单位表面积上发出的波长在 λ 附近单位波长间隔内的辐射能量,单位是 $\mathrm{W\cdot m^{-2}}$;辐射本领 $M_0(T)$ 是指温度为 T 时,单位时间内从黑体单位表面积上辐射出的各种波长的总能量,单位是 $\mathrm{W\cdot m^{-2}}$.两者之间的关系是

$$M_0(T)=\int_0^{\infty} M_0(\lambda,T)\,\mathrm{d}\lambda$$

知识点 2. 普朗克能量子假设

普朗克能量子假设:普朗克指出,为了推导黑体热辐射定律,必须克服经典物理理论上的障碍.假设在电磁辐射的发射和吸收过程中,物体的能量变化量是不连续的,或者说,物体通过分立的、跳跃式的、非连续的方式改变它们的能量,能量的变化只能取某个最小能量单元的整数倍.这个最小的能量单元被称为能量量子,它与普朗克常量,或作用量量子 h 的关系为

$$\varepsilon_0=h\nu$$

式中,ν 为单色光波的频率.

普朗克常量 h:$h=6.626\ 070\ 15\times10^{-34}\ \mathrm{J\cdot s}$(第 26 届国际计量大会(CGPM)表决通过为精确数)是自然界中基本的物理常量之一.具有作用量的量纲,常称为"基本作用量量子",是作用量的最小单位.由于它的影响,微观领域中具有作用量量纲的物理量(如角动量)或与作用量组成的有关物理量(如能量)的变化,都出现了不连续的现象,也就是"量子现象".

知识点 3. 光电效应、爱因斯坦光子理论、康普顿散射

光电效应:光电效应是指金属及其化合物在电磁辐射照射下发射电子的现象,所发射的电子称为光电子.大量光电子在电场作用下所形成的电流叫**光电流**.

爱因斯坦光子理论:光量子简称光子.这是爱因斯坦对普朗克能量子概念的革命性发展,他认为能量子的概念不只是在光波的发射和吸收时才有意义,光波本身就是由一个个不连续的、不可分割的能量子所组成.当光波从一个点向外扩散时,它的能量并不是如经典理论认为的那样连续地分布在一个越来越大的体积中,而是由定域在空间中的有限数目的能量子组成的.这些能量子在运动中并不分裂,而且只能作为整体被吸收和发射.这些能量子爱因斯坦称之为光量子或简称光子.

根据普朗克能量子公式和相对论,光子的性质如下:

$$\left.\begin{array}{ll}\text{光子能量} & \varepsilon=h\nu \\ \text{光子的质量} & m=\dfrac{\varepsilon}{c^2}=\dfrac{h\nu}{c^2} \\ \text{静质量} & m_0=m\sqrt{1-v^2/c^2}\overset{v=c}{\Rightarrow}0 \\ \text{光子的动量} & p=mc=\dfrac{h\nu}{c}=\dfrac{h}{\lambda}\end{array}\right\}$$

则光强即光子能流密度为

$$I=Nh\nu$$

式中,N 为单位时间内通过垂直光传播方向上单位面积的光子数.

辨析 "光的强度越大,光子的能量就越大",对吗?

不对,光的强度是单位时间内照射在单位面积上的光的总能量.一定频率的光强度越大,表明光子数量越多,但每个光子的能量是一定的,只与频率有关,与光子数目无关.

光电效应方程:

$$\left.\begin{array}{l}h\nu=A+\dfrac{1}{2}mv_{\mathrm{m}}^2 \\ A=h\nu_0\end{array}\right\}$$

$$\frac{1}{2}mv_{\mathrm{m}}^2=e\left|U_{\mathrm{a}}\right|$$

其中,$h\nu$ 为入射光子能量,A 为电子逸出功,$\frac{1}{2}mv_{\mathrm{m}}^2$ 为电子最大初动能.

康普顿散射:康普顿散射就实验来说是指当 X 射线被物质散射后,在散射光中不仅含有原波长的成分,也含有波长变长的散射光.从理论上解释康普顿散射效应不仅有力地支持了光量子理论,还使狭义相对论、动量守恒定律及能量守恒定律在微观领域的适用性得到了验证.

根据能量守恒定律和动量守恒定律,可以得到散射 X 射线波长的改变量只与散射角 θ 有关:

$$\left.\begin{array}{l}\Delta\lambda=\lambda-\lambda_0=2\lambda_{\mathrm{C}}\sin^2\dfrac{\theta}{2} \\ \lambda_{\mathrm{C}}=\dfrac{h}{m_{\mathrm{e}}c}=0.002\ 4\ \mathrm{nm}\end{array}\right\}$$

式中,λ_{C} 称为电子的康普顿波长,m_{e} 为电子质量.

如果反冲粒子不是电子,而是质子、中子、介子等,相应会有"质子康普顿波长""中子的康普顿波长",等等,其量值就更小了.

知识点 4. 光的波粒二象性

光的波粒二象性:光的波粒二象性是指光作为电磁波具有波动的主要特性——相干性,这是毋庸置疑的.此外,又具有粒子的特性——整体性,这也得到光电效应、康普顿散射等系列实验的支持.前者使光在传播过程中会出现干涉、衍射等相干现象;而在物体辐射或吸收光的过程中,则表现出像粒子那样的特性，是整个光子被辐射或吸收，决不会出现吸收半个、1/3 个光子的情况.将波动性、粒子性存在于同一个微观客体——光的对象上，称为“光的波粒二象性”.“概率波”和“概率振幅”的运用将使“光的波粒二象性”得到合理的整合和自洽的解释.光强正比于光波振幅的平方，也可看成正比于光子流密度.可得到：光强大处，光子出现密度大，光波振幅大，光子到达该处的概率也大.从这个意义上可以说光强分布就是光子在空间出现的概率分布，光波也称光子出现的“概率波”.与光振幅相对应的叫“概率振幅”，简称“概率幅”.光的辐射和吸收，以及在检测器、衍射屏幕、照相底片上都是以整个光子堆集的形式出现，这反映了它的粒子特性，而当大量光子同时或单个光子无数次地连续出现时，就反映其统计特性——相干性.或者说成一个光子出现在空间的概率特性.

辨析 光子的能量和动量

本章的一个重要概念就是光子概念.在波动光学中，光被作为波来研究，其能量在空间的分布是用光强（波强）或能流密度来表示的，理论计算表明，光强正比于光波振幅的平方.普朗克量子假设和光电效应表明，光具有粒子性，光束是由光子组成的粒子流，每个光子的能量为

$$\varepsilon = h\nu$$

光强则可表示为 $Nh\nu$，N 为单位时间到达垂直于光传播方向的单位面积上的光子数.作为粒子，我们自然会想到粒子的重要属性之一——“动量”，康普顿效应从某种程度上间接证实了光子的动量，而光压实验则给出了光子动量的直接证明.由于光子的静止质量为零，由狭义相对论很容易得到

$$p = mc = \frac{\varepsilon}{c^2}c = \frac{h\nu}{c} = \frac{h}{\lambda}$$

由上述讨论可见，光子虽然是粒子，与经典意义上的粒子一样，具有实物粒子的重要属性：能量和动量，但其与经典意义上的实物粒子也有重要区别，经典意义上的实物粒子的能量和动量与频率和波长没有关系.所以，这正是我们理解量子力学的重要开端，即要把物质的粒子性与波动性联系起来，物质的粒子性与波动性不再是对立的概念，而是有内在联系的概念.

知识点 5. 玻尔氢原子理论

玻尔氢原子理论：玻尔氢原子理论依据以下三个基本事实：

（1）**卢瑟福原子核式模型**.原子是由带正电的原子核与带负电的电子组成.原子核在 10^{-15} m 空间范围内，并集中了原子的绝大部分质量.电子离核约 10^{-10} m，它决定了原子的大小.可以看出在这个模型中，原子内部存有相当大的空间.电子与核之间是靠库仑力联系在一起的.氢原子则是由一个质子和一个电子组成的最简单的原子.电子在核外处于一种什么样的运动状态，就是原子物理所要解决的基本问题.

（2）原子的**定态**，或者称稳定状态，这源自自然界的基本事实.同一种原子即使受到某种扰动，在扰动过后仍有同样大小、同样化学性质、发射同一谱线结构的光谱，也就是同一物质的原子性质保持稳定.

（3）**原子发射的光谱是线状光谱**，以及存在的里兹组合规则，预示着原子内部存在着不同的能态以及能态间变化的可能性.

玻尔氢原子理论的基础是牢固的,它的创造性假说有着广泛的依据:

① 稳定态(或原子定态)假设;

② 跃迁假设;

③ 量子化条件,可看成普朗克量子论的扩展.

玻尔理论公式:

$$L=rmv=n\frac{h}{2\pi}=n\hbar$$

称轨道角动量量子化条件.

$$h\nu=E_n-E_k$$

称为频率条件.

玻尔氢原子结构理论的方法论指导原则就是"对应原理".其内容是:新理论应包容在一定经验范围内证明是正确的旧理论,旧理论应是新理论的极限形式或局部情况.

玻尔的氢原子理论孕育了对应原理,也是对应原理最初应用的范例.

知识点 6. 激光、光放大与粒子数反转分布

激光:激光如今已得到极为广泛的应用,从光缆的信息传输到光盘的读写,从视网膜的修复到大地的测量,从工件的焊接到可控热核反应的引发等都利用了激光."激光"是受激辐射光放大(Light Amplification by Sitmulated Emission of Radiation)的简称,英文为"LASER".

爱因斯坦在研究黑体辐射时发现:一个孤立的光子体系,在 $kT\ll m_ec^2$(m_e 为电子的静质量)时,由于光子与光子之间无直接相互作用,不会趋向热平衡.所以只有存在与光子发生相互作用的实物体系,如原子体系时,光子系统才能达到平衡分布.此时原子与辐射场相互作用的过程,只有自发辐射和受激吸收是不充分的,还必须存在另一种辐射方式——受激辐射.

(1) **自发辐射**,是指处于激发态的原子(或分子)是不稳定的.经过或长或短的时间(约 10^{-8} s)就会自动跃迁到低能级上,同时发出一个光子,这种辐射光子的过程叫自发辐射.

(2) **受激吸收**,是指光子射入原子内被吸收,使原子跃迁到较高的能级上去.在这两种过程中,所放出或吸收的光子能量都必须满足玻尔频率条件.

(3) **受激辐射**,是指如果入射光子能量等于相应的能级差,而且在高能级上有原子存在,这样就有可能使入射光子引发原子从高能级跃迁到低能级,同时放出一个与入射光子相位、频率、传播方向和偏振方向完全相同的光子.

光放大与粒子数反转分布:在某种材料中,如果有一个光子引发了一次受激辐射,就会产生两个完全相同的光子.这两个光子如果遇到类似情况,就会产生四个完全相同的光子,如果连续倍增相同光子,就会实现"光放大".要实现"光放大",该材料必须处于一种"特殊状态",也就是使高能态的原子数大于低能态的原子数,因为这种状态与通常存在的玻耳兹曼分布相反,故称粒子数反转状态.

如果说受激辐射是产生激光的物理基础,那么实现粒子数反转分布就是产生光放大的关键.

典型例题及解题方法

1. 光电效应

解题思路和方法：

有关光电效应部分所涉及的常见问题是利用光电效应方程计算光子的能量、频率、波长、光电子最大动能、逸出功与红限频率、截止电压等.只要充分理解光电效应方程、光电子最大初动能与截止电压的关系以及逸出功与红限频率的关系即可顺利求解相关问题.

例题 12-1 铝的逸出功是 4.2 eV,今用波长为 200 nm 的光照射铝板表面,求：

(1) 光电子的最大初动能；

(2) 截止电压；

(3) 铝的红限波长.

解题示范：

解：(1) 由爱因斯坦电效应方程

$$h\nu=A+\frac{1}{2}mv_m^2$$

可得光电子的最大初动能：

$$E_k=\frac{1}{2}mv_m^2=h\nu-A=\frac{hc}{\lambda}-A$$

$$=\frac{6.63\times10^{-34}\times3\times10^8}{2\ 000\times10^{-10}}-4.2\times1.6\times10^{-19}\ \text{J}$$

$$=3.23\times10^{-19}\ \text{J}$$

(2) 由 $h\nu=A+\frac{1}{2}mv_m^2=h\nu_0+e|U_a|$ 可得截止电压：

$$|U_a|=\frac{E_k}{e}=\frac{3.23\times10^{-19}}{1.6\times10^{-19}}\ \text{V}=2.02\ \text{V}$$

(3) 铝的红限波长可由

$$A=h\nu_0=\frac{hc}{\lambda_0}$$

得

$$\lambda_0=\frac{hc}{A}$$

$$=\frac{6.63\times10^{-34}\times3\times10^8}{4.2\times1.6\times10^{-19}}\ \text{m}$$

$$=2.96\times10^{-7}\ \text{m}=296\ \text{nm}$$

解题思路与线索：

由题意,已知光子的波长,也就等于知道光子频率和能量 $h\nu=\frac{hc}{\lambda}$.逸出功 A 给定,由爱因斯坦的光电效应方程

$$h\nu=A+\frac{1}{2}mv_m^2$$

即可直接计算出光电子的最大初动能.

再由最大初动能与截止电压的关系以及逸出功与红限频率(波长)的关系,即可求得问题(2)和(3)的结果.

光电效应表明:光子具有粒子的特性,其能量可以用量子化的最小单元 $h\nu$ 来量度,当光子照射到金属表面时,与金属中的电子发生完全非弹性碰撞,光子的能量可以被电子捕获,并转化为其他形式的能量.

正是由于光子的这种粒子特性,或者说能量的非连续存在特征,使得电子只能以 $h\nu$ 为单元整份地捕获光子能量,从而必然导致,当一份光子的能量不足以使电子克服金属原子的束缚(能量小于电子的逸出功)时,光电效应将不会发生,因而有了红限频率(波长)的存在.

2. 康普顿效应

解题思路和方法：有关康普顿散射部分所涉及的常见问题主要是利用散射波长位移公式计算散射波的波长以及波长改变量、利用能量守恒定律和动量守恒定律计算反冲电子能量、动量等.

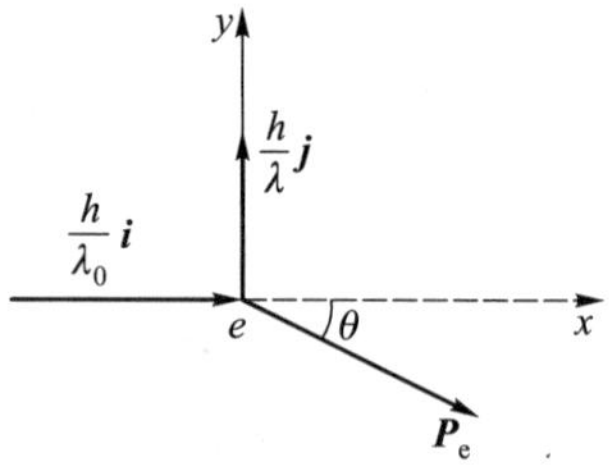

例题 12-2 图

例题 12-2 波长 $\lambda_0=0.01$ nm 的 X 射线与静止的自由电子碰撞.求：

（1）与入射方向成 90°角的方向上，散射 X 射线的波长；

（2）反冲电子的动能以及动量的大小和方向.

解题示范：

解：（1）根据能量守恒定律和动量守恒定律，已经推导出散射光子的波长公式：

$$\lambda=\lambda_0+\Delta\lambda=\lambda_0+2\lambda_C\sin^2\frac{\theta}{2}$$

将已知的 λ_0 和散射角 θ 代入上式，可以解得

$$\lambda=\lambda_0+\lambda_C=(0.01+0.0024)\text{ nm}=0.0124\text{ nm}$$

（2）对于反冲电子，根据能量守恒定律，它所获得的动能 E_k 就等于入射光子损失的能量，即

$$\begin{aligned}E_k&=h\nu_0-h\nu\\&=hc\left(\frac{1}{\lambda_0}-\frac{1}{\lambda}\right)=\frac{hc\Delta\lambda}{\lambda_0\lambda}\\&=3.8\times10^{-15}\text{ J}=2.4\times10^4\text{ eV}\end{aligned}$$

为求反冲电子的动量，建立如图所示坐标系，并画出光子与电子碰撞前后入射光子、散射光子和反冲电子的动量.

碰撞前后，光子和反冲电子动量守恒，所以有

$$\frac{h}{\lambda_0}\boldsymbol{i}=\frac{h}{\lambda}\boldsymbol{j}+\boldsymbol{p}_e$$

将该矢量式分解为两个分量式可得

$$p_e\cos\theta=\frac{h}{\lambda_0}$$

$$p_e\sin\theta=-\frac{h}{\lambda}$$

两式平方相加并开方，得动量大小：

$$p_e=\frac{(\lambda_0^2+\lambda^2)^{1/2}}{\lambda_0\lambda}h=8.5\times10^{-23}\text{ kg}\cdot\text{m/s}$$

动量方向（反冲电子动量矢量与 x 轴夹角）可由

$$\cos\theta=\frac{h}{p_e\lambda_0}=0.78$$

得 $$\theta=38°44'\approx38.7°$$

解题思路与线索：

当光子作为一个粒子，与散射物质中的原子发生碰撞时，波长变化的原因，可以认为是光子与原子中的外层电子发生碰撞.如果两个粒子的碰撞是弹性碰撞，则一定满足能量守恒定律和动量守恒定律.所以，这两个守恒定律是我们求解问题的出发点或依据.

如果散射光子波长变长，则频率变低，说明能量减小了，由系统能量守恒可知，光子失去的能量应该传给了反冲电子，所以反冲电子的能量等于入射光子和散射光子的能量之差.

动量是矢量，对于矢量运算，画出清晰的动量矢量图，建立合适的坐标系对于问题的求解是很有必要的.

研究康普顿散射时，我们把原子的外层束缚较弱的电子当成静止的自由电子，所以，碰撞前，电子的动量为零.因此，可以画出光子和电子碰撞前后的动量矢量图如例题 12-2 图所示.

对矢量的完整表达，要求不但要求出矢量的大小，还要求出其方向.

3. 玻尔氢原子理论

解题思路和方法：利用玻尔氢原子理论所得到的原子跃迁频率或波长公式，可以计算氢原子所发出的各谱线系对应的辐射波波长或频率；也可以计算原子由高能级跃迁到任意确定的低能级时，所可能发出的谱线条数；利用量子化的氢原子能量公式可以计算氢原子中，处于不同能级上的电子的动能和势能等.

例题 12-3 氢原子光谱的巴耳末线系中，有一光谱线的波长为 434 nm.

（1）试问：与这一谱线相应的光子能量为多少电子伏？

（2）该谱线是氢原子由能级 E_n 跃迁到能级 E_k 产生的，能级序数 n 和 k 各为多少？

（3）最高能级为 E_5 的大量氢原子，最多可以发射几个线系？共几条谱线？请在氢原子能级跃迁图中表示出来，并说明波长最短的是哪一条谱线.

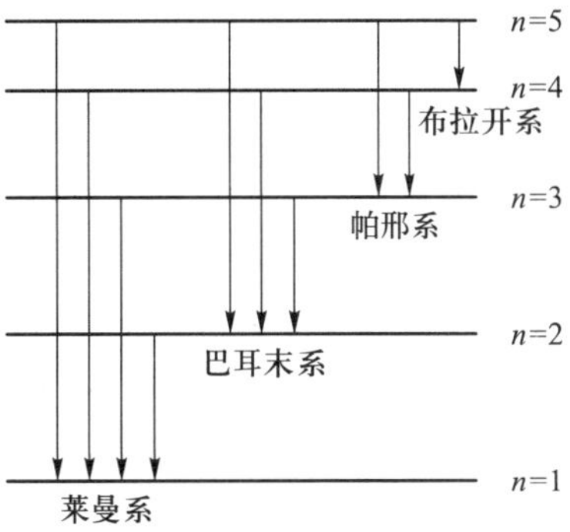

例题 12-3 图

解：（1）与波长为 434 nm 这一谱线相应的光子能量为

$$h\nu = hc/\lambda = \frac{6.63\times10^{-34}\times3.00\times10^{8}}{4\ 340\times10^{-10}}\ \text{eV}\approx2.86\ \text{eV}$$

（2）由题意知，此谱线是巴耳末线系，所以，低能级对应第一激发态，即能级序数 $k=2$.

由
$$E_n-E_k=h\nu$$
可得

$E_k=E_1/2^2=-3.4$ eV （基态能级能量 $E_1=-13.6$ eV）

所以

$$E_n=E_1/n^2=E_k+h\nu$$

$$n=\sqrt{\frac{E_1}{E_k+h\nu}}=5$$

（3）由题意可画出氢原子能级跃迁图（例题 12-3 图）. 由图可知，最高能级为 E_5 的大量氢原子，可发射四个线系，共有 10 条谱线. 波长最短的谱线，是由 $n=5$ 跃迁到 $n=1$ 的谱线，波长为

$$\lambda=\frac{hc}{E_5-E_1}=\frac{6.63\times10^{-34}\times3.00\times10^{8}}{[(-13.6/25)-(-13.6)]\times1.60\times10^{-19}}\ \text{m}=95.215\ \text{nm}$$

解题思路与线索：

氢原子光谱指的是氢原子内的电子在不同能级之间跃迁时所发射或吸收不同能量的光子而得到的光谱. 由于能级是不连续的，所以，氢原子光谱为不连续的线状光谱. 根据电子跃迁后所处的能级，可将光谱分为不同的线系，例如莱曼系（高能级跃迁到基态）、巴耳末系（高能级跃迁到第一激发态）、帕邢系（高能级跃迁到第二激发态），布拉开系等常用线系.

（1）计算某一波长的谱线对应的光子能量可由光子能量公式 $h\nu=hc/\lambda$ 得到.

（2）电子从高能级跃迁到低能级时，放出的能量以光子的形式发出，光子的能量为两能级的能量之差. 氢原子基态能级的能量为 $E_1=13.6$ eV，其他能级的能量为 $E_n=E_1/n^2$.

（3）如例题 12-3 图所示，能级跃迁图可以清楚地表示出电子从各个高能级向下跃迁时所发出光子的所有可能的谱线和线系.

波长越短，意味着光子频率越高或光子能量越大，对应的能量差也越大.

思维拓展

一、所有物体都能发射电磁辐射，为什么用肉眼看不见黑暗中的物体?

物体要被眼睛观察到,需要两个条件:(1)物体要发射或者反射出眼睛能感觉到的可见光,其波长范围为 0.40~0.78 μm;(2)可见光的能量要达到一定的阈值.根据黑体辐射,任何物体在一定温度下都发射出各种波长的电磁辐射,在不同温度下单色辐射本领的峰值波长不同.黑暗中周围物体的温度等于环境温度(近似为人体温度),单色辐射本领的峰值波长在 10 μm 附近,在可见光波长范围的电磁辐射能量都比较低,因此不能引起眼睛的视觉响应.

二、试通过下面一个例题，计算出其结果并说明计算结果的意义

一个轻弹簧振子,它是一个 0.30 kg 质量物体悬挂在一个弹性系数为 $k=3.0\ \text{N}\cdot\text{m}$ 的弹簧上,这个系统以振幅 $A=0.10$ m 开始振动.黏性和摩擦使振动逐渐消失,系统总能量耗散了.

(1) 观察到的能量减少是连续的还是不连续的?

(2) 振子初始能量状态的量子数 n 是多少?

答:(1) 计算振子的频率:

$$\nu=\frac{1}{2\pi}\sqrt{\frac{k}{m}}=0.5\ \text{s}^{-1}$$

系统起始时总能量:

$$E_0=\frac{1}{2}kA^2=1.5\times10^{-2}\ \text{J}$$

先假设振子能量是量子化的,能量消失时,是以 $\varepsilon_0=h\nu$ 跳跃式地消失的.则

$$\varepsilon_0=h\nu=3.3\times10^{-34}\ \text{J}$$

$$\varepsilon_0/E_0=2\times10^{-32}$$

因此要能测量出能量减少中的不连续性,必须使能量测量精确度优于 2×10^{-32},这实际上是达不到的.

(2) 计算初始能量状态的量子数:

$$n=\frac{E_0}{\varepsilon_0}=4.5\times10^{31}$$

这是一个庞大的数字.这一例子说明对于宏观振子,能量量子化是不明显的.这一结果类似于我们不可能在宏观实验中测量到质量的不连续性和电荷的不连续性,即原子和电子的存在.宏观系统之所以不能显示普朗克假设是有效还是无效,是 h 太小了使得能量的颗粒太细微了,以至于不能从能量的变化中分辨出来.分辨不出能量的不连续性,可以看成 h 不起作用或者形式上

认为：$h\to 0$.

三、为什么说一个真正自由的电子，不能在相互作用过程中完全吸收光子和同时使能量和动量守恒？

这个问题的实质是说出了康普顿散射效应与光电效应的区别所在.在康普顿散射效应中,可看成光子与原子外层束缚很弱的“自由电子”的散射作用.在这种作用中,光子不被完全吸收,同时保持能量守恒、动量守恒.只有在束缚态中的电子,能够完全吸收光子,不满足动量守恒,产生光电效应.下面我们通过简单计算来说明：

(1) 假设静止的自由电子吸收了一个光子.

从能量守恒
$$h\nu+m_0c^2=mc^2=\frac{m_0c^2}{\sqrt{1-\frac{v^2}{c^2}}}$$

解出电子吸收光子后的速度为
$$v=\frac{c\sqrt{h^2\nu^2+2h\nu m_0c^2}}{h\nu+m_0c^2}$$

由动量守恒
$$\frac{h\nu}{c}=mv=\frac{m_0v}{\sqrt{1-v^2/c^2}}$$

得
$$v=\frac{h\nu c}{\sqrt{h^2\nu^2+m_0^2c^4}}$$

比较两个结果,两者速度不同,说明在一个静止的自由电子完全吸收一个光子的过程中,不能同时满足能量守恒、动量守恒.或者说,在自由电子与光子散射的过程中,若要同时满足两个守恒定律,完全吸收光子的现象是不可能发生的.

(2) 假设运动的自由电子吸收了一个光子.为了讨论方便,可假设电子的运动方向与光子运动垂直(图 12.1).

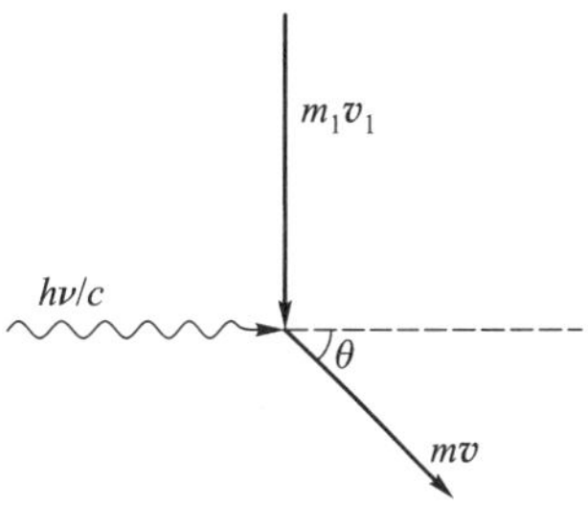

图 12.1

根据能量守恒定律：
$$h\nu+m_1c^2=mc^2=\frac{m_0c^2}{\sqrt{1-v^2/c^2}}$$
$$v=\frac{c\sqrt{h^2\nu^2+2h\nu m_1c^2+(m_1^2-m_0^2)c^4}}{h\nu+m_1c^2}$$

根据动量守恒定律：
$$\begin{cases}\dfrac{h\nu}{c}=mv\cos\theta\\ m_1v_1=mv\sin\theta\end{cases}$$
$$v=c\sqrt{\frac{h^2\nu^2+m_1^2c^2v_1^2}{h^2\nu^2+m_0^2c^4+m_1^2c^2v_1^2}}$$

结论与上述情况相同.

(3) 当电子被束缚于原子或固体内时,在电子完全吸收光子的过程中,束缚力可以传递动量给原子或固体.由于原子或固体的质量远大于电子,体系能吸收大的动量而并不获得大的能量,这样能量还是守恒的,但电子在吸收光子的过程中动量就不守恒了.从能量关系得到

$$h\nu+m_0c^2-A=mc^2$$

当 $v\ll c$ 时:

$$mc^2-m_0c^2=E_\mathrm{k}=\frac{1}{2}m_0v^2$$

就是

$$h\nu=mc^2-m_0c^2+A$$

或

$$h\nu=\frac{1}{2}m_0v^2+A$$

即光电效应方程.

四、我国著名物理学家吴有训对康普顿效应研究的贡献简介

吴有训(1897—1977),江西人,我国著名的物理学家、教育家,曾任中国科学院副院长、学部委员、清华大学物理系教授、系主任、理学院院长.吴有训于1921年末赴美入芝加哥大学并随康普顿从事物理学研究,1926年获博士学位.吴有训在物理学研究方面的卓越贡献是,用精湛的实验技术、精辟的理论分析,无可争议地证明了康普顿效应.

早在1923年,吴有训就和康普顿一起从事X射线散射光谱研究,他们用钼靶发出的K_α线(波长$\lambda_0=0.071\,206\,5$ nm)进行了一系列轻元素散射光谱的研究.1923年5月,康普顿首次公布了他的有关X射线散射光谱的实验结果,但却遭到了异议,原因是著名实验物理学家、哈佛大学的布立吉曼教授(Percy Williams Bridgman,因研究高压物理学而获得了1946年诺贝尔物理学奖)竟没能重复康普顿实验的结果.由于哈佛大学及布立吉曼本人的盛名,这一重大发现受到了怀疑.正是吴有训亲自奔赴哈佛,在同行面前演示了他们的结果,才使物理学界信服.1926年,吴有训在美国《物理评论》上发表《在康普顿效应中变线与不变线的能量分布》和《在康普顿效应中变线与不变线的能量比率》两篇论文,以实验事实为依据,证实了康普顿效应.

五、应该怎么理解光的波粒二象性?

尽管我们前面已经阐述了光的波粒二象性,也从概率的角度将光的粒子性描述与波动性描述统一了起来.但基于我们建立在经典意义上的波和粒子的概念,我们仍然心存这样的疑问,当光以粒子性的一面出现在我们面前时,它与经典意义上的粒子相同吗?当光以波动性的一面出现时,它与经典意义上的波是否有相同的本质?

无论是光电效应还是康普顿效应,都只是间接表明,光可以看作拥有动量和能量的粒子,但物理学家一直希望能有更令人信服的实验证据,证明光子粒子的存在.下面的三个实验也许能帮助大家更好地理解光的波粒二象性.

实验(一) 粒子特性

探测光子的实验装置如图12.2所示,S为一个受控的、能够发出单个光子的光源,B为分束

器，D_1 和 D_2 为探测器.如果光子是粒子，它只能以整体穿过分束器 B，然后沿 X 光路到达探测器 D_1，或被分束器整体反射，沿光路 Y 到达探测器 D_2. 实验结果表明，光子要么经过光路 X 到达探测器 D_1，要么经过光路 Y 到达探测器 D_2，反映出光的粒子特性.

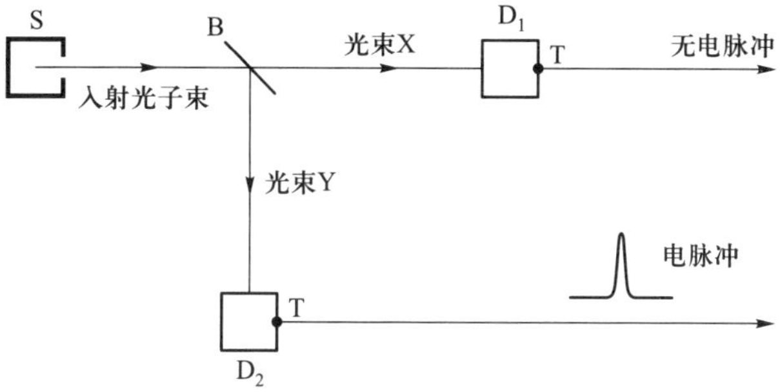

图 12.2

实验(二)　光的波动特性

如图 12.3 所示是实验(一)的拓展实验的实验装置，与实验(一)的不同之处是：(1)光路中，在 X 和 Y 光路上各加了一个全反射镜 M_1 和 M_2，M_2 固定，M_1 可以沿水平方向移动，用以改变 X 光路的光程；(2)在两个光路的交点处又加了另一个分束器 B_2，通过 B_2，由分束器 B_1 分出的两个光束可以在探测器 D_1 或 D_2 处会合.图 12.4 为两个探测器探测到的光脉冲信号计数率随反射镜 M_1 的位置变化的实验结果.这个结果显然具有波的干涉特征，可按照光波双缝干涉模型给出解释：X 和 Y 两个光路上光波的光程差决定了探测器探测到的是相长还是相消结果.这个实验结果反映出光的波动性特征.

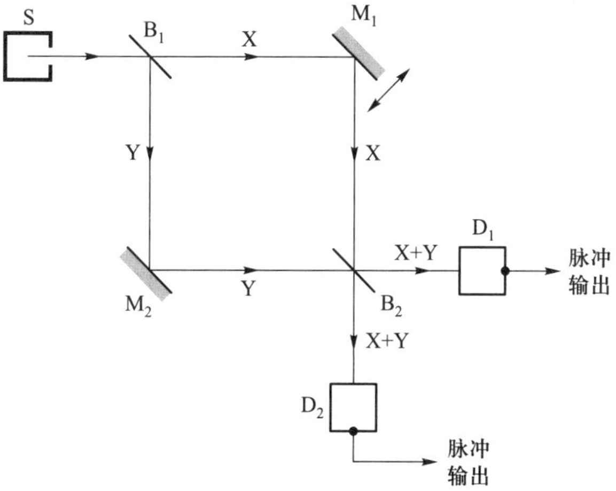

图 12.3

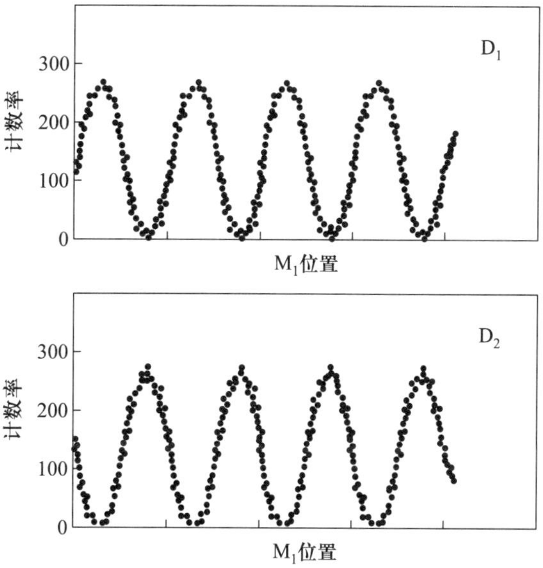

图 12.4

所以，我们可以得出这样的结论：没有分束器 B_2 我们观察到光的粒子性特征，放置分束器 B_2，我们观察到光的波动性特征.于是，我们要问：光在通过了分束器 B_1 后，到达分束器 B_2 以前，光的本性是什么？换种说法：光到达分束器 B_2 以前，它是否知道分束器 B_2 的存在？

实验（三）　延迟选择实验

为阐明上面提出的问题，有人提出了一个延迟选择实验构想．1979 年是爱因斯坦诞辰 100 周年，人们在他生前工作的普林斯顿大学召开了一次纪念他的讨论会．在会上，爱因斯坦的同事，也是玻尔的密切合作者之一约翰·惠勒提出了一个令人吃惊的构想，也就是所谓的"延迟选择实验"．

在如图 12.2 的实验中，分束器 B_2 的存在，使得光的行为像波一样，在两个探测器 D_1 或 D_2 处相遇、叠加、干涉．如果分束器 B_2 不存在，光子就会像粒子那样，要么到达 D_1，要么到达 D_2．惠勒建议，我们可以延迟分束器 B_2 的介入，当光通过分束器 B_1 后，到达分束器 B_2 前瞬间，再将分束器 B_2 放入或移开，然后，观察光的行为．人工或机械选择分束器 B_2 的存在与否是不可能实现的．1987 年，慕尼黑附近的普朗克量子光学研究所的研究人员利用光电开关实现了这样的选择．

首先，在开始实验时，将分束器 B_2 放入光路，这种装置是要揭示光的波动性，即光是否可以以某种方式感知分束器 B_2 的存在，因而，以波的面貌出现．但在光通过分束器 B_1 后，到达分束器 B_2 前，将分束器移开，实验结果表明，光表现出的是粒子性．这就好像是这样一种情形：光在离开分束器 B_1 后，它本来是波，但在到达分束器 B_2 前，发现分束器 B_2 不在，于是中途"改变了主意"，变成了粒子．

然后，在开始实验时，将分束器 B_2 移开，这种装置是要揭示光的粒子性，即光是否可以以某种方式感知分束器 B_2 不存在，因而，以粒子的面貌出现．但当光通过分束器 B_1 后，到达分束器 B_2 所在位置前，将分束器 B_2 放入，实验结果总是出现干涉结果．这就好像是这样一种情形：光在离开分束器 B_1 后，它本来是粒子，但在到达分束器 B_2 前，发现分束器 B_2 的存在，于是中途"改变了主意"，变成了波．

这个实验表明，无论在何时将分束器 B_2 放入或移开，实验结果都与上面的结果相同．分束器 B_2 放入光路，结果就是波的干涉行为；分束器 B_2 移开，结果就是粒子行为．

我们由此能得出什么结论呢？简而言之，光离开光源，穿行在实验装置的过程中，它既不是我们所认为的经典意义上的粒子，也不是我们所认为的经典意义上的波，更不是粒子和波的任何混合体，它就是光，没有人能用一个单独的通常意义上的概念来描绘它．我们所能了解的就是：如果将分束器 B_2 放入光路，我们就观察到光的波动特性；如果将分束器 B_2 移出光路，我们就观察到光的粒子特性．在光源和探测器之间，光是什么、光在做什么我们一无所知．光就是这样一种微妙的、粒子性和波动性紧密相关的一种物理客体．我们可以让它表现出波动性的一面，也可以让它表现出粒子性的一面．这正是我们前面所说的光具有"波粒二象性"．

在经典物理中，波和粒子这两种模型是完全不同的．波动在一定的空间范围内是连续分布的，具有可入性，而且对应的能量和动量也是连续分布的，遵从普遍的叠加原理．而粒子一般定域在某个空间点上，具有集中的能量、动量和所占据空间的不可入性．粒子间的碰撞和几列波在空间某处的相遇叠加也是截然不同的．因此，我们现在至少已经意识到，光是一种经典概念里不曾有过的一种物理客体，它既不同于经典物理中的波，也不同于经典物理中的粒子，它是非常独特的、同时具有波动性和粒子性的物理客体．

六、普朗克能量量子化概念与爱因斯坦光量子理论的关系

普朗克能量量子化概念起初是只局限于将物质视为振子的发射和吸收机构.光辐射一旦发射之后就分布于空间,形成波动.

爱因斯坦却认为,即使是存在于空间的辐射能,也是一束一束地集中存在,这集中的能束就称为光子.

单光子的能量 $\varepsilon=h\nu$,式中 ν 是辐射频率,h 为普朗克常量.事实上爱因斯坦提出的基本思想是:由于辐射本身的微粒结构,辐射能在空间也只能是以不连续方式存在的.以微粒形式从物体中辐射出的辐射能,一到空间又“连续”起来.

有趣的是,初始时的普朗克还以“有时可能在他的思辨中迷失目的”这一论断,反对过爱因斯坦的上述观点.而密立根经过了多年的实验,在每个细节上都使爱因斯坦的观念的正确性得到了证实.

如今,光子理论不仅应用在光波范围,而且应用到了整个电磁波谱.例如一个典型的微波波长 $\lambda=10\ \text{cm}$,光子能量为 $1.20\times10^{-5}\ \text{eV}$,不足以使金属表面发射光电子.对 X 射线或从放射性原子核发射的强 γ 射线,光子能量可达 $10^{6}\ \text{eV}$,足以使那些重原子之中,能量可为 $10^{5}\ \text{eV}$ 的电子发射出来.在可见光范围内,这种光子“打”出来的光电子,是比金属束缚弱得多的只有几个电子伏的所谓传导电子.

还需注意的是:在爱因斯坦的描述中,频率为 ν 的光量子具有确定能量 $h\nu$,但不存在能量为 n 倍 $h\nu$ 的光量子.当有 n 个频率为 ν 的光子时,该频率的能量为 $nh\nu$.在处理空腔辐射时,使用“光子气”模型和量子统计方法,可以导出与普朗克公式相同的空腔辐射公式,并且从根本上消除了普朗克推导中所存在的经典痕迹——经典玻耳兹曼分布.

七、量子理论带给了人们哪些思维方式的改变?

量子论的创立是 20 世纪物理学最重要的成果之一,它从根本上改变了人们对物质结构和物质运动的经典物理的概念,揭示了微观客体具有波粒二象性.微观量子理论带给人们的不仅是对物质世界结构的新的认识,而且是思维方式的根本变化,如关于微观粒子运动演化概率性因果观的思想、在测量物理量时测量仪器和被测量客体相互作用的思想、微观粒子的物理量呈现量子化离散值的思想、测量微观粒子时满足的不确定关系的思想等.这些思想超越了人们的日常生活经验,具有很大的抽象性;又涉及人们对物质结构和物质运动的一系列认识论根本问题,具有丰富的哲理性.经典的物理概念与生活经验如此吻合,以致其根深蒂固地存在于人们头脑中,从而使对宏观物理世界的认识成为学习量子理论的严重障碍.物理学家玻尔曾经说过:“谁没有被量子理论所震惊,谁就不会理解量子理论.”这里的“震惊”就是量子理论与经典物理之间产生的一种思想和观念上的“碰撞”.量子理论给人们带来的思想上的“震惊”,正是我们学习和理解量子理论的起点.因为有了“震惊”,才可能引发思考,才有可能逐步摆脱经典概念的限制,进入量子世界.

八、在一般的大学物理教材中，在量子物理部分，都是从光的粒子性、波粒二象性引入概率波、概率幅概念.可是在量子力学中，又很难见到有关光子的计算，这是为什么？

赵凯华先生在他的《量子物理》著作中，描述如下："光子的问题比较复杂.严格地说，光子与电子（或其他实物粒子）不同，光子的问题不属于量子力学问题，只有在量子场论（量子电动力学）中才能处理.在非相对论的量子力学中，光子的概率幅和态矢是描述经典电磁场的量.正因为如此，由光子的情形引入概率幅和态矢的概念比较直观."

九、学习近代物理应该重点掌握的思想方法

从 1900 年开始，物理学揭开了新的历史篇章.20 世纪前，物理学研究低速（速度比光速 c 小得多）和大尺度（宏观）物体的运动、结构和相互作用的规律，人们把这部分物理学统称为经典物理学，其主要包括牛顿力学、电磁学、光学、热力学和统计物理学等.从 20 世纪起，物理学新开辟的研究领域是高速和原子尺度物体的运动、结构和相互作用、相互转化的规律，人们把这部分物理学统称为近代物理学，包括相对论、量子理论、原子物理、固态物理、核物理和粒子物理等.

学习近代物理学应该注意以下几点思想方法：

（1）要明白近代物理学的讲述方法是**归纳法**.归纳法是按历史逻辑讲述，基本上是按照近代物理的概念和定律在历史上研究、发现的次序来展现的.在大学物理力学部分的讲述方法是演绎法，它以牛顿力学定律为基础，通过数学演绎方法得出质点、质点组以及刚体的动量定理、动能定理、角动量定理和相应的三个守恒定律.大学物理中的近代物理目前不能用演绎法讲授，是因为近代物理迄今只有 100 多年的历史，人们对微观世界规律的认识还不够深入；还因为在我们的日常生活中不能提供学习近代物理的感性知识，所以在目前用归纳法讲述是比较合适的.在学习过程中，应特别注意思考这些问题：在每一个历史阶段，经典物理学的概念、理论、定律所遇到的困难是什么？提出的新概念、理论、定律是什么？它们取得了哪些成功？还有什么缺陷？后来是怎样发展的？在学习过程中用归纳法，而在学完以后总结时用演绎法，总结所学近代物理学的概念、理论和定律，这样对学习是很有好处的.

（2）**掌握两个特征**：首先是掌握微观粒子（光子、电子等一切微观粒子）的根本特征，即波粒二象性；其次是掌握描述微观世界物理量的基本特征——量子化.

掌握波粒二象性极为重要，一则它是学习的重点和难点，要弄清其物理意义要花大力气；二则是搞清波粒二象性有助于掌握其他的问题，例如掌握不确定关系和波函数的物理意义等，因为究其根本，它们都是源于微观粒子的波粒二象性.

原子中电子的能量、角动量、磁矩等都是量子化的.量子化和波粒二象性不是并列的，波粒二象性更根本，量子化则来源于微观粒子的波粒二象性.

（3）**要重视实验在近代物理学中的地位和作用**.任何近代物理理论的正确与否都要用实验来判定，人们最终只承认被实验证实了的理论.而且，历史上的近代物理实验，它们不仅起了检验理论的作用，而且还有如下几种情况：第一种是完全证实了理论的预言，如电子衍射实验、弗兰

克-赫兹实验等;第二种是完全否定了原有的理论,如黑体辐射的能量按波长的分布实验等;第三种是定性验证了原有理论,但定量上揭露了原有理论的局限性,如施特恩-格拉赫实验;第四种是先有实验现象,后有理论,如光电效应实验、碱金属原子光谱的精细结构、反常塞曼效应等.这四种情况都促进了新理论的诞生.然而,近代物理的理论很少直接就能从实验结果归纳出来,新理论往往都带有假说和猜想的色彩,这就要求有新实验来检验,使新理论得到修正和完善.实验和理论相互促进的辩证关系,推动了近代物理学向前发展.近代物理中的著名实验都是当时极其重大的尖端科研成果,几乎都获得过诺贝尔物理学奖.要学习物理学家们设计实验的物理指导思想、进行实验的方法以及结果的分析处理和由此得出的结论.

十、激光武器简介

激光武器是一种定向能武器,利用强大的定向发射的激光束直接毁伤目标或使之失效.它是利用高亮度强激光束携带的巨大能量摧毁或杀伤敌方飞机、导弹和人造地球卫星等目标的高技术新概念武器.与传统武器相比,具有速度快、精度高、拦截距离远、火力转移迅速、不受外界电磁波干扰、持续战斗力强等优点.激光武器的缺点是不能全天候作战,受限于大雾、大雪、大雨等天气条件,且激光发射系统属精密光学系统,受大气影响严重,如大气对能量的吸收、大气扰动引起的能量衰减、热晕效应、湍流以及光束抖动引起的衰减等.根据用途的不同,激光武器可分为战术激光武器和战略激光武器两大类.武器系统主要由激光器和跟踪、瞄准、发射装置等部分组成,通常采用的激光器有化学激光器、固体激光器、二氧化碳(CO_2)激光器等.

课后练习题

基础练习题

12-2.1 实验测得太阳波谱中单色辐射本领最大值所对应的波长 $\lambda_m = 490$ nm,若将太阳视为黑体,太阳的温度是[　].

(A) 5.9×10^3 K　(B) 490 K　(C) 5.9×10^6 K　(D) 2×10^3 K

12-2.2 当绝对黑体的温度从 27℃ 升到 327℃ 时,其辐射本领(总辐射本领)增加为原来的[　].

(A) 约 2 000 倍　(B) 约 100 倍　(C) 约 32 倍　(D) 约 16 倍

12-2.3 黑体在某一温度时,总辐射本领为 5.7 W/cm^2,则对应的峰值波长为[　].

(A) 4.43×10^{-6} m　(B) 2.9×10^{-6} m　(C) 4.86×10^{-6} m　(D) 0 m

12-2.4 按照经典理论来计算,黑体的单色辐射本领在短波区方向,随着波长的减小,结果为无穷大.该结果为[　].

(A) 维恩位移定律　(B) 斯特藩-玻耳兹曼定律

(C) 紫外灾难　(D) 普朗克的量子假设

12-2.5　根据黑体辐射实验规律，若物体的热力学温度增加一倍，其总辐射能变为原来的[　　].

(A) 1 倍　　(B) 2 倍　　(C) 4 倍　　(D) 16 倍

12-2.6　当入射金属表面的光的波长缩小时，从表面逸出的光电子的动能[　　].

(A) 增大　　(B) 减小

(C) 保持不变　　(D) 不确定，需要更多的信息

12-2.7　当照射光的波长从 400 nm 变到 300 nm 时，对同一金属，在光电效应实验中测得的截止电压将[　　].(普朗克常量 $h=6.63\times10^{-34}$ J·s，元电荷 $e=1.602\times10^{-19}$ C.)

(A) 减小 0.56 V　　(B) 增大 0.165 V　　(C) 减小 0.34 V　　(D) 增大 1.035 V

12-2.8　以一定频率的单色光照射在某种金属上，测出其光电流曲线并在图中用实线表示，然后保持光的频率不变，增大照射光的强度，测出其光电流曲线在图中用虚线表示，满足题意的图是[　　].

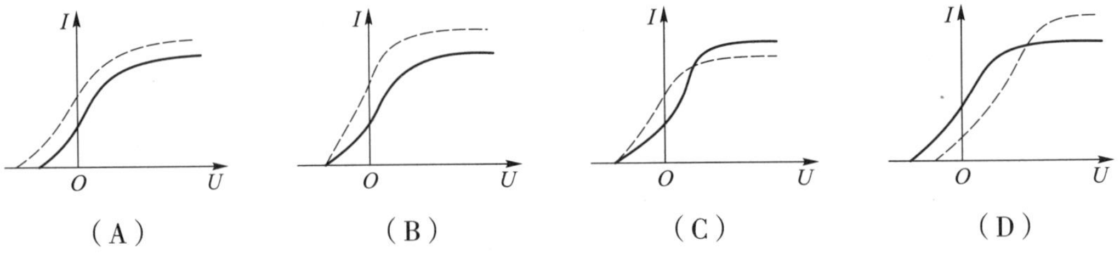

题 12-2.8 图

12-2.9　以一定频率的单色光照射在某种金属上，测出其光电流的曲线如图中实线所示，然后在光强度不变的条件下增大照射光的频率，测出其光电流的曲线如图中的虚线所示.不计光电效应随频率的变化，满足题意的图是[　　].

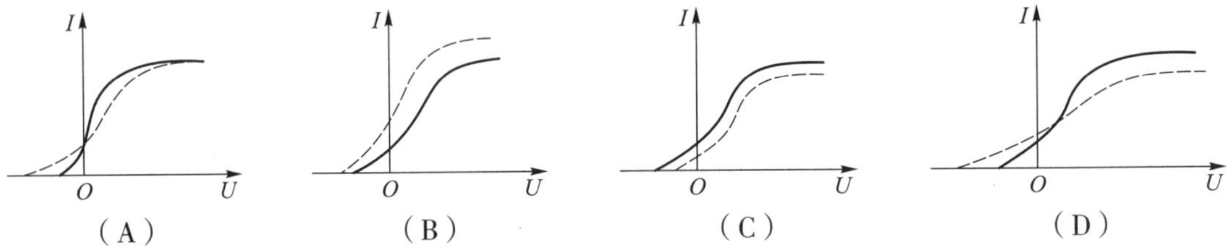

题 12-2.9 图

12-2.10　在光电效应实验中，金属的逸出功为 W，则对应的红限波长 λ_0 等于[　　].

(A) hc/W　　(B) h/W　　(C) W/h　　(D) W/hc

12-2.11　用频率为 ν 的单色光照射某种金属时，逸出光电子的最大动能为 E_k；若改用频率为 2ν 的单色光照射此种金属，则逸出光电子的最大动能为[　　].

(A) $2E_k$　　(B) $2h\nu-E_k$　　(C) $h\nu-E_k$　　(D) $h\nu+E_k$

12-2.12　由光子理论：$E=h\nu$，$\lambda=\dfrac{h}{p}$，则光速 c 是[　　].

(A) p/E　　(B) E/p　　(C) E^2/p^2　　(D) p^2/E^2

12-2.13 在康普顿效应实验中,若散射光波长是入射光波长的 1.2 倍,则散射光光子能量 E_1 与反冲电子动能 E_2 之比为[ ].

(A) 1/6 (B) 0.2 (C) 5 (D) 6

12-2.14 散射角为多大时,反冲电子获得的能量最大? [ ].

(A) 90° (B) 120° (C) 180° (D) 0 (E) 45°

12-2.15 玻尔的氢原子理论假设中以下哪一条是正确的描述? [ ].

(A) 电子在它绕原子核的轨道加速时发生辐射

(B) 电子在稳定的圆轨道运行时其轨道角动量必须等于 $\hbar$ 的整数倍

(C) 氢原子的基态能量是负值

(D) 以上描述都不对

12-2.16 玻尔理论有它的重要意义,但是它有严重的缺陷.从理论体系来说,根本问题在于它以经典理论为基础,主要表现在把经典理论应用于[ ].

(A) 处于稳定状态的电子轨道 (B) 定态之间的电子跃迁运动

(C) 以上两个都用到了 (D) 以上两个都没有用到

12-2.17 要使处于基态的氢原子受激后可辐射出可见光谱线,最少应供给氢原子的能量为[ ].

(A) 12.09 eV (B) 10.20 eV (C) 1.89 eV (D) 1.51 eV

12-2.18 频率为 100 MHz 的一个光子的能量是________,动量的大小是________.(普朗克常量 $h=6.63\times10^{-34}$ J·s.)

12-2.19 入射的 X 射线光子能量为 0.60 MeV,散射后波长变化了 20%,反冲电子的动能为________ MeV.

12-2.20 当波长为 300 nm 的光照射在某金属表面时,光电子的能量范围为 $0\sim4.0\times10^{-19}$ J.在做光电效应实验时截止电压 $|U_a|=$________ V;此金属的红限频率 $\nu_0=$________ Hz.(普朗克常量 $h=6.63\times10^{-34}$ J·s,元电荷 $e=1.60\times10^{-19}$ C.)

12-2.21 以波长为 410 nm 的单色光照射某一光电池,产生的电子的最大动能为 $E_k=1.0$ eV,能使光电池产生电子的单色光的最大波长 $\lambda_m=$________.

12-2.22 在理想条件下,对于 550 nm 的光,正常人的眼睛只要每秒吸收 100 个光子就已有视觉,与此相当的功率是________.

12-2.23 氢原子基态的电离能是________ eV.电离能为+0.544 eV 的激发态氢原子,其电子处在 $n=$________的轨道上运动.

12-2.24 光和物质相互作用产生受激辐射时,辐射光和照射光具有完全相同的特性,这些特性是指________________.

综合练习题

12-3.1 当炉温度保持在 2 500 K 时,计算机观察窗发出的辐射为 λ_m,这个波长是否在可见光范围内? 如果利用以维恩位移定律为依据的可见光范围光测高温计来测量炉温,其测量范围是多少?

12-3.2 假设太阳表面温度为 5 800 K,太阳半径为 6.96×10^{8} m.如果认为太阳的辐射是稳定的,问:太阳在 1 a 内由于辐射,它的质量减小了多少?

12-3.3 图为某种金属的光电效应实验曲线.试根据图中所给资料求出普朗克常量和该金属材料的逸出功.

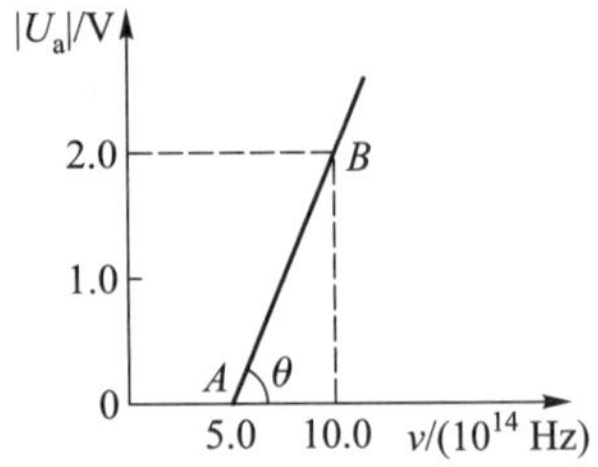

题 12-3.3 图

12-3.4 波长为 400 nm 的单色光照射在逸出功为 2.0 eV 的金属材料上,光射到金属单位面积上的功率为 3.0×10^{-9} W · m^{-2},求:

(1) 单位时间内、单位面积金属上发射的光电子数;

(2) 光电子的最大初动能.

12-3.5 在康普顿效应中,入射光子的波长为 0.05 nm,当光子的散射角分别为 $\varphi_1=30°$、$\varphi_2=90°$时,求散射光的波长.

12-3.6 一个波长为 $\lambda=0.5$ nm 的光子与原子中的电子碰撞,碰撞后光子以与入射方向成 150°角的方向反射,求碰撞后光子的波长与电子的速率.

12-3.7 试求与一个静止的电子能量相等的光子的频率、波长和动量.

12-3.8 一传感器对 10 m 远的 200 W 灯泡照射了 0.1 s,传感器入射孔直径为 200 mm,设灯泡全部电能都能转化为波长为 600 nm 的光能,试问:进入传感器的光子数是多少?

12-3.9 计算氢原子光谱中莱曼系的最短和最长的波长,并指出是否为可见光,求能使处于基态的氢原子电离的最大波长.

12-3.10 用气体放电时高速电子撞击氢原子的方法激发基态氢原子使其发光,如果高速电子的能量为 12.2 eV,试求氢原子被激发后能发射的光的波长.

12-3.11 用可见光照射能否使基态氢原子受到激发?为什么?

习题解答

第十三章　量子力学基本原理

根据量子力学，可以准确地说，测量的精度存在一个基本的极限，这个极限永远不会被超越，无论技术如何发展——永远.这个极限源自量子力学的一个核心特征，即不确定关系.

——布赖恩·格林

课前导引

物质波假说或者微观实物粒子的波粒二象性为近代物理两大支柱之一的量子力学的建立奠定了理论基础.如果说相对论为我们提供了新的时空观，那么，量子力学则为我们提供了对于物质世界的新的思维和表述.一个没有直接物理意义的波函数（概率幅）在描述微观粒子运动状态上起着决定性的作用；一些作用于波函数的线性算符，对应着相应的经典力学量，统计规律取代了经典物理的因果律.本章主要介绍量子力学的基本概念和规律.

量子力学中微观粒子具有波粒二象性，为反映此特性，描述微观粒子运动状态要用新的方法——引入波函数来描述.波函数满足的方程为薛定谔方程，薛定谔方程是量子力学的动力学基本方程.波函数描述了微观粒子在空间各处被发现的概率.波动性使得实际的粒子和牛顿力学所设想的“经典粒子”完全不同.牛顿力学中质点运动有确定的轨道、位置和动量.但对实际的粒子则不然.由于其粒子性，可以谈论它的位置和动量，但由于其波动性，它的空间位置要用概率波来描述，而概率波只能给出粒子在空间各处出现的概率，所以在任一时刻，粒子不具有确定的位置和动量.由于微观粒子的波粒二象性，在任一时刻，粒子的位置和动量都有一个不确定量.位置和动量的不确定量满足不确定关系.

学习目标

1. 理解物质波假设、德布罗意公式及各种实验验证的过程和结果.
2. 理解不确定关系的物理意义.
3. 理解实物粒子的波粒二象性.
4. 理解波函数及其概率解释.
5. 理解薛定谔方程是量子物理的一个基本假设，是描述微观粒子的动力学基本方程.

本章知识框图

物质波假设及其实验验证 → 不确定关系 → 波函数(概率幅) → 薛定谔方程

混合教学学习指导

本章课堂教学计划为 3 讲,每讲 2 学时.在每次课前,学生阅读教材相应章节、观看相关教学视频,在问题导学下思考学习,并完成课前测试练习.

阅读教材章节

张晓,王莉,《大学物理学》(第二版)下册,第十六章 量子力学基本原理:154—175 页.

观看视频——资料推荐

知识点视频

序号	知识点视频	说明
1	粒子的波动性	这里提供的是本章知识点学习的相关视频条目,视频的具体内容可以在国家级精品资源课程、国家级线上一流课程等网络资源中选取.
2	不确定关系	
3	波函数	
4	薛定谔方程	

导学问题

德布罗意物质波假设

- 什么是物质波?
- 德布罗意公式的数学形式是什么?
- 德布罗意提出物质波假设的背景是什么?德布罗意波(物质波)与电磁波、机械波有什么区别?
- 试将德布罗意对物质波的描述与爱因斯坦对光子的描述进行比较.
- 日常生活中,为什么觉察不到粒子的波动性和电磁辐射的粒子性?
- 如果一个粒子的速率增大了,它的德布罗意波长是增大还是减小?

- 历史上实物粒子波动性的实验验证有哪些?
- 为什么可以用概率波来解释微观粒子的波动性与粒子性的关联?

不确定性关系

- 不确定关系是谁提出来的?
- 什么是关于位置与动量的不确定关系?
- 什么是关于时间和能量的不确定关系?
- 不确定关系的物理意义是什么?
- 在位置与动量的不确定关系式中,Δx、Δp_x 不确定量的规定有何不同?
- 不确定关系对经典物理量测量的限定与实验仪器或技术的改进是否有关?
- 什么是互补原理?是哪位科学家提出来的?对物理学的发展有什么指导意义?

波函数　薛定谔方程

- 在经典力学中,用粒子的位置和速度来描述其运动状态.在量子力学中如何描述粒子的运动状态?
- 什么是波函数?它有实在的物理意义吗?试说明其统计意义和应该满足的条件.
- 波函数的归一化条件是什么?
- 设自由粒子沿 x 正方向运动,动量为 $\boldsymbol{p}$,能量为 E,试写出其波函数.
- 说明定态薛定谔方程的物理意义,写出一般形式的一维定态薛定谔方程并说明方程中几个常量的意义.

课前测试题

选择题

13-1.1　戴维孙-革末实验是[　].

(A) 电子衍射实验　　(B) 光电效应实验

(C) α 粒子散射实验　　(D) 黑体辐射实验

13-1.2　如果两种不同质量的粒子,其德布罗意波长相同,则这两种粒子的[　].

(A) 动量相同　　(B) 能量相同　　(C) 速度相同　　(D) 动能相同

13-1.3　关于不确定性关系有以下几种理解,正确的是[　].

(A) 微观粒子的动量不可能确定

(B) 微观粒子的坐标不可能确定

(C) 微观粒子的动量和坐标不可能同时确定

(D) 不确定关系仅适用于电子和光子等微观粒子,不适用于其他宏观粒子

13-1.4　不确定关系式 $\Delta x \cdot \Delta p_x \geqslant \hbar$ 表示在 x 方向上[　].

(A) 粒子位置不能确定　　(B) 粒子动量不能确定

(C) 粒子位置和动量都不能确定　　(D) 粒子位置和动量不能同时确定

13-1.5 将波函数在空间各点的振幅同时变为原来的 D 倍，则粒子在空间的分布概率将 [ ].

(A) 增大 D^2 倍　　(B) 增大 $2D$ 倍

(C) 增大 $1/D$　　(D) 不变

判断题

13-1.6 根据德布罗意假设，只有微观粒子才有波动性.[ ]

13-1.7 描述微观粒子运动状态的波函数在空间中可以不满足波函数的标准条件.[ ]

13-1.8 不确定关系表明微观粒子不能静止，必须有零点能存在.[ ]

13-1.9 戴维孙-革末实验验证了德布罗意物质波假设.[ ]

知识梳理

知识点 1. 德布罗意物质波假设 德布罗意公式

德布罗意物质波假设：法国青年物理学家德布罗意总结了人类对光本性认识的发展历史，在普朗克和爱因斯坦光量子理论的启发下，于 1923 年大胆地提出了实物粒子也具有波动性（物质波）的假设.他指出：与光子联系着光波一样，一切实物粒子都联系着一种称为"物质波"或"德布罗意波"的"波".

德布罗意公式：实物粒子的能量 E，动量 p 与它所联系的波的频率 ν，波长 λ 的关系为

$$\left.\begin{aligned} E &= mc^2 = h\nu \\ p &= mv = \frac{h}{\lambda} \end{aligned}\right\}$$

后一式子改写为

$$\lambda = \frac{h}{p} = \frac{h}{mv}$$

λ 称为德布罗意波长.

说明 德布罗意物质波假设，必须得到实验的普遍证实，才能从假设上升为基本原理（继续保留"假设"的名称并不影响实质上的变化）.从 1927 年戴维孙-革末实验起，相继有电子束穿过细晶粉末或金属薄片产生衍射现象实验、电子双缝干涉等很多实验，都证实了电子的波动性质.实验还证实了质子、中子、分子等都具有波动性.

事实证明，无论静质量为零的粒子——光子，还是静质量不为零的物质粒子——电子、中子等实物粒子，都具有波粒二象性.

辨析 实物粒子和光子的能量与动量

实物粒子和光子的能量和动量满足下列关系式：

$$光子\begin{cases} E = h\nu \\ p = \lambda/h \end{cases} \qquad 实物粒子\begin{cases} E = h\nu \\ p = \lambda/h \end{cases}$$

两组关系式具有完全相同的形式，它们之间是否真的完全没有区别呢？

答案是否定的.虽然光子和实物粒子的动量、能量表达式的形式相同,但它们是有区别的.其根本的区别源于:

(1) 真空中,光子的速度与光波的速度(相速)都是 c,而实物粒子的速度与相速是不同的.由相对论可知,实物粒子能量 $E=mc^2$,动量 $p=mv$,所以,能量与动量之比为 $\frac{E}{p}=\frac{h\nu}{h/\lambda}=\lambda\nu=\frac{c^2}{v}$,即物质波的相速度为 $\lambda\nu=\frac{c^2}{v}\neq c$.

(2) 对于光子,由于静止质量 $m_0=0$,又由于 $\lambda\nu=c$,所以,光子能量为 $E=h\nu=\frac{hc}{\lambda}$,根据相对论能量与动量的关系可得光子动量 $p=\frac{E}{c}=\frac{h\nu}{c}$.

而对于实物粒子,静止质量 $m_0\neq 0$,相速度 $\lambda\nu=\frac{c^2}{v}\neq c$,所以实物粒子能量 $E=h\nu\neq\frac{hc}{\lambda}$,实物粒子动量 $p=\frac{h}{\lambda}\neq\frac{h\nu}{c}$.

知识点 2. 实物粒子的波粒二象性

实物粒子的波粒二象性:既具有经典粒子的属性又具有经典波动的属性,是经典粒子与经典波动这一对矛盾的综合体.

说明　经典物理学中粒子的概念.经典粒子具有确定的大小、质量和电荷,在空间中占据一个确定的位置.它们在与其他物体相互作用时,是整体发生作用.经典粒子运动时服从牛顿力学定律,具有一条确定的轨道.经典粒子的状态用相应物理量(能量、动量等)的值来表征,而这些物理量可以连续取值,且取值也都是确定的.

经典物理学中波动的概念.经典波动是可以在整个空间中传播的周期性扰动.表征经典波动的物理量是频率和波矢(或波长),运动规律服从相应的波动方程,例如,电磁波遵循麦克斯韦方程.经典波动满足叠加原理,可以得到干涉和衍射花样.

辨析　正确理解微观粒子的波粒二象性

我们的日常生活经验形成了直觉的观点,即宏观的实物物体有固有行为.因为日常生活中没有什么宏观物体会在某种条件下一会儿是粒子、一会儿又是波.比如,你不可能看到一个像波的乒乓球,水波也不可能突然将它们的能量全部收缩到空间的一个点上.但另一方面,我们对于电子、光子这类具有波粒二象性的物体,也没有日常生活经验.它们的微观行为似乎是违反直觉的,因此经常被说成是“怪诞的”“不可思议的”.我们不是微观世界的直接观察者,因此,我们当然无法想象微观世界的粒子们的行为.所以,不要试图用宏观世界的行为规律去想象微观世界的物质行为,它们本来就是不同于宏观世界物理客体的微观客体.

关于运动粒子(例如,电子)究竟是什么?如何理解它的“波粒二象性”?著名物理学家费曼用一言以蔽之,电子既不是粒子,也不是波.更确切地说,运动电子既不是经典意义下的粒子,也不是经典意义下的波.但是,它既具有经典粒子的占有空间位置的属性,又具有经典波动的叠加属性.并且,摒弃了经典粒子与经典波动的其他属性.严格地说,运动电子就是电子,粒子与波只是它两种不同的属性.如果一定要用经典概念来表述它的话,那么,它既具有经典粒子的属性又具有经典波动的属性,是经典粒子与经典波动的矛盾的综合体.

无数实验事实已经证实了微观粒子的波粒二象性.微观粒子不是我们经典物理中所理解的粒子,微观粒子没有确定的轨道,单个微观粒子也具有波动性;物质波也不是我们经典意义上的波,物质波不是任何实在物理量随时间、空间变化的函数,真正有意义的是波函数的模,代表微观粒子在空间各处出现的概率密度.玻恩关于物质波的概率解释是理解微观粒子波粒二象性的关键,只有这个概率解释能将微观粒子波动性与粒子性完美统一起来.

知识点 3. 概率波

概率波:由玻恩对波函数的统计解释可知,波函数与概率有着直接的联系,因此人们常常从形式上将波函数所代表的波(物质波)叫概率波.

说明 我们从几个方面分析一下,先看一下实验结果:

电子等实物粒子在实验中显示出干涉、衍射现象,说明它们具有相干叠加的性质.

在电子的双缝实验中,若将电子流控制得很弱,可看成是一个一个地从电子枪发出的,长时间作用也能显示干涉现象.这说明“单个粒子也具有波动性”.需注意的是,这里的波动性,不是经典波而是概率波.

电子的双缝实验中,若电子一个一个地射出,衍射屏上显示的仅是一个个的完整光点,而不是整个的干涉图像.这说明“粒子始终保持其整体性”,从未发现过半个或分数个电子.

综上所述,可以看到概率波概念能够全面反映波粒二象性的本质特征.一方面粒子一旦出现就一定是以完整粒子出现,概率波描述维护了粒子的整体性.同时,粒子出现在空间各处带有统计性的特征,也就是带着一定概率分布的“使命”,出现在各处.随着粒子数量的增加,概率分布特征就呈现宏观表达,这样就解释了电子的干涉、衍射图样.

知识点 4. 不确定关系 互补原理

不确定关系:德国物理学家海森伯于 1927 年提出了一个微观物理中的重要关系式——不确定关系.其中的一个重要关系式就是微观粒子的坐标不确定量与动量不确定量的关系式,即

$$\left.\begin{aligned}\Delta x\Delta p_x\geqslant\hbar\\ \Delta y\Delta p_y\geqslant\hbar\\ \Delta z\Delta p_z\geqslant\hbar\end{aligned}\right\}$$

式中,$\hbar=\dfrac{h}{2\pi}$,h 为普朗克常量.

说明 不确定关系的含义:由于微观粒子具有波粒二象性,在经典力学中定义的各种力学量在延伸到微观粒子时,就会出现某些成对的力学量不能同时具有确定值的情况.每一对这样的力学量叫做共轭力学量,它们的特点是这一对量乘积的量纲是作用量量纲,它们为最小作用量子所制约.以位置和动量这对共轭量为例,经典力学原则上是可以同时准确测定的.尽管在实际测量中受到仪器精度和测量技术的影响,但从原理上是不受任何限制的.微观粒子则不然,不确定关系就规定了坐标和动量同时能够确定的限度,并且是从两个量不确定度的乘积上给出了其下限.这也体现了作用量量子 h,在微观物理中的作用.因而不确定关系是量子物理的一个基本原理.

在理解坐标与动量不能同时确定方面还需注意以下三点：

(1) 不确定关系与测量仪器的精确度无关，不确定量 Δx,Δp_x 不是由于实验仪器设计不够精密或实验技术、方法有缺陷而出现的误差.不确定关系给出的是测量准确度的自然上限.

(2) 不确定关系是微观粒子特性所决定的，坐标与动量不能同时确定，这反映了量子物理的统计性质，不确定关系的本质是微观粒子的波粒二象性.

(3) 由于微观粒子的位置和动量不能同时完全确定，于是在微观粒子运动过程中，各时刻的位置都有一定的弥散性，而没有确定的轨道.可以说在量子物理中，经典的"轨道"概念已经失去了意义.

互补原理：在经典理论中一些看来互相排斥的性质，在量子理论中竟然成了互相补充、同时存在又不能分开的两个侧面.玻尔将这个思想上升到哲学的高度，认为对于微观客体而言，波动和粒子的概念，是互相协调、互相补充，而不是互相矛盾的.

辨析 不确定关系与玻尔的互补原理

一方面不确定关系源自微观粒子的波粒二象性，由于微观粒子具有波粒二象性，遵从统计性规律，所以在微观世界中存在着一种内在的模糊性，不确定关系就是这种内在模糊性的定量描述，普朗克常量则给出了这种模糊性发生的边界.另一方面，不确定关系也源自观测者的测量行为对粒子行为不可避免的干扰.在经典物理中，被测物体的运动状态不会由于测量而受到影响.例如，在世界杯足球赛场上，有无数的照相机、摄像机拍摄足球在空中的飞行状态，但绝不会因此而改变足球的飞行状态.但用一个电子去替换足球，将会出现什么情况？结论是电子将不可避免地受到干扰，如同康普顿散射实验所显示的那样.在量子世界中，实验是对观测对象的一种"侵犯"，迫使微观粒子在所限制的条件下表现出它的某一方面的性质，而抑制它另一方面的性质.正是由于观测仪器与微观客体间这种原则上的不可控制的相互作用，在量子世界中，只能由各种测量结果互相补充，共同来揭示微观客体的本质.

知识点 5. 波函数及其概率解释

波函数：人们为了定量地描述微观粒子的状态引入了"波函数"Ψ，它是量子力学中描述微观粒子状态的函数.

说明 为了理解波函数 Ψ，先从最简单的自由粒子运动情况谈起.由德布罗意公式知，与自由粒子相联系的物质波是单色平面波，故可借用平面简谐行波的波函数(波动方程)来表示.

在经典力学中，可将平面简谐波写成一般的复数形式：

$$y(x,t)=A\mathrm{e}^{-\mathrm{i}2\pi\left(\nu t-\frac{x}{\lambda}\right)}$$

该函数的实部就是常见的波动方程.

在量子物理中，开始时一般先对应经典结果，构建与沿 x 方向运动自由粒子相联系的物质波波函数为

$$\Psi(x,t)=\psi_0\mathrm{e}^{-\mathrm{i}2\pi\left(\nu t-\frac{x}{\lambda}\right)}$$

利用德布罗意关系式：

$$\nu=\frac{E}{h},\ \lambda=\frac{h}{p}$$

可改写为

$$\Psi(x,t)=\psi_0 e^{-\frac{i}{\hbar}(Et-px)}$$

进一步推广,能量为 E,动量为 $\boldsymbol{p}$ 的自由粒子沿任意方向 $\boldsymbol{r}$ 运动,与之相联系的物质波波函数为

$$\Psi(\boldsymbol{r},t)=\psi_0 e^{-\frac{i}{\hbar}(Et-\boldsymbol{p}\cdot\boldsymbol{r})}$$

自由粒子的波函数 Ψ 是类比经典波波函数推测的结果.此时波函数只是在名称上还保留着上述“类比推测”的痕迹,Ψ 的本身也说不出代表什么物理量.但是,它可以唯一地描述着微观粒子的状态,通过它可以得到我们需要了解的一切.波函数成为量子物理中最重要的概念.

推广到一般情况,若在某一空间范围内,粒子都受到同一种力的作用.在量子物理中,该作用可用一个势能函数表示.在势场中运动的粒子其状态可以从自由粒子情况进行推广,也是用波函数表示的,但不再是平面波形式了.一般使用 $\Psi(x,y,z,t)$,完整波函数都是用复数来表示的.$\Psi(x,y,z,t)$ 的具体形式将根据势场形式,通过求解薛定谔方程得到.我们的结论是:微观粒子的运动状态要用波函数描述.因此,在量子物理中,找出与微观粒子运动状态相应的波函数及其表达方式,就成为问题的关键和出发点.

当人们使用波函数来描述微观粒子状态时,发现它竟是一个复数函数,从其本身直接寻求物理意义遇到了极大的困难.玻恩在有关粒子散射的研究中,逐步认识到波函数模的平方与粒子出现的概率有着密切的联系.这就是玻恩对波函数所做的统计解释.

波函数的概率解释:在某一时刻,空间某点附近单位体积中粒子出现的概率,与该时、该处物质波强度 $|\Psi(x,y,z,t)|^2$ 成正比.按此解释,若用 $W(x,y,z,t)$ 表示在 t 时刻粒子在空间点 (x,y,z) 处出现的概率密度,则

$$W=|\Psi|^2=\Psi^*\Psi$$

其中,Ψ^* 是 Ψ 的共轭复数.

波函数的叠加原理:微观粒子的波函数也同样具有叠加性,称为态叠加原理.任何一个态(波函数 Ψ)总可以看成由其他某些态($\Psi_1,\Psi_2,\Psi_3,\cdots$)线性叠加而成:

$$\Psi=C_1\Psi_1+C_2\Psi_2+\cdots$$

$$C_1,C_2,\cdots\text{为复数}$$

如果波函数 $\Psi_1,\Psi_2,\Psi_3,\cdots$ 是可以实现的态,那么它们的线性叠加式总是一个可以实现的态.

当粒子处于叠加态 $\Psi=\sum\limits_n C_n\Psi_n$ 时,可以认为它是部分地处于 Ψ_1 态,部分地处于 Ψ_2 态……部分地处于 Ψ_n 态.

波函数的归一化条件和标准条件:就整个空间而言,粒子必定会在某一位置出现,所以在任意时刻,粒子在整个空间出现的概率为 1,即

$$\int_V|\Psi|^2\cdot dV=1$$

波函数在全部分布空间中必须是单值、连续、有限的函数,这称为波函数的标准条件.通过求解薛定谔方程得到的是波函数的一般解,只有满足标准条件的波函数才是有物理意义的波函数.

知识点 6. 薛定谔方程

薛定谔方程：是一切微观粒子低速运动（$v \ll c$）时所遵从的动力学基本方程.奥地利物理学家薛定谔于 1926 年提出微观粒子波函数应满足如下的偏微分方程式：

$$\mathrm{i}\hbar \frac{\partial}{\partial t}\Psi = \left(-\frac{\hbar^2}{2m}\nabla^2 + U(r)\right)\Psi$$

式中，m 为粒子质量；$U(r)$ 为势能函数；$\mathrm{i}=\sqrt{-1}$；算符 $\nabla^2 = \left(\frac{\partial^2}{\partial x^2}+\frac{\partial^2}{\partial y^2}+\frac{\partial^2}{\partial z^2}\right)$，称为直角坐标的拉普拉斯算符.这个方程就叫薛定谔方程.

说明

（1）它在量子力学中的地位，如同牛顿运动定律在经典力学中的地位.在量子物理中，微观粒子的状态由波函数来描述.由方程可知，当体系的初始状态 $\Psi(x,y,z,o)$ 已知时，通过求解方程，原则上就可以确定此后任何时刻的状态 $\Psi(x,y,z,t)$.即薛定谔方程给出了波函数（概率幅）随时间变化的因果关系，也就是波函数的演化方程.在量子物理中，薛定谔方程对波函数的预言是确定的，是符合因果关系的.波函数具有统计的性质，因而可以说量子物理规律具有统计因果规律.但对于一切可观测物理量如坐标、动量等，只能通过波函数 Ψ 的变化给出统计性的预言.

（2）要理解薛定谔方程是一个基本假设，它既不是从实验中总结出来的，也不是从哪条原理推导出来的.它的正确与否，需依靠以它为前提得到的结论是否与实践（实验）相一致来判定.

在引入薛定谔方程的途径中，多从一维自由粒子的德布罗意平面波入手，然后推广到势场中运动粒子，连续使用了多重假设.有人可能提出怀疑：这种靠假设得到的方程是否靠得住？事实上，将该方程应用于原子、分子、原子核、固体、激光等许多领域时，所得出的结论和计算结果与实验吻合得很好.这说明了该理论的预见性和可靠性.薛定谔方程建立过程中的曲折迂回给我们提供了科学创造性思维的范例.

（3）定态薛定谔方程.由于微观粒子的状态是用波函数来表征的，反映在物理图像上，则表现在粒子出现的概率分布.如果状态随时间变化，则概率分布也随时间变化.如果微观粒子的状态或者概率分布不随时间变化，就称之为定态.粒子处于定态的条件是所受作用的势场不随时间变化.

当势函数不显含时间时，可将波函数时间空间分离：$\Psi(x,y,z,t)=\psi(x,y,z)f(t)$，“分离常量”用 E 表示，可以得到只含时间的函数 $f(t)$ 满足方程：

$$\mathrm{i}\hbar \frac{\partial}{\partial t}f(t) = Ef(t)$$

$$f(t) = A\mathrm{e}^{-\frac{\mathrm{i}}{\hbar}Et}$$

另一个只含空间坐标 x,y,z 的函数 $\psi(x,y,z)$ 满足方程：

$$\left[-\frac{\hbar^2}{2m}\nabla^2 + U(x,y,z)\right]\psi(x,y,z) = E\psi(x,y,z)$$

这个方程称为定态薛定谔方程.

波函数中含时部分 $f(t)$ 的形式是确定的，是随时间做简谐振动的函数 $f(t)=A\mathrm{e}^{-\frac{\mathrm{i}}{\hbar}Et}$，因为它对粒子出现的概率没有贡献，所以在定态问题中，只需求 $\psi(x,y,z)$.

定态薛定谔方程应用范围非常广，在原子、分子、固体等涉及物质结构的研究领域中都有应用，多数问题都是求解定态薛定谔方程.

(4) 需注意定态薛定谔方程中的分离常量 E 代表能量.这可从以下两个方面分析，第一，从 $f(t)=e^{-\frac{i}{\hbar}Et}$ 中可以分析出 E 具有能量量纲；第二，从自由粒子薛定谔方程的解（注意这个解不仅仅是平面波解）与德布罗意平面波作比较可看出.

下面以一维运动自由粒子为例，因为 $U(x)=0$，则定态薛定谔方程为

$$-\frac{\hbar^2}{2m}\cdot\frac{d^2\psi}{dx^2}=E\psi$$

$$\frac{d^2\psi}{dx^2}+\frac{2mE}{\hbar^2}\psi=0$$

令 $k=\sqrt{\dfrac{2mE}{\hbar^2}}$，方程变为

$$\frac{d^2\psi}{dx^2}+k^2\psi=0$$

解为
$$\psi(x)=\psi_0 e^{ikx}=\psi_0 e^{\frac{i}{\hbar}px}$$

其中利用了 $E=p^2/2m$，则总波函数为

$$\Psi(x,t)=\Psi_0 e^{\frac{i}{\hbar}px}\cdot e^{-\frac{i}{\hbar}Et}=\Psi_0 e^{-\frac{i}{\hbar}(Et-px)}$$

这个解就是沿 x 方向运动的自由粒子的德布罗意波，指数上的 E 代表能量.

更一般地讲，若 $\hat{H}=\left[-\dfrac{\hbar^2}{2m}\nabla^2+\hat{U}\right]$，则 $\hat{H}$ 表示哈密顿算符，也就是能量算符.定态薛定谔方程

$$\hat{H}\psi=E\psi$$

就是能量本征方程，E 就是能量的本征值.

典型例题及解题方法

不确定关系的应用

解题思路和方法：

在大学物理课程中，不确定关系的应用常见问题是，已知动量或动量不确定量，求粒子位置的不确定量，例如求微观粒子（比如原子）的线度问题.实际上就是求原子中的电子的空间位置的不确定量.另一类问题是判断微观粒子能否视为经典粒子.这类问题要根据微观粒子的空间运动范围，利用不确定关系计算其速度不确定量与速度的相对大小，若速度不确定量远小于速度，则电子可视为经典粒子，反之则不可以.

例题 13-1 光子的波长 $\lambda=300\ \text{nm}$，如果确定此波长的精确度 $\dfrac{\Delta\lambda}{\lambda}=10^{-6}$，试求此光子位置的不确定量.

解:设光子沿 x 方向运动,由

$$p_x=\frac{h}{\lambda}$$

可得

$$|\Delta p_x|=\frac{h\Delta\lambda}{\lambda^2}$$

根据位置与动量的不确定关系

$$\Delta x\cdot\Delta p_x\geqslant\hbar$$

可得

$$\Delta x\geqslant\frac{\hbar}{\Delta p_x}=\frac{h}{2\pi}\cdot\frac{\lambda^2}{h\Delta\lambda}=\frac{\lambda^2}{2\pi\Delta\lambda}$$

$$=\frac{\lambda}{2\pi}\cdot\frac{\lambda}{\Delta\lambda}=\frac{3\times10^{-7}}{2\pi}\times10^6\ \text{m}=4.78\times10^{-2}\ \text{m}$$

解题思路与线索:

看到这个问题,我们可能第一个疑问是波长都确定了,为什么还会有波长的不确定量 $\Delta\lambda$ 存在?

在量子力学中除了有位置和动量之间(以 x 方向为例)的不确定关系 $\Delta x\Delta p_x\geqslant h$,还有能量和时间之间的不确定关系 $\Delta E\Delta t\geqslant h$. ΔE 表示粒子能量的不确定量,Δt 为粒子处于该能态的平均时间不确定量(平均寿命).由于光子能量 $E=h\nu$,所以有 $\Delta E=h\Delta\nu$,又由于 $\nu=c/\lambda$,求导可得 $\Delta\nu=-c\Delta\lambda/\lambda^2$.由此可见,只要能量的不确定量存在,原子从激发态跃迁到低能态时所发出的光子波长就不一定是单色的,必然有对应的波长的不确定量 $\Delta\lambda$ 存在.

根据动量和位置之间的不确定关系,即可得到位置的不确定量.可是题目中,动量的不确定量并未给出,但我们可以根据光子动量和波长的关系

$$p=h/\lambda$$

推出动量的不确定量:

$$\Delta p=-h\Delta\lambda/\lambda^2$$

只求大小,省去"-"号.

请读者尝试:由粒子能量和时间的不确定关系,求发射该光子的原子在对应能态的平均寿命.

例题 13-2 氢原子的吸收谱线 $\lambda=4\ 340.5$ nm 的谱线宽度为 10^{-2} nm,计算原子处在被激发态上的平均寿命.

解:能量

$$E=h\nu=\frac{hc}{\lambda}$$

由于激发能级有一定的宽度(不确定量)ΔE,造成谱线也有一定宽度 $\Delta\lambda$,两者之间的关系为

$$|\Delta E|=\Delta\lambda\frac{hc}{\lambda^2}$$

由不确定关系得

$$\Delta E\cdot\Delta t\geqslant\hbar$$

由平均寿命:

$$\tau=\Delta t$$

得

$$\tau=\Delta t=\frac{\hbar}{\Delta E}=\hbar\frac{\lambda^2}{\Delta\lambda hc}=\frac{\lambda^2}{2\pi\Delta\lambda c}$$

$$=\frac{(4\ 340.5\times10^{-9})^2}{2\times3.14\times10^{-2}\times10^{-9}\times3\times10^8}\ \text{s}=1\times10^{-9}\ \text{s}$$

解题思路与线索:

根据能量与时间的不确定关系,可以求出能量的不确定量或时间不确定量.但该题中并未直接给出关于能量的不确定量,所以无法直接由 $\Delta E\cdot\Delta t\geqslant h$ 求解.但若已知吸收谱线波长 λ 以及谱线宽度 $\Delta\lambda$,则可先由能量与频率(波长)的关系得到能量的不确定量:

$$\Delta E=h\Delta\nu,\Delta\nu=-c\Delta\lambda/\lambda^2,$$

只求大小,省去"-"号.

再求时间的不确定量(平均寿命).

思维拓展

一、在量子物理中使用的概率与一般统计方法中使用的概率，有何相同之处、相异之处？

首先必须明确说明的是，在量子物理里使用的概率与一般统计方法中使用的概率具有相同的概念，这是毋庸置疑的.但是二者计算概率的过程却有着明显的区别.

在一般的统计方法里，使用的是概率相加的法则，玻恩关于波函数(概率幅)的统计诠释，使人们认识到在量子物理里第一次使用的是波函数(概率幅)的相加.事实上，概率论的数学框架既可以容纳概率相加也可以容纳波函数(概率幅)相加.所以说，量子物理没有使概率论失效，而是发展了它的形式和扩展了它的适用领域.

二、不确定关系对宏观物体是否适用？为什么经典力学在考虑粒子运动规律时都不考虑其波动性？

不确定性关系原理适用于任何物体，只不过由于宏观物体的空间尺寸太大，不确定关系可以忽略.经典力学是宏观、低速下的力学，宏观粒子的波动性十分微弱，研究运动时不予考虑.

三、在量子物理中，描述微观粒子状态的基本量为什么偏偏选择了波函数(或概率幅)这样一个“奇怪”表达？

关于在量子物理中，舍弃概率和概率叠加的直接表达，而采用概率幅和概率幅叠加的间接表达，现在还不能给出严格的证明，只能当成必需的和不可约简的基本假设.连物理学家费曼都惊呼：“谁也不知道它怎么会是那个样子.”“谁也不能给你进一步的解释.”

但是为了使有关波函数和概率幅叠加的概念易于为大家接受，我们可以通过物理学中其他例子的类比来给些说明.

这里的关键问题是，动力学定律对哪一个量是线性的？或者说，要在哪个物理量张开的线性空间里描写物质的运动最为简单？

在牛顿力学里，使用与人们的日常生活经验相接近的欧几里得空间的位置和速度来表示的运动定律是线性的.因此，在不同惯性系之间进行变换时的速度合成定律，对其中的速度保持线性关系，而且质点的速度与它的动量也有线性关系，说明我们用速度这个物理量来描述质点的运动状态是很合适的.

可是，到了狭义相对论，原来这种基于直观的描写就显得不方便了.洛伦兹变换对速度来说不是线性的，结果得到的爱因斯坦速度合成法则也不是线性的.同时，在狭义相对论里，质点的动量和能量与速度都没有简单的线性关系.当质点的速度 u 接近光速 c 时，它的动量和能量变化甚至是奇异的.由此可见,直观上容易理解的速度,在这种情况下就不再是描述质点运动的合适的物理量了.

由于质点的能量 $E=\gamma m_0c^2$ 与参量 $\gamma=(1-v^2/c^2)^{-1/2}$成比例,所以在谈论能量时,用 γ 表示比用速度表示更自然.在高能物理学里,还常常使用“快度”这个量,它的定义是 $y=\operatorname{arctan}h(v/c)$.可以证明,将爱因斯坦速度合成公式改写而成的“快度合成公式”,其中的快度就具有简单的线性关系.于是,使用“快度”来描述粒子的相对运动或者动量和能量变换,都有比用速度描写简单得多的关系.

从牛顿力学过渡到相对论力学,为适应新的运动学和动力学定律,人们把描述质点运动状态的物理量从速度换成了快度.由此可看出,采用什么量描写系统状态,不是一成不变的,在不同的动力学中可以不一样,至于怎样选择基本量,主要视使用方便而定,尤其是由希望得到的基本定律的线性表示来决定的.

在量子物理中,为了描写微观粒子的波粒二象性,先迈出的第一步是建立了波动方程,它符合线性的要求.而描述粒子状态的波函数却是逐步认识到的.这里我们先引入赵凯华先生在“量子物理”中的一段注释:1926 年初,在瑞士苏黎世联邦理工学院的一次学术报告会的末尾,德拜对薛定谔说:你现在研究的问题不很重要,你为什么不给我们讲一讲德布罗意的论文? 在下一次的学术讨论会上,薛定谔介绍了德布罗意如何将一个粒子和一列波联系起来,并得出玻尔量子化规则和索末菲的轨道驻波条件.德拜随便地说了一句:这样的报告相当孩子气,认真地讨论波动,必须有波动方程.几个星期以后,薛定谔又做了一次报告.他开头说:“我的朋友德拜要求有一个波动方程,我找到了一个.”于是,薛定谔方程诞生了.

当时的物理学界,包括学生,纷纷议论薛定谔神秘的 Ψ.年轻讲师许克尔对薛定谔教授颇为不恭地编了一首打油诗:

“欧文(薛定谔的名字)用他的 Ψ,计算起来真灵通;

但 Ψ 真正代表什么,没人能够说得清.”

作为波函数(历史延续名称)Ψ,在量子物理动力学方程——薛定谔方程中,具有线性表示,其功能也是为人称许的,至于它的意义,两年以后才由玻恩给出一个统计诠释.原来 Ψ 相当于概率密度的平方根,称为概率幅.由于概率幅会发生像波一样的干涉行为,所以在量子物理中的波函数或概率幅是复数函数.微观粒子状态在波函数或复概率幅空间可以得到最简单的描写,因为复概率幅完全地描写了粒子状态也称为量子态函数.

四、有关作为概率幅的态函数 Ψ 几点性质的讨论

大家知道,仅仅根据势函数求解薛定谔方程,所得出的概率幅的一般解还是不能用来确切地描写粒子状态.还需根据概率幅的性质来进行筛选.有关它的性质可作如下的分析:

① $|\psi(r)|^2\mathrm{d}r$ 代表观察到的粒子坐标 $r\to r+\mathrm{d}r$ 之间的相对概率.

粒子坐标变量是连续变化的,所以有必要作出这一条比较准确的规定.严格地讲,$|\psi(r)|^2$ 在这里表示的是概率密度函数,它代表着观察到的粒子的概率密度分布.而且,相对概率的意思还包含:在不同坐标 r 处不同的 $|\psi(r)|^2$ 之间的比例,代表着各个坐标点处概率密度的相对比例.

可以看出，如果 C 代表任意非零复常数，那么作变换后，$\psi\to\psi'=C\psi$，$C\neq0$.丝毫不影响上述规定的有效性，也就是说作为概率幅的 ψ 函数与以前描述物理量的任何函数都不同.物理量具有确定性，是不允许随便乘以一个常数的，而 ψ 函数却可以乘以任意的复常数而不改变它的实质意义.换言之，ψ 和 $C\psi$ 都描写同一状态.所以我们说概率幅 ψ 只确定到一个任意常数因子的程度.

② $\psi(r)$ 还必须是平方可积函数，即

$$\int|\psi(r)|^2\mathrm{d}r=\int\psi^*(r)\psi(r)\mathrm{d}r=C$$

式中的 C 是一个有限正值常量，代表着在全空间分布的总概率.但通常都把 ψ 函数改写成更简单的形式，要求与统计方法中的概率一致，即

$$\int\psi^*(r)\psi(r)\mathrm{d}r=1$$

称为归一化波函数，归一化的意思就是使全空间分布的总概率等于 1.将 $\int|\psi(r)|^2\mathrm{d}r=C$ 中的 ψ 函数，只要作变换：

$$\psi(r)\to\frac{1}{\sqrt{C}}\psi(r)$$

变换后的 ψ 函数叫归一化波函数，式中的 $1/\sqrt{C}$ 叫归一化常量.

然而，即使是归一化的波函数，也不是完全确定的，如果进行如下变换：

$$\psi(r)\to\mathrm{e}^{\mathrm{i}\delta}\psi(r)$$

式中，δ 为实数，变换后的波函数 $\mathrm{e}^{\mathrm{i}\delta}\psi(r)$ 仍满足归一化条件.我们可以看到，即使是归一化的波函数，也只确定到一个任意相因子的程度.因此，同一状态的波函数可以写成相差一个负号或一个纯虚数 i 因子.

③ $\psi(r)$ 必须是单值函数，这从物理上是容易理解的，如果 $\psi(r)$ 不是单值函数，将会带来概率密度分布的不确定，这在物理上是不允许的.

④ 有关 $\psi(r)$ 的连续性，这里可从两种情形分析，首先从 $\psi(r)$ 本身考虑，因为 $\psi(r)$ 是坐标 r 的连续函数，所以 $\psi(r)$ 应保持连续，否则就会在不连续点发生概率密度不确定性.另一方面是 $\psi(r)$ 的梯度 $\nabla\psi(r)$ 也是 r 的连续函数，但这一点可不作普遍要求.因为根据波函数的概率诠释，并不能对 $\nabla\psi(r)$ 作出与 $\psi(r)$ 一致的要求.在势场 U 有限跳跃的不连续点处，仍能保持 $\nabla\psi(r)$ 的连续.

⑤ 关于 $\psi(r)$ 的有界性，这一点不是不可违反的要求.只要满足平方可积条件，$\psi(r)$ 可以有一些孤立奇点.但是，在无限远处，$\psi(r)$ 必须有足够好的收敛行为，这是显而易见的.

根据薛定谔方程的一般解知，只有满足上述条件，才是我们需要的波函数 $\psi(r)$.

五、量子物理理论的建立和五大基本公设

量子物理理论是建立在坚实的实验基础上的，是通过几代人的摸索，大胆创新的假设、设计精巧实验的验证才逐渐建立起来的.

先看原子光谱方面:从 17 世纪牛顿三棱镜分解白光到 19 世纪瑞典人埃格斯特朗测量了上千条太阳光谱,前人近两个世纪的发展,为原子光谱的测量、数据的积累奠定了基础.原子光谱反映了原子内部结构的规律,包含着量子物理理论所需要的大量的微观领域的信息,量子理论的建立需要原子光谱来判断其真伪;原子光谱的信息也启发了电子自旋的发现等.

再看对原子结构的认识:从 19 世纪初阿伏伽德罗发现阿伏伽德罗常量到 20 世纪初汤姆孙发现电子、卢瑟福建立原子的核模型,直到玻尔的氢原子理论的建立,一百多年以来,科学家们不断地探索,积累了无数可贵的经验和实验数据,对量子物理理论的建立提供了巨大的帮助.

有关微观粒子的波粒二象性:20 世纪初,普朗克提出能量子的假说,成功地解决了黑体辐射的实验规律;爱因斯坦又引入光量子的概念来解释光电效应的实验规律,打开了光的波粒二象性的大门;德布罗意的假说提出实物粒子的波粒二象性,为量子物理的建立做好了各方面的准备.几代人摸索、积累的这些丰富信息,为量子物理理论的建立奠定了坚实的基础.

量子物理理论建立在以上丰富的信息和如下五大基本公设系统的基础上.

1. 波函数公设

微观粒子体系的状态用波函数 $\boldsymbol{\Psi}$ 来完全描述,波函数的模方 $|\boldsymbol{\Psi}|^2$ 表示体系的概率分布.并非任何函数都能作为波函数,量子力学要求波函数具有单值、连续、可微的性质,还要求波函数具有平方可积的性质(平方可积的属性反映了微观体系在全空间的总概率有限,连续和可微的属性是薛定谔方程的要求),除了势能分布的特殊点,一般要求波函数及其一阶导数均连续,二阶导数存在.这是量子力学的基本假设之一.

2. 算符公设

所有力学量,即可观测的物理量,均分别以作用于波函数的线性厄米算符表示.

3. 测量公设

对于任何可观测量 $\boldsymbol{F}$ 都对应有一个算符 $\hat{\boldsymbol{F}}$,当系统处在波函数 $\boldsymbol{\Psi}=c_1\boldsymbol{\Psi}_1+c_2\boldsymbol{\Psi}_2+\cdots+c_n\boldsymbol{\Psi}_n$ 的状态时,测量该力学量 $\boldsymbol{F}$ 的结果,得到相应算符 $\hat{\boldsymbol{F}}$ 的某个本征值 F_i 的概率为 $|c_i|^2$,并且经过测量之后,系统将变成该本征值对应的本征态 $\boldsymbol{\Psi}$,这一过程称为波函数的“塌缩”.

4. 薛定谔方程

系统波函数随时间的演化满足薛定谔方程:

$$\mathrm{i}\hbar\frac{\partial\psi(\boldsymbol{r},t)}{\partial t}=\left[-\frac{\hbar^2}{2m}\nabla^2+U(\boldsymbol{r},t)\right]\psi(\boldsymbol{r},t)$$

其中$-\frac{\hbar^2}{2m}\nabla^2+U(\boldsymbol{r},t)=\hat{H}$,为哈密顿算符,相当于系统的能量算符.

5. 全同性公设

同类的微观粒子原则上完全不可分辨,因此称为全同粒子.

五大公设是整个量子力学的基本框架,相当于牛顿运动定律在经典力学中的地位,它们作为公理而存在,是不能被推导出来的,而关于量子力学那些奥妙的结论,尤其是看上去和经典力学的经验冲突的结论,都可以从这些基本公设得到解释.

六、薛定谔是怎样提出薛定谔方程的?

汤川秀树说过:类比是一切创造力的源泉.薛定谔方程的提出非常完美地诠释了这一点.

在德布罗意提出波粒二象性的公式以后,人们逐渐了解了微观粒子也具有波动的性质,牛顿的运动学方程在这里已经失效,应该用什么方程来描述微观粒子的动力学行为呢?薛定谔夜以继日地思考这些理论,既然粒子具有波粒二象性,应该会有一个反映这特性的波动方程,能够正确地描述粒子的量子行为.

于是,薛定谔试着寻找一个波动方程.哈密顿先前的研究引导着薛定谔的思路:在牛顿力学与光学之间,有一种类比,隐蔽地暗藏于一个察觉里.这察觉就是,在零波长极限,实际光学系统趋向几何光学系统;也就是说,光射线的轨道会变成明确的路径,遵守最小作用量原理.哈密顿相信,在零波长极限,波传播会变为明确的运动.可是,他并没有设计出一个方程来描述这个行为.薛定谔很清楚,经典力学的哈密顿原理,广为学术界所知地对应于光学的费马原理.借着哈密顿-雅可比方程,他成功地创建了薛定谔方程.在这个方程中,薛定谔用因果方法进行了类比,对前人的思想进行了综合分析又进行了创新突破,从而悟出了更深刻的物理思想,在量子力学的发展史上写下了科学方法论的成功篇章.

薛定谔方程是一个描述微观粒子波动状态的函数——波函数的动力学方程.从方程中求解得出的具有物理意义的波函数必须满足单值性、有限性和连续性的标准条件.作为描述微观粒子波动的方程,薛定谔方程在量子理论中有着与经典波动方程在牛顿力学中相似的重要地位.

七、关于不确定关系的一些讨论

不确定关系作为量子理论的基本原理之一,这是毋庸置疑的.有些物理学家包括有些量子理论的创始人,把不确定关系作为第一性的原理提出.某些日本的物理学家还认为:将分析力学的结论与不确定关系相结合,就能创建整个量子物理的理论体系.把不确定关系放在最重要位置的首先是泡利.这是由于泡利在其名著《量子力学的基本原理》里以“不确定关系”作为全书的开头之后,许多量子力学教科书竞相效仿,都把不确定关系或者不确定关系的重要内容使用了大量篇幅.然而,对于不确定关系的阐述和证明,以及它在量子理论体系中所占的位置,又存在着各种莫衷一是的说法.如在狄拉克的名著《量子力学原理》中,最先引入的是“态的叠加原理”,不确定关系是在第四章量子条件中的一个小节“海森伯测不准原理”提出的.看来,在量子理论中,像波粒二象性、波函数(概率幅)及概率解释、不确定关系、薛定谔方程等,都属于量子理论的基本原理,相互间互补互容.但是,若要将它们按重要性、基本性分出第一、第二,至少在现在,还是难以成行的.重要的是正确理解这些基本原理和它们相互间的关系.现以不确定关系为例试讨论之.

大家知道,不确定关系是海森伯在1927年首次提出来的.它说的是像粒子坐标和动量那样一对共轭力学量不确定度的乘积,必定大于以普朗克常量 h 为表征的某一下限值.从不确定关系被提出那天起,几十年来,关于这一原理究竟是在量子理论中具有独立逻辑地位的原理,还是由其他原理得出的推论;以及其中的“不确定度”指的是对单个微观过程进行测量的可能误差,还是对同一个态中某一物理量多次测量的统计偏差等,一直存在着不同意见.为了弄清楚对不确定关系的各种不同解释及其间的分歧实质，我们先从早期的历史开始，分析出现过的不同形式的不确定关系.

大家知道，在量子力学的最早形式即海森伯等人提出的矩阵力学里，只处理了谐振子和氢原子之类的束缚态问题里的能级差和跃迁率等可与实验直接比较的观察量，而完全摒弃了在玻尔量子论里一直使用着的电子轨道的概念.接着，又出现了薛定谔的波动力学，以及玻恩对 Ψ 函数的概率诠释.按照这种理论，譬如氢原子里的电子，具有一种由 $|\Psi|^2$ 决定的概率分布.玻尔和海森伯主张微观现象本质的不连续性，不接受薛定谔将电子的概率分布看成电子电荷真实分布即“电子云”的思想，不同意把电子行为归结为如经典物理中的连续分布和连续变化.当他们在考虑粒子的路径和轨道等经典观念，在量子物理里能够在多大程度上可以使用的问题时，出现了这样的一个历程.

首先使海森伯感到困惑的是：既然在量子理论中不需要粒子路径的概念，那么又怎样解释云雾室里观察到的粒子的径迹呢？经过几个月的冥思苦想，1927 年初，海森伯忽然想起之前在一次讨论中，当他向爱因斯坦表示“一个完善的理论必须以直接观察量作依据”时，爱因斯坦向他指出：“在原则上，试图单靠可观察量去建立理论，那是完全错误的，实际上正好相反，是理论决定我们能够观测到什么东西.”在这一回忆的启发下，海森伯仿效爱因斯坦在狭义相对论里对同时性的操作定义的方法，领悟到：云雾室里的径迹，不外乎是一连串凝结起来的小水珠，这些水珠比电子大得多，自然不可能给出电子的准确位置和动量.也就是说，云雾室里的径迹不可能精确地表示出经典意义下的电子路径或轨道，但还是能够给出电子坐标和动量的一种模糊的描写.

这样一来，海森伯在排斥了微观粒子的绝对精确的经典式轨道、坚守住了矩阵力学的基本观念之后，转而研究的方向是量子理论对经典描写的限制，也即粒子坐标和动量观察的不确定度两者之间，会满足一种什么样的限制条件.

海森伯最早是使用高斯型波包为例定量地导出不确定关系的.

我们知道在坐标表象里的波函数 $\psi(x)$ 和动量表象里的波函数 $\varphi(p)$，是可以通过傅氏变换相联系的，为了简单起见，只讨论一维情况：

$$\left.\begin{aligned}\psi(x)&=\frac{1}{\sqrt{2\pi\hbar}}\int_{-\infty}^{\infty}\varphi(p)\,\mathrm{e}^{\mathrm{i}px/\hbar}\mathrm{d}p\\ \varphi(p)&=\frac{1}{\sqrt{2\pi\hbar}}\int_{-\infty}^{\infty}\psi(x)\,\mathrm{e}^{-\mathrm{i}px/\hbar}\mathrm{d}x\end{aligned}\right\}$$

在这一变换下，$\psi(x)$ 与 $\varphi(p)$ 具有相同的归一化常量：

$$\int_{-\infty}^{\infty}|\psi(x)|^2\mathrm{d}x=\int_{-\infty}^{\infty}|\varphi(p)|^2\mathrm{d}p$$

现在假设坐标空间中的波函数 $\psi(x)$ 取高斯形式：

$$\psi(x)=\mathrm{e}^{-x^2/a^2}$$

式中，参量 a 表示高斯分布宽度.从数学公式可知 a 是高斯型函数 ψ^2 的标准差，即 ψ^2 分布偏离其平均值（$\langle x\rangle=0$）的方均根偏差：

$$\Delta x=a/2$$

经计算得到 $\varphi(p)$ 恰好也具有高斯分布形式：

$$\varphi(p)=\frac{a}{\sqrt{2\hbar}}e^{p^2/b^2}$$

式中的 b 是宽度参量：

$$b=2\hbar/a$$

相应 φ^2 分布的标准：

$$\Delta p=b/2=\hbar/a$$

将 Δx,Δp 相乘，便得到

$$\Delta x\Delta p=\hbar/2$$

这就是由海森伯最早严格推导出来的第一个不确定关系式.此式表明，对于高斯型波函数来说，Δx 和 Δp 不可能同时为零或取很小的数值，它们的乘积存在着确定的限制.从波函数的概率诠释知，Δx,Δp 分别指 ψ^2 和 φ^2 的概率分布的标准差或统计涨落.

大家知道，在玻恩对波函数的概率诠释得到认可之后，不仅有关波粒二象性的问题得到了彻底的解决，波包的概念也不再是一个必需的、普适的概念了.实际上，只有满足经典极限的条件，才能将微观粒子用波包描写.

量子力学不是波包力学，量子理论有着本质上不同的内涵.海森伯使用波包概念对不确定关系的论证，显然，从真正的意义上来说，尚需更深入的探索.

八、什么是薛定谔猫？ 作为一个思想实验，它是怎样阐述量子力学的不确定性的？

物理学界著名的四大神兽——薛定谔猫、芝诺龟、拉普拉斯兽、麦克斯韦妖，其中最为人们熟知的莫过于薛定谔猫.

在量子论发展进程中，围绕量子论基本概念，人们产生过很多困惑，这些概念也曾引发过多次重大争论.在这些争论中，"薛定谔猫"的思想实验就是一个著名的例子."薛定谔猫"是奥地利物理学家薛定谔于 1935 年提出的一只关闭在盒子里的猫处于生死叠加状态的著名理想实验.实验大致是这样进行的：在一个盒子里关着一只猫，盒子中装有少量放射性物质.这个放射性物质有 50%的概率会衰变并释放出毒气杀死这只猫，同时有 50%的概率不衰变从而猫得以存活下来.如果根据经典物理学的分析，在打开盒子前，观测者没有看到猫，只能猜测在盒子里的猫以一定的概率发生着死亡或者存活两个可能的结果，只有打开盒子，观测者才能知道里面唯一确定性的结果：究竟盒子里的猫是死还是活，两者必居其一.如果说，打开以后看到盒子里的猫既是死的又是活的，显然不符合宏观世界的逻辑.

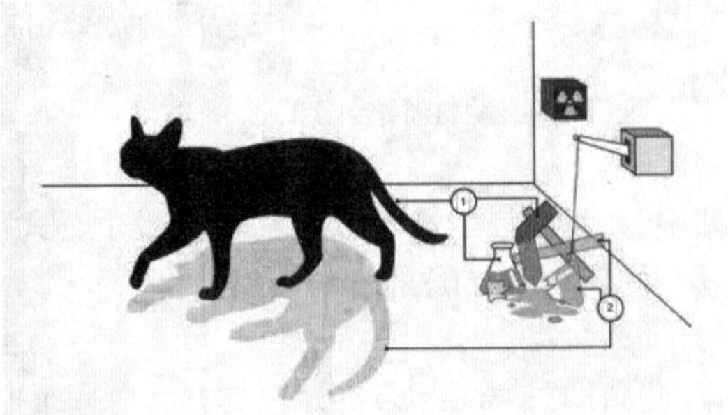

薛定谔提出这一思想实验，本意是在反对哥本哈根学派关于"微观粒子处于叠加态，观测行为影响粒子状态"的量子力学诠释，薛定谔尝试用一个理想实验来检验量子理论隐含的不确定之处.

按照哥本哈根学派的概率诠释，打开盒子后只出现一个结果，这与我们观测到的结果相符

合.但是它要求波函数突然坍缩,物理学中却没有一个公式能够描述这种坍缩.尽管如此,物理学家们还是接受了哥本哈根的诠释,由此付出的代价就是违反了薛定谔方程.薛定谔通过这个“又死又活”的猫对哥本哈根学派质疑,观测行为怎么可能改变猫的死活这一个基本性质呢?猫既死又活不是违背了正常的逻辑思维吗?这使哥本哈根学派不得不承认“猫处在死与活混合的曲灵状态”.

爱因斯坦和少数非主流派物理学家拒绝接受由薛定谔及其同事创立的理论结果.爱因斯坦认为,量子力学只不过是对微观粒子行为的一个合理的描述,这是一种唯象理论,它本身不是终极真理.他说过一句名言:“上帝不会掷骰子.”他不承认“薛定谔猫”的非本征态之说,认为一定有一个内在的机制组成了事物的真实本性.他花了数年时间企图设计一个实验来检验这种内在真实性是否确在起作用,然而,他没有完成这个实验的设计就去世了.

从物理上看,薛定谔提出的“薛定谔猫”巧妙地把微观放射源和宏观的猫联系起来,以此来表明,微观世界存在量子不确定性和量子叠加原理在宏观世界是不可能存在的.然而随着量子力学的发展,科学家已先后通过各种方案获得了宏观量子叠加态.科学家认为,“薛定谔猫”态不仅具有理论研究意义,还有实际应用的潜力.例如,多粒子的“薛定谔猫”态系统可以作为未来高容错量子计算机的核心部件,也可以用来制造极其灵敏的传感器及原子钟、干涉仪等精密测量装备.

课后练习题

基础练习题

13-2.1 静止质量不为零的微观粒子做**高速**运动,这时粒子物质波的波长 λ 与速度 v 有如下关系:[ ].

(A) $\lambda\propto v$　(B) $\lambda\propto\frac{1}{v}$　(C) $\lambda\propto\sqrt{\frac{1}{v^2}-\frac{1}{c^2}}$　(D) $\lambda\propto\sqrt{c^2-v^2}$

13-2.2 若 α 粒子在磁感应强度大小为 B 的均匀磁场中沿半径为 R 的圆形轨道运动,则粒子的德布罗意波长是[ ].

(A) $\frac{h}{eRB}$　(B) $\frac{h}{2eRB}$　(C) $\frac{1}{2eRB}$　(D) $\frac{1}{eRBh}$

13-2.3 如图所示,一束动量为 p 的电子,通过缝宽为 a 的狭缝,在距离狭缝为 R 处放置一荧光屏,屏上衍射图样中央最大的宽度 d 等于[ ].

(A) $\frac{2a^2}{R}$　(B) $\frac{2ha}{p}$　(C) $\frac{2ha}{Rp}$　(D) $\frac{2Rh}{ap}$

13-2.4 设粒子运动的波函数图线分别如图(A)、(B)、(C)、(D)所示,那么其中确定粒子动量精确度最高的波函数是哪个图?[ ].

13-2.5 令 $\lambda_C=h/(m_ec)$(λ_C 称为电子的康普顿波长,其中 m_e 为电子静止质量,c 为真空中光速,h 为普朗克常量).当电子的动能等于它的静止能量时,它的德布罗意波长是________.

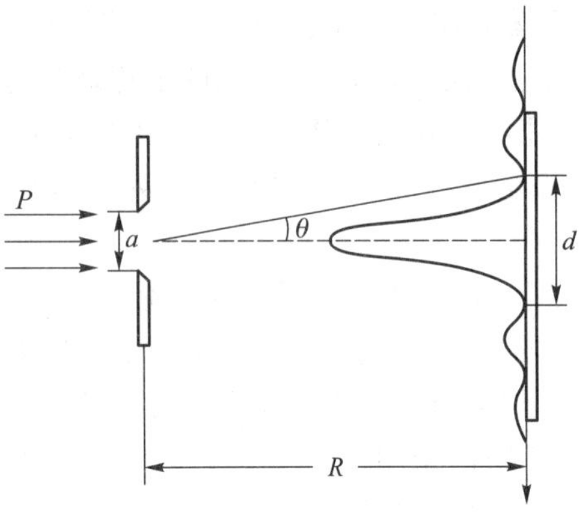

题 13-2.3 图

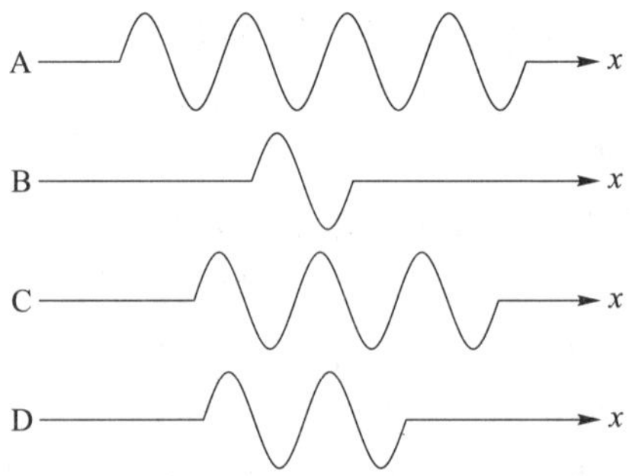

题 13-2.4 图

13-2.6 设描述微观粒子运动的波函数为 $\Psi(r,t)$，则 $\Psi\Psi^*$ 表示____________________；$\Psi(r,t)$需满足的条件是____________________；其归一化条件是____________________.

13-2.7 如果电子被限制在边界 x 与 $x+\Delta x$ 之间，$\Delta x=0.05$ nm，则电子动量 x 分量的不确定量近似地为________ $\mathrm{kg\cdot m\cdot s^{-1}}$.（不确定关系式 $\Delta x\cdot\Delta p_x\geqslant h$，普朗克常量 $h=6.63\times10^{-34}$ J·s.）

13-2.8 德布罗意波的波函数与经典波波函数的本质区别是德布罗意波是________，其波函数________________________.

综合练习题

13-3.1 求下列情况中实物粒子的德布罗意波长.

（1）$E_k=100$ eV 的自由电子；

（2）$E_k=0.1$ eV 的自由中子；

（3）温度 $T=1.0$ K，$E_k=\dfrac{3}{2}kT$ 的氦原子.

13-3.2 电子显微镜中的电子从静止开始通过电势差为 U 的静电场加速后，其德布罗意波长为 0.04 nm，求加速电压 U.

13-3.3 经 206 V 电压加速后，一个带单位电荷的粒子的物质波波长为 0.002 nm，求这个粒子的质量，并指出它是何种粒子.

13-3.4 一束光的波长 $\lambda=400$ nm，此光的光子质量是多少？动量是多少？若一电子的物质波波长也是 400 nm，不计相对论效应，电子的速率有多大？

13-3.5 一电子以初速 $v_0=6.0\times10^6\ \mathrm{m\cdot s^{-1}}$ 逆着电场方向飞入电场强度为 $E=500\ \mathrm{V\cdot m^{-1}}$ 的均匀电场中，若认为飞行过程中电子的质量不变，问：该电子在电场中要飞行多长距离 d，可使得电子的德布罗意波长达到 $\lambda=0.1$ nm？

13-3.6 电子被 100 kV 的电场加速，如果考虑相对论效应，其德布罗意波长为多少？若不用相对论计算，相对误差是多少？

13-3.7 戴维孙-革末实验装置如图所示，自热阴极 K 发出的电子束经 $U=500$ V 的电势加速后投射到某晶体上，在掠射角 $\varphi=20°$时，测得电流出现第二次极大值，试计算电子射线的德布罗意波长及晶体的晶格常量.

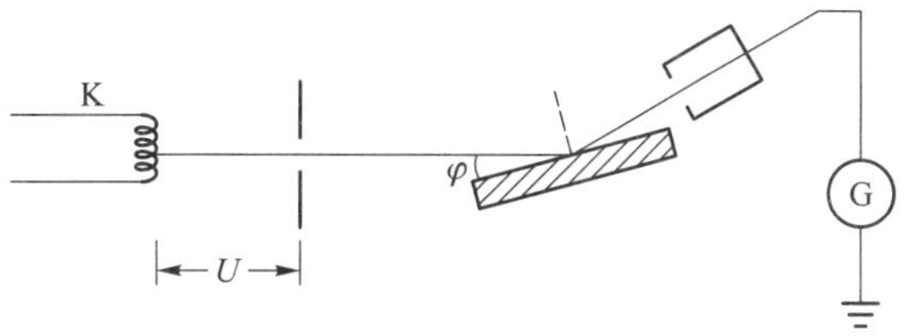

题 13-3.7 图

13-3.8 设一维运动粒子的动量不确定量等于它的动量,试求此粒子的位置不确定量与它的德布罗意波长的关系.(设 $\Delta x \cdot \Delta p \geqslant h$.)

13-3.9 用干涉仪确定一个宏观物体位置的精确度为 $\pm 10^{-12}$ m,如果我们以此精确度测得一质量为 0.50 kg 的物体的位置,根据不确定关系,它的速度的不确定量是多大?

13-3.10 同时测量能量为 1 keV 的做一维运动的电子的位置与动量时,若位置的不确定量在 0.1 nm 以内,则动量的不确定量的百分比 $\Delta p/p$ 至少多大?

13-3.11 若一个电子处于原子某能态的时间为 10^{-8} s.

(1) 试问:这个原子能态的能量的最小不确定量是多少?

(2) 如果原子从上述能态跃迁到基态所辐射的能量为 3.39 eV,计算此过程所辐射的光子波长并讨论这个波长的最小不确定量.

13-3.12 通过对量子力学的建立和发展历程的认识,我们有什么总结和收获?

习题解答

第十四章　量子力学应用

一个人要是对量子物理学不曾感到震惊,他就根本没有理解它.

——尼尔斯·玻尔

课前导引

微观粒子具有波粒二象性,由此导致微观粒子与宏观物体的运动的描述、运动的特征以及运动方程完全不同.量子力学的一个重要课题是对所研究的粒子系统明确地写出粒子的势能,代入薛定谔方程,求解粒子的波函数,有了波函数就可以得知微观粒子在空间出现的概率以及粒子运动的行为.本章介绍了微观粒子运动方程——薛定谔方程的应用例子,学生可通过这些例子学习运用薛定谔方程解具体问题的主要思路,并进一步认识到微观粒子运动的能量量子化、隧道效应和能带结构等特性是解薛定谔方程满足标准条件自然得出的结果.

学习目标

1. 熟悉薛定谔方程在一维无限深势阱、一维势垒和隧道效应中的应用.
2. 理解氢原子的薛定谔方程求解过程及能量和角动量的量子化的结论.
3. 理解电子自旋及施特恩-格拉赫实验.
4. 理解多电子原子的壳层结构及泡利不相容原理.
5. 理解晶体能带理论,以及导体、半导体和绝缘体的能带结构.

本章知识框图

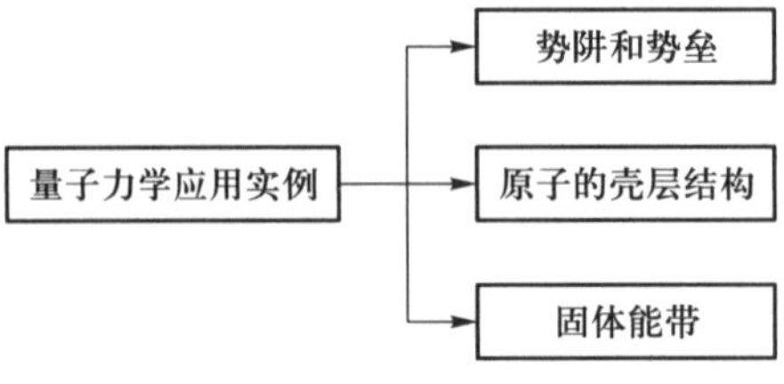

混合教学学习指导

本章课堂教学计划为 3 讲,每讲 2 学时.在每次课前,学生阅读教材相应章节、观看相关教学视频,在问题导学下思考学习,并完成课前测试练习.

阅读教材章节

张晓,王莉,《大学物理学》(第二版)下册,第十七章　量子力学应用:178—202 页.

观看视频——资料推荐

知识点视频

序号	知识点视频	说明
1	一维无限深势阱	这里提供的是本章知识点学习的相关视频条目,视频的具体内容可以在国家级精品资源课程、国家级线上一流课程等网络资源中选取.
2	势垒　隧道效应	
3	氢原子的量子力学处理	
4	电子的自旋	
5	原子的壳层结构	
6	固体能带理论简介	

导学问题

势阱　势垒

- 什么是一维定态薛定谔方程?
- 什么是一维无限深势阱模型?
- 试说明一维无限深势阱模型是如何从实际问题中抽象出来的.
- 写出一维无限深势阱中,粒子的定态能量、定态波函数的表达式,并说明其物理意义.
- 在一维无限深势阱中,如果减小势阱的宽度,其能级将如何变化?如果增大势阱的宽度,其能级又将如何变化?
- 什么是隧道效应?举例说明其应用.
- 简述一般情况下求解薛定谔方程的步骤.

原子结构的量子理论

- 比较氢原子的玻尔理论和量子力学理论两者处理方法的异同.

• 描述原子中电子的定态需要哪几个量子数？试说明它们的物理意义和取值范围.

• 施特恩-格拉赫实验如何证实了电子具有自旋？

• 简述泡利不相容原理和能量最小原理.

• 为什么电子填充核外轨道的次序并不单调地随主量子数 n 的增加而依次填充？如何解释先填充 4s，再填充 3d？

固体能带理论

• 能级与能带有何不同？固体的能带是怎么形成的？

• 试定性说明原子结合成晶体时，能级是如何分裂成能带的.

• 试从导体、半导体、绝缘体的能带结构，比较它们导电性能的差别.

• 本征半导体、n 型半导体、p 型半导体中的载流子各是什么？比较它们的能带结构和导电机制.

• pn 结为何有单向导电性？在 pn 结中，n 区的电子能否无限制地向 p 区扩散？为什么？

• 在锗晶体中掺入适量的锑或铟，各形成什么类型的半导体？请定性地画出它们的能带结构示意图.

课前测试题

选择题

14-1.1 反映微观粒子运动的基本方程叫(　　)；微观粒子的运动状态用(　　)描述.[　].

(A) 薛定谔方程，波动方程　　(B) 波动方程，薛定谔方程

(C) 波函数，薛定谔方程　　(D) 薛定谔方程，波函数

14-1.2 设一维无限深势阱宽度的量纲为 nm，描述该势阱中粒子的波函数是归一化的，设势阱宽度为 L，则描述找到该粒子的概率密度的量纲应为[　].

(A) 无量纲　　(B) nm　　(C) 1/nm　　(D) $1/nm^2$

14-1.3 在隧道效应中，粒子 A 的能量 E 是粒子 B 能量的两倍但质量相同，穿过能量大于 E 的势垒的屏障材料时[　].

(A) A 穿过的概率和 B 的一样　　(B) A 穿过的概率是 B 的两倍

(C) A 穿过的概率比 B 的大　　(D) 无法比较

14-1.4 直接证实电子自旋存在的最早的实验之一是[　].

(A) 康普顿实验　　(B) 卢瑟福实验

(C) 戴维孙-革末实验　　(D) 施特恩-格拉赫实验

14-1.5 设氢原子内电子的势能函数是球对称的，势能只是半径 r 的函数，薛定谔方程可以分离变量为几个单变量的常微分方程，由此我们可以得到以下氢原子的量子化结论，试问：哪条是正确的？[　].

(A) 当电子被束缚在原子内时，其能量是量子化的，对应量子数称为主量子数 n，能量与 n

成正比,基态($n=1$)的能量最小

(B) 电子的轨道角动量的大小也是量子化的,对应量子数称为角量子数 l,角量子数 l 可以取 0,1,2,…

(C) 电子的角动量在外磁场方向的分量是量子化的,对应量子数称为磁量子数 m_l,角动量在外磁场方向的分量由 m_l 决定,可以有 $2l+1$ 个不连续的值

14-1.6 当汞光源处于足够强的外加磁场中,磁场的作用使光谱发生变化,一条光谱线将分裂为若干条相互靠近的谱线.该现象是哪位物理学家首先发现的?[ ].

(A) 施特恩(O. Stern)和格拉赫(W. Gerlach)

(B) 塞曼(P. Zeeman)

(C) 玻尔(Bohr)

(D) 薛定谔(Schrodinger)

(E) 乌伦贝克(G. E. Uhlenbeck)和古兹密特(S. Goudsmit)

14-1.7 1912 年施特恩和格拉赫在实验中发现,一束处于 S 态的原子射线在非均匀的地磁场中分裂为两束,对这种分裂的解释为[ ].

(A) 电子自旋角动量的空间取向量子化

(B) 电子轨道运动角动量的空间取向量子化

(C) 可以用经典理论来解释

(D) 难以解释

14-1.8 根据泡利不相容原理,则[ ].

(A) 自旋为整数的粒子不能处于同一态中

(B) 自旋为整数的粒子处于同一态中

(C) 自旋为半整数的粒子处于同一态中

(D) 自旋为半整数的粒子不能处于同一态中

14-1.9 在一个原子系统中,同一个主量子数为 n 的壳层上,最多可容纳电子的个数是[ ].

(A) $2n^2$ (B) $2n$ (C) n^2 (D) n

判断题

14-1.10 量子力学中的“隧道效应”现象只有粒子总能量高于势垒高度时才出现.[ ]

14-1.11 隧道效应中电子穿过势垒的概率随势垒高度的增加而增加.[ ]

14-1.12 根据量子力学理论,氢原子中的电子做确定的轨道运动,轨道是量子化的.[ ]

知识梳理

知识点 1. 一维无限深势阱、一维势垒、隧道效应

一维无限深势阱:一些微观粒子被局限在某个区域中,并在该区域内可以自由运动的问题

都可以简化为一维无限深势阱的问题，其势函数表达式为

$$\begin{cases} U(x)=0 & (0<x<a) \\ U(x)=\infty & (x\leqslant 0, x\geqslant a) \end{cases}$$

束缚在势阱中的粒子的概率密度分布不均匀，粒子能量是量子化的，其值可取：

$$E=\frac{\hbar^2\pi^2n^2}{2ma^2} \quad (n=1,2,3,\cdots)$$

粒子的波函数为

$$\psi_n(x)=\sqrt{\frac{2}{a}}\sin\frac{n\pi x}{a} \quad (n=1,2,3,\cdots;0<x<a)$$

$$\psi_n(x)=0 \quad (x\geqslant a \text{ 或 } x\leqslant 0)$$

粒子的德布罗意波长也是量子化的，其波长为

$$\lambda_n=\frac{2a}{n}=\frac{2\pi}{k}$$

类似于经典物理中两端固定的弦驻波.

势垒：其势函数表达式为

$$\begin{cases} U(x)=U_0 & (0<x<a) \\ U(x)=0 & (x\leqslant 0, x\geqslant a) \end{cases}$$

隧道效应：总能量低于势垒高度的粒子能穿过势垒到达势垒另一侧的现象.

透射波概率密度与入射波概率密度之比定义为**透射系数**，用 T 表示，有

$$T=\frac{|\psi_3|^2_{x=a}}{|\psi_1|^2_{x=0}}=\frac{|\psi_2|^2_{x=a}}{|\psi_2|^2_{x=0}}=\exp\left(\frac{-2a\sqrt{2m(U_0-E)}}{\hbar}\right)$$

势垒高度 U_0 越低，势垒宽度 a 越小时，粒子穿过势垒的概率越大.

知识点 2. 氢原子的量子力学处理

氢原子中电子束缚在核的库仑势场中，电子的运动状态可通过求解氢原子中电子的薛定谔方程得到.求解思路的结构框图如图 14.1 所示.

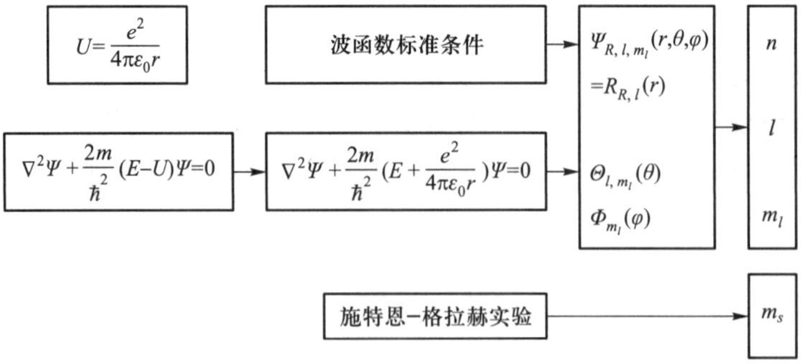

图 14.1

求解过程中自然得到的三个量子数和由实验得到的自旋量子数可以描述氢原子中电子的运动状态.

知识点 3. 原子的电子壳层结构（表 14.1）

表 14.1 描述电子状态的四个量子数

名称	符号	取值	物理意义	对应经典模型
主量子数	n	$1,2,3,\cdots$	$E=-\dfrac{1}{n^2}\cdot\dfrac{me^4}{32\pi^2\varepsilon_0^2\hbar^2}$	电子“轨道”运动
角量子数	l	$0,1,\cdots,n-1$ （n 个值）	$L=\sqrt{l(l+1)}\,\hbar$ $\mu=\sqrt{l(l+1)}\,\mu_B$	
磁量子数	m_l	$0,\pm1,\cdots,\pm l$ （$2l+1$ 个值）	$l_z=m_l\hbar$ $\mu_z=m_l\,\mu_B^*$	
自旋磁量子数	m_s	$\pm\dfrac{1}{2}$	$L_{sz}=m_s\hbar$	无

注：表中 μ_B 为玻尔磁子，$\mu_B=\dfrac{e\hbar}{2m}$.

多电子原子中的电子在核外分布遵守的两条原理

（1）**泡利不相容原理**：同一个原子中不可能有两个或两个以上的电子具有完全相同的四个量子数.现代物理理论和实验证明，凡自旋为半整数的**费米子**都遵守泡利不相容原理，自旋为整数的**玻色子**不受此原理的限制.

（2）**能量最小原理**：当原子处于基态时；每个电子总是尽可能占据最低的能量状态，从而使整个原子系统的能量最低，原子系统也最稳定.

在多电子组成的原子中，电子的状态可以用四个量子数 n、l、m_l、m_s 来描述.原子中主量子数 n 相同的电子属于同一壳层，一个壳层可容纳的电子数为 $2n^2$.在同一壳层中，角量子数 l 相同的电子属于同一“支壳层”，由于 l 一定，m_l 可以取 $2l+1$ 个值，其中对应的每一个 m_s 都可取两个值.所以每一个支壳层中最多容纳的电子数为 $2(2l+1)$ 个.

基态原子中的电子排布服从泡利不相容原理和能量最小原理.

知识点 4. 固体能带

能带：N 个原子聚集形成固体晶体时，单个原子的每一个能级分裂成 N 个子能级，这 N 个子能级间距很小，形成一个能带.晶体能带有以下特点：

（1）在周期性势场中运动的电子，其能级分裂形成能带，两相邻能带之间由**禁带**隔开.若能带被电子填满，该能带称为**满带**.若能带未被填满，称之为**导带**.若能带完全未被电子填充（如一些激发态）则称之为**空带**.另外，原子外层价电子所处的能带称为**价带**.价带为满带且价带与导带间的禁带宽度很大（几个电子伏）的晶体称为绝缘体.价带未被填满的晶体称为导体.

（2）能带宽度随能量增加而增加.

（3）晶体中不同能带间有可能发生重叠.

(4) 晶体中存在杂质或缺陷时,禁带中可能出现杂质能级.

导体的能带:

(1) 价带为导带;

(2) 价带为满带;

(3) 价带为导带,又与相邻的空带相接或部分重叠,形成一个更宽的导带.

绝缘体的能带:价带为满带,且与相邻空带间的禁带宽度较宽.

半导体的能带:

半导体在 0 K 时,价带被电子填满,导带中没有电子.由于价带和导带之间的禁带宽度较小,在常温下,有电子从价带跃迁进入导带,这时导带中的电子和价带中的电子离开时留下的空穴都能导电,这种导电称为**本征导电**.参与导电的电子和空穴称为**本征载流子**.半导体的电导率随温度升高明显增大.

晶体中电子与空穴数目相同的半导体称为本征半导体.纯硅、纯锗晶体是本征半导体.在纯硅、纯锗晶体中掺入少量五价元素,如磷(P)或砷(As)等杂质,可以形成 n 型半导体.在纯硅、纯锗晶体中掺入三价元素如硼(B)、镓(Ga)等杂质,可以形成 p 型半导体.

在一块半导体中,如果一部分是 p 型区,另一部分是 n 型区,在两区的交界面处将形成 pn 结.pn 结广泛应用于半导体器件中.

典型例题及解题方法

求解定态薛定谔方程

解题思路和方法:

(1) 确定势函数 $U(r)$ 的数学表达式,代入一般的定态薛定谔方程,从而建立与势函数相应的薛定谔方程.

(2) 解方程并求一般解.

(3) 由波函数的归一化条件和标准条件确定积分常量.

(4) 求出概率密度分布 $|\Psi|^2$ 并讨论其物理意义.

例题 14-1 粒子在宽度为 a 的一维无限深势阱中运动,处于 $n=1$ 的能量状态,求在 $0\sim\frac{a}{4}$ 区间发现该粒子的概率.

解:粒子在宽度为 a 的一维无限深势阱中运动,其波函数为

$$\psi(x)=\sqrt{\frac{2}{a}}\sin\frac{n\pi}{a}x$$

其概率密度为

$$|\psi(x)|^2=\frac{2}{a}\sin^2\frac{n\pi x}{a}$$

当处于 $n=1$ 的能级时,在 $0\sim\frac{a}{4}$ 区间发现该粒子的概率为

解题思路与线索:

经典物理中,在一维空间中运动的粒子,若该粒子没有受到外力的作用,则粒子将做匀速直线运动,动量恒定、能量恒定,那么粒子在运动方向上任意一点出现的概率将处处相等.

但按照量子力学的概念,我们要用物质波来描述粒子行为.物质波满足薛定谔方程.粒子在宽度为 a、势能为零的无限深势阱中运动时,求解薛定谔方程,可得势阱中粒子的波函数为

续表

$P=\int_0^{\frac{a}{4}}\lvert\psi\rvert^2\mathrm{d}x=\int_0^{\frac{a}{4}}\frac{2}{a}\sin^2\frac{\pi x}{a}\mathrm{d}x$ $=\int_0^{\frac{a}{4}}\frac{2}{a}\frac{a}{\pi}\sin^2\frac{\pi x}{a}\mathrm{d}\left(\frac{\pi x}{a}\right)$ $=\frac{2}{\pi}\left(\frac{\frac{1}{2}\pi x}{a}-\frac{1}{4}\sin\frac{2\pi x}{a}\right)\Bigg\rvert_0^{\frac{a}{4}}=9.08\times10^{-2}$	$\psi(x)=\sqrt{\frac{2}{a}}\sin\frac{n\pi}{a}x$ 粒子在单位宽度间隔内出现的概率与粒子的波函数的模的平方$\lvert\psi(x)\rvert^2$(称为概率密度)成正比,所以,粒子在势阱 x_1-x_2 区间内出现的概率为 $P=\int_{x_1}^{x_2}\lvert\psi(x)\rvert^2\mathrm{d}x$ 结果表明,由于概率密度是位置的函数,概率密度在势阱中的分布不同,所以,粒子在势阱中不同的区间出现的概率将不会相同;此外,粒子的能量状态不同(n 不同)时,概率密度在势阱中的分布也不相同.但粒子在势阱中整个空间出现的概率为1,满足归一化条件: $P=\int_0^a\lvert\psi(x)\rvert^2\mathrm{d}x=1$

例题 14-2 设粒子沿 x 方向运动,其波函数为 $\psi(x)=\frac{A}{1+\mathrm{i}x}$,其中 A 为待定常量.

(1) 求待定常量 A;

(2) 求粒子按坐标的概率分布函数(概率密度);(注意:概率密度就是概率分布函数.)

(3) 粒子在何处的概率密度最大?

解:(1) 由归一化条件 $\int_{-\infty}^{\infty}\left\lvert\frac{A}{1+\mathrm{i}x}\right\rvert^2\mathrm{d}x=\int_{-\infty}^{\infty}\frac{A^2}{1+x^2}\mathrm{d}x=A^2\arctan x\Big\rvert_{-\infty}^{\infty}=A^2\pi=1$ 得 $A=\sqrt{\frac{1}{\pi}}$ 所以,波函数为 $\psi(x)=\frac{1}{\sqrt{\pi}(1+\mathrm{i}x)}$ (2) 概率分布函数(概率密度)为 $f(x)=\frac{\mathrm{d}P(x)}{\mathrm{d}x}=\lvert\psi(x)\rvert^2=\left\lvert\frac{1}{\sqrt{\pi}(1+\mathrm{i}x)}\right\rvert^2=\frac{1}{\pi(1+x^2)}$ (3) 求概率分布函数的极值,即可得粒子的概率密度最大的位置. 令 $\frac{\mathrm{d}}{\mathrm{d}x}\lvert\psi(x)\rvert^2=0$ 得 $x=0$ 即在 $x=0$ 处粒子的概率密度最大.	**解题思路与线索:** 无论波函数具有什么形式,在空间如何分布,由于波函数的模的平方代表粒子在空间出现的概率密度(粒子在单位空间间隔内出现的概率),所以,在粒子运动的整个空间(整个 x 轴),波函数的模的平方对空间的积分(粒子出现的总概率)等于1,称为归一化条件. $P=\int_{-\infty}^{+\infty}\lvert\psi(x)\rvert^2\mathrm{d}x=1$ 因此,由归一化条件,可以计算出待定常量 A,从而得到波函数的完整表达式. 我们称任意位置 x 附近单位区间间隔内出现的概率为概率密度,也可称为概率分布函数. 求何处粒子的概率密度最大,即数学上求函数极值的问题.

思维拓展

一、量子力学给出的势阱中的粒子在各处的概率和经典结论有什么不同？关于粒子可能具有的能量，二者给出的结论有何不同？

在经典力学中，因粒子在势阱内不受力，粒子在两势阱壁间做匀速直线运动，所以粒子在势阱内出现的概率处处相同.在量子力学中，粒子出现的概率是不均匀的，当 $n=1$ 时，$x=\frac{a}{2}$处粒子出现的概率最大；当 $n=2$ 时，$x=\frac{a}{4},\frac{3}{4}a$ 处粒子出现的概率最大……概率密度的峰值个数和量子数 n 相等，当量子数 $n\to\infty$ 时，粒子出现的概率也是均匀的，这与经典情况一样.

在经典理论中，粒子的能量是连续的，而在量子力学中，粒子的能量是不连续的，只能取分立值，即能量是量子化的.另外，粒子的最小能量不等于零，这种最小能量称为零点能.

二、量子力学给出的一维谐振子的可能能量与普朗克当初提出的假设有何不同？ 经典物理的“零点能”是多少？

谐振子的能量量子化是普朗克最早提出的.但在普朗克的理论中，这种能量量子化是一个大胆的有创造性的假设.在量子力学里，它成为量子力学理论的一个自然结论.在普朗克假设中，谐振子的最低能量为零，这符合经典概念，即认为粒子的最低能态为静止能态.但在量子力学中，最低能量为$\frac{h\nu}{2}$，这意味着微观粒子不可能完全静止，这是波粒二象性的表现，它满足不确定关系的要求.

如果把谐振子冷却到绝对零度（严格说是接近绝对零度），谐振子将处于基态，按量子力学，谐振子的能量为$\frac{h\nu}{2}$，这是绝对零度时谐振子具有的能量，是“零点能”名称的由来.

三、为什么氢原子的能量是负值？

电子绕核运动时，受到原子核的引力 $F\propto\frac{1}{r^2}$.若取无限远为势能零点，则势能总是负值，并与$\frac{1}{r}$成正比.又因电子以原子核的引力作为向心力，所以动能的大小也与$\frac{1}{r}$成正比，并为势能绝对值的一半，故氢原子总能量（动能与势能之和）为负值.

四、从能带的观点来看，绝缘体、导体和半导体有什么区别？

一般来说，绝缘体满带与空带的间隔即禁带宽度较大（3~10 eV）.满带中虽然有自由电子，但满带是不导电的.在常温下，满带电子激发到上邻空带的概率很小，对导电作用的贡献极微小.因此绝缘体几乎不具导电性.

导体具有未满带（如 Li）或满带和空带交叠也形成一个未满带（如 Mg）或者有未满带同时也有空带交叠（如 K）.在外电场的作用下，电子很容易在该能带中从低能级跃迁到较高能级，从而形成电流，具有导电性.

半导体的禁带宽度较窄（0.1~2 eV），在常温下，满带电子激发到上邻空带的概率较大，在电场作用下，空带中的电子和满带中的空穴可以形成电流.但导电性仍较导体为差而优于绝缘体.

五、为什么在外电场的作用下，绝缘体中没有电流？

绝缘体的满带与导带之间的禁带一般很宽，在一般温度下，由于热运动使满带中的电子激发到导带是非常少的，因此，外加电场时，在一般电压下，价电子不可能获得足够的能量跃迁到导带，所以在外电场作用下，绝缘体不会有电流.但如果外电场很强，致使满带中的大量电子跃过禁带而到达导带，此时绝缘体就变成了导体，这就是绝缘体被“击穿”了.

六、本征半导体与杂质半导体在导电性上有怎样的区别？

对于本征半导体，它的导电特征是参加导电的正、负载流子的数目相等，总电流是电子流和空穴流的代数和.至于杂质半导体，n 型半导体主要导电的载流子是电子，p 型半导体主要导电的载流子是空穴.这两种类型都是由杂质原子起主要导电作用，由于杂质半导体中的电子跃迁到导带中去（n 型半导体），或满带中的电子跃迁到杂质能级中来（p 型半导体），都较本征半导体满带中的电子直接跃迁到导带中来得容易，所以少量的杂质就会显著地影响导带中的电子数或满带中的空穴数.因而少量杂质将会显著地影响半导体的导电性.

七、量子通信简介

量子通信是利用量子比特作为信息载体来进行信息交互的通信技术，可在确保信息安全、增大信息传输容量等方面突破经典信息技术的极限.中国科学技术大学郭光灿院士在其论文《两种典型的量子通信技术》中所指出，量子通信有两种最典型的应用，一种是量子密钥分发，另一种是量子隐形传态.量子隐形传态是分布式量子信息处理网络的基本单元，比如，未来量子计算机之间的通信，很可能就是基于量子隐形传态.从其一般形式来看，被传的态也可以是纠缠态，因此量子隐形传态也包含了量子纠缠转移，它是量子中继的基础.清华大学姚期智院士和中国科学技术大学潘建伟院士进一步指出，除上述两个最典型的应用之外，量子通信还包括量子密集编码、量子通信复杂度等方向.

由于量子通信信号无法放大,在实用化中安全距离受到限制.要突破这个瓶颈,需要有新的技术突破.一种方法是卫星量子通信,中国科学院团队利用墨子号科学实验卫星,于 2016 年采用诱骗态方法,成功实现了星地量子密钥分发,实现了上千千米量子密钥分发.另一种方法是基于量子中继,原则上距离不受限制.量子中继只负责远距离量子通道的建立,本身并不涉及密钥的任何信息,因此中继站点的安全也不需要人为保护.原则上,即使量子中继器被对方控制,只要能够在遥远两地建立起量子纠缠或者建立起适当的关联数据(虚纠缠),就可以实现安全的量子密钥分发.如同量子密码理论的奠基人布拉萨德(Gilles Brassard)和埃克特(Artur Ekert)所指出的:这将最终实现所有密码学者梦想数千年之久的“圣杯”.中国科学家已经在量子中继的核心——量子存储器上获得了世界上综合性能最好的效果.

过去的十多年里,中国科学家已经在量子通信方面取得了巨大成就.在实用化量子保密通信研发上创造了大批世界首次突破和世界纪录,逐渐处于世界领先地位.

八、超导材料简介

超导体,又称为超导材料,指在某一温度下电阻为零的导体.

人类最初发现超导体是在 1911 年,这一年荷兰科学家海克·卡末林·昂内斯(Heike Kamerlingh Onnes)等人发现,汞在极低的温度下,其电阻消失,呈超导状态.此后超导体的研究日趋深入,一方面,多种具有实用潜力的超导材料被发现;另一方面,对超导机理的研究也有一定进展.超导体电阻降为零的温度称为临界温度.材料的超导态可以被外加磁场破坏而转入正常态,这种破坏超导态所需的最小磁场强度称为临界磁场.临界磁场的存在,限制了超导体中能够通过的电流,当通过超导态导线的电流超过一定数值后,超导态被破坏,这个电流值称为超导态的临界电流.

使样品转变为超导态的过程中,无论先降温后加磁场,还是先加磁场后降温,超导体内部的磁感应强度总是为零,这一现象称为迈斯纳效应.零电阻是超导体的一个重要特征,超导体处于超导态时电阻完全消失,若用它组成闭合回路,一旦回路中有电流,则回路中没有电能消耗,不需要任何电源补充能量,电流可以持续存在下去,形成所谓的持久电流.超导体具有完全抗磁性,而理想导体放在外磁场中,外加磁场的变化不会改变通过理想导体的磁通量,通过理想导体的磁通量可以是非零的常量,其变化历史与外磁场的作用历史有关.

人们在能源、运输、医疗、信息和基础科学等各个领域已经开展了超导应用研究.在电力工业中用超导电缆可实现无损耗输电,超导电机可突破常规发电机的极限容量,提高效率.用超导线圈储能可改善电网稳定性和调制峰值负载.用超导线圈制成的超导磁体不仅体积小、重量轻,而且损耗小,所需励磁功率小,可为受控核聚变、高能加速器、磁流体发电、磁悬浮列车、核磁共振成像装置提供大范围的强磁场.在科学实验、计算、军事侦察、地质勘探的生物医学方面都有广泛的应用.

课后练习题

基础练习题

14-2.1　下列各组量子数中,哪一组可以描述原子中电子的状态?[　　].

(A) $n=2, l=2, m_l=0, m_s=1/2$　　(B) $n=3, l=1, m_l=-1, m_s=-1/2$

(C) $n=1, l=2, m_l=1, m_s=1/2$　　(D) $n=1, l=0, m_l=1, m_s=-1/2$

14-2.2　在原子的 L 壳层中,电子可能具有的四个量子数(n, l, m_l, m_s)是[　　].

(1) $\left(2,0,1,\frac{1}{2}\right)$　　(2) $\left(2,1,0,-\frac{1}{2}\right)$

(3) $\left(2,1,1,\frac{1}{2}\right)$　　(4) $\left(2,1,-1,-\frac{1}{2}\right)$

以上四种取值中,哪些是正确的?[　　].

(A) 只有(1)、(2)是正确的　　(B) 只有(2)、(3)是正确的

(C) 只有(2)、(3)、(4)是正确的　　(D) 全部是正确的

14-2.3　p 型半导体中杂质原子所形成的局部能级(也称受主能级),在能带结构中应处于[　　].

(A) 满带中　　(B) 导带中

(C) 禁带中,但接近满带顶　　(D) 禁带中,但接近导带底

14-2.4　n 型半导体中杂质原子所形成的能级(也称施主能级),在能带结构中应处于[　　].

(A) 满带中　　(B) 导带中

(C) 禁带中,但接近满带顶　　(D) 禁带中,但接近导带底

14-2.5　如果①锗用锑(五价元素)掺杂,②硅用铝(三价元素)掺杂,则分别获得的半导体的类型为[　　].

(A) ①、②均为 n 型半导体　　(B) ①为 n 型半导体,②为 p 型半导体

(C) ①为 p 型半导体,②为 n 型半导体　　(D) ①、②均为 p 型半导体

14-2.6　已知粒子在一维矩形无限深势阱中运动,其波函数为

$\psi(x)=\frac{1}{\sqrt{a}}\cdot\cos\frac{3\pi x}{2a}(-a\leqslant x\leqslant a)$,那么粒子在 $x=5a/6$ 处出现的概率密度为[　　].

(A) $\frac{1}{2a}$　　(B) $\frac{1}{a}$　　(C) $\frac{1}{\sqrt{2a}}$　　(D) $\frac{1}{\sqrt{a}}$

14-2.7　根据量子力学理论,氢原子中电子的角动量为 $L=\sqrt{l(l+1)}\hbar$.当主量子数 $n=3$ 时,电子轨道角动量的可能取值为________.

14-2.8　原子内电子的量子态由 n、l、m_l 及 m_s 四个量子数表征,当 n、l、m_l 一定时,不同的

量子态数目为________;当 n、l 一定时,不同的量子态数目为________;当 n 一定时,不同的量子态数目为________.

14-2.9 多电子原子中,电子的排列遵循________原理和________原理.

14-2.10 纯硅在 $T=0$ K 时能吸收的辐射的最长波长是 1.09 μm,故硅的禁带宽度________.(普朗克常量 $h=6.63\times10^{-34}$ J·s,1 eV $=1.6\times10^{-19}$ J.)

14-2.11 太阳能电池中,本征半导体锗的禁带宽度是 0.67 eV,它能吸收辐射的最大波长为________.

14-2.12 n 型半导体的多数载流子是________;p 型半导体的多数载流子是________.请在所附的两个能带图中分别定性画出施主能级或受主能级.

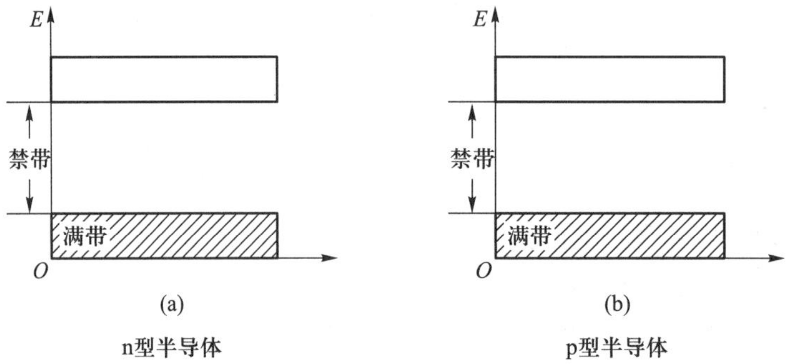

题 14-2.12 图

综合练习题

14-3.1 已知粒子在无限深势阱中运动,其波函数为 $\psi_x=\sqrt{\dfrac{2}{a}}\sin\dfrac{\pi x}{a}(0\leqslant x\leqslant a)$,求发现粒子概率密度最大的位置.

14-3.2 一粒子被限制在相距为 L 的两个不可穿透的壁之间,描写粒子状态的波函数为 $\psi=cx(L-x)$,其中 c 为待定常量,求在$[0,L/3]$区间发现粒子的概率.

14-3.3 试作原子中 $l=4$ 的电子角动量 $\boldsymbol{L}$ 在磁场中空间量子化的图,并写出 L_z 的各种可能值.

14-3.4 由库仑定律和简单的角动量量子化条件,导出氢原子诸能级.

习题解答

第五篇

多粒子体系的热运动

第十五章　平衡态的气体动理论

"我一生的乐趣在于不断地去探索未知的那个世界，如果我能够对其有一点点的了解，能有一点点的成就，那我就非常知足."

——焦耳

课前导引

气体动理论是热现象的微观理论.本章主要讨论在平衡态下，理想气体遵从的规律.由于气体由大量分子组成，分子运动的主要特征是它的无序性，因此，单个分子的运动遵从力学规律，而大量分子的运动则遵从统计规律.采用统计方法研究热运动，以推导压强公式为例，体会和了解从提出模型到建立宏观量与微观量的统计平均值之间关系的研究方法.

本章研究分子热运动的特点在于，首先提出理想模型，然后运用统计方法，把宏观量和微观量的统计平均值联系起来，阐明宏观量的本质.本章学习重点首先是理解气体分子热运动的图像，理解平衡态、理想气体等概念，理解压强和温度的微观本质，理解三条统计规律的物理意义和应用，从而理解系统的宏观性质是分子微观运动的统计表现，能对统计平均的概念和统计的方法有初步的理解.

学习目标

1. 了解热学的研究对象和研究方法(微观和宏观的研究方法).
2. 掌握理想气体的物态方程.
3. 了解推导压强公式的思路，理解压强和温度两个宏观量的微观本质.
4. 理解能量按自由度均分定理和内能的概念.
5. 理解麦克斯韦速率分布函数及分布曲线的物理意义.
6. 理解气体分子平均碰撞频率及平均自由程.
7. 了解玻耳兹曼粒子数密度按势能分布率.

本章知识框图

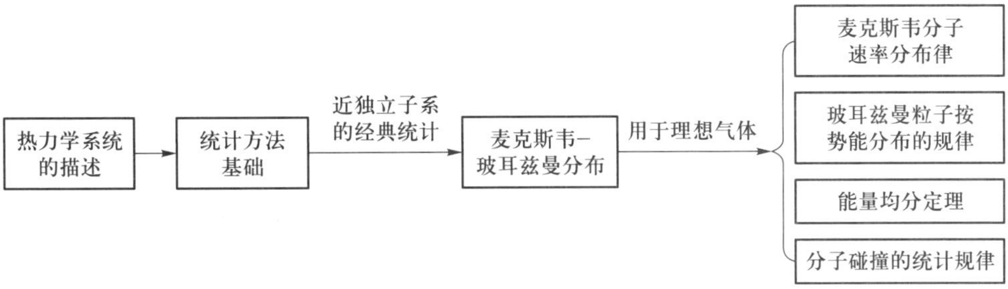

混合教学学习指导

本章课堂教学计划为 3 讲,每讲 2 学时.在每次课前,学生阅读教材相应章节、观看相关教学视频,在问题导学下思考学习,并完成课前测试练习.

阅读教材章节

张晓,王莉,《大学物理学》(第二版)下册,第十八章　平衡态的气体动理论:207—228 页.

观看视频——资料推荐

知识点视频

序号	知识点视频	说明
1	理想气体的压强、内能	这里提供的是本章知识点学习的相关视频条目,视频的具体内容可以在国家级精品资源课程、国家级线上一流课程等网络资源中选取.
2	气体分子的麦克斯韦速率分布	
3	分子的平均碰撞频率和平均自由程	

导学问题

- 热学研究的对象是什么?
- 热学研究有哪些方法?
- 什么是宏观量?什么是微观量?它们之间的关系是什么?
- 什么是平衡态?什么是平衡过程?
- 理想气体压强的微观统计意义是什么?压强公式和温度公式是什么形式?研究理想气

体压强时,分子模型是什么?

• 能量均分定理的内容是什么? 理想气体的热力学能是如何定义的? 研究能量时,采用的分子理想模型是什么?

• 分子的平均碰撞频率和平均自由程的物理意义是什么? 这两个物理量与哪些因素有关? 研究碰撞时,采用的分子理想模型是什么?

• 理想气体的麦克斯韦速率分布律是什么? 理想气体的三种特征速率是什么? 三者的关系是怎样的?

• 热力学平衡态的气体动理论采用了怎样的研究方法? 其优点和局限性是什么?

课前测试题

15-1.1　关于分子力,错误的说法是[　].

(A) 分子间的相互作用力是万有引力的表现

(B) 分子间的作用力是由分子内带电粒子相互作用和运动所引起的

(C) 当分子间距离 $r>r_0$ 时,随着 r 的增大,分子间斥力减小,合力表现为引力

(D) 当分子间距离大于几纳米时,分子间的作用力几乎等于零

15-1.2　关于分子运动论的基本观点,以下说法错误的是[　].

(A) 宏观物体由大量粒子组成　　(B) 物体的分子在永不停息地做无序热运动

(C) 分子间存在相互作用力　　(D) 分子热运动无规律可言

15-1.3　关于平衡态,以下说法正确的是[　].

(A) 平衡态指热力学系统在不受外界影响的情况下,宏观性质不随时间变化的状态

(B) 平衡态是系统中每个分子都处于平衡的状态

(C) 处于平衡态时,系统中各粒子的微观状态不随时间变化

(D) 处于平衡态的热力学系统,分子的热运动停止

15-1.4　$pV=\frac{m}{M}RT$ 的适用条件是[　].

(A) 理想气体,任意状态　　(B) 理想气体,平衡态

(C) 实际气体,任意状态　　(D) 实际气体,平衡态

15-1.5　平衡状态下,刚性分子理想气体的内能是[　].

(A) 部分势能和部分动能之和　　(B) 全部势能之和

(C) 全部转动动能之和　　(D) 全部动能之和

15-1.6　关于气体温度的意义,有下列几种说法:

(1) 气体的温度是分子平均平动动能的度量

(2) 气体的温度是大量气体分子热运动的集体表现,具有统计意义

(3) 温度的高低反映物质内部分子运动剧烈程度的不同

(4) 从微观上看,气体的温度表示每个气体分子的冷热程度

上述说法中正确的是[　].

(A) (1)、(2)、(4)　　(B) (1)、(2)、(3)

(C) (2)、(3)、(4)　　(D) (1)、(3)、(4)

15-1.7　关于气体压强的意义,以下说法错误的是[　].

(A) 气体的压强是大量分子对器壁碰撞而产生的平均效果

(B) 气体的压强是大量气体分子的集体表现,离开大量分子,压强就失去了意义

(C) 从微观看,气体的压强大小取决于单位体积内的分子数和分子的平均平动动能

(D) 气体的压强是一个统计平均量,所以它不能被直接测量

15-1.8　若把空气封闭在一容器内,然后压缩,设气体保持温度不变,如何从微观角度解释空气的压强的变化?[　].

(A) 每秒与器壁碰撞的次数增多,所以压强增大了

(B) 温度不变,空气压强保持不变

(C) 空气分子无规则运动变得剧烈,空气压强将增大

(D) 以上解释都不对

15-1.9　在刚性密闭容器中的气体,当温度升高时,将不会改变容器中[　].

(A) 分子的动能　　(B) 气体的密度

(C) 分子的平均速率　　(D) 气体的压强

15-1.10　关于麦克斯韦速率分布曲线,有下列说法,其中正确的是[　].

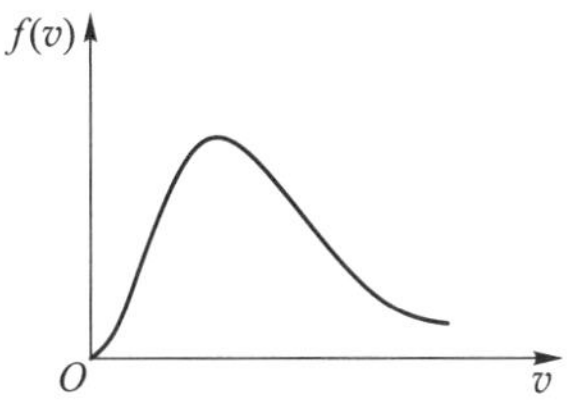

题 15-1.10 图

(A) 分布曲线与 v 轴围成的面积表示分子总数

(B) 以某一速率 v 为界,两边的面积相等时,两边的分子数也相等

(C) 麦克斯韦速率分布曲线下的面积大小受气体的温度与分子质量的影响

(D) 以上说法都不对

15-1.11　若温度保持不变,当一定质量的理想气体体积减小时,气体分子的平均碰撞频率 $\overline{Z}$ 和平均自由程 $\overline{\lambda}$ 的变化情况是[　].

(A) $\overline{Z}$ 减小,$\overline{\lambda}$ 不变　　(B) $\overline{Z}$ 减小,$\overline{\lambda}$ 增大

(C) $\overline{Z}$ 增大,$\overline{\lambda}$ 减小　　(D) $\overline{Z}$ 不变,$\overline{\lambda}$ 增大

知识梳理

知识点 1. 热力学系统、平衡态、理想气体

热力学系统:由大量做无规则热运动的分子组成的宏观系统,简称系统.

平衡态:平衡态是指热力学系统在不受外界影响(系统与外界无“做功”和“热量”的交换)的情况下,宏观性质不随时间变化的状态,其宏观量具有稳定值.这是一个动态平衡状态.

理想气体:它是气体的一种理想化模型.

(1) 宏观模型:指遵从三条实验定律(玻意耳-马略特定律、盖·吕萨克定律和查理定律)的气体.

理想气体宏观模型,它突出气体的共性,反映实际气体在压力较低时的极限性质,这时,各种气体共同遵守状态方程.也就是宏观描述在压强不太高、温度不太低时,可以把实际气体当成理想气体,即 1 mol 理想气体的 pV/T 趋于一个确定的极限值 R($R=8.31\ \text{J}\cdot\text{mol}^{-1}\cdot\text{K}^{-1}$)称为普适气体常量.

(2) 微观模型:一般认为气体分子间相距较远,忽略分子间相互作用.

理想气体物态方程:平衡态下,对于质量为 $m_{气}$、摩尔质量为 M 的理想气体:

$$pV=\frac{m_{气}}{M}RT,\text{或 } p=nkT$$

其中:气体分子数密度 n,玻耳兹曼常量 $k=R/N_A=1.38\times10^{-23}$ J/K.阿伏伽德罗常量 $N_A=6.02\times10^{23}$/mol.

知识点 2. 理想气体的压强、温度

理想气体的压强:单位时间内大量分子对单位面积容器壁的平均冲量.

$$p=\frac{2}{3}n\overline{\varepsilon_t}$$

其中:$\overline{\varepsilon_t}$为分子平均平动动能.

当分子平均平动动能增加时,分子热运动加剧,气体分子单位时间碰撞器壁次数增加,压强增加.

理想气体的温度:大量气体分子平均平动动能的量度:

$$\overline{\varepsilon_t}=\frac{3}{2}kT$$

温度的高低表明气体分子热运动的剧烈程度.

知识点 3. 自由度、能量均分定理、理想气体的内能

自由度:确定一个物体在空间的位置所需的独立坐标数,总自由度数为 i.

(1) 单原子分子:视为质点,只有平动,$i=3$;

(2) 刚性双原子分子:$i=5$;

(3) 刚性多原子分子:$i=6$.

能量均分定理:在温度为 T 的平衡态下,气体分子的每一个自由度都具有相同的平均动能,等于$\frac{1}{2}kT$.

能量按自由度均分是大量分子无规则运动频繁碰撞的结果.碰撞过程中各种形式的能量可以在不同分子之间进行交换和转移,平均而言,平衡态下相应每一自由度上的能量都是相等的,所以能量按自由度均分是个统计结果,只对大量分子才有意义.对一个分子来说,某时刻动能取什么数值,每个运动自由度上能量取何种数值是完全偶然的.

由此可知:

(1) 每一个分子的平均总动能:$\frac{i}{2}kT$;

（2）1 mol 理想气体的内能：$\frac{i}{2}RT$.

理想气体的内能：气体所有分子热运动动能之和的量度，是温度的单值函数. 对于质量为 $m_{气}$、摩尔质量为 M 的理想气体，其内能为

$$E=\frac{m_{气}}{M}\cdot\frac{i}{2}RT$$

知识点 4. 麦克斯韦速率分布律

平衡态时，理想气体分子按速率间隔分布的规律称为麦克斯韦速率分布律.

速率分布函数：

$$f(v)=\frac{\mathrm{d}N}{N\mathrm{d}v}=4\pi\left(\frac{m}{2\pi kT}\right)^{\frac{3}{2}}\mathrm{e}^{-\frac{mv^2}{2kT}}\cdot v^2$$

速率分布律：

$$\frac{\mathrm{d}N}{N}=f(v)\,\mathrm{d}v$$

最概然速率：

$$v_{\mathrm{p}}=\sqrt{\frac{2RT}{M}}\approx 1.41\sqrt{\frac{RT}{M}}$$

平均速率：

$$\bar{v}=\sqrt{\frac{8RT}{\pi M}}\approx 1.60\sqrt{\frac{RT}{M}}$$

方均根速率：

$$\sqrt{\overline{v^2}}=\sqrt{\frac{3RT}{M}}\approx 1.73\sqrt{\frac{RT}{M}}$$

知识点 5. 分子碰撞的统计规律

平均碰撞频率：一个分子在单位时间内与其他分子相撞次数的平均值.

$$\bar{z}=\sqrt{2}\,\pi d^2 n\bar{v}$$

平均自由程：分子在两次碰撞间所通过的自由路程的平均值.

$$\bar{\lambda}=\frac{1}{\sqrt{2}\,\pi d^2 n}$$

典型例题及解题方法

1. 应用气体宏观量与气体分子微观量的统计平均值的关系求解有关问题

主要公式见表 15.1.

表 15.1 理想气体宏观量与气体分子微观量的统计平均值的关系

<table>
<tr><th>物理量</th><th colspan="2">公式</th></tr>
<tr><td>压强</td><td colspan="2">$p=\frac{2}{3}n\overline{\varepsilon_t}$ 压强与分子平均平动动能的关系</td></tr>
<tr><td>温度</td><td colspan="2">$\overline{\varepsilon_t}=\frac{3}{2}kT$ 分子平均平动动能与温度的关系</td></tr>
<tr><td rowspan="3">分子的平均总动能</td><td rowspan="3">$\overline{\varepsilon_k}=\frac{i}{2}kT$</td><td>单原子分子 $\overline{\varepsilon_k}=\frac{3}{2}kT$</td></tr>
<tr><td>刚性双原子分子 $\overline{\varepsilon_k}=\frac{5}{2}kT$</td></tr>
<tr><td>刚性多原子分子 $\overline{\varepsilon_k}=\frac{6}{2}kT$</td></tr>
<tr><td rowspan="3">1 mol 气体的内能</td><td rowspan="3">$E=\frac{i}{2}RT$</td><td>单原子分子 $E=\frac{3}{2}RT$</td></tr>
<tr><td>刚性双原子分子 $E=\frac{5}{2}RT$</td></tr>
<tr><td>刚性多原子分子 $E=\frac{6}{2}RT$</td></tr>
</table>

2. 分子速率分布函数与麦克斯韦速率分布律的应用

理解分子速率分布函数、麦克斯韦速率分布律及速率分布曲线的物理意义，正确表示统计物理量.计算分子数，计算分子的平均速率等.

理解下列各式：

(1) $f(v)=\frac{\mathrm{d}N}{N\mathrm{d}v}$，$f(v)$ 为速率分布函数，表示在速率 v 附近单位速率区间内分子出现的概率.

(2) $f(v)\mathrm{d}v$ 表示在速率 v 附近，$\mathrm{d}v$ 速率区间内分子出现的概率，或表示在这区间的分子数与总分子数之比.

(3) $Nf(v)\mathrm{d}v$ 表示在速率 v 附近，$\mathrm{d}v$ 速率区间内的分子数.

(4) $\int_{v_1}^{v_2} f(v)\mathrm{d}v$ 表示在速率 $v_1 \sim v_2$ 区间内，分子出现的概率.

(5) $\int_0^{\infty} vf(v)\mathrm{d}v$ 表示在速率 $0\sim\infty$ 区间内，分子速率的算术平均值.

例题 15-1 有 N 个粒子，其速率分布函数为

$$f(v)=\frac{\mathrm{d}N}{N\mathrm{d}v}=\begin{cases} c & (0\leqslant v\leqslant v_0) \\ 0 & (v>v_0) \end{cases}$$

(1) 作速率分布曲线；

(2) 由 v_0 求常量 c；

(3) 求粒子的平均速率.

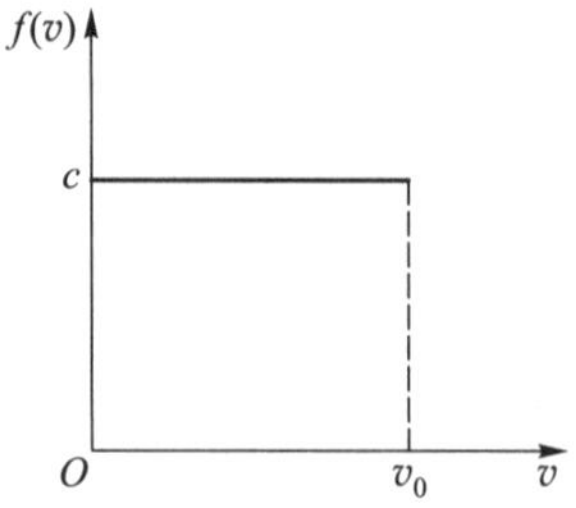

例题 15-1 图

解题示范：

解：	解题思路与线索：
(1) 速率分布曲线如图所示.	(1) 速率分布曲线就是分布函数 $f(v)$ 随速率 v 变化的曲线.由题意可知，该问题对应的分布函数曲线如图所示，为分段函数.
(2) 由归一化条件：$$\int_0^{\infty} f(v)\,\mathrm{d}v=\int_0^{v_0} f(v)\,\mathrm{d}v=cv_0=1$$ 可得常量 $c=\dfrac{1}{v_0}$.	(2) 速率分布函数 $f(v)$ 的物理意义是单位速率间隔内分子出现的概率，函数曲线下的面积代表分子出现的总概率.根据概率的基本性质，$f(v)$ 应该满足归一化条件.而曲线下的面积与速率 v_0 有关，所以可以借此求出 v_0.
(3) 由平均速率的定义得 $$\bar{v}=\int_0^{v_0} vf(v)\,\mathrm{d}v=\int_0^{v_0} v\times\frac{1}{v_0}\mathrm{d}v=\frac{1}{2}v_0$$	(3) 根据统计平均值的定义：$$\overline{M}=\int Mf(x)\,\mathrm{d}x$$ 可以求得该分布的平均速率.

思 维 拓 展

一、宏观与微观——热运动研究

热学的研究对象是由大量微观粒子(分子、原子等)组成的宏观物体.热的本质是什么？经过很长时间的研究，人们才认识到热是一种运动，是一种从微观角度描述的运动——气体中的分子或原子总是在做永不停息的无规则运动，称为热运动.

热运动的表现是温度，温度越高表明热运动越激烈.温度是描述宏观系统状态的物理量，热运动与温度之间有无定量的关系？热运动的特点是：单个粒子的运动都是无规则的和随机的，但在总体上，在一定的宏观条件下粒子运动整体却遵循确定的规律，即统计规律.将统计方法引入热学研究中，使统计热力学成为建立宏观与微观之间联系的桥梁.

统计热力学是研究热运动的微观理论，它认为宏观的热现象是大量微观粒子运动的集体表现.早在 1857 年，克劳修斯发表的《论热运动形式》一文中，以分子对器壁的碰撞说明了气体压强的形成.在推导气体压强公式时，克劳修斯明确地引入了统计概念.他指出，单个分子的碰撞是由大量不同条件、错综复杂的因素的组合决定的，要精确确定每个分子的详尽过程是不可能的，也是无意义的，因为影响系统宏观性质的只是大量分子运动的平均效果.

由气体压强公式的推导可知，可以从物质微观运动出发，利用统计规律来导出宏观的热学规律.其结果说明，气体压强是大量分子碰撞器壁的冲量的平均效果，压强具有统计意义.宏观的热现象是大量微观粒子运动的集体表现，宏观量是相应微观量的统计平均值.

如何理解宏观量是相应微观量的统计平均值？首先，宏观量是指以系统整体作为研究对象，描述系统整体特征的物理量，如系统的压强、体积、温度等；若以系统内的各个微观粒子作为研究对象，相应描述每个微观粒子的物理量称为微观量，如单个粒子的速度、质量等.宏观量是相应微观量的统计平均值,包含两种情况:其一,是热力学量有明显的微观量与之对应的宏观量,如密度,其宏观量可以通过直接对相应微观量计算统计平均值求得.其二,是没有明显的微观量与之相对应的宏观量,如温度、熵等.这些物理量是热现象领域特有的,不可能从单纯的力学规律中导出.在统计热力学研究中,通常是把包含一定参量的微观量方程与热力学方程对比,令对应部分相等,然后得到相应宏观量.例如:理想气体温度公式$\overline{\varepsilon_t}=\frac{3}{2}kT$,就是将压强公式 $p=\frac{2}{3}n\overline{\varepsilon_t}$与理想气体状态方程 $p=nkT$ 比较而得.这一方法简单巧妙,是统计热力学的基本方法.特别是将宏观量与微观量相联系,从而揭示了宏观量的微观本质.公式$\overline{\varepsilon_t}=\frac{3}{2}kT$ 表明,温度是气体分子平均平动动能的量度,是分子热运动剧烈程度的标志.

与此相应,作为研究热运动的宏观理论——热力学,由于不考虑物质的微观运动,所以对热运动的研究只能作宏观的、唯象的描述.热力学是从大量实验事实出发,总结、归纳出关于热现象的宏观规律.由于经过无数实验事实验证,热力学规律具有可靠性和普遍性.热力学主要内容包含:热力学第一定律和热力学第二定律,它们从能量角度讨论热量与功的转换以及转换过程进行的条件、方向和限度.

统计热力学将宏观量和微观量有机联系在一起,可揭示热现象的微观本质,可解释热力学原理的实质;热力学与统计热力学从宏观和微观两种方法上对热运动进行了研究,使热运动研究形成了完整的体系.

二、平衡态与气体分子热运动

有同学问:当系统处于平衡态时,还有分子热运动吗?每个分子的运动速率相同吗?应当看到的是,热力学系统处于平衡态时,系统的宏观性质不随时间变化.这时,系统与外界没有能量交换,内部也没有化学变化等任何形式的能量转化."平衡"理解为热动平衡,即在平衡态下,组成系统的微观粒子仍处在不停的热运动中.组成系统的大量分子不停地做无规则的热运动,分子间相互碰撞,每个分子运动的速率可能不同."平衡"意味着分子运动的平均效果不随时间变化,系统状态的宏观参量具有确定数值.

三、热力学平衡与力学平衡

热力学平衡不同于力学平衡.力学中的平衡是指系统所受合外力为零的单纯静止或匀速运动状态.力学平衡是一种稳定平衡、静态平衡.

热力学平衡是动态平衡.热力学中的平衡态是指系统的宏观性质不随时间变化,系统具有某种空间均匀的特征,宏观上的密度均匀、温度均匀和压强均匀,其表现出宏观性质不随时间变化的特征.但"不变"和"均匀"是针对宏观和平均而言的.组成系统的大量分子却仍然不停地处于运动中,微观上是瞬息万变的.热力学平衡指对于一个简单的、各部分性质完全一样的气体分子组成的系统,其热动平衡状态可以用一组宏观状态参量 p、V、T 来描述.

四、若有一金属棒，一端插入冰水混合的容器内，另一端与沸水接触，待棒上各点的温度不随时间变化时，金属棒的状态是否为热平衡态？

此时金属棒并不处于平衡态.平衡态是指系统与外界没有能量交换时,系统的宏观性质不随时间变化的状态.也就是说,孤立系统的宏观性质不随时间变化.金属棒处于稳定状态是在外界维持下,即与冰水混合物、沸水接触,使热传导不断进行的情况下实现的.首先,金属棒不是孤立系统,再者,棒上各处温度不同,并没有统一的温度值.这是一个各处温度不发生变化的状态,称为定态,而不是平衡态.

五、气体动理论研究中理想气体分子微观模型有哪些不同?

理想气体是研究气体的一种理想化模型.通常,理想气体微观模型是,不计分子大小,忽略分子间相互作用.但是,随着研究热运动问题的深入,研究模型也有所修正.

(1) 在推导理想气体压强时,视气体分子为弹性质点,只考虑分子与器壁的完全弹性碰撞.这是理想气体的微观模型——弹性质点.

(2) 在推导理想气体能量均分定理时,考虑到气体的内能是所有分子各种能量的总和,分子的结构是复杂的,不能简单地将其视为质点.理想气体分子可分为:单原子分子、双原子分子、多原子分子.理想气体的内能是组成分子的所有原子各种运动形式动能的总和.这是理想气体的微观模型——质点组.

(3) 在推导理想气体碰撞频率时,由于存在分子间最小作用距离,视分子间最小作用距离的平均值为有效直径 d.理想气体分子碰撞为有效直径为 d 的刚性小球的弹性碰撞.这是理想气体微观模型——直径为 d 的刚性小球.

课后练习题

基础练习题

15-2.1　若室内起炉子后温度从15℃升高到27 ℃,而室内气压不变,则此时室内的分子数减少了[　　].

(A) 0.5%　　(B) 4%　　(C) 9%　　(D) 21%

15-2.2　温度、压强相同的氦气和氧气,它们分子的平均动能 $\overline{\varepsilon}_k$ 和平均平动动能 $\overline{\varepsilon_t}$ 有如下关系:[　　].

(A) $\overline{\varepsilon}_k$ 和 $\overline{\varepsilon_t}$ 都相等　　(B) $\overline{\varepsilon}_k$ 相等,而 $\overline{\varepsilon_t}$ 不相等

(C) $\overline{\varepsilon_t}$ 相等,而 $\overline{\varepsilon}_k$ 不相等　　(D) $\overline{\varepsilon}_k$ 和 $\overline{\varepsilon_t}$ 都不相等

15-2.3　速率分布函数 $f(v)$ 的物理意义为[　　].

(A) 具有速率 v 的分子占总分子数的百分比

(B) 速率分布在 v 附近的单位速率间隔中的分子数占总分子数的百分比

(C) 具有速度 v 的分子数

(D) 速率分布在 v 附近的单位速率间隔中的分子数

15-2.4 一定量的理想气体,在容积不变的条件下,当温度降低时,分子的平均碰撞频率 $\overline{Z}$ 和平均自由程 $\overline{\lambda}$ 的变化情况是[ ].

(A) $\overline{Z}$ 减小,但 $\overline{\lambda}$ 不变 (B) $\overline{Z}$ 不变,但 $\overline{\lambda}$ 减小

(C) $\overline{Z}$ 和 $\overline{\lambda}$ 都减小 (D) $\overline{Z}$ 和 $\overline{\lambda}$ 都不变

15-2.5 在恒定不变的压强下,气体分子的平均碰撞频率 $\overline{Z}$ 与气体的热力学温度 T 的关系为[ ].

(A) $\overline{Z}$ 与 T 无关 (B) $\overline{Z}$ 与$\sqrt{T}$成正比

(C) $\overline{Z}$ 与$\sqrt{T}$成反比 (D) $\overline{Z}$ 与 T 成正比

15-2.6 一定量的理想气体贮于某一容器中,温度为 T,气体分子的质量为 m.根据理想气体分子模型和统计假设,分子速度在 x 方向的分量的下列平均值为:

$\overline{v_x}$ = ________,$\overline{v_x^2}$ = ________.

15-2.7 用绝热材料制成的一个容器,体积为 $2V_0$,被绝热板隔成 A、B 两部分,A 内储有 1 mol 的单原子理想气体,B 内储有 2 mol 双原子理想气体,A、B 两部分压强相等,均为 p_0,两部分体积均为 V_0,则:

(1) 两种气体各自的内能分别为 E_A = ________;E_B = ________;

(2) 抽去绝热板,两种气体混合后处于平衡时的温度为 T= ________.

15-2.8 根据能量按自由度均分原理,设气体分子为刚性分子,分子自由度数为 i,则当温度为 T 时,

(1) 一个分子的平均动能为________.

(2) 1 mol 氧气分子的转动动能总和为________.

15-2.9 已知 $f(v)$ 为麦克斯韦速率分布函数,v_p 为分子的最概然速率,则:

(1) $\int_0^{v_p} f(v)\,dv$ 表示________;

(2) 速率 $v>v_p$ 的分子的平均速率表达式为________.

15-2.10 (1) 分子的有效直径数量级是________;

(2) 在常温下,气体分子的平均速率数量级是________;

(3) 在标准状态下气体分子的碰撞频率的数量级是________.

15-2.11 目前已可获得 1.013×10^{-10} Pa 的高真空,在此压强下,温度为 27℃ 的 1 cm^3 体积内有多少个分子?

15-2.12 从分子运动论角度,由理想气体压强公式和温度公式推导玻意耳-马略特定律、盖·吕萨克定律和查理定律以及理想气体物态方程.

15-2.13 质量 $m=6.2\times10^{-14}$ g 的微粒悬浮在 27℃ 的液体中,观察到悬浮粒子的方均根速率为 1.4 $cm\cdot s^{-1}$,假设粒子服从麦克斯韦速率分布律,求阿伏伽德罗常量.

15-2.14 刚性双原子分子理想气体体积为 $2.00\times10^{-3}\ m^3$,其内能为 6.75×10^2 J.

(1) 求气体的压强;

(2) 设分子总数为 5.40×10^{22},求分子的平均平动动能;

(3) 求气体的温度.

15-2.15 求上升到什么高度时大气压减至地面的 75%.设空气的温度为 0℃,空气的摩尔质量为 $0.028\ kg\cdot mol^{-1}$.

15-2.16 某些恒星的温度达到 10^8 K 的数量级,在这个温度下,原子已不存在,只有质子存在,将其视为理想气体.试问在这种情况下:

(1) 质子的平均动能是多少电子伏?

(2) 质子的方均根速率为多大?

15-2.17 一容积为 $10\ cm^3$ 的电子管,当温度为 300 K 时,用真空泵把管内空气抽成压强为 5×10^{-6} mmHg 的高真空,问:

(1) 管内有多少空气分子?

(2) 这些分子的平动动能的总和是多少?

(3) 分子转动动能的总和是多少?

(4) 分子动能的总和是多少?

(将空气分子视为刚性双原子分子,$760\ mmHg=1.013\times10^5$ Pa.)

15-2.18 储有 1 mol 氧气、容积为 $1\ m^3$ 的容器以 $v=10\ m\cdot s^{-1}$ 的速度运动,设容器突然停止,其中氧气的 80%的机械运动动能转化为气体分子热运动动能.问:气体的温度及压强各升高多少?(将氧分子视为刚性分子.)

15-2.19 温度 T 的水蒸气可分解为同温度下的氢气和氧气,即

$$H_2O \longrightarrow H_2+\frac{1}{2}O_2$$

也就是 1 mol 水蒸气可分解成同温度的 1 mol 氢气和 $\frac{1}{2}$ mol 氧气.当不计振动自由度时,求此过程的内能增量.

15-2.20 一密封房间的体积为 $5\times3\times3\ m^3$,室温为 20℃.

(1) 问:室内空气分子热运动的平均平动动能的总和是多少?

(2) 如果气体的温度升高 1.0 K,而体积不变,气体的内能变化多少?

(3) 温度升高 1 K,气体分子的方均根速率增加多少?

已知空气密度 $\rho=1.29\ kg\cdot m^{-3}$,摩尔质量 $M=29\times10^{-3}\ kg\cdot mol^{-1}$,将空气分子视为刚性双原子分子.

15-2.21 真空管的线度为 10^{-2} m,真空度为 1.33×10^{-3} Pa,设空气分子的有效直径为 3×10^{-10} m,求 27℃时单位体积内的空气分子数、平均自由程和平均碰撞频率.

15-2.22 在气体放电管中,电子不断与气体分子碰撞.因电子速率远大于气体分子的平均速率,所以可认为气体分子不动.设气体分子的有效直径为 d,电子的"有效直径"比起气体分子来可以忽略不计,求:

(1) 电子与气体分子的碰撞截面；

(2) 电子与气体分子碰撞的平均自由程.(气体分子数密度为 n.)

习题解答

第十六章　热力学第一定律和第二定律

由于某种原因，宇宙能量一度具有非常低的熵，自那以后熵不断增加.这就是通往未来的方式.这是一切不可逆性的起源，这是生长与衰落过程的原因，它使我们记得过去而不是未来，记得那些更接近宇宙历史中秩序比现在高的时刻的事件，它是我们无法记起无序度比现在高的时刻发生的事件的原因，我们将那个时刻称为未来.

——费因曼

课前导引

在气体动理论一章我们讨论了热力学系统处于平衡态时的一些性质.本章从能量观点出发，研究物质宏观状态变化过程中有关热量与功的转换以及热量传递的关系和条件.热力学第一定律(能量守恒定律)和热力学第二定律(能量的转化方向和限度)是热学研究中重要的两个定律.热力学第一定律阐明了热与功之间的转换关系，热力学第二定律阐明了热与功之间转换过程的方向性和条件.

本章学习重点是研究理想气体在各种热力学过程中状态参量之间的变化，以及热量与功的转换，转换效率的计算.理解热量与温度、热量与内能、热量与功等概念，是学习的关键.熵是定量描述热力学第二定律的重要概念，必须理解热力学第二定律的统计意义以及熵的物理意义.熵的概念比较抽象，熵与能量是同等重要的物理量，学习中应注意二者的区别与联系.

学习目标

1. 了解热学的研究对象和研究方法(微观和宏观的研究方法).
2. 理解功、热量、内能、准静态过程等概念.
3. 理解并掌握热力学第一定律.
4. 能分析、计算理想气体在各种等值过程和绝热过程中的功、热量、内能改变量.
5. 理解卡诺定理，能分析和计算卡诺循环以及其他循环的效率.
6. 了解可逆过程和不可逆过程，理解热力学第二定律及其统计意义.
7. 了解熵的玻耳兹曼表达式和克劳修斯表达式，理解熵的物理意义.

本章知识框图

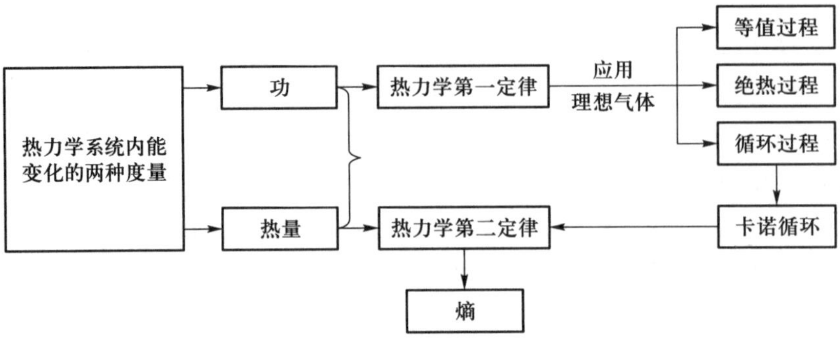

混合教学学习指导

本章课堂教学计划为 5 讲,每讲 2 学时.在每次课前,学生阅读教材相应章节、观看相关教学视频,在问题导学下思考学习,并完成课前测试练习.

阅读教材章节

张晓,王莉,《大学物理学》(第二版)下册,第十九章 热力学第一定律和第二定律:231—269 页.

观看视频——资料推荐

知识点视频

序号	知识点视频	说明
1	热力学基本概念	这里提供的是本章知识点学习的相关视频条目,视频的具体内容可以在国家级精品资源课程、国家级线上一流课程等网络资源中选取.
2	热力学第一定律及其应用	
3	循环过程 卡诺循环	
4	热力学第二定律 熵	

导学问题

热力学基本概念 热力学第一定律

- 理想气体的状态参量有哪些?它们之间的关系是什么?

- 什么是平衡态？什么是准静态过程？
- 热容的定义是什么？热容与哪些因素有关？
- 如何计算一个过程的热量、功和内能变化？
- 热力学第一定律的内容是什么？它的数学表达是什么？它的物理实质是什么？
- 在热力学第一定律中各物理量的正负是如何规定的？
- 理想气体的典型等值过程有哪些？
- 什么是多方过程？

热力学循环　卡诺循环

- 什么是循环过程？循环过程的特征是什么？
- 什么是热机？什么是制冷机？
- 热机效率和制冷系数是怎么定义的？
- 什么是能流图？热机和制冷机的能流图是怎样的？
- 什么是卡诺循环？卡诺循环有什么特征？如何计算卡诺循环的热机效率和制冷系数？

热力学第二定律　熵

- 什么是热力学过程的方向性？
- 什么是可逆过程？什么是不可逆过程？
- 热力学第二定律的两种典型表述是什么？
- 熵的克劳修斯定义和玻耳兹曼定义各是什么？熵的微观意义是什么？
- 如何计算一个过程的熵变？
- 什么是熵增加原理？
- 什么是热力学概率？
- 热力学中存在大量辩证关系，例如宏观与微观、平衡与非平衡、孤立系统与开放系统、可逆过程与不可逆过程、有序与无序、偶然性和必然性等，对上述辩证关系你有什么体会？

课前测试题

16-1.1　对于物体的热力学过程，下列说法中正确的是[　　].

(A) 内能的改变只取决于初、末两个状态，与所经历的过程无关

(B) 摩尔热容量的大小与所经历的过程无关

(C) 在物体内，若单位体积内所含热量越多，则其温度越高

(D) 以上说法都不对

16-1.2　功的计算公式 $A=\int_V p\mathrm{d}V$ 适用于[　　].

(A) 理想气体　　　　(B) 等压过程

(C) 准静态过程　　　(D) 任何过程

16-1.3　一物质系统从外界吸收一定的热量，则[　　].

(A) 系统的内能可能增加，也可能减少或保持不变

(B) 系统的内能一定保持不变

(C) 系统的内能一定增加

(D) 系统的内能一定减少

16-1.4 关于功的下列说法中,错误的是[ ].

(A) 功是能量的一种量度

(B) 功是描写系统与外界相互作用的物理量

(C) 气体从一个状态到另一个状态,经历的过程不同,则对外界做的功也不同

(D) 系统具有的能量等于系统对外做的功

16-1.5 用公式 $\Delta E=\nu C_{V,\mathrm{m}}\Delta T$(式中 $C_{V,\mathrm{m}}$ 为摩尔定容热容,视为常量,ν 为气体物质的量)计算理想气体内能增量时,此式[ ].

(A) 只适用于准静态的等容过程　　(B) 只适用于一切等容过程

(C) 只适用于一切准静态过程　　(D) 适用于一切初、末状态为平衡态的过程

16-1.6 如图所示,当气缸中的活塞迅速向外移动从而使气体膨胀时,气体所经历的过程[ ].

(A) 是准静态过程,它能用 $p-V$ 图上的一条曲线表示

(B) 不是准静态过程,但它能用 $p-V$ 图上的一条曲线表示

(C) 不是准静态过程,它不能用 $p-V$ 图上的一条曲线表示

(D) 是准静态过程,但它不能用 $p-V$ 图上的一条曲线表示

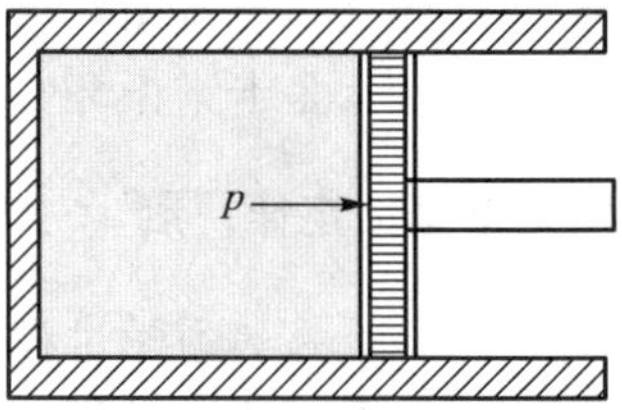

题 16-1.6 图

16-1.7 提高实际热机的效率,下面几种设想中不可行的是[ ].

(A) 采用摩尔热容较大的气体作工作物质

(B) 提高高温热源的温度

(C) 使循环尽量接近卡诺循环

(D) 力求减少热损失、摩擦等不可逆因素

16-1.8 关于热功转换和热量传递过程,有下面一些叙述:

(1) 功可以完全转换为热量,而热量不能完全转换为功

(2) 一切热机的效率都只能够小于 1

(3) 热量不能从低温物体向高温物体传递

(4) 热量自发从高温物体向低温物体传递是不可逆的

以上这些叙述[ ].

(A) 全部正确　　(B) 只有(1)、(3)、(4)正确

(C) 只有(2)、(4)正确　　(D) 只有(2)、(3)、(4)正确

16-1.9 关于可逆过程与不可逆过程,下列说法错误的是[ ].

(A) 可逆的热力学过程一定是准静态过程

(B) 一切与热现象有关的实际过程都是不可逆的

(C) 一切自发的过程都是不可逆的

(D) 准静态过程一定是可逆的

16-1.10 根据热力学第二定律,下列说法正确的是[ ].

(A) 气体能够自由膨胀,但不能收缩

(B) 摩擦生热的过程是不可逆的

(C) 不可能从单一热源吸热使之全部变为有用的功

(D) 有规则运动的能量能够转化为无规则运动的能量,但无规则运动的能量不能转化为有规则运动的能量

16-1.11 对于熵增原理的正确理解是[ ].

(A) 热力学系统的熵不会减少

(B) 孤立系统的熵一定增加

(C) 孤立系统的熵可能增加,也可能不变,视情况而定

(D) 绝热自由膨胀过程无热量交换,所以熵变为零

知识梳理

知识点1. 功、热量、内能

热力学过程:热力学系统从一个状态到另一个状态,由一系列中间状态构成的过程.

准静态过程:由一系列平衡态组成,整个过程可用一组状态参量描述.准静态过程是一种理想的过程.

对于一个实际过程,如果进行得非常缓慢,可以近似看成准静态过程.准静态过程是无限缓慢进行的由一系列平衡态组成的过程.

通常提到准静态过程都是指没有摩擦阻力的准静态过程.准静态过程系统对外做功可表示为

$$A=\int_{V_1}^{V_2}p\mathrm{d}V$$

非准静态过程:中间状态不是平衡态的热力学过程.

如:气体自由膨胀过程中压强不均匀,从高温到低温的热传导过程中温度不均匀,这些都属于非准静态过程.

热量:系统与外界或两个物体之间由于温度不同而交换的热运动能量.

摩尔热容量:1 mol 物质温度升高或降低 1 K 时所吸收或放出的热量:$C=\dfrac{\mathrm{d}Q}{\mathrm{d}T}$

$$\text{摩尔定容热容}\quad C_{V,\mathrm{m}}=\frac{i}{2}R$$

$$\text{摩尔定压热容}\quad C_{p,\mathrm{m}}=\frac{i+2}{2}R$$

辨析1 热量与温度,有人说:"物体的温度越高热量越多""温度升高的过程总是吸热的",这些说法对吗?

在科学史上较长时期,温度与热量的概念是含混不清的,人们把"热的强度"(温度)和"热的数量"(热量)混淆了.温度代表热的强度,热量代表热传递的数量,两者是不同的概念,这有点

像容器的水位与容量概念的不同.

热量本质上是传递给一个物体的能量,它以分子热运动的形式储存在物体中.温度用于描述大量分子的集体状态,反映物体热运动的强度.热量与温度的不同见表 16.1.

表 16.1 比较热量与温度

物理量	比较			关系
温度 T	状态量	分子平均平动动能的标志.	反映物体冷热程度.	$Q_V=\frac{m_{气}}{M}C_{V,m}(T_2-T_1)$ $Q_p=\frac{m_{气}}{M}C_{p,m}(T_2-T_1)$
热量 Q	过程量	系统内能变化的量度.	反映由于温度不同而交换的热运动能量.	

有人说"物体的温度越高热量越多",或者说"温度升高的过程总是吸热的",这些说法都不对.因为,温度升高只能说明系统中的分子运动剧烈程度加剧,对于理想气体,可以判定系统内能会增加.热量是过程量,温度升高不能断定系统吸收或放出的能量.要判别系统经历过程是吸热还是放热,必须根据热力学第一定律,同时判别功和内能的增量的正负,才能确定.

辨析 2 内能与热量

内能包含所有分子热运动能量和分子间相互作用势能,从微观上看,内能是系统所含微观粒子无规则运动能量的总和.热量是系统与外界或两个物体之间由于温度不同而交换的热运动能量.

内能是理想气体状态的单值函数.当系统的初状态和末状态给定时,内能之差就有确定值,由宏观状态参量(如 T、p、V)来描述,与系统由初状态到末状态所经历的过程无关.热量则是在过程中传递的能量,是与过程有关的量.

在处理具体问题时,由于内能变化只与初末状态有关,与所经历的过程无关,可以在初末状态间任选最简便的过程进行计算.计算热量则必须知道系统实际经历的热力学过程.

辨析 3 功与热量

功和热量是系统与外界交换能量的两种方式,但这两种传递能量的方式有重要的差异,见表 16.2.

表 16.2 比较功与热量

内能改变方式	特点	能量转化	量度	性质
做功	与宏观位移相联系,通过非保守力做功实现.	机械运动与热运动之间.	功 A	过程量,是有序运动能量与无序运动能量的转化的量度.
热传递	与温差相联系,通过分子碰撞实现.	热运动与热运动之间.	热量 Q	过程量,是无序性热运动之间的能量转化的量度.

做功和热传递都是内能改变的方式,内能是理想气体状态的单值函数,功和热量则是在过程中传递的能量,是与过程有关的量.

知识点 2. 热力学第一定律

热力学第一定律是包含热交换在内的能量守恒定律,数学表达式为

$$Q=\Delta E+A$$

(1) **含义**:外界对系统所传递的热量,一部分使系统的内能发生变化,一部分用于系统对外做功.也可以说,通过做功和热传递两种方式所传递的能量,可转化为系统的能量(内能).

(2) **符号规定**:系统从外界吸热为正:$Q>0$,系统放热为负:$Q<0$;系统内能增加为正:$\Delta E>0$,减少为负:$\Delta E<0$;系统对外界做功为正:$A>0$,外界对系统做功为负:$A<0$.

(3) **对于微小的元过程**:如果初、末两态无限接近,即过程为一无限小过程,则热力学第一定律可表述为

$$\mathrm{d}E=đA+đQ$$

(4) **热力学第一定律的第二种表述**:第一类永动机是不可能制成的.第一类永动机:系统经历状态变化后回到初态,不消耗内能,不从外界吸热,只对外做功.

知识点 3. 热力学循环过程　热机效率

循环过程:指系统经历一系列变化后又回到初始状态的过程.例如:系统从高温热源吸热对外做功,同时向低温热源放热,回到原状态.

热机效率:
$$\eta=\frac{A}{Q_1}=1-\frac{Q_2}{Q_1}$$

制冷系数:
$$\omega=\frac{Q_2}{A}=\frac{Q_2}{Q_1-Q_2}$$

卡诺循环:由两个等温过程和两个绝热过程所组成的理想循环.循环中系统只与两个热源交换能量,这是卡诺提出的理想模型.

卡诺热机效率:
$$\eta=1-\frac{T_2}{T_1}$$

卡诺制冷系数:
$$\omega=\frac{T_2}{T_1-T_2}$$

可逆过程与不可逆过程:系统由某状态出发,经历某一过程达到另一状态,如果存在另一过程,能使系统和外界完全复原(即系统回到原来的状态,同时消除了系统对外界引起的一切影响)则原来的过程称为可逆过程.反之,如果用任何方法都不可能使系统和外界完全复原,则原来的过程称为不可逆过程.

只有理想的无耗散准静态过程是可逆过程;热功转换、热传导、气体自由膨胀等都是不可逆过程.

卡诺定理:

在相同的高温热源和相同的低温热源之间工作的一切可逆热机,其效率都相等,与工作物质无关;在相同的高温热源和相同的低温热源之间工作的一切不可逆热机,其效率都不可能大

于可逆热机的效率(热机效率存在极限,可逆卡诺热机效率最大).

$$\eta_{可逆}=1-\frac{Q_2}{Q_1}=1-\frac{T_2}{T_1}$$

(1) **可逆热机效率** 工作在高温热源 T_1 与低温热源 T_2 之间;

(2) **不可逆热机效率** 工作在高温热源 T_1 与低温热源 T_2 之间;

(3) 提高热机效率的途径:

$$\eta_{不可逆}=1-\frac{Q_2}{Q_1}<1-\frac{T_2}{T_1}$$

增加高温热源的温度并降低低温热源的温度,即加大高、低温热源的温度差;提高热机的可逆性,即减少热辐射、热传导、摩擦等影响.

知识点 4. 热力学第二定律 熵增加原理

玻耳兹曼熵公式:

$$S=k\ln\Omega$$

其中:Ω 为热力学概率,它表示一个宏观态所包含的微观态数目,反映系统无序性的大小.

熵与热力学概率 Ω 一样,是描述系统中分子运动无序程度的一个物理量.只是,熵是一个热力学宏观量,而热力学概率 Ω 是一个统计力学微观量.玻耳兹曼熵公式是把分子运动无序性的宏观表述和微观表述联系起来的桥梁.

克劳修斯熵公式:

$$\Delta S=\int_A^B\frac{\mathrm{d}Q_{可逆}}{T}$$

克劳修斯熵公式给出了熵的宏观计算方法.

热力学第二定律:

(1) **开尔文表述**(从热功转换角度):不可能从单一热源吸取热量使之完全变为有用功而不产生其他影响.

(2) **克劳修斯表述**(从热传导角度):不可能使热量由低温物体传到高温物体而不产生其他影响.

(3) **热力学第二定律的另一种表述**:第二类永动机是不可能制成的.第二类永动机:从单一热源吸热对外做功而不产生其他影响.

(4) **热力学第二定律的实质**:指出了热功转换的方向性,一切与热现象有关的实际过程都是单方向进行的不可逆过程.

熵增加原理:

在孤立系统所发生的一切热力学过程中,系统的熵永不减小.其数学表示为

$$\Delta S\geqslant 0\quad(“=”对应于可逆过程,“>”对应不可逆过程.)$$

(1) 孤立系统中的可逆过程,其熵不变;孤立系统中的不可逆过程,其熵增加.

(2) 由于自然界中自发产生的实际过程都是不可逆过程,所以,孤立系统中自发产生的一

切实际过程总是沿着使系统的熵增加的方向进行,即向无序性增加的方向进行.

辨析:

① 熵增加原理确定了热力学过程的方向和限度,是热力学第二定律最普遍的表述.

② 熵增加原理中的熵增加是指组成孤立系统的所有物体的熵之和的增加.而对于孤立系统内的个别物体来说,热运动过程中它的熵增加或者减少都是可能的.

③ 熵增加原理只对不受外界影响的"孤立系统"成立.对于在外界影响下的非孤立系统,熵可能增加也可能减小.

典型例题及解题方法

1. 热力学第一定律在理想气体中的应用

一般步骤:

(1) 根据题意,画出或分析过程相应的 $p-V$ 图、$T-V$ 图;

(2) 明确体系经历的过程,明确已知量,如理想气体体系各参量,气体的质量等.

(3) 分过程计算各量.考虑各过程的特点运用过程方程和物态方程,结合热力学第一定律计算.理想气体典型热力学过程见表 16.3.

表 16.3 理想气体在典型过程中的重要公式

等容过程	等压过程	等温过程	绝热过程
$\dfrac{p}{T}=C$ $\Delta E=\dfrac{m_{气}}{M}C_{V,m}(T_2-T_1)$ $A=0$	$\dfrac{V}{T}=C$ $\Delta E=\dfrac{m_{气}}{M}C_{V,m}(T_2-T_1)$ $A=p(V_2-V_1)$ $=\dfrac{m_{气}}{M}R(T_2-T_1)$	$pV=C$ $\Delta E=0$ $A=\dfrac{m_{气}}{M}RT\ln\dfrac{V_2}{V_1}$	$pV^{\gamma}=C$ $\Delta E=\dfrac{m_{气}}{M}C_{V,m}(T_2-T_1)$ $A=\dfrac{m_{气}}{M}C_{V,m}(T_2-T_1)$ $=\dfrac{p_1V_1-p_2V_2}{\gamma-1}$
$Q=\dfrac{m_{气}}{M}C_{V,m}(T_2-T_1)$	$Q=\dfrac{m_{气}}{M}C_{p,m}(T_2-T_1)$	$Q=\dfrac{m_{气}}{M}RT\ln\dfrac{V_2}{V_1}$	$Q=0$

说明 内能是态函数,它是理想气体温度的单值函数.某个状态的内能与系统如何达到这个状态的过程无关.因此,表 16.3 中,虽然气体经历不同过程,但其内能表达式一致,都用等容过程的内能表示.

例题 16-1 一定量的单原子分子理想气体,从 A 态出发经等压过程膨胀到 B 态,又经绝热过程膨胀到 C 态,如图所示.试求全过程中气体对外做的功、内能的增量及吸收的热量.

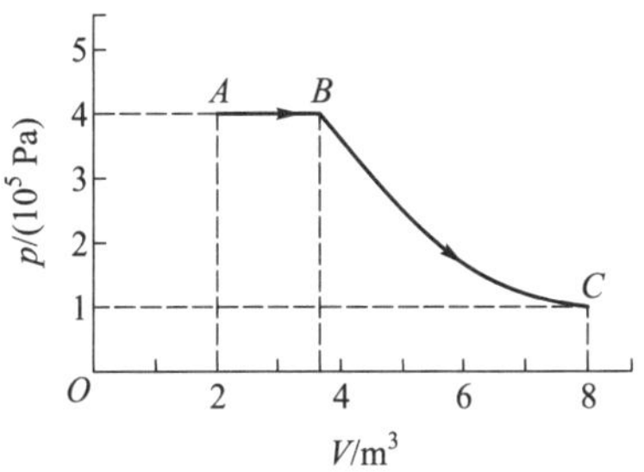

例题 16-1 图

解题示范：

解：

由图可知，$p_AV_A=p_CV_C$，所以 $T_A=T_C$，$E_A=E_C$，全过程气体内能的增量 $\Delta E_{AC}=0$.

根据热力学第一定律，由于 BC 过程为绝热过程，所以全过程中气体吸收的热量为（参考前面表 16.3 等压过程）

$$Q=Q_{AB}+Q_{BC}=Q_{AB}$$

$$=\frac{m_{气}}{M}C_{p,\mathrm{m}}(T_B-T_A)$$

$$=\frac{5}{2}(p_BV_B-p_AV_A)$$

其中利用了单原子分子 $C_{p,\mathrm{m}}=\frac{5}{2}R$，和理想气体物态方程.

由图可知 p_B、p_C 和 V_C，运用绝热过程方程，可获得状态 B 的体积.

根据绝热过程 BC 的过程方程：

$$p_BV_B^{\gamma}=p_CV_C^{\gamma}$$

$$\gamma=\frac{C_{p,\mathrm{m}}}{C_V}=\frac{5R/2}{3R/2}=\frac{5}{3}$$

得到状态 B 的体积：

$$V_B=\left(\frac{p_C}{p_B}\right)^{1/\gamma}V_C=\left(\frac{1}{4}\right)^{3/5}\times 8\ \mathrm{m}^3=3.48\ \mathrm{m}^3$$

全过程系统吸收的热量为

$$Q=\frac{5}{2}(p_BV_B-p_AV_A)$$

$$=\frac{5}{2}\times 4\times 10^5(3.48-2)\ \mathrm{J}$$

$$=1.48\times 10^6\ \mathrm{J}$$

全过程对外做的功为

$$A=Q-\Delta E_{AC}=Q=1.48\times 10^6\ \mathrm{J}$$

解题思路与线索：

根据题意，可以明确气体经历了等压和绝热两个等值过程；

通常我们根据系统经历的过程曲线下的面积来求气体对外所做的功，$A=\int_{V_A}^{V_B}p\mathrm{d}V+\int_{V_B}^{V_C}p\mathrm{d}V$，前提是已知函数 $p(V)$，有确定的积分上下限.显然，由于 V_B 未知，此方法对该题行不通，必须另寻他法.

观察题目中已知的 $p-V$ 图，利用理想气体物态方程 $pV=\frac{m_{气}}{M}RT$，可以判断出 A 点与 C 点热力学温度相同，而内能是温度的单值函数，可见，全过程气体内能的增量为零：$\Delta E_{AC}=0$；又由于 BC 过程为绝热过程，所以，根据热力学第一定律，整个过程的功等于系统吸收的热量：$Q_{AC}=Q_{AB}=A_{AC}+\Delta E_{AC}=A_{AC}$.

掌握和熟练运用理想气体物态方程，充分理解热力学第一定律和理想气体的各种等值过程的特征与过程方程，是解决该问题的基础.

2. 热机效率或制冷系数的计算

（1）明确循环中各个分过程及构成过程的状态参量和过程量.

（2）理解公式中物理量的含义，正确运用公式，先对式中功和热的正、负符号进行选取再求解.

（3）热机效率 $\eta=\frac{A}{Q_1}=1-\frac{Q_2}{Q_1}$，式中 Q_1 是整个循环过程系统吸收热量的总和；Q_2 是系统放出热量的总和，计算时必须取正值.式中 A 为循环过程对外所做的净功.

（4）制冷系数 $\omega=\frac{Q_2}{A}=\frac{Q_2}{Q_1-Q_2}$，式中 Q_2 仅是循环过程中系统从冷库吸收的热量，A 为外界对

系统所做的功，Q_1 是系统向高温热源放出热量的总和.

解题注意：各公式的适用范围.例如：热力学第一定律是普遍的能量守恒定律，$A=Q-\Delta E$ 适用于任何热力学系统中的任何热力学过程.而体积功公式 $A=\int_{V_1}^{V_2} p\mathrm{d}V$ 仅适用于准静态过程系统对外做功.

例题 16-2　一定量的理想气体经历如图所示循环过程，$A\to B$ 和 $C\to D$ 是等压过程，$B\to C$ 和 $D\to A$ 是绝热过程.已知 $T_C=300$ K，$T_B=400$ K，试求此循环的效率.

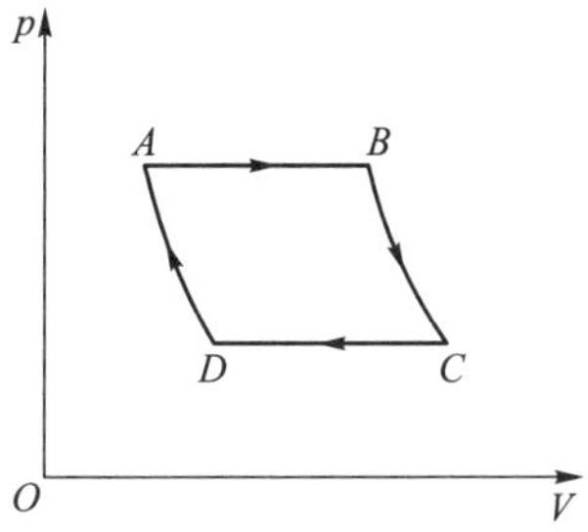

例题 16-2 图

解题示范：

解：由定义，此循环的效率为	**解题思路与线索**：
$$\eta=1-\frac{Q_2}{Q_1}=1-\frac{\frac{m_{气}}{M}C_{p,\mathrm{m}}(T_C-T_D)}{\frac{m_{气}}{M}C_{p,\mathrm{m}}(T_B-T_A)}$$	热机效率的定义：$\eta=1-\dfrac{Q_2}{Q_1}$，只要求出循环过程中系统所放出的总热量 Q_2 和吸收的总热量 Q_1，即可得效率.
整理可得 $$\eta=1-\frac{T_C\left(1-\frac{T_D}{T_C}\right)}{T_B\left(1-\frac{T_A}{T_B}\right)}$$	根据题意，该正循环过程 BC 和 DA 为两个没有热量交换的绝热过程，所以，只有 AB 过程吸热，CD 过程放热.利用前面表 16.3，可得到这两个过程交换的热量表达式.
考虑到 $p_A=p_B$，$p_C=p_D$，由绝热过程 $D\to A$ 和 $B\to C$ 的过程方程： $$p_A^{\gamma-1}T_A^{-\gamma}=p_D^{\gamma-1}T_D^{-\gamma}$$ $$p_B^{\gamma-1}T_B^{-\gamma}=p_C^{\gamma-1}T_C^{-\gamma}$$ 两式相除，则有 $$\frac{T_A}{T_B}=\frac{T_D}{T_C}$$	为了简化效率的表达式，计算出效率，我们需要找到 T_A、T_B、T_C 和 T_D 之间的关系.由循环曲线可知 $p_A=p_B$，$p_C=p_D$，而 T_B 和 T_C 已知，所以，可以利用压强与温度相关的 BC 和 DA 两个绝热过程的过程方程，得到 T_A、T_B、T_C 和 T_D 之间的关系.
代入效率公式： $$\eta=1-\frac{T_C}{T_B}=1-\frac{300}{400}=25\%$$	代入 T_B 和 T_C，可得最终结果.

3. **熵变计算**

根据克劳修斯熵公式 $\Delta S=\int_A^B \dfrac{\mathrm{d}Q_{可逆}}{T}$，在任意给定的平衡态 A、B 之间选取任一可逆过程计算 $\dfrac{\mathrm{d}Q}{T}$ 的积分.熵变的计算，可分为两类：

（1）可逆过程：结合热力学第一定律和理想气体物态方程进行计算.

（2）不可逆过程：由于熵是态函数，只要系统的初状态和末状态是平衡态，可在这两态之间选取一个合适的可逆过程代替原不可逆过程，利用克劳修斯熵公式仍然可计算.

例题 16-3　1 mol 理想气体，从恒温热源吸热，经历了体积从 $V_1\to V_2=2V_1$ 的可逆等温膨胀.

（1）求理想气体系统的熵变；

(2) 求整个系统(理想气体系统和恒温热源)的总熵变;

(3) 如果同样的膨胀是自由膨胀,结果又将如何?

解题示范:

解:

(1) 气体等温膨胀,其熵变:

$$\Delta S=\int_1^2\frac{\mathrm{d}Q}{T}=\frac{1}{T}\int_1^2\mathrm{d}Q=\frac{Q}{T}=\frac{RT\ln(V_2/V_1)}{T}$$

$$=8.31\times\ln 2\ \mathrm{J\cdot K^{-1}}=5.76\ \mathrm{J\cdot K^{-1}}$$

(2) 对于可逆过程,理想气体系统吸热量等于恒温热源放热量,所以,恒温热源放出的热量为

$$Q'=-RT\ln\frac{V_2}{V_1}=-RT\ln 2$$

所以,恒温热源熵变:

$$\Delta S'=\int_1^2\frac{\mathrm{d}Q'}{T}=\frac{Q'}{T}=-R\ln 2$$

整个系统的总熵变:

$$\Delta S+\Delta S'=R\ln 2-R\ln 2=0$$

(3) 对于气体绝热自由膨胀,$Q=0, A=0$,由热力学第一定律知 $\Delta E=0$,所以温度不变,$T_1=T_2=T$.

由于熵变与过程无关,可以用可逆的等温过程代替自由膨胀过程来计算气体的熵变:

$$\Delta S=\int_1^2\frac{\mathrm{d}Q}{T}=\frac{Q}{T}=\frac{RT\ln(V_2/V_1)}{T}=5.76\ \mathrm{J\cdot K^{-1}}$$

对于热源,$Q'=0, \Delta S'=0$,所以整个系统的熵变:

$$\Delta S+\Delta S'=5.76\ \mathrm{J\cdot K^{-1}}$$

解题思路与线索:

(1) 对于可逆的等温膨胀过程,可直接利用克劳修斯熵公式 $\Delta S=\int_A^B\frac{\mathrm{d}Q_{\text{可逆}}}{T}$ 计算熵变.由表16.3可查到等温过程的吸(放)热量表达式.

(2) 由于理想气体系统和恒温热源系统进行的是可逆过程,可以预期系统总熵变为零.

(3) 对于气体绝热自由膨胀这一不可逆热力学过程,可在初末状态之间设计可逆的等温过程计算气体的熵变.

由此可见,孤立系统中,能够自发进行的不可逆过程,其熵是增加的.

思 维 拓 展

历史之旅——能量守恒与熵

能量守恒定律的建立

19世纪前半叶,已有一系列科学发现揭示出自然现象之间的联系和能量转化.譬如:摩擦生热现象直接表明机械运动向热的转换;蒸汽机的应用是热能转化为机械能的典型例子;法拉第的电磁感应现象揭示出电与磁能量之间的转化.如何建立广义的普适的能量守恒定律?这个时期的许多科学家为之不懈努力,其中,最杰出的代表是迈耶、焦耳和亥姆霍兹.

历史上第一个发表论文,阐述能量守恒原理的是德国医生迈耶(R. Mayer,1814—1878).他曾由生理现象想到食物所含的化学能可以转化为热能.他又从暴风雨时海水比较热,联想到热与

机械运动的关联.1842 年,迈耶发表《论无生命自然之力》,他说:“力一旦存在,不会消失,只能改变其形式.”他所说的“力”是指能量,当时还无能量一词的确切定义.接着,迈耶发表多篇论文,论述了在自然界中普遍存在的各种运动形式及能量的转化.迈耶的功绩在于首先以普遍的、自然科学的形式提出了能量守恒与转化原理,并说明了其对自然科学的普遍意义.

德国生理学家、物理学家亥姆霍兹(H. L. F. von Helmholtz,1821—1894)于 1847 年在《论力的守恒》一文中系统而严密地论述了能量守恒原理,首先他用数学形式表述了孤立系统中机械能守恒,接着他把能量守恒原理应用于热学、电磁学、天文学和生理学领域,他还将能量守恒原理与永动机的不可能相提并论,使能量守恒原理拥有更有效的说服力.

英国物理学家焦耳(J. P. Joule,1818—1889)关于热功当量的测定是确立能量守恒原理的实验基础.从 1840 年开始,焦耳多次进行通电导体发热的实验,比楞次还早一年得到了电流热效应定律,并明确提出功和热量的等价性概念.1843 年,在《论电磁的热效应和热的机械值》学术报告中,焦耳发表了他第一次测得的热功当量值.

1849 年至 1878 年,焦耳以极大的毅力,先后采用不同方法做了 400 多次实验,精确地测得热功当量值为 4.184 J/cal.焦耳在当时的实验条件下,测得如此精确的热功当量值,这在物理学史上是罕见的.热功当量的测得,标志着各种运动形式的能量转化有了明确的量度.能量守恒定律由于它主要借助于热功当量的测定而得以确立,所以常被称为热力学第一定律.1850 年,以焦耳实验为基础的能量守恒定律得到了公认.

能量守恒定律指出,自然界一切物体都具有能量,能量有各种不同的形式,它能从一种形式转化为另一种形式,从一个物体传递给另一个物体,在转化和传递中,能量的数值不变.能量守恒定律的建立,使科学各个分支之间建立起普遍的联系,揭示了自然现象中各种运动之间的转化,以及机械能、热能、化学能、电磁能等能量之间的转化,是自然科学内在统一性的标识.

熵概念的引出与命名

热力学第一定律——能量守恒定律指出,能量既不能创造,也不会自行消失,它只能从一种形式转化成另一种形式.这就是说,功可以完全转化成热,热也可以完全转化成功,数量上保持守恒.而热力学第二定律表明,热不能全部转化成功,因为在热机循环中,热量 Q_1 从高温 T_1 传向低温 T_2 时,Q_1-Q_2 用来做功,Q_2 在低温 T_2 处传向外界,热不能自动地全部变为功.由此可见,虽然自然界中违背能量守恒的过程是不可能发生的,但是满足能量守恒的过程却并不一定都能实现.

仅用能量一个概念不能完全描述状态转化过程的差异,这个矛盾的解决促进了熵概念的诞生.

克劳修斯考察了大量的能量转化现象,发现能量转化可以分为两类.一类是无外界影响,能自行发生的转化,例如摩擦生热、气体真空膨胀、热从高温到低温的传导等,这些过程是自发的、自动的、自然发生的,克劳修斯称之为正转化.另一类是必须在外界干预或补偿条件下才能实现的转化,例如热转化为功、气体压缩、热从低温向高温的传递等,这些过程是非自发的、非自动的、非自然发生的,克劳修斯称之为负转化.正转化可以自发进行,而负转化不能自发进行,这说明正转化是不能自动复原的,也就是说正转化是一种不可逆的过程.克劳修斯从自发变化的方向认识到不可逆变化的方向.

为了度量正、负转化的数量,为了度量不可逆性,克劳修斯历时 15 年寻找各种转化之间的定量关系.19 世纪中叶,由于引入热功当量,使热能、机械能可以相互比较,热力学第一定律有了数学解析表达式.这给了克劳修斯一个启示,应有一个转化含量,把不同形式的转化相互比较,从而使热力学第二定律定量化.克劳修斯把卡诺定理推广,应用于一个任意的循环过程,从热变换理论着手,在计算变换的等价量中揭示了熵.

工作于高温热源 T_1 与低温热源 T_2 之间的卡诺热机效率为

$$\eta_{卡} \leqslant 1-\frac{T_2}{T_1}$$

无论循环是否可逆,效率的一般表示式为

$$\eta_{卡} = 1-\frac{Q_2}{Q_1}$$

联合以上两式,有

$$\frac{Q_1}{T_1}-\frac{Q_2}{T_2} \leqslant 0$$

考虑热力学第一定律中对热量正负的规定,上式也可改写为

$$\frac{Q_1}{T_1}+\frac{Q_2}{T_2} \leqslant 0$$

$\frac{Q}{T}$称为热温比(热温商),上式说明系统热温比的总和总是小于或等于零.

对于任意循环,有

$$\oint \frac{Q}{T} \leqslant 0$$

此式为描述可逆循环和不可逆循环特征的克劳修斯表达式.

对于任意一个可逆循环过程,有

$$\oint_{可逆} \frac{\mathrm{d}Q}{T}=0$$

假设系统由平衡状态 A 经可逆过程 A_1B 到达平衡状态 B,又由状态 B 沿任意可逆过程 B_2A 回到原状态 A,构成一个可逆循环,则有

$$\int_{A_1}^{B} \frac{\mathrm{d}Q_{可逆}}{T} + \int_{B_2}^{A} \frac{\mathrm{d}Q_{可逆}}{T}=0$$

变号后:

$$\int_{A_1}^{B} \frac{\mathrm{d}Q_{可逆}}{T} - \int_{A_2}^{B} \frac{\mathrm{d}Q_{可逆}}{T}=0$$

所以:

$$\int_{A_1}^{B} \frac{\mathrm{d}Q_{可逆}}{T} = \int_{A_2}^{B} \frac{\mathrm{d}Q_{可逆}}{T}$$

可见,由状态 A 沿不同的可逆过程变到同一状态 B 的热温比的积分值不变.这就是说热温比的积分只取决于初、末状态,与过程无关.这意味着热力学系统的平衡态还存在一个与内能不同的态函数,这个新的态函数称为克劳修斯熵,用符号 S 表示.

当系统由平衡态 A 到平衡态 B 时,熵变为

$$\Delta S=S_B-S_A=\int_A^B \mathrm{d}S=\int_A^B \frac{\mathrm{d}Q_{\text{可逆}}}{T}$$

克劳修斯把 S 称为“转化含量”，造出 entropy 这个字，字根-tropy 源于希腊文“转化”之意，加字头 en，使其与 energy（能量）具有类似的形式，熵与能量有着密切的联系.

中译名熵是我国物理学家胡刚复确定的，非常贴切.1923 年有德国物理学家在南京讲学《热力学第二定律及熵之观念》，胡刚复教授做翻译，把 entropy 译为“熵”.两数相除谓之“商”，热温比亦可称“热温商”，加“火”字旁表示热学量.

熵概念的扩展与能源危机

1865 年，克劳修斯首次将熵这个概念引入热力学，是用来阐明热力学第二定律的.1877 年，奥地利物理学家玻耳兹曼在克劳修斯工作基础上，通过对分子运动的进一步研究，把熵与热力学概率联系起来提出了玻耳兹曼熵公式.玻耳兹曼通过熵与概率的联系，直接沟通了热力学系统的宏观与微观之间的关联，并对热力学第二定律进行了微观解释.他指出：在热力学系统中，每个微观态都具有相同的概率，但在宏观上，对一定的初始条件而言，粒子将从概率小的状态向最概然状态过渡.当系统达到平衡态之后，系统仍可以按照概率大小发生偏离平衡态的涨落.这样，玻耳兹曼通过建立熵与概率的联系，不仅把熵与分子动理论的无序程度联系起来，而且使热力学第二定律具有统计意义.

玻耳兹曼认为，在理论上，热力学第二定律所禁止的过程并不是绝对不可能发生的，只是出现的概率极小而已，但仍然是非零的.

1929 年，匈牙利物理学家西拉德阐述了熵与信息的关系，揭示了熵的新的意义.热力学观点认为，熵是测定不能再用来做功的能量的物理量；统计物理学观点认为，熵是衡量微观系统无序程度的物理量.在信息论中，熵成为信息不确定度的量.1943 年，奥地利物理学家薛定谔所写《生命是什么》，为生物物理学的发展奠定了基础，书中指出，生命赖以负熵生存.如今，熵概念已得到扩展，不仅在科技领域，而且在社会科学甚至人文科学领域，都随处可见熵这一概念.

美国当代著名社会学家里夫金和霍华德于 1981 年出版了《熵：一种新的世界观》.作者从热力学第二定律出发，对熵这一物理概念作了哲学阐释，论述了政治、经济、教育、宗教等诸多领域的许多重大问题，并特别对科学技术的迅速发展所带来的负面影响作了深刻的分析.

其中值得一提的是熵与能源.从能量利用的角度来讲，热力学第一定律能量守恒指能量在数量上是守恒的、不灭的，能量只能从一种形式转化到另一种形式.能量的交换有两种方式：做功与热传递.根据热力学第一定律，能量的总量没有变化，似乎不可能有能量危机.热力学第二定律指出，在发生能量转化的任何一个实际过程中，与过程有关的整个系统的总能量的品质会退化、降低.能量只能不可逆转地沿着一个方向转化，即从对人类来说是可利用的到不可利用的状态，从有效的到无效的状态转化.换句话讲，这种能量已“从人们那里不可挽回地失去了……尽管它并没有湮没”.

目前世界非再生能源和物质材料的耗费实际上在加速增大，两者的熵正提高到了一个非常危险的水平.照这样的速度发展下去，全世界的能量需求将大幅增加.这种增长如果不加控制，必然会导致这样的悲剧——耗尽地球上的非再生能源.以下摘自《熵：一种新的世界观》：

把熵与能量联系起来思考，就会对世界产生一种新的认识，也就是一种新的世界观.能量耗散意味着熵的增加，意味着有效能量的减少，而我们做的许多事情，都是在消耗能量，哪怕在你点燃一支烟的时候,世界上的有效能量也在减少.加之地球上的不可再生能源是有限的,可以再生的能源也是有限的,所以人类会面临能源危机.当然我们可以回收利用,但要做到百分之百的回收是不可能的,而且回收本身也都要消耗额外的能量.当宇宙的有效能量耗尽时,就不会有任何可以做功的能量,也就不会有生命.

课后练习题

基础练习题

16-2.1　关于可逆过程和不可逆过程的判断:

① 可逆热力学过程一定是准静态过程.

② 准静态过程一定是可逆过程.

③ 不可逆过程就是不能向相反方向进行的过程

④ 凡有摩擦的过程,一定是不可逆过程.

以上四种判断,其中正确的是[　].

(A) ①、②、③　　(B) ①、②、④　　(C) ②、④　　(D) ①、④

16-2.2　热力学第一定律表明:[　].

(A) 系统对外的功不可能大于系统从外界吸收的热量

(B) 系统内能的增量等于系统从外界吸收的热量

(C) 不可能存在这样的循环过程,在此循环过程中,外界对系统做的功不等于系统传给外界的热量

(D) 热机的效率不可能等于 1

16-2.3　如图所示的两个卡诺循环,第一个沿 $ABCDA$ 进行,第二个沿 $ABC'D'A$ 进行,这两个循环的效率 η_1 和 η_2 的关系及这两个循环所做的净功 A_1 和 A_2 的关系是[　].

(A) $\eta_1=\eta_2, A_1=A_2$　(B) $\eta_1>\eta_2, A_1=A_2$

(C) $\eta_1=\eta_2, A_1>A_2$　(D) $\eta_1=\eta_2, A_1<A_2$

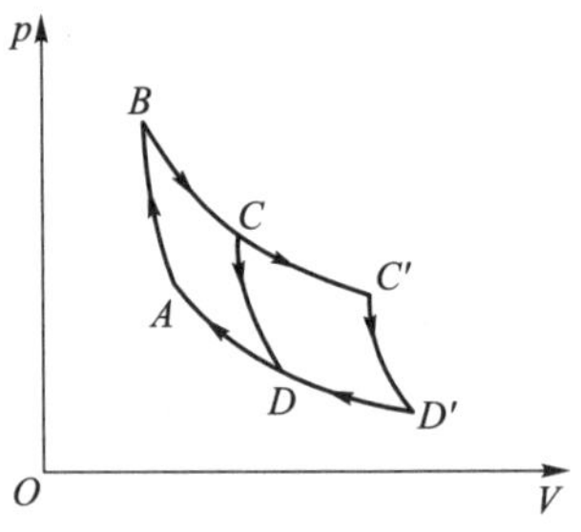

题 16-2.3 图

16-2.4　理想气体卡诺循环过程的两条绝热线下的面积大小(图中阴影部分)分别为 S_1 和 S_2,则二者的大小关系是[　].

(A) $S_1>S_2$　　(B) $S_1=S_2$

(C) $S_1<S_2$　　(D) 无法确定

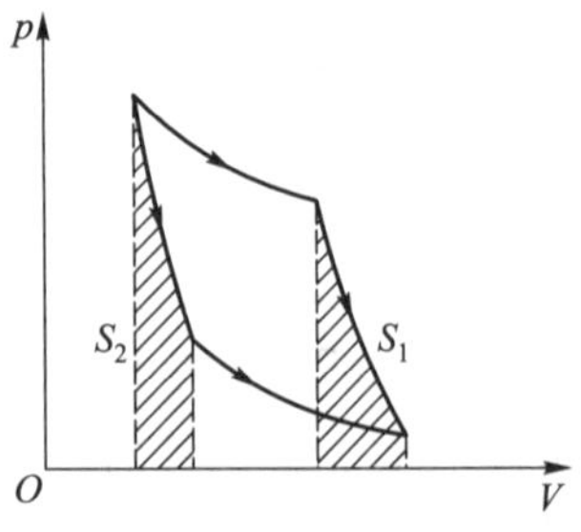

题 16-2.4 图

16-2.5　一定量的理想气体向真空作绝热自由膨胀,体积由 V_1 增至 V_2,在此过程中气体的[　].

(A) 内能不变,熵增加

(B) 内能不变,熵减少

(C) 内能不变,熵不变

(D) 内能增加,熵增加

16-2.6 要使一热力学系统的内能增加,可以通过________或________两种方式,或者两种方式兼用来完成.热力学系统的状态发生变化时,其内能的改变量只取决于________而与________无关.

16-2.7 图示为一理想气体几种状态变化过程的 $p-V$ 图,其中 MT 为等温线,MQ 为绝热线,在 AM、BM、CM 三种准态过程中:

(1) 温度升高的是________过程;

(2) 气体吸热的是________过程.

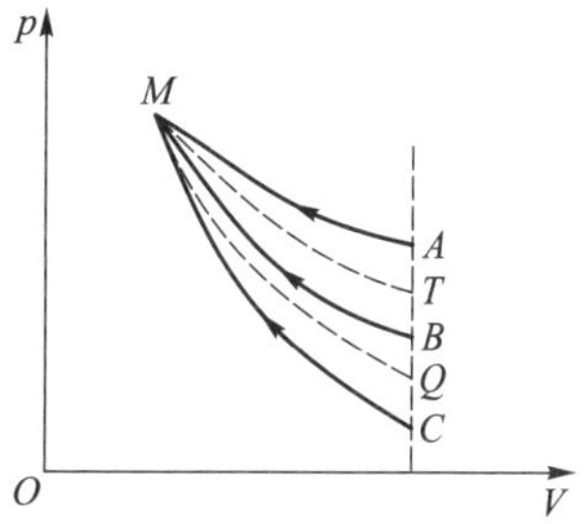

题 16-2.7 图

16-2.8 常温常压下,一定量的某种理想气体(可视为刚性分子,自由度为 i),在等压过程中吸热为 Q,对外做功为 A,内能增加为 ΔE,则:

$A/Q=$________;$\Delta E/Q=$________.

16-2.9 一个作可逆卡诺循环的热机,其效率为 η,它逆向运转时便成为一台制冷机,该制冷机的制冷系数 $w=$________,则 η 与 w 的关系为________.

16-2.10 温度为 25℃、压强为 1.013×10^{5} Pa 的 1 mol 刚性双原子分子理想气体,经等温过程体积膨胀至原来的 3 倍.

(1) 计算这个过程中气体对外做的功;

(2) 假设气体经绝热过程体积膨胀为原来的 3 倍,那么气体对外做的功又是多少?

16-2.11 摩尔热容比 $\gamma=1.40$ 的理想气体进行如图所示的循环,已知状态 A 的温度为 300 K,求:

(1) 状态 B、C 的温度;

(2) 各过程中气体所吸收的热量.

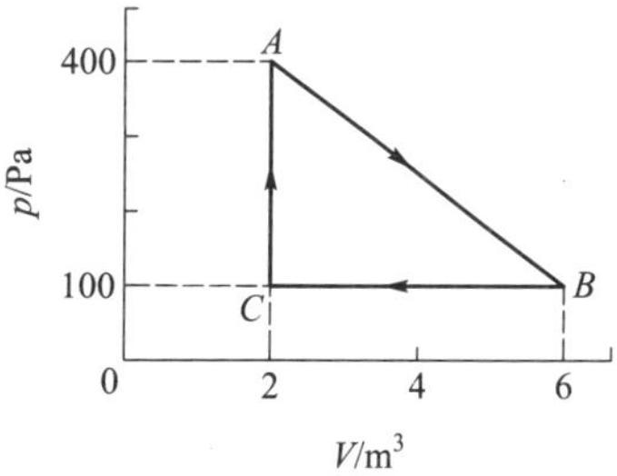

题 16-2.11 图

16-2.12 气缸内有一种刚性双原子分子理想气体,若要使其绝热膨胀后气体的压强减少一半,则变化前后气体内能之比为多大?

16-2.13 一定量的单原子分子理想气体,从初态 A 出发,沿图示直线过程变到另一状态 B,又经过等容、等压两过程回到状态 A.

(1) 求 $A\rightarrow B$,$B\rightarrow C$,$C\rightarrow A$ 各个过程系统对外做的功、内能增量及吸收的热量;

(2) 整个循环过程中系统对外所做的净功以及从外界吸收的净热量.

16-2.14 1 mol 双原子分子理想气体从状态 $A(p_1,V_1)$ 沿 $p-V$ 图所示直线变化到状态 $B(p_2,V_2)$,求在此过程中:

(1) 气体内能的增量;

(2) 气体对外做的功;

(3) 气体吸收的热量;

(4) 此过程的摩尔热容.

16-2.15 如图所示,$abcd$ 为 1 mol 单原子分子理想气体的循环过程.

(1) 求气体循环一次,在吸热过程中从外界吸收的总热量;

(2) 求气体循环一次对外做的净功;

(3) 证明 $T_aT_b=T_cT_d$.

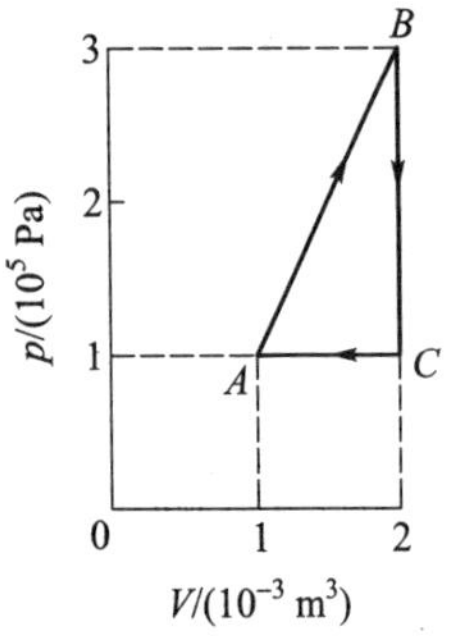

题 16-2.13 图

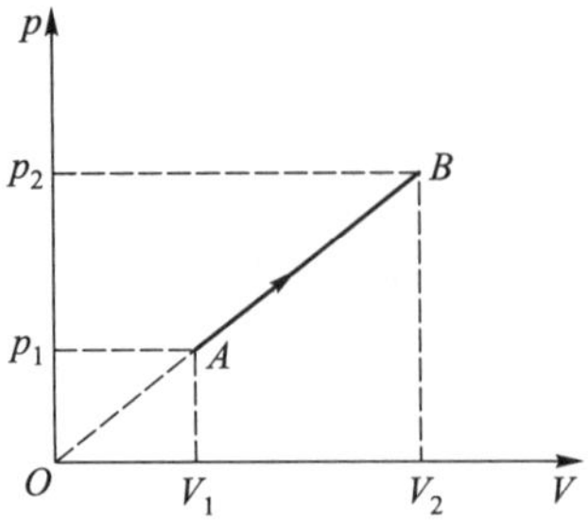

题 16-2.14 图

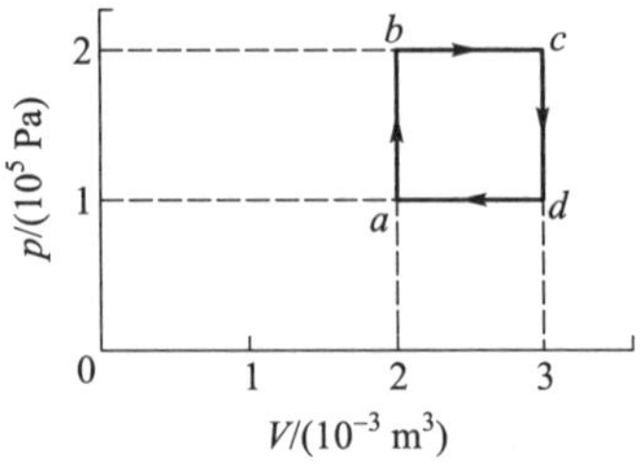

题 16-2.15 图

16-2.16　1 mol 理想气体,完成了两个等容过程和两个等压过程构成的循环(如图所示),已知状态 1 的温度为 T_1,状态 3 的温度为 T_3,且状态 2 和 4 在同一条等温线上,试求气体在这一循环过程中做的功.

16-2.17　1 mol 双原子分子理想气体作如图所示的可逆循环,其中 1—2 为直线,2—3 为绝热线,3—1 为等温线.已知 $T_2=2T_1$,$V_3=8V_1$,$\theta=45°$.求:

(1) 各分过程的功,内能增量和传递的热量;

(2) 此循环的效率 η.

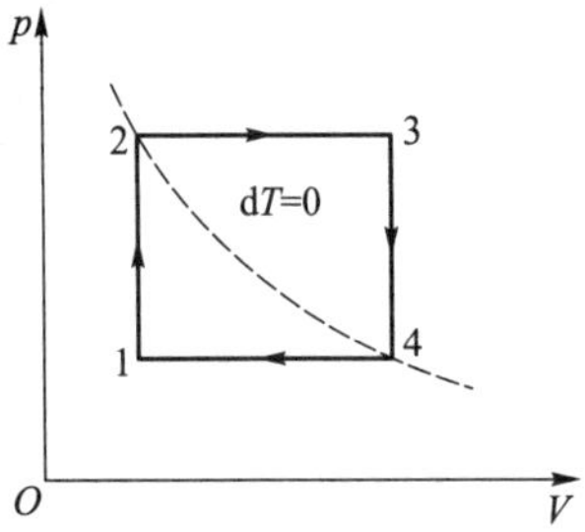

题 16-2.16 图

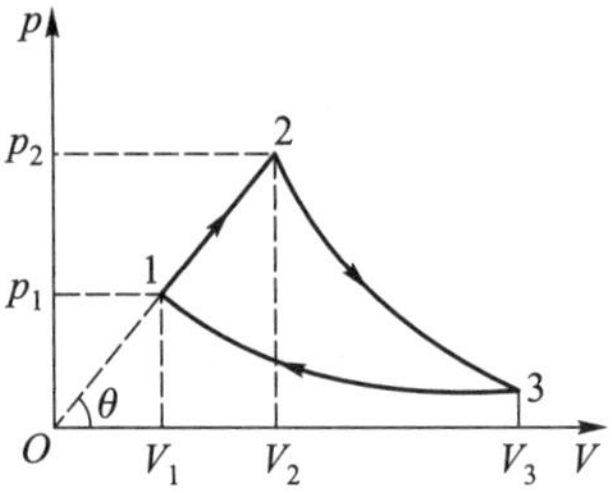

题 16-2.17 图

16-2.18　1 mol 理想气体在 $T_1=400$ K 的高温热源和 $T_2=300$ K 的低温热源间作卡诺循环(可逆).在 400 K 等温线上的起始体积 $V_1=0.001$ m^3,终止体积 $V_2=0.005$ m^3,试求此气体在每一循环中:

(1) 从高温热源吸收的热量 Q_1;

(2) 气体所做的净功 A;

(3) 气体传给低温热源的热量 Q_2.

16-2.19　制冷机工作时,其冷藏室中的温度为 -10℃,放出的冷却水的温度为 11℃,若按理想卡诺逆循环计算,此制冷机每消耗 10^3 J 的功,可以从冷藏室中吸出多少热量?

综合练习题

16-3.1　一定量的理想气体,在 p-V 图中的等温线与绝热线交点处,两线的斜率之比为 0.714,求其摩尔定容热容.

16-3.2 3 mol 温度为 $T_0=273$ K 的理想气体，先经过等温过程体积膨胀到原来的 5 倍，然后等容加热，使其末态的压强刚好等于初始压强，整个过程传给气体的热量为 8×10^4 J. 试画出此过程的 $p-V$ 图，并求这种气体的摩尔热容比：$\gamma=\dfrac{C_{p,\mathrm{m}}}{C_{V,\mathrm{m}}}$.

16-3.3 有一暖气装置如下，用一热机带动一制冷机，制冷机自河水中吸热而供给暖气系统中的水，同时这暖气中的水又作为热机的冷却剂. 热机的高温热库温度 $T_1=210$℃，河水温度 $T_2=15$ ℃，暖气系统水温 $T_3=60$℃. 设热机和制冷机的工质均为理想气体，工作过程均可视为卡诺循环，那么燃烧 1 kg 煤，暖气系统中的水得到的热量是多少？是煤所发出的热量的几倍？（已知煤的燃烧值为 $3.34\times10^7\ \mathrm{J\cdot kg^{-1}}$.）

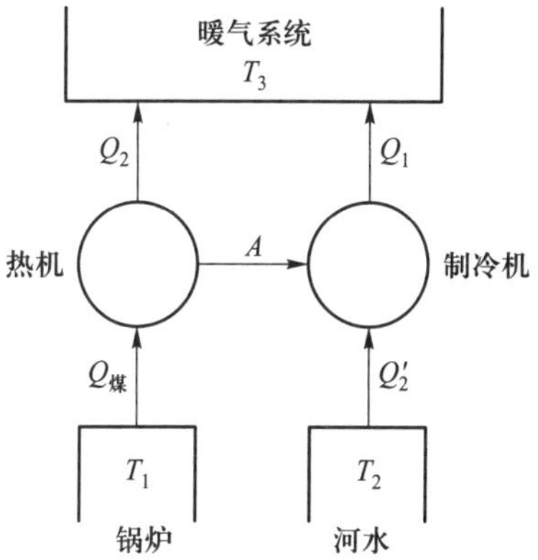

题 16-3.3 图

16-3.4 一辆汽车匀速行驶时，消耗在各种摩擦上的功率为 20 kW，设气温为 12℃，问：由此产生的熵的速率是多大？

16-3.5 1 kg 0℃的冰完全熔化成水，冰在 0 ℃时溶解热 $\lambda=334\ \mathrm{J\cdot g^{-1}}$，求冰熔化过程的熵变，并计算其微观状态数增大多少倍.

习题解答

主要参考文献

郑重声明

高等教育出版社依法对本书享有专有出版权。任何未经许可的复制、销售行为均违反《中华人民共和国著作权法》，其行为人将承担相应的民事责任和行政责任；构成犯罪的，将被依法追究刑事责任。为了维护市场秩序，保护读者的合法权益，避免读者误用盗版书造成不良后果，我社将配合行政执法部门和司法机关对违法犯罪的单位和个人进行严厉打击。社会各界人士如发现上述侵权行为，希望及时举报，我社将奖励举报有功人员。

反盗版举报电话　(010) 58581999　58582371

反盗版举报邮箱　dd@hep.com.cn

通信地址　北京市西城区德外大街 4 号
高等教育出版社法律事务部

邮政编码　100120

读者意见反馈

为收集对教材的意见建议，进一步完善教材编写并做好服务工作，读者可将对本教材的意见建议通过如下渠道反馈至我社。

咨询电话　400-810-0598

反馈邮箱　hepsci@pub.hep.cn

通信地址　北京市朝阳区惠新东街 4 号富盛大厦 1 座
高等教育出版社理科事业部

邮政编码　100029

防伪查询说明

用户购书后刮开封底防伪涂层，使用手机微信等软件扫描二维码，会跳转至防伪查询网页，获得所购图书详细信息。

防伪客服电话　(010) 58582300